采矿围岩破坏力学与全空间协同控制实践

左建平　曹光明　孙运江　王金涛　陈　岩　著

科 学 出 版 社
北　京

内 容 简 介

本书主要研究我国煤矿开采所涉及的矿山岩体破坏力学及围岩控制问题，具体包括大采高综放工作面三维地应力测试、地应力非连续变形和神经元反演、采动围岩的宏细观破坏机理、深基点覆岩移动监测及复合关键层计算方法、实时采动数值模拟分析软件开发及工程应用、建立巷道底臌力学模型及提出相应的防治技术，最终形成大断面软弱破碎巷道全空间桁架锚索协同支护技术。

本书可以作为采矿工程、矿山岩石力学、安全技术与工程、工程力学和岩土工程等专业的高年级本科生和研究生的高等岩石力学课程辅助教材，也可作为科研及矿山工程技术人员的参考书。

图书在版编目（CIP）数据

采矿围岩破坏力学与全空间协同控制实践／左建平等著．—北京：科学出版社，2016.2

ISBN 978-7-03-047242-7

Ⅰ．①采… Ⅱ．①左… Ⅲ．①矿山-岩体破坏形态-研究 Ⅳ．①TD31

中国版本图书馆 CIP 数据核字（2016）第 021945 号

责任编辑：李 雪／责任校对：郭瑞芝
责任印制：徐晓晨／封面设计：耕者设计工作室

科学出版社出版
北京东黄城根北街 16 号
邮政编码：100717
http://www.sciencep.com

北京科印技术咨询服务公司印刷
科学出版社发行 各地新华书店经销

*

2016 年 2 月第 一 版 开本：787×1092 1/16
2017 年 7 月第二次印刷 印张：19 1/2
字数：450 000

定价：99.00 元

（如有印装质量问题，我社负责调换）

前　　言

我国利用煤炭已有几千年的历史，是世界上发现和利用煤炭最早的国家之一。随着采煤技术的进步，我国的煤炭年产量也由1949年的0.324亿吨逐渐增长到2014年的36.95亿吨，特别是近十几年煤炭行业经历了一个飞速发展时期。近年来，一些新能源的迅速发展，使得煤炭在我国能源构成中的比例逐渐降低，但根据预测，即便到2050年，该比例仍然能达40%。可见，煤炭在我国工业发展和国民经济发展中的主体地位在近期不会动摇。因此，对于我国采矿工程技术人员来说，如何科学地、安全高效地开发和利用煤炭资源是当前大家所关注的问题。

采矿过程中不仅要保证工作面、运输及通风巷道等围岩稳定和工作安全，还要研究和控制开采对环境的不利影响。如果不进行开采，顶板就不会冒落、地表就不会沉陷、瓦斯和水害就不会析出和流动，也就不会发生瓦斯事故和突水事故。因此，所有的问题都是由采矿开挖引起的，所以工作面和巷道围岩的变形及控制是采矿工程中最关键和最基础的研究内容和技术。

本书主要针对我国大采高综放开采所涉及的矿山岩体变形、破坏及围岩控制而展开研究，具有广泛的工程应用背景。尽管有关采矿工程中岩石破坏问题做了很多研究，但本书更希望能从工程力学的角度来探讨采矿围岩变形、破坏及控制。本书的特点是希望准确地获取地应力资料（确定力学边界条件），揭示采动岩石的宏细观破坏机理（室内试验揭示破坏机理），提出计算覆岩移动的复合关键层计算方法（现场试验获取变形规律），开发实时采动数值模拟分析软件（软件开发提供计算力学模型），最终形成一套分析和解决采矿实际工程问题的方法（工程力学实践及应用）。全书分7章，第1章是绪论，第2章介绍大采高综放工作面巷道围岩地应力测试及二维和三维地应力反演分析，第3章介绍采动巷道围岩的宏细观破坏机理及理论模型，第4章通过现场监测获得大采高综放工作面覆岩移动规律，并提出复合关键层理论的计算分析方法，第5章开发能实时模拟采动开挖的不连续变形分析模拟计算方法并开展工程应用，第6章和第7章针对煤矿实际问题，分别提出大采高综放工作面回采巷道底臌机理，并最终形成一套大断面软弱破碎巷道全空间桁架锚索协同支护技术方法。

本书集成了作者研究团队在采矿岩体力学理论和实践方面的成果，特别是近四年毕业研究生的合作成果，他们是陈立平、于洋、柴能斌、李岳春、林轩、刘连峰、熊国军、李方枢、刘靖、黄亚明、李楷、王兆丰、李蒙蒙等。本书的很多成果主要与山西潞安矿业集团的四个煤矿合作中取得，在此对山西潞安王庄煤矿、五阳煤矿、李村煤矿和常村煤矿的相关领导及技术人员表示感谢。

与本书相关的研究得到国家自然科学基金面上项目（51374215、11572343）、霍英东教育基金会第十四届高等院校青年教师基金应用课题（142018）、“万人计划”青年拔尖人才、高等学校学科创新引智计划（简称 111 计划）（B14006）、北京市科学技术委员会重大科技成果转化落地培育项目（Z151100002815004）、高等学校全国优秀博士学位论文作者专项资金资助项目（201030）、国家重点基础研究发展计划（973 计划）（2010CB732002）的资助，特此表示感谢！同时，我的在读研究生为本书的绘图及校对做了很多辛勤的工作，他们是姜广辉、魏旭、刘敏、吴迪、赵灿、张婷、王廷征等。

在本书的写作过程中，为了让读者们能够更全面地了解本领域的最新进展，我们参考引用了相关领域的大量参考文献，在此对各位文献的作者表示感谢，同时对不慎遗漏标注的文献作者表示歉意。另外，本书主要针对大采高综放开采巷道围岩的变形和破坏展开研究，虽然取得了一些研究成果，但很多成果也只是基于作者的观点而得出的有限认识。限于作者的水平，书中难免存在个人观点，尚有不足之处，敬请各位同行批评指正。

特别感谢我的导师谢和平院士、彭苏萍院士、周宏伟教授和鞠杨教授，是他们把我引入了矿山岩体力学这个引人入胜的研究领域，并且长期以来一直给予学生非常精心的指导和帮助。最后，还要感谢我的妻子左明女士，在研究和写作期间给予了我诸多的谅解、忍耐和支持！

左建平
2016 年 1 月 5 日于矿大力建楼

目　录

第1章　绪　　论

能源是国民经济增长、工业发展的驱动力，同时也是人类日常生活中最重要的基本资源。长期稳定的能源供应，是国家经济发展和社会稳定的重要保障。中国是世界上能源消费大国之一，多年来，煤炭在我国一次能源生产和消费结构中的比重始终保持在70%左右。在这种旺盛的煤炭需求驱动下，我国煤炭产量急剧增长，2005 年煤炭产量突破 20 亿 t，2009 年煤炭产量突破 30 亿 t[1]，2014 年煤炭产量达到 38.7 亿 t[2]，2015 年煤炭产量回落到 36.95 亿 t。受煤炭赋存、开采技术等条件制约，我国煤炭产量可能将面临一个所谓的“产量峰值”。这将会给我国的能源安全带来一定威胁。因此，发展大采高综放开采技术是解决煤炭大规模安全高效开发的技术保障，也是保持国民经济稳定发展的一个重要保障。

综合机械化放顶煤开采已有较长的历史[3]，早在 20 世纪初，法国、西班牙和南斯拉夫等国仅将其作为复杂地质条件下一种特殊的开采技术；在 20 世纪 40 年代末，苏联、法国、南斯拉夫等国开始正式应用放顶煤技术开采厚煤层。然而，我国真正推动了该项采煤技术的快速发展。我国煤炭资源已探明储量约 1.341 万亿 t，其中厚煤层储量占 44%，每年地下开采的厚煤层煤炭产量占煤炭总产量的 45%以上[4]。我国厚煤层开采主要有三种综合机械化采煤方法，即综采放顶煤开采、分层综采和大采高综采。其中，分层开采受煤层厚度变化、自然发火、吨煤成本等诸多因素制约，开采效率较低[3~7]。与分层开采相比，大采高综采或大采高综放开采对煤层厚度变化适应性强，降低了巷道掘进率，这种采煤方法得到了大面积的推广和应用[8~10]，取得了巨大的经济效益。大采高一次采全高开采目前最大采高约 7m，无法满足 7m 以上特厚煤层的安全高效开采[11]。对于 7m 以上厚煤层，尤其是中西部地区 14～20m 的特厚煤层，大采高放顶煤开采是首选的采煤方法。近年来，我国成功开发了大采高综放开采成套技术，并在煤矿成功应用，实现了特厚煤层大采高综放开采工作面年产 1000 万 t 的目标。俄罗斯、土耳其、印度及澳大利亚等国开始引进我国的综放开采技术与装备。

大采高实践表明，良好的支架围岩关系是发挥大采高生产能力的关键。但是大采高工作面出现支架围岩事故的概率加大，处理事故的难度也由于高度大、设备重而加大，大采高围岩控制事故有以下三个特点[12]：①煤壁片帮引发的端面冒顶；②支架工作阻力不足导致的支架压死及损坏；③支架稳定性事故。要实现良好的支架围岩关系，关键是要掌握大采高采场围岩运动及变形规律，在此基础上，提出围岩控制的对策及措施，这正是大采高围岩控制理论的主要研究内容。

已有的研究成果对我国发展大采高技术起到一定的推动作用，使我国初步认识到大采高开采区别于普通采高开采的主要特点，并尝试给出围岩控制措施。由于大采高综采工作面矿压显现和顶板岩层的运动规律有其特殊性，工作面采高较大，使得工作面顶板活动空间增大、基本顶悬臂梁结构的弯距加大，进而使工作面上覆岩层冒落高度、裂隙带高度、工作面超前支承压力及侧向支承压力等发生变化。此外，根据实测资料得知，大采高回采巷道的围岩变形规律与其他回采巷道明显不同，主要原因在于大采高工作面较一般工作面矿压显现剧烈，而回采巷道一般布置在煤层中，由于煤层厚度大，巷道要么留底煤、要么留顶煤，或者是沿顶底板掘进，而这三种方式各有利弊。留底煤时容易造成底臌，留顶煤时顶板不容易支护，而沿顶底板掘进时，巷道高度大、断面不容易控制、支护困难，严重制约大采高工作面安全高产、高效开采。因此，探索大采高综放开采围岩破断机理、运动规律及控制技术，已成为大采高综放开采研究的核心。

1.1 矿山压力与岩层控制理论和技术进展

1.1.1 巷道围岩地应力测试

地应力是造成巷道变形和破坏的主要原因，准确地获取地应力信息就是获取巷道变形和破坏的力学边界条件，它是采矿工程和岩土工程开挖设计与动力灾害防治的重要依据。地应力测量是一项十分复杂的工作，据不完全统计，国内外目前开发了二十多种地应力测试方法及设备[13]。其中，应力解除法和水压致裂法是 2003 年国际岩石力学学会主推的两种地应力测试方法[14]。

地应力最早的测试技术为岩体表面测量技术，Lieurace 应用该技术测量了美国胡佛水坝泄水隧洞原岩应力[15,16]。20 世纪 50 年代，发展出应力恢复测量法和局部应力解除的中心孔测量法；1958 年，压磁式应力计开始应用于钻孔应力测量，钻孔应力测量技术快速发展；这些技术被 Hast 成功应用于斯堪的纳维亚半岛的地应力测试。1962 年出现了 USBM 钻孔变形计；1963 年 CSIR 门塞器面世；1964 年南非科学和工业研究委员会（Centre of Scientific and Industrial Research，CSIR）成功研制出钻孔三轴孔壁应变计，三轴孔壁应变计在实际使用中存在一些明显缺陷。20 世纪 70 年代中期由澳大利亚联邦科学和工业研究组织（Commonwealth Scientific and Industrial Research Organization，CSIRO）岩石力学部研制的 CSIRO 型三轴空心包体应变计迅速在世界各国得到推广，目前已成为最主要的地应力解除测量方法。20 世纪 80 年代初期成功研制钻孔水下三向应变计，目前已经有带自动数据采集系统的新型电脑式钻孔三向应变计探头问世。自 20 世纪 60 年代以来，水压致裂法已得到广泛运用[15,16]，并且工艺成熟，其可以测量极深的应力值，这是空心包体应力解除法无法达到的。1970 年，美国在油气井中用水压致裂法测得了地应力。目前，水压致裂法已成为应用最为广泛的测试方法之一。但其只是一种二维测量方法，并且假设一个方向为钻孔方向，因此水压致裂法通常和空心包体应力解除法共同在工程上使用。

国内方面，李四光教授是中国地应力测量的创始人[17]。早在 20 世纪 40 年代就提出地壳中水平运动为主、水平应力起主导作用的观点。他提出，地壳内的应力活动是以往和现今使地壳克服阻力、不断运动发展的原因；地壳各部分所发生的一切变形，包括破裂，都是地应力作用的反映；剧烈的地应力活动会引起地震。因此，地应力的探测是地质力学具有重大实际意义的一个新方面，是值得予以重视的。在陈宗基[18]先生的带领下，1964 年中国科学院武汉岩土力学研究所在湖北大冶铁矿进行了国内首次应力解除测量，测量深度为－80m，采用在岩石表面贴应变片，然后在应变片周围开圆形槽，实现应力的解除。20 世纪 60 年代后期开始，国内多家单位使用自行研制的压磁式钻孔应力计在地震研究和矿山钻孔中进行了一系列的应力解除测量试验；70 年代后期，空心包体应变计和水压致裂法引入我国，取代了压磁式应力计，并逐渐得到广泛应用。蔡美峰[15]对 CSIRO 空心包体应变计做了重大改进，包括数据自动记录系统、减少温度效应和岩心弹模及泊松比的计算等，并在金属矿山展开广泛的测试应用。近年来，葛修润和侯明勋[19]提出了钻孔局部壁面应力解除法和井下机器人，并在部分重大工程中实现了应用，该方法解决了套心应力解除法取心时容易断心的问题。我国目前的地应力测量研究主要应用在地震研究、水利水电、采矿和油田等工程领域，因此准确地获取三维地应力信息对于采矿工程具有重要意义。

1.1.2 巷道围岩破坏行为

巷道开挖会导致巷道围岩应力重分布，围岩由三向应力状态向二向应力状态转变，导致围岩发生变形甚至破坏。岩石在单轴荷载作用下，通常表现出脆性破裂，并且以劈裂破坏为主；而随着围压的升高，岩石的强度会有所增加，并且破坏模式会逐渐向剪切破坏转变，这已被大量的实验现象所证实[20]。Paterson 和 Wong[21] 在室温下对 Wombegan 大理岩做了试验，证明了岩石随着围压增大由脆性向延性转变的特性，如图 1.1 所示。当围压超过大约 20MPa 时，岩石宏观破坏之前的应变增加的非常明显，Paterson 把这种应变率从只有百分之几时就发生宏观破裂到能承受更大应变能力的转变叫做脆性—延性转变。由图 1.1 可知，随着围压的增加，应力-应变曲线的总水平在升高，岩石峰值强度也随之增大。岩石的峰后应力-应变关系发生了明显的变化，即应变值有持续增大的趋势，岩石在低围压表现出来的脆性转化为在高围压下表现出来的延性。而且曲线斜率也越来越陡，即围压越大，应变-硬化的范围和程度也越大，从图 1.1中还可看出，岩石的脆－延转化存在一个临界围压值，这是岩石发生脆—延转变的标志。Mogi[22,23]对 Yamaguchi 大理岩的实验得出了类似的结果，如图 1.2 所示。

Heard[24]对脆性—延性转变采取定量的解释，认为如果岩石发生破坏时的应变值达到 3%～5%，就可视为岩石发生了脆性—延性转化。而 Jaeger 和 Cook [25]采取定性的看法，认为只要岩石可以承受永久变形而不失去承载能力，就说岩石处于延性阶段；如果岩石随着变形的增加而承载能力下降，就说岩石处于脆性阶段。

Gowd 和 Rummel [26]研究了不同围压下 Bunt 孔隙砂岩的变形破坏特性，如图 1.3 所示。从图 1.3 看出，当轴向应力 σ_1 小于屈服强度 σ_y，砂岩的变形基本是线弹性的，屈服强度 σ_y 取决于围压的大小。在围压小于 90MPa，应力达到峰值应力后随着应变的增加，应力会有所下降，当应力降低到一个残余强度后保持稳定，即随着变形的增加，应力保持稳定。当围压超过 100MPa 时，砂岩表现出硬化性能。可见在较高的围压下，岩石破坏前

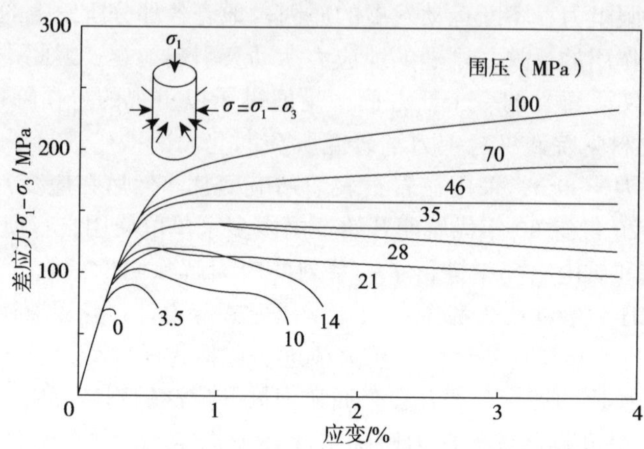

图 1.1　Wombegan 大理岩三轴试验的应力-应变曲线[21]

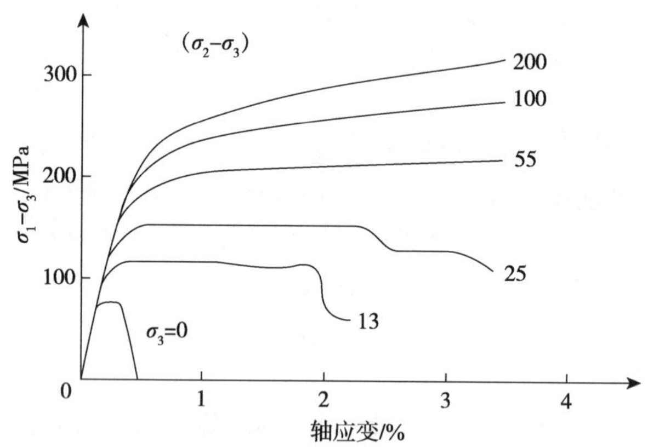

图 1.2　Yamaguchi 大理岩三轴试验的应力-应变曲线[22]

的应力水平会有所增高，而且围压的增高会使岩石破裂后的应力-应变曲线趋于平缓，峰值应力出现在更大的应变处。这表明，当围压增大到某个临界围压时，岩石将发生脆延转变。因此可以认为，脆性岩石在破坏前基本上是弹性的，但岩石在破坏前内部就有大量的微破裂出现，也就是说岩石在达到破裂强度之前微破裂就已发生。而围压对微破裂有抑制作用，当围压达到一个临界围压值时，微破裂不再出现，此时岩石就出现硬化现象，即随着应变的增加，强度会升高。Kwasniewski [27]根据大量砂岩的实验数据，对岩石的脆性—延性转化规律进行了深入的研究，系统地研究了脆性-延性转化点临界应力的关系，并分析了岩石应力-应变全程曲线中的第三种状态，即脆性和延性的中间转化态，这个状态既具有脆性破坏的特征，又具有延性变形的性质，提出了存在一个“脆性—延性转化临界围压”，对应到工程中实际上就是临界深度，如图 1.4 所示。

在围压较大的深部环境中，岩石具有很强的时间效应，表现为明显的流变或蠕变特性。Blacic[28]和 Pusch [29]在研究核废料处置时，涉及了核废料储存库围岩的长期稳定性和时间效应问题。一般认为，优质硬岩不会产生较大的蠕变变形，但南非工程实践表明，深部环境下即便优质的硬岩同样会产生明显的流变效应[30,31]，这是深部条件下岩

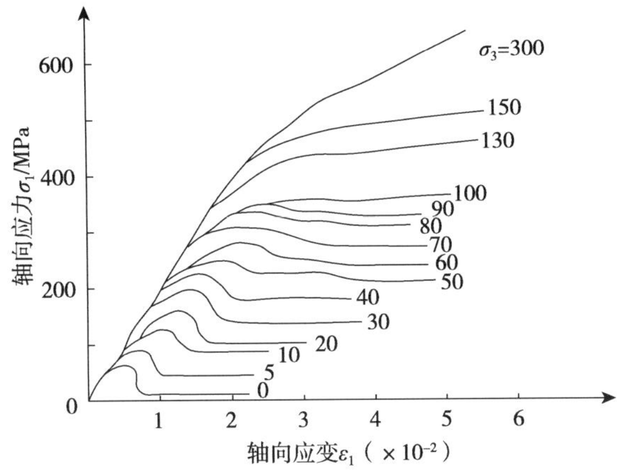

图 1.3 不同围压下 Bunt 砂岩应力-应变关系[26]

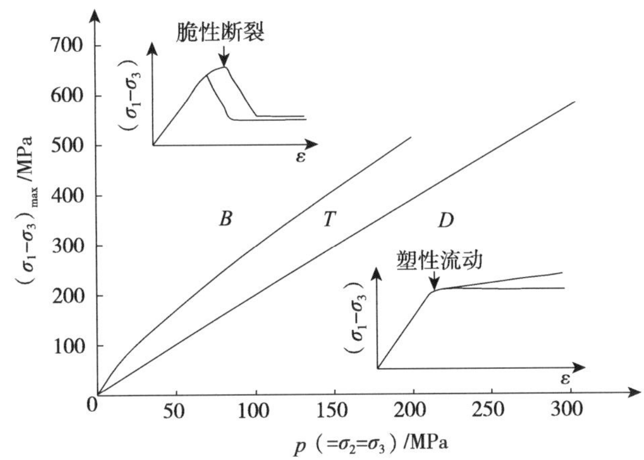

图 1.4 砂岩脆性—延性转化中的过渡区[27]

石力学行为的一大特征。

综上所述，可以得到一些初步的结论：随着围压的升高，岩石破坏前的应力水平会有所增高，峰值应力出现在更大的形变处。当围压低于脆性—延性转变临界围压值时，岩石的承载能力随其应变的增高而降低，而破坏时应变相对较小，岩石的破坏表现为脆性破坏；当围压高于某一临界值时，岩石却能在较大的应变范围内不失去承载能力，且承载能力会有所提高，这时岩石表现出延性性质；岩石的单轴压缩过程同样伴随着体积变化，弹性阶段体积变小，塑性阶段出现扩容现象；在三轴应力下，围压对岩石的扩容起到抑制作用。当围压增加到某一量值时，扩容可能完全被抑制。扩容过程会产生大量的微破裂（岩石内原生微裂纹扩展所致）。它们的关系是围压越大，扩容量越小，微破裂也越少。岩石的脆性破裂随温度和压力变化而变化，至今在确定脆性—延性转换时存在不同的观点，我们总结认为岩石的脆性破裂主要受到内部微结构和微破裂的影响。

采矿工程中，巷道开挖和工作面回采使其围岩应力状态发生变化，且不同的开采方式、不同的开采厚度导致加卸荷路径不同，从而使岩石的破坏模式也有所不同。因此，研究不同加卸荷路径下的煤岩体力学行为对于采矿工程具有重要意义[32]。近年来，国内外学者对不同加卸载应力路径下的岩石力学特性进行深入研究，并取得一定的研究成果。吴刚和赵震洋[33]在三维应力状态下对岩体模型试样进行三种卸荷破坏试验，依据损伤力学理论对试验结果进行分析，揭示了在工程卸荷作用下岩石类材料的声发射特性；陈卫忠等[34]按照地下工程开挖卸荷特点，开展了脆性花岗岩常规三轴、不同卸载速率条件下峰前、峰后三轴卸围压试验，研究了岩石破坏的全过程并进行了声发射特征分析，探讨了岩爆岩石的变形破坏特征和岩爆形成力学机制，以及基于能量原理的岩爆判据。周小平等[35]根据损伤断裂力学建立了岩石处于卸荷条件下的全过程应力-应变关系，理论和试验研究发现岩石卸荷破坏所需要的应力比连续加载破坏时小，且卸荷破坏时的变形比连续加载时大；黄润秋和黄达[36]通过大理岩的室内三轴卸荷试验和破裂断口的 SEM（扫描电镜）细观扫描分析，研究高应力环境中不同卸荷速率下变形破裂及强度特征；纪洪广等[37]通过在不同应力水平下对岩石试样的加载-卸荷实验，对岩石试件在不同应力状态下受到“加载-卸荷”扰动时的声发射特征进行了试验研究；沈明荣等[38]通过对红砂岩在不同加载路径条件下的三轴试验，分析了不同加载路径所得的应力-应变曲线及其对岩石的变形影响，发现在不同加载路径条件下，岩石的非线性特性非常明显。左建平等[39]通过 MTS 815 试验机研究了煤岩组合体分级加卸载试验，分级加卸载下煤岩组合体破坏以脆性破坏机制为主，与单轴作用相比，分级加卸载作用下煤岩组合体的破坏更为严重，且破坏强度有所提高，但轴向和环向应变却有所降低，同一循环中的加载与卸载曲线基本不重合，且在多数情况下不会形成闭合环路；卸载曲线与下一个循环的加载曲线通常也不重合，但会形成闭合环路。彭瑞东等[40]为具体考察试验机刚度对岩石变形测量的影响程度，在两台不同的试验机上进行了岩石的单轴压缩试验，通过对加卸载过程中试验系统及岩石能量变化进行分析，详细研究了试验系统弹性储能对岩石变形测量的影响，进而给出基于试验机刚度的修正计算方法，来确定岩石在测试过程中的变形；刘建锋等[41]对两组红层泥质粉砂岩在 MTS815 Flex Test GT 岩石力学试验系统上进行单轴四级循环加卸载试验，得到两组泥质粉砂岩的平均动弹性模量和阻尼比与动应变的相关表达式。

1.1.3 岩层破断与覆岩移动规律

20 世纪 50 年代以前，由于受到当时科学技术发展水平的限制，人们对采场上覆岩层结构的认识仅处于假说阶段。德国学者哈克（Hack）和吉里策尔（Gillitzer）于 1928 年提出压力拱假说；苏联学者库兹泡佐夫在 20 世纪 50 年代初提出铰接岩块假说；德国学者施托克于 1916 年提出悬臂梁假说；比利时学者拉巴斯在 1947 年年初提出预成裂隙假说[4]。

20 世纪 80 年代，钱鸣高[42～45]院士先后提出了“砌体梁”结构理论和关键层理论。该理论研究认为，基本顶发生破坏是采场各种矿山压力现象的根源。基本顶每次断裂后形成长度接近的岩梁之间会由自由面相互铰接。随着研究的不断深入，逐渐在煤层顶板中形成了关键层假说，以及由冒落带、裂隙带和弯曲下沉带所构成的“上三带”顶板岩层划分方式[42]，如图 1.5 所示。山东科技大学宋振骐[46]院士基于大量现场观测，提出了“传递岩梁”理论，该理论认为，老顶岩梁对支架的作用力取决于支架对岩梁运动的抵抗程度，可能存在给定变形和限定变形两种工作方式，并给出支架-围岩关系的表达式，即位态方程。

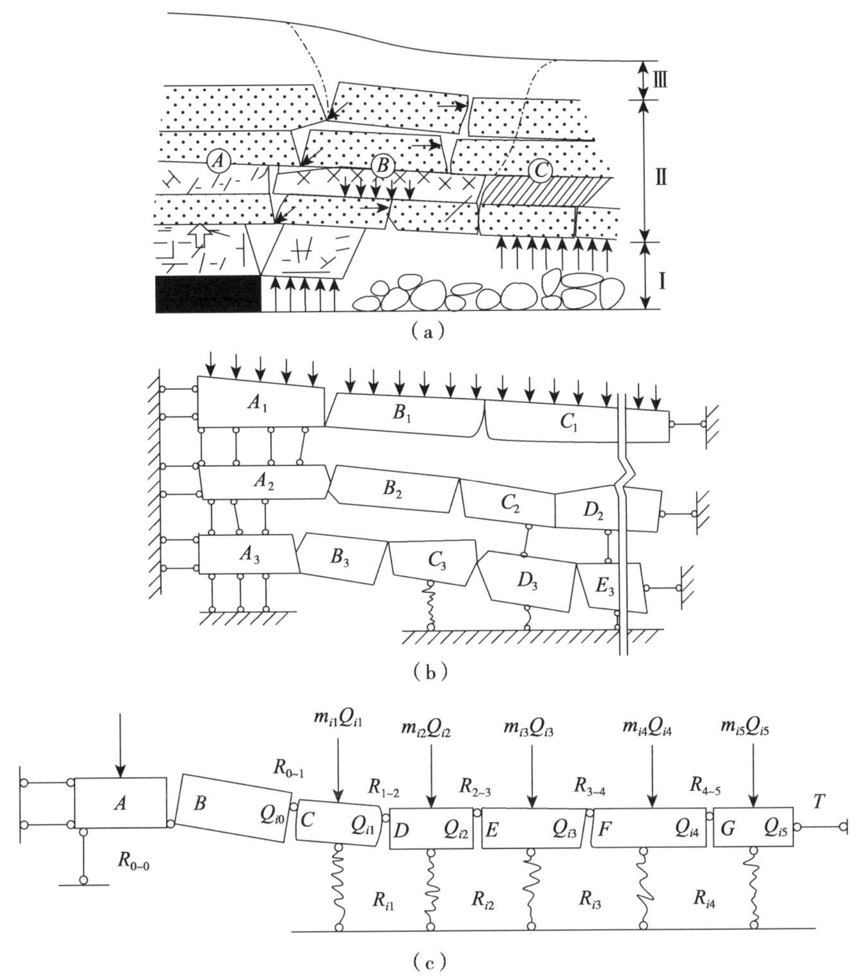

图 1.5　采场上覆岩层中的“砌体梁”结构模型

另外，对于岩层移动的研究，波兰学者李特维尼申等建立了岩层或地表下沉预计的随机介质理论法，后由中国工程院刘宝琛院士和北京科技大学廖国华教授等发展成概率积分法，是目前我国较为成熟且应用最广泛的地表下沉计算方法之一[47~49]。波兰学者克诺泰（Knothe）和沙乌斯脱维奇（Salustowlcz）利用土压密的基本假设对采场上覆岩层和地表变形的时间问题进行了研究，得出公式：

$$\frac{\partial W}{\partial t}=c\left(W_k-W(t)\right) \tag{1.1}$$

其中，W 为地表某点的下沉量；c 为下沉时间系数；W_k 为地表某点当 $t\to\infty$ 时的最终下沉量；$W(t)$ 为地表某点在 t 瞬间的下沉量。

对于非连续介质体运动的研究，谢和平[50]提出了损伤非线性大变形有限元法；何满潮和赵经彻[51]提出了采用非线性光滑有限元法来模拟岩层移动。弓培林教授和靳钟铭教授[52]运用关键层理论研究了大采高采场上覆岩层结构的特征及运动规律：①上覆岩层的垮落、断裂受关键层的特征、层位及分布等因素的控制，在不同采高时，“三带”的范围应根据关键层的特征予以确定；②断裂带高度受关键层特征的控制，上覆岩层中的厚硬关键层控制着一定采高范围内的断裂带高度，随着采高的增加，这层厚硬关键层就会产生断裂下沉，也必将造成其上覆岩层的大规模运动。

1.1.4 围岩控制理论与技术方法

巷道支护理论的核心是关于巷道支护与围岩相互作用本质与规律的系统化理性认识，它一直是岩石工程研究的一个重要难点。目前，在采矿界被广大煤矿科技工作者和工程师们接受的传统锚杆支护理论主要有悬吊理论、组合梁理论、组合拱理论、最大水平应力理论和围岩强度强化理论等，这些传统理论适用于不同的围岩条件，得到了广泛的应用[42,46]。近年来，又发展了“巷道围岩松动圈理论”和基于水平应力的“刚性梁”理论等。

在围岩稳定性控制方面[53~55]，20 世纪初发展起来的以海姆（Haim）、朗金（Rankine）和金尼克（Иник）理论为代表的古典压力理论认为作用在支护结构上的压力是其上覆岩层的重量 γH。随着开挖深度的增加，人们发现古典压力理论在许多方面都有不符合实际之处，于是坍落拱理论应运而生，其代表有太沙基（Terzaghi）和普氏（Протодъяконов）理论。坍落拱理论的最大贡献是提出巷道围岩具有自承能力。20 世纪 50 年代以来，人们开始用弹塑性力学来解决巷道支护问题，其中最著名的是芬纳（Fenner）公式和卡斯特纳（Kasterner）公式。20 世纪 60 年代，奥地利工程师 Rabcewicz 在总结前人经验的基础上，提出了被简称为新奥法（new Austrian tunneling method，NATM）的隧道设计施工方法，新奥法目前已成为地下工程的主要设计施工方法之一。1978 年，米勒教授比较全面地论述了新奥法的基本指导思想和主要原则，并将其概括成 22 条。20 世纪 70 年代，萨拉蒙（Salamon）等[56]又提出了能量支护理论，主张利用支护结构的特点，使支架自动调整围岩释放的能量和支护体吸收的能量，支护结构具有自动释放多余能量的功能。在我国，于学馥教授等[57]提出了“轴变论”理论，随后又提出开挖系统控制理论。冯豫、陆家梁、郑雨天、朱效嘉教授等提出联合支护技术，郑雨天和朱效嘉教授等提出的锚喷-弧板支护理论是对联合支护理论的发展[58~61]。松动圈理论是由中国矿业大学董方庭[62]教授提出的，其主要内容是：凡是坚硬围岩的裸露巷道，其围岩松动圈都接近于零，此时巷道围岩的弹塑性变形虽然存在，但并不需要支护。松动圈越大，收敛变形越大，支护难度就越大。因此，支护的目的在于防止围岩松动圈发展过程中产生有害变形[62]。在 20 世纪 90 年代，何满潮[63]教授根据十余年科学研究实践和理论思索，运用工程地质学与现代大变形力学相结合的方法，通过分析软岩变形力学机制，提出了以转化复合型变形力学机制为核心的一种新的深部软岩非线性大变形理论。王家臣[64]在详细分析了极软煤层煤壁片帮与防治机理的基础上，提出减缓煤壁压力和提高煤体抗剪强度是防治极软煤层煤壁片帮的主要技术途径，并认为通过放顶煤开采和提高支架工作阻力等途径可以减缓煤壁压力，煤体合理注水可以提高煤体黏聚力与抗剪强度，这些措施是防治极软煤层煤壁片帮的有效措施。张农等[65, 66]对具有软弱夹层的复合顶板岩层巷道支护进行了研究，采用以新型“三高”——高强度、高预拉力、高刚度锚杆控制技术，对具有围岩裂隙发育情况巷道采用注浆加固方法，研究最佳注浆时机和合理注浆孔布置。康红普等[67, 68]分析了锚杆支护作用，提出高预应力、强力支护技术，重视预应力在锚杆刚度煤矿巷道支护中的作用，强调锚杆杆体、托盘、钢带等各部分精细化协作，对松软破碎巷道围岩采用高压注浆和高预应力、强力锚杆与锚索综合加固支护方式。刘泉声等[69~71]对巷道破碎软弱围岩支护方法进行探索，提出了分步联合支护的设计理念和优化支护方案，对于高地应力破碎软岩巷道底臌问题，分析了巷道变形破坏特征和底臌严重性，提出底板超挖、高强度预应力锚索、深孔注浆、底脚、拱角锚杆和回填为技术支撑的综合治理对策。左建平等[72]和吴爱民等[73]对近距离煤层群的巷道进行了不连续变形（discontinuous deformation analysis，DDA）分析，精确计算了锚杆的受力，并对巷道支护设计进行了优化分析，从而使巷道的支护设计有了定量分析依据。

1.2 大采高综放开采围岩破断力学及控制理论方法

据统计，我国煤矿百万吨死亡率由 2002 年的 4.92 人降低到 2014 年的 0.25 人，但与美国的 0.03 人、澳大利亚的 0.014 人的百万吨死亡率相比，煤炭行业安全状况仍有待提高。究其原因，一方面，我国煤炭资源分布广，赋存条件各异，开采地质条件复杂多样，形成了多样化的采煤方法（我国采煤方法达 50 多种，是世界上采煤方法种类最多的国家），不同开采方法会导致不同的矿山压力特征，进而导致灾害形成的机制不同；另一方面，我国煤炭资源开采在朝深部发展，深部围岩处于“高应力、高渗透压和高地温环境”的恶劣环境，并且近年来出现了深部巨厚砾岩厚煤层、巨厚表土层深埋煤层等复杂地质条件，这些因素使得煤矿灾害的发生机理变得极为复杂，亟待煤矿科技工作者联合攻关解决。

目前，对矿井地应力测试多以有限点地应力测试为主，很少通过代表性离散点应力进行测量，采用数理方法对目标区域的地应力分布进行推算反演。这样不能对整个矿区的地应力分布情况实现准确掌握，导致对围岩破断的控制没有针对性。因此，本书采用二维 DDA 和人工神经网络法对新建李村矿进行地应力二维和三维反演，得到矿区最大、最小及中间主应力分布规律，其对巷道合理布置与围岩控制具有重要的指导作用。

由于岩体受众多弱面切割，为不连续体。传统的有限法（finite element method，FEM）和离散元法（discrete element method，DEM）等都是用来解决连续数值问题，而不能用来解决非连续问题。因此近年来，一些国内学者在现有数值模拟的基础上，开发出一系列应用软件，对我国的采矿事业做出了巨大贡献。其中，作者课题组开发了采矿实时开挖分析模拟软件（mining discontinuous deformation analysis，MDDA），兼顾岩土工程中开挖问题的不连续性、动态性和实时性，模拟结果更加真实可靠。本书中对不同应力状态下采动覆岩移动规律及裂隙演化、大采高综放工作面支架-围岩相互作用，以及陷落柱塌陷的非连续变形进行了模拟研究。

大采高综放开采巷道的一般高度和断面较大，且受强采动影响，巷道变形破坏比较严重，返修率高，严重制约了大采高综放的开采效率。传统的锚杆、锚索支护已经无法适应深部围岩大变形的需要。对大断面煤巷应采用新的支护理念和支护形式，美国的Khair[74]提出了采用预拉力桁架锚索来控制大断面巷道顶板的措施。近年来，我国学者又提出了高预紧力桁架锚索和高预紧力复合桁架锚索支护技术[66,67,71,75,76]。针对大断面松软破碎巷道围岩控制难题，课题组提出了全空间协同支护的概念，并申报了国家发明专利，从三维空间角度研究大断面巷道围岩的整体稳定性与控制。全空间协同支护是指通过两帮的锚杆和顶板锚索的协同作用，形成全空间桁架支护结构，从三维角度对巷道围岩控制进行设计，使支护结构承载更加均匀、协调，顶板载荷通过四根钢绞线均衡协调地传递给巷道两帮，且在两帮轴向上均衡分配载荷，避免巷道两帮不稳定三角块发生过载剪切破坏，同时又整体降低了支护成本。

针对上述一些问题，本书对大采高综放开采围岩破断力学及控制展开了研究，主要内容包括大采高综放开采巷道地应力测试及二维、三维反演分析、大采高工作面巷道围岩破坏机理及稳定性分析、大采高综放开采覆岩移动规律实测分析、二维DDA实时采动开发及其在采矿中的应用、大采高综放巷道底臌机理及大采高综放开采围岩全空间桁架锚索协同控制技术等。

参考文献

[1] 谢和平，王金华. 中国煤炭科学产能［M］. 北京：煤炭工业出版社，2014.

[2] 梁敦仕. "一带一路"战略下我国煤炭产业发展机遇［J］. 煤炭经济研究，2015，35（7）：10-15.

[3] 王家臣. 厚煤层开采理论与技术［M］. 北京：冶金工业出版社，2009.

[4] 钱鸣高，石平五. 矿山压力及其顶板控制［M］. 北京：煤炭工业出版社，2003.

[5] 王金华. 特厚煤层大采高综放开采关键技术［J］. 煤炭学报，2013，38（12）：2089.

[6] 王金华. 我国大采高综采技术与装备的现状及发展趋势［J］. 煤炭科学技术，2006，34（1）：4-7.

[7] 毛德兵，姚建国. 大采高综放开采适应性研究［J］. 煤炭学报，2010，35（11）：1837-1841.

[8] 闫少宏，尹希文. 大采高综放开采几个理论问题的研究［J］. 煤炭学报，2008，33（5）：481-484.

[9] 闫少宏. 特厚煤层大采高综放开采支架外载的理论研究［J］. 煤炭学报，2009，34（5）：590-593.

[10] 闫少宏，尹希文，许红杰，等. 大采高综采顶板短悬臂梁-铰接岩梁结构与支架工作阻力的确定［J］. 煤炭学报，2011，36（11）：1816-1820.

[11] 王国法，庞义辉，刘俊峰. 特厚煤层大采高综放开采机采高度的确定与影响［J］. 煤炭学报，2012，37（11）：1777-1782.

[12] 陈刚. 大采高采场围岩的矿压显现规律研究［D］. 北京：中国矿业大学博士学位论文，2011.

[13] 王成虎. 地应力主要测试和估算方法回顾与展望［J］. 地质论评，2014，60（5）：971-995.

[14] Hudson J A，Cornet F H，Christiansson R. ISRM suggested methods for rock stress estimation［J］. International Journal of Rock Mechanics and Mining Sciences，2003，40（7）：991-998.

[15] 蔡美峰. 地应力测量原理和技术（修订版）［M］. 北京：科学出版社，2000.

[16] 海姆森 B C，图尔恰尼诺夫 И A. 地应力测量与研究［M］. 丁健民，高莉青，祁英男译. 北京：地震出版社，1982.

[17] 李四光. 地质力学概论［M］. 北京：地质出版社，1999.

[18] 陈宗基．陈宗基论文选［C］．福建：福建科学技术出版社，1994.
[19] 葛修润，侯名勋．一种测定深部岩体地应力的新方法——钻孔局部壁面应力全解除法［J］．岩石力学与工程学报，2004，23（23）：3923-3927.
[20] 周宏伟，谢和平，左建平．深部高地应力下岩石力学行为研究进展［J］．力学进展，2005，35（1）：91-99.
[21] Paterson M S，Wong T F. Experimental Rock Deformation—The Brittle Field［M］．2nd ed. New York：Springer-Verlag，2005.
[22] Mogi K. Deformation and fracture of rocks under confining pressure：elasticity and plasticity of some rocks［J］．Bulletin of the Earthquake Research Institute，The University of Tokyo，1965，43：349-379.
[23] Mogi K. Experimental Rock Mechanics［M］．London：Taylor & Francis，2005.
[24] Heard H C. Transition from brittle fracture to ductile flow in Solenhofen limestone as a function of temperature，confining pressure，and interstitial fluid pressure［J］．Geological Society of America Menoir，1960，79：193-226.
[25] Jaeger J C，Cook N G W，Zimmerman R W. Fundamentals of Rock Mechanics［M］．4th ed. Oxford：Blackwell，2007.
[26] Gowd T N，Rummel F. Effect of confining pressure on the fracture behaviour of a porous［J］．International Journal of Rock Mechanics and Mining Sciences，1980，12：225-229.
[27] Kwasniewski M. Laws of brittle failure and of B-D transition in sandstone［A］//Maury V，Fourmaintrax D. Rock at Great Depth［C］．Rotterdam：A A Balkema，1989：45-58.
[28] Blacic J D. Importance of creep failure of hard rock joints in the near field of a nuclear waste repository［A］//OECD Nuclear Energy Agency：Proceedings of Workshop on Nearfield Phenomenon in Geologic Repositories for Radioactive Waste［C］．Seattle：Seattle，1981：121-132.
[29] Pusch R. Mechanisms and consequences of creep in crystalline rock［A］//Hudson J A. Comprehensive Rock Engineering［C］．Oxford：Pergamon Press，1993：227-241.
[30] Malan D F. Manuel rocha medal recipient：simulation the time-dependent behaviour of excavations in hard rock［J］．Rock Mechanics and Rock Engineering，2002，35（4）：225-254.
[31] Malan D F. Time-dependent behaviour of deep level tabular excavations in hard rock［J］．Rock Mechanics and Rock Engineering，1999，32：123-155.
[32] 谢和平，周宏伟，刘建锋，等．不同开采条件下采动力学行为研究［J］．煤炭学报，2011，36（7）：1067-1074.
[33] 吴刚，赵震洋．不同应力状态下岩石类材料破坏的声发射特性［J］．岩土工程学报，1998，20（2）：82-85.
[34] 陈卫忠，吕森鹏，郭小红，等．脆性岩石卸围压试验与岩爆机理研究［J］．岩土工程学报，2010，32（6）：963-969.
[35] 周小平，哈秋舲，张永兴，等．峰前围压卸荷条件下岩石的应力——应变全过程分析和变形局部化研究［J］．岩石力学与工程学报，2005，24（18）：3236-3245.
[36] 黄润秋，黄达．卸荷条件下岩石变形特征及本构模型研究［J］．地球科学进展，2008，23（5）：441-447.
[37] 纪洪广，侯兆飞，张磊，等．载荷岩石材料在加载-卸荷扰动作用下声发射特性［J］．北京科技大学学报，2011，33（1）：1-5.
[38] 沈明荣，石振明，张雷．不同加载路径对岩石变形特性的影响［J］．岩石力学与工程学报，

2003，22 (8)：1234-1238.

[39] 左建平，谢和平，孟冰冰，等．煤岩组合体分级加卸载特性的试验研究 [J]．岩土力学，2011，32 (5)：1287-1296.

[40] 彭瑞东，谢和平，鞠杨，等．试验机弹性储能对岩石力学性能测试的影响 [J]．力学与实践，2005，27 (3)：51-55.

[41] 刘建锋，谢和平，徐进，等．循环荷载作用下岩石阻尼特性的试验研究 [J]．岩石力学与工程学报，2008，27 (4)：312-317.

[42] 钱鸣高，缪协兴，许家林．岩层控制的关键层理论 [M]．徐州：中国矿业大学出版社，2003.

[43] 钱鸣高．20 年来采场围岩控制理论与实践的回顾 [J]．中国矿业大学学报，2000，29 (1)：1-4.

[44] Qian M G. A Study of the Behaviour of Overlying Strata in Longwall Mining and its Application to Strata Control [A] //Farmer I W. Strata Mechanics [C]. New York：Elsevier Scientific Publishing Company，1982：13-17.

[45] Qian M G，He F L，Miao X X. The system of strata control around longwall face in China [A] //Guo Y G，Tad S G. Mining Science and Technology [C]. Rotterdam：A A Balkema，1996：15-18.

[46] 宋振骐．实用矿山压力控制 [M]．徐州：中国矿业大学出版社，1988.

[47] Gil H. 岩层力学理论 [M]．张玉卓译．北京：中国科学技术出版社，2001.

[48] 刘国琛，廖国华．煤矿地表移动的基本规律 [M]．北京：中国工业出版社，1965.

[49] 刘宝琛．随机介质理论在矿业中的应用 [M]．长沙：湖南科学技术出版社，2004.

[50] 谢和平．岩石、混凝土损伤力学 [M]．徐州：中国矿业大学出版社，1990.

[51] 何满潮，赵经彻．建筑物下开采理论与实践 [M]．徐州：中国矿业大学出版社，1995.

[52] 弓培林，靳钟铭．大采高采场覆岩结构特征及运动规律研究 [J]．煤炭学报，2004，29 (1)：7-11.

[53] 陈炎光，陆士良．中国煤矿巷道围压控制 [M]．北京：中国矿业大学出版社，1994.

[54] 谢和平，陈忠辉．岩石力学 [M]．北京：科学出版社，2004.

[55] 周维恒．高等岩石力学 [M]．北京：水利水电出版社，1990.

[56] Salamon M D G. Energy consideration in rock mechanics：fundamental results [J]. South AfrInst Metall，1984，84 (8)：233-246.

[57] 于学馥，于加，徐骏．岩石力学新概念与开挖结构优化设计 [M]．北京：科学出版社，1995.

[58] 冯豫．我国软岩巷道支护的研究 [J]．矿山压力与顶板管理，1990，2：1-5.

[59] 陆家梁．软岩巷道支护原则及支护方法 [J]．软岩工程，1990，3：20-24.

[60] 郑雨天．关于软岩巷道地压与支护的基本观点 [A] //曲永新．软岩巷道掘进与支护论文集 [C]．北京：煤炭工业出版社，1985：531-535.

[61] 朱效嘉．锚杆支护理论进展 [J]．光爆锚喷，1996，3：1-4.

[62] 董方庭．巷道围岩松动圈支护理论 [J]．锚杆支护，1997，1：5-9.

[63] 何满潮，孙晓明．中国煤矿软岩巷道工程支护设计与施工指南 [M]．北京：科学出版社，2004.

[64] 王家臣．极软厚煤层煤壁片帮与防治机理 [J]．煤炭学报，2007，32 (8)：785-788.

[65] 张农，李桂臣，阚甲广．煤巷顶板软弱夹层层位对锚杆支护结构稳定性影响 [J]．岩土力学，2011，32 (9)：2753-2759.

[66] 张农，袁亮．离层破碎型煤巷顶板的控制原理 [J]．采矿与安全工程学报，2006，23 (1)：34-39.

[67] 康红普，王金华．煤巷锚杆支护理论与成套技术 [M]．北京：煤炭工业出版社，2007.

[68] 康红普，王金华，林健．高预应力强力支护系统及其在深部巷道中的应用 [J]．煤炭学报，

2007，32 (22)：1233-1239.

[69] 刘泉声，肖虎，卢兴利，等．高地应力破碎软岩巷道底臌特性及综合控制对策研究［J］．岩土力学，2012，33 (6)：1703-1711.

[70] 刘泉声，刘学伟，黄兴．深井软岩破碎巷道底臌原因及处置技术研究［J］．煤炭学报，2013，38 (4)：566-572.

[71] 刘泉声．煤矿深部岩巷稳定控制理论与支护技术及应用［M］．北京：科学出版社，2010.

[72] Zuo J P，Wang R K，Wu A M，et al. Optimization support controlling large deformation of tunnel in deep mine based on discontinuous deformation analysis［J］. Procedia Environmental Sciences，2012，12：1045-1054.

[73] 吴爱民，左建平，郭志飚，等．钱家营矿近距离煤层巷道破坏原因及支护对策［J］．煤炭科学技术，2010，1：13-16.

[74] Khair W A. How to cope with cutter roof problem［R］. New South Wales：Paper presented at 11th International Conference on Ground Control in Mining，The University of Wollongong，1992.

[75] He F L，Yin D P，Yan H，et al. Study on the coupling system of high prestress cable truss and surrounding rock on a coal roadway［A］//Xie F R. The 5th International Symposium on In-situ Rock Stress［C］. Beijing：CRC Press，2010：643-646.

[76] 杨彦宏，何富连，谢生荣，等．预应力桁架锚索系统力学分析与工程实践［J］．煤矿安全，2010，6：51-53.

第2章　大采高综放工作面巷道围岩地应力测试及反演分析

地应力是指存在于地层中的未受工程扰动的天然应力，也被称为岩体初始应力、绝对应力或原岩应力，它是引起采矿、水利水电和隧道等围岩变形和破坏的根本作用力[1~8]。采矿工程所处巷道围岩是个极为复杂的地质体，因为岩体内部存在大量随机分布的裂隙，致使不同区域的岩体强度差异很大，进而导致不同区域的地应力相差也很大。从大的工程尺度上讲，地应力场主要受到构造应力场和自重应力场的影响；另外，地热、地球自转速度变化和潮汐等也会影响地应力。地应力的大小和方向时刻影响着巷道围岩的变形和破坏，且在实际采矿工程中，巷道的布置和巷道支护设计都需要考虑地应力的影响。针对大采高工作面，由于其煤层厚、巷道断面大，地应力的大小对巷道的稳定起到非常重要的作用，因此在研究大采高综放工作面巷道的稳定性时需要准确获取围岩的地应力。

地应力具有多来源性且受多种因素的影响，因此地壳岩体地应力分布复杂多变。实际上，深部地壳应力状态的观测与估算也是地应力实测工作的一个重要难点问题。Haimson[9]曾指出任何地应力测试方法都有其局限性，确定一个区域的应力状态最好是利用多种方法进行综合确定。目前，国内外提出了20多种地应力测试方法，如表2.1所示[10]。

表2.1　原地应力测试和估算方法汇总

方法类别	序号	中文名称	英文名称（缩写）
基于岩心的方法	1	非弹性应变恢复法	anelastic strain recovery (ASR)
	2	差应变曲线分析法	differential strain curve analysis (DSCA)
	3	差波速分析法	differential wave velocity analysis (DWVA)
	4	饼状岩心/岩心诱发裂纹法	drilling induced fracture in core (DIFC) /core discing (CD)
	5	声发射法	acoustic emission method (AE)
	6	圆周波速各向异性分析法	circumferential velocity anisotropy (CVA)
	7	岩心二次应力解除法	overcoring of archived core (OCAC)
	8	微裂隙岩相分析法	petrographic examination of microcracks
	9	轴向点荷载分析法	axial point load test
基于钻孔的方法	10	微型水压致裂法	micro-hydraulic fracturing (HF)
	11	套筒压裂法	sleeve fracturing (SF)
	12	原生裂隙水压致裂法	hydraulic test of pre-existing fractures (HTPF)
	13	套心解除	overcoring method (OC)

续表

方法类别	序号	中文名称	英文名称（缩写）
基于钻孔的方法	14	钻孔崩落	borehole breakouts（BBO）
	15	孔壁诱发张裂缝	drilling induced fractures（DIF）
	16	钻孔变形	borehole deformation
	17	钻孔渗漏实验	leak off test（LOT）
地质学方法	18	地倾斜调查	earth tilt survey
	19	断层滑动反演	fault slip data
	20	新构造运动节理测绘	surface mapping of neotectonic joints
	21	火山口排列调查	volcanic vent alignment
地球物理方法	22	震源机制解	earthquake focal mechanisms
	23	地球物理测井	geophysical logging
基于地下空间的方法	24	扁千斤顶法	jacking method
	25	表面解除法	surface relief methods
	26	反分析法	reverse analysis method

潞安矿区多个矿井都属于大采高综放工作面，巷道围岩变形剧烈，底臌和顶板冒落现象严重，除了围岩自身的物理力学性质外，大采高工作面复杂的地应力分布也是重要的影响因素。潞安矿区李村煤矿是个新建矿井，地应力资料不全，准确而又快速地获取矿井地应力资料对新建矿井的建设和发展显得尤为重要。我们选取空心包体应力解除法来测试地应力，该方法准确可靠，并且可以同时测量一个测点的三维应力分量的大小和方向。由于煤矿现场条件及人力、物力等的限制，目前地应力的测量总是只能通过有限的测点来观测矿区的地应力特征，无法全局掌握矿区的地应力分布，因此通过有限测点进行地应力反分析已成为一个关系到矿山建设和生产的迫切问题。总之，如果要获得整个工作面或矿区的地应力分布情况，我们需要知道更多范围的地应力。本章将在有限个测点的基础上，通过非连续变形分析方法及人工神经元网络来分别获得矿区典型区域二维和三维地应力场分布特征。

2.1　空心包体应力解除测量方法

2.1.1　基本介绍

套心应力解除法的基本原理是通过监测岩心从母岩解除下来过程中的应变和变形，进而计算出原地应力场。钻孔套心应力解除法是基于平面应变解除法发展起来的。根据测量元件安装和测量的物理量不同，套心应力解除测量法又可分为钻孔孔壁应变测量法、钻孔孔底应变测量法和钻孔孔径变形测量法三种[2,3]，分别通过监测解除过程中孔壁应变、孔底应变和孔径变形来计算原地应力场。钻孔孔壁应变测量仪器包括瑞典国家电力局研制的 Borre 三轴孔壁应变计、CSIRO 研制的 HI 空心包体应变计[11]，国内有长江科学院研制的新型空心包体式钻孔三向应变计和地质力学研究所研究的 KX2000 型空心包体式钻孔三向应变计[10]。钻孔孔底应变测量仪器包括南非 Leeman 研制的

"CSIR 门塞式"孔底应变计及日本 Sugawara 和 Obara[12]研制的 16 个应变片半球形孔底应变计——CCBO 孔底应变计，这种测量仪器在国内目前很少使用。钻孔孔径变形测量仪器包括美国 Obert 研制的 USBM 钻孔孔径变形计[11]、CSIR 研制的 Mark1 和 Mark2 两种型号的孔径变形计，以及 Hast 研制的压磁孔径应变仪。国内有地质力学研究所和地壳应力研究所联合研制的 YG-73 型压磁地应力计，以及分别研制的 YG-2000 型压磁地应力计、YG-81 型压磁地应力计和 YG-95 型压磁地应力计[13]。这些测量仪器各有优势，也各有缺陷。一般来说，孔径变形仪只能测量平面应力状态；而孔底应变仪和孔壁应变仪则能单孔测试全应力张量，使用相对较为方便；孔底应变仪测量操作相对孔壁应变仪困难些，因此到目前为止，空心包体式孔壁应变仪使用相对更为广泛。下面主要介绍空心包体应力解除法的测量原理及测试步骤。

2.1.2 测量原理

由弹性力学可知，一个点的应力状态可由六个应力分量（$\sigma_x,\sigma_y,\sigma_z,\tau_{xy},\tau_{yz},\tau_{zx}$）来表示，如图 2.1 所示。现场测量出的地应力实际上是空心包体所记录的应变片的应变值，由此应变值，再加上钻孔取心所得的岩石材料，通过岩石力学性能测试，测得其弹性模量、黏结力及内摩擦角等岩石物理学参数，即可求得上述六个应力分量，从而确定该点的三个主应力。

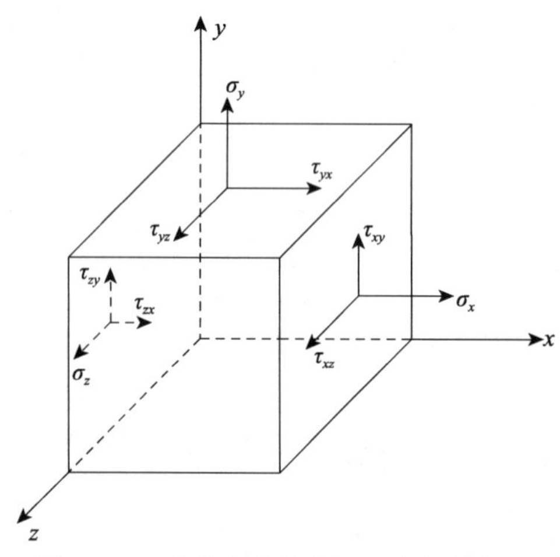

图 2.1 一点的应力状态（六个应力分量）

现场地应力测量过程，本质上是应变或位移的测量过程。只要具备精准完备的测试技术和测量仪器，就能获取相应的应变和位移值。而获得准确的地应力结果不仅需要可靠的实测应变数据，还有赖于力学模型，以及由此推演出的地应力分量计算公式的正确性。空心包体应力计是在孔壁应变计的基础上发展起来的。基于弹性力学的厚壁圆筒理论，通过套孔应力解除测量钻孔表面的应变即可求出钻孔表面的应力，并进而精确地计算出岩石的原始应力状态。

通过空心包体应力解除法测量地下某一点的应力分量为 σ_x，σ_y，σ_z，τ_{xy}，τ_{yz}，τ_{zx}，主应力大小 σ_1，σ_2，σ_3 及其方向角可完全测定，其与大地坐标系 XYZ 的关系用 9

个方向余弦或 9 个夹角值就可以完全确定。但在实测中，钻孔与岩层、与大地坐标总会呈某一角度（仰角或俯角）。设 xyz 为钻孔坐标系，在该坐标系下的地应力是实测地应力。由此，只要有两套坐标系的相对关系和实测地应力的全部分量，通过坐标变换就可得到 XYZ 坐标下的应力分量，并由此求得主应力的大小和方向。利用空心包体应变计测量应力解除过程中的应变数据来计算地应力的公式为[14,15]

$$\varepsilon_\theta=\frac{1}{E}\left\{(\sigma_x+\sigma_y)k_1+2(1-v^2)\left[(\sigma_y-\sigma_x)\cos 2\theta-2\tau_{xy}\sin 2\theta\right]k_2-v\sigma_z k_4\right\} \tag{2.1}$$

$$\varepsilon_z=\frac{1}{E}\left[\sigma_z-v(\sigma_x+\sigma_y)\right] \tag{2.2}$$

$$\gamma_{\theta z}=\frac{4}{E}(1+v)(\tau_{yz}\cos\theta-\tau_{zx}\sin\theta)k_3 \tag{2.3}$$

其中，ε_θ，ε_z，$\gamma_{\theta z}$，E，v 分别为空心包体应变计所测得的周向应变、轴向应变、剪切应变值、弹性模量和泊松比。k 系数计算公式为

$$k_1=d_1(1-v_1v_2)\left(1-2v_1+\frac{R_1^2}{\rho^2}\right)+v_1v_2 \tag{2.4}$$

$$k_2=(1-v_1)d_2\rho^2+d_3+v_1\frac{d_4}{\rho^2}+\frac{d_5}{\rho^4} \tag{2.5}$$

$$k_3=d_6\left(1+\frac{R_1^2}{\rho^2}\right) \tag{2.6}$$

$$k_4=(v_2-v_1)d_1\left(1-2v_1+\frac{R_1^2}{\rho^2}\right)v_2+\frac{v_1}{v_2} \tag{2.7}$$

其中，

$$d_1=\frac{1}{1-2v_1+m^2+n(1-m^2)} \tag{2.8}$$

$$d_2=\frac{12(1-n)m^2(1-m^2)}{R_2^2D} \tag{2.9}$$

$$d_3=\frac{1}{D}\left[m^4(4m^2-3)(1-n)+x_1+n\right] \tag{2.10}$$

$$d_4=\frac{-4R_1^2}{D}\left[m^6(1-n)+x_1+n\right] \tag{2.11}$$

$$d_5=\frac{3R_1^4}{D}\left[m^4(1-n)+x_1+n\right] \tag{2.12}$$

$$d_6=\frac{1}{1+m^2+n(1-m^2)} \tag{2.13}$$

$$n=\frac{G_1}{G_2};\quad m=\frac{R_1}{R_2} \tag{2.14}$$

$$D=(1+x_2n)\left[x_1+n+(1-n)(3m^2-6m^4+4m^6)\right]+(x_1-x_2n)m^2\left[(1-n)m^6+(x_1+n)\right] \tag{2.15}$$

$$x_1=3-4v_1;\quad x_2=3-4v_2 \tag{2.16}$$

其中，R_1 为空心包体内半径；R_2 为安装小孔半径；G_1 和 G_2 分别为空心包体材料环氧树脂和岩石的剪切模量；v_1 和 v_2 分别为空心包体材料环氧树脂和岩石的泊松比；ρ 为电阻应变片在空心包体中的径向距离。

2.1.3 测量步骤

空心包体应力解除法应用现已达到非常成熟的地步，其测量总共分为 8 个步骤[16,17]，具体如下。

（1）开凿大孔：按照弹性力学与岩体力学相关理论，岩体开挖后，岩体内地应力重新分布，通常在新开挖巷道壁及其不远处发生应力集中现象，但在离巷道 3～5 倍范围处会逐渐趋于原岩应力。因此，开凿的大孔深度基本要达到巷道尺寸的 3 倍。大孔要求具有较高的同心度，以保证下一步能准确安装空心包体。因此，在取心钻头后面连接一长度为 1.2m 以上的岩心管。该岩心管在套取岩心的同时也保证了大孔的同心度。大孔采用湿法凿岩作业，为了保证水流顺利地从孔中流出，大孔要求具有 2°～3°的向上倾角。

（2）开凿锥形孔：开凿锥形孔的目的是保证之后的小孔与大孔产生一个过渡面，使得之后的空心包体能够顺利地放入小孔中。打锥形孔还有一个作用是可以磨平大孔孔底，保证小孔打在未受扰动的岩石内，避免打在没有折断的大孔岩心上。

（3）从锥形孔底开凿小孔：开凿小孔是重中之重，目的是放入空心包体，小孔要求与大孔具有高度的同心性，小孔开凿过程中要求凿岩机转速降低，以保证小孔表面光滑。小孔深度大约在 30cm，不能超过 32cm，也不能小于 26cm。小孔开凿完毕后需用水冲洗小孔，保证小孔中没有泥沙和其他杂物，以便后续黏接包体。

（4）洗孔：小孔开凿完成后需要用工业酒精对小孔进行清洗，采用滑轮组机具将润有酒精的棉布投送入小孔中反复清洗，直到小孔孔壁基本清洁。

（5）晾孔：清洗完小孔后不宜马上装探头，待小孔中水分与酒精等挥发完后方可安装。

（6）装探头：利用安装杆和定向器将预先准备好的探头装入小孔，保证安装到位并成功挤出胶体。

（7）胶结：一般使用的胶体为环氧树脂与固化剂的混合体，这种胶体固化需要16～24h。

（8）解除：用开凿大孔的取心钻头继续延深大孔，使小孔周围的岩心实现应力解除。应力解除引起的小孔变形或应变由包括测试探头在内的测量系统测定并记录下来，根据测得的数据再通过配套的计算软件即可求出小孔周围的原岩应力状态。空心包体应变法应力解除钻孔结构如图 2.2 所示。

2.1.4 主要仪器设备

地应力测试的硬件设备主要包括空心包体应力计结构、应变仪、定向仪、洗孔器、钻机、钻头、取心管和地质罗盘等。下面对其分别做简要介绍。

1. 空心包体应力计结构

本次测试采用中国地质科学院地质力学研究所研制的 TX-120 型空心包体三轴地应

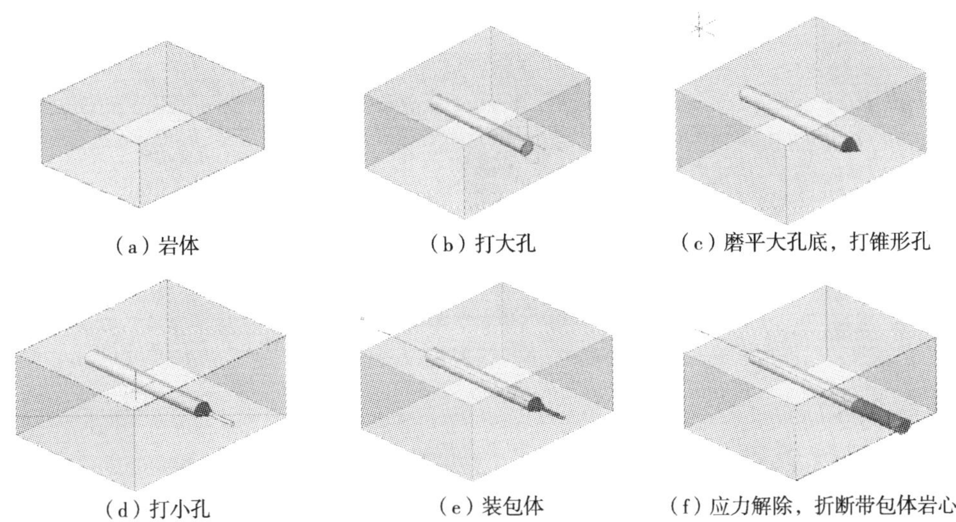

图 2.2　空心包体应变法应力解除过程

力计，应力计全长（不包括导向定位）290mm。直径 36mm（安装在 36.5～38mm 的小孔中），引出电缆长度为 15m，若有特殊要求可加长或减短。各应变片灵敏系数为 2.15。空心包体结构示意图及实物图如图 2.3 所示。

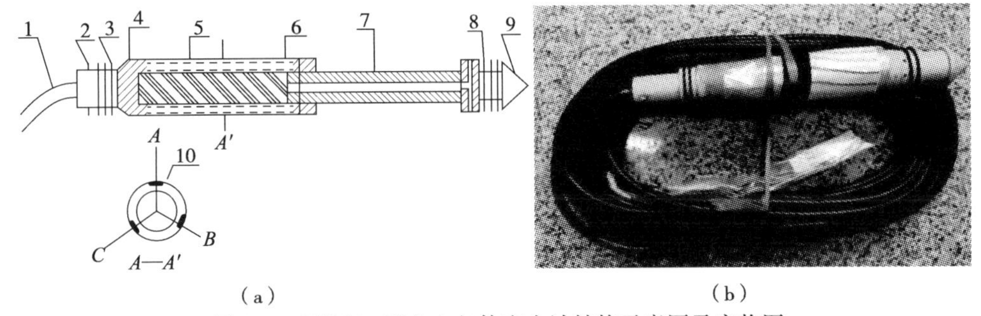

(a)　(b)

图 2.3　TX-120 型空心包体应力计结构示意图及实物图

1. 电缆；2. 定向销；3. 密封圈；4. 环氧树脂筒；5. 粘胶剂；6. 固定销；7. 柱塞；8. 导向杆；9. 导向头；10. 应变花

2. 应变仪

现场测试中，所使用的应变仪为北京泰瑞金星仪器有限公司研制生产的 KJ327-F 型应变仪，如图 2.4 所示。它是目前最先进的微处理芯片和 Flash 存储器及相关电子开关技术结合产品。主要技术指标如下。

精度：精度值为±0.1%。

分辨率：1 个με。

量程：双向±19999 με。

灵敏系数：0.001～999.999 数字设置。

适用电阻应变片阻值：60～1000Ω。

测量点数：8/16。

工作环境：0～35℃，海拔 1600m 以下，相对湿度<75%。

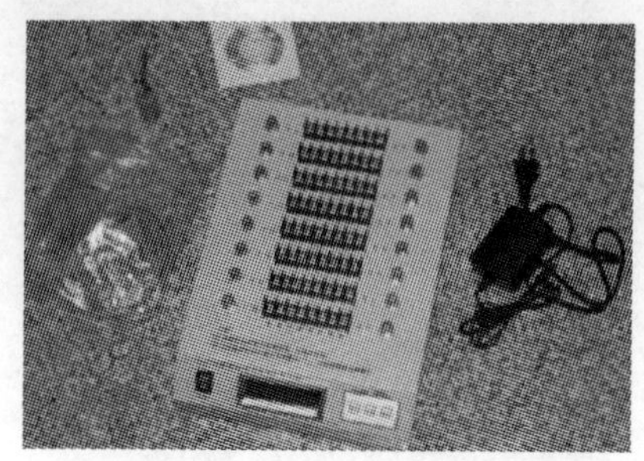

图 2.4　KJ327-F 型应变仪

3. 定向仪

在安装空心包体时，需要用到定向仪。它可以实时显示空心包体中标号为 A 的那组应变花与竖直方向的夹角。显示范围为 60°。顺时针方向为负，逆时针方向为正。定向仪主体部分由安装接头、定向盒、扶正器、扶正杆和显示器组成，如图 2.5 所示。

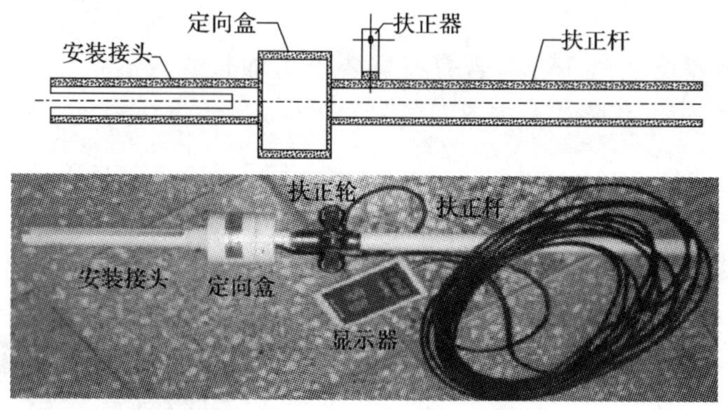

图 2.5　定向仪组装图及实物图

4. 洗孔器

洗孔器是打完小孔后对小孔进行清洗的设备。洗孔器安装示意图如图 2.6 所示，其中洗孔器端部一般缠一些棉纱，在洗孔前最好在棉纱上涂一些丙酮，如果没有丙酮也可用酒精代替；小孔洗好后要等待 3～5min，待小孔干燥后，可用定向仪安装传感器。

图 2.6　洗孔器

5. 钻机、钻头

地应力测试钻机为煤矿深孔钻车，钻机型号为 CMSI-3200/58，功率为 55kW，体积为 4800mm×1180mm×2250mm，转矩为 3200N，质量 M 为 7000kg，如图 2.7 所示。钻头为蕴镶金刚石钻头，外径为 133mm，如图 2.8 所示。

图 2.7　李村煤矿提供的钻机

图 2.8　取心管和钻头

6. 矿用地质罗盘

在解除结束后利用矿用地质罗盘（图 2.9）对方位与倾角进行测量，测量参数输入最后的计算软件即可。该组参数对计算中的地应力方向有很大影响，因此在测量时可多次测量或多人多次测量，以保证数据的准确性。

图 2.9　矿用地质罗盘

2.2 巷道围岩地应力测试

2.2.1 李村煤矿地应力测点选择

山西省长子县李村煤矿筹建于2007年，是山西潞安集团新近筹建的主力生产矿井之一，由于属于新建矿井，巷道围岩扰动较少。李村煤矿矿井地质条件复杂，矿区内断层、褶曲、陷落柱、河流冲刷、节理裂隙极为发育。李村煤矿目前初步设计主采煤层为3＃煤层，平均厚度达6m，煤层平均倾角为10°。为了对矿井的巷道布置设计提供依据，本次地应力测量在矿区先后进行了三次，一共选取了7个测点，并成功得出数据。选择的测点位置在李村煤矿最新采掘进度平面图上标识，如图2.10所示[16,17]。

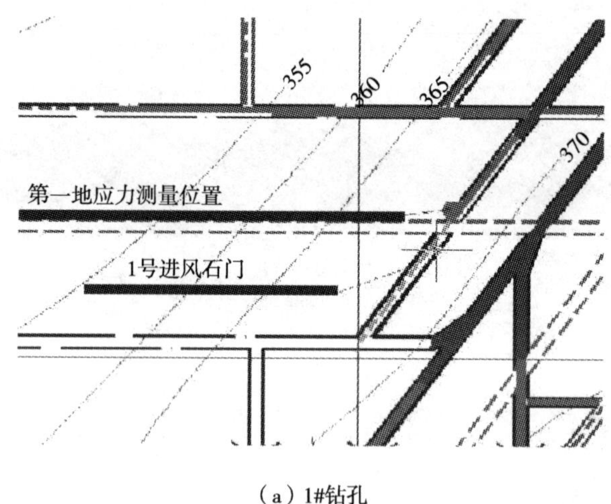

（a）1#钻孔

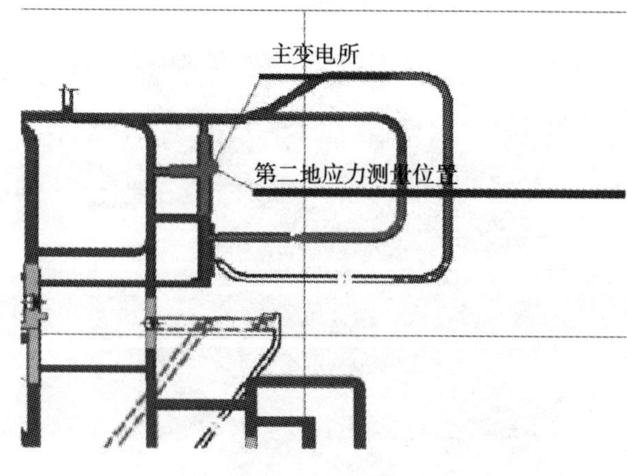

（b）2#钻孔

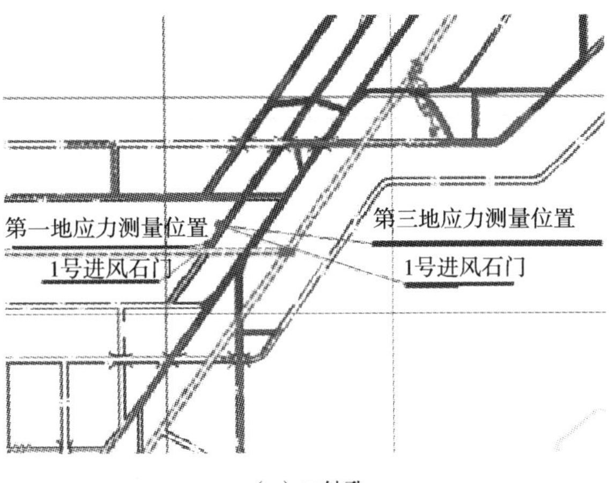

（c）3#钻孔

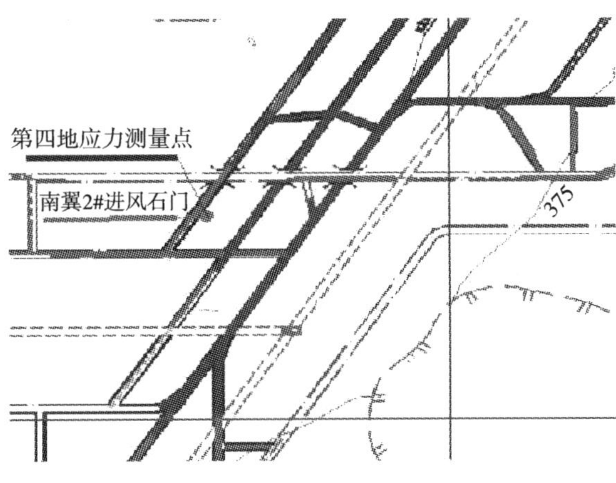

（d）4#钻孔

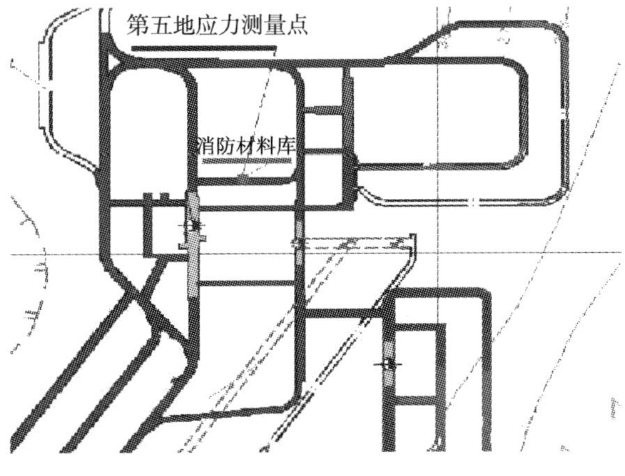

（e）5#钻孔

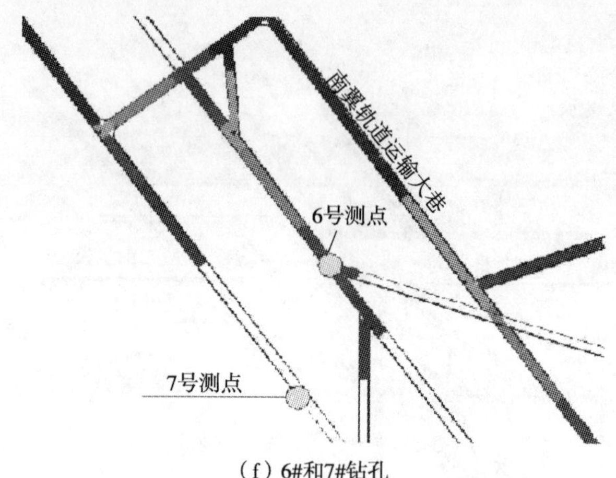

(f) 6#和7#钻孔

图 2.10　潞安李村煤矿地应力测站布置图

2.2.2　现场地应力测量

根据上面介绍的测试方法，我们打了 7 个钻孔，各钻孔参数情况如表 2.2 所示。

表 2.2　钻孔参数统计表

测点	深度/m	位置	钻孔			
			孔深/m	方位角/(°)	倾角/(°)	转角/(°)
1#	650	1#进风石门	9.5	285	2	−47.7
2#	650	主变电所	9.0	85	2	−52.8
3#	650	1#进风石门	10.5	292.5	2	−17.7
4#	650	南翼 2#进风石门	8.5	120	5	−1
5#	650	消防材料库	9.0	35	4	1
6#	553	南翼皮带运输大巷	8.4	177	3.3	26.2
7#	560	南翼进风大巷	8.8	196	3	22.3

现场钻孔取心解除后得到带包体的岩心如图 2.11 所示。

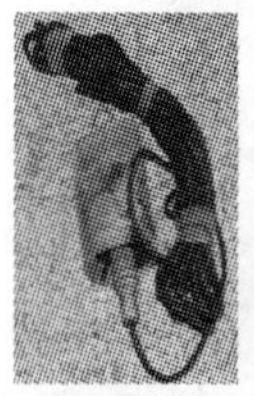

(a) 1#钻孔岩心

(b) 2#钻孔岩心

(c) 3#钻孔岩心

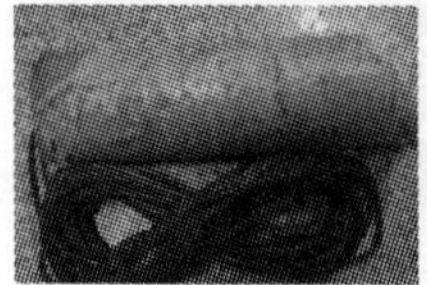
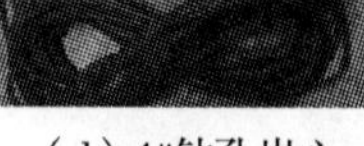

(d) 4#钻孔岩心

(e) 5#钻孔岩心

(f) 7#钻孔岩心

图 2.11　典型钻孔空心包体解除岩心

按照所述操作流程进行空心包体应力解除法测量地应力，7 个测孔数据如图 2.12 所示。

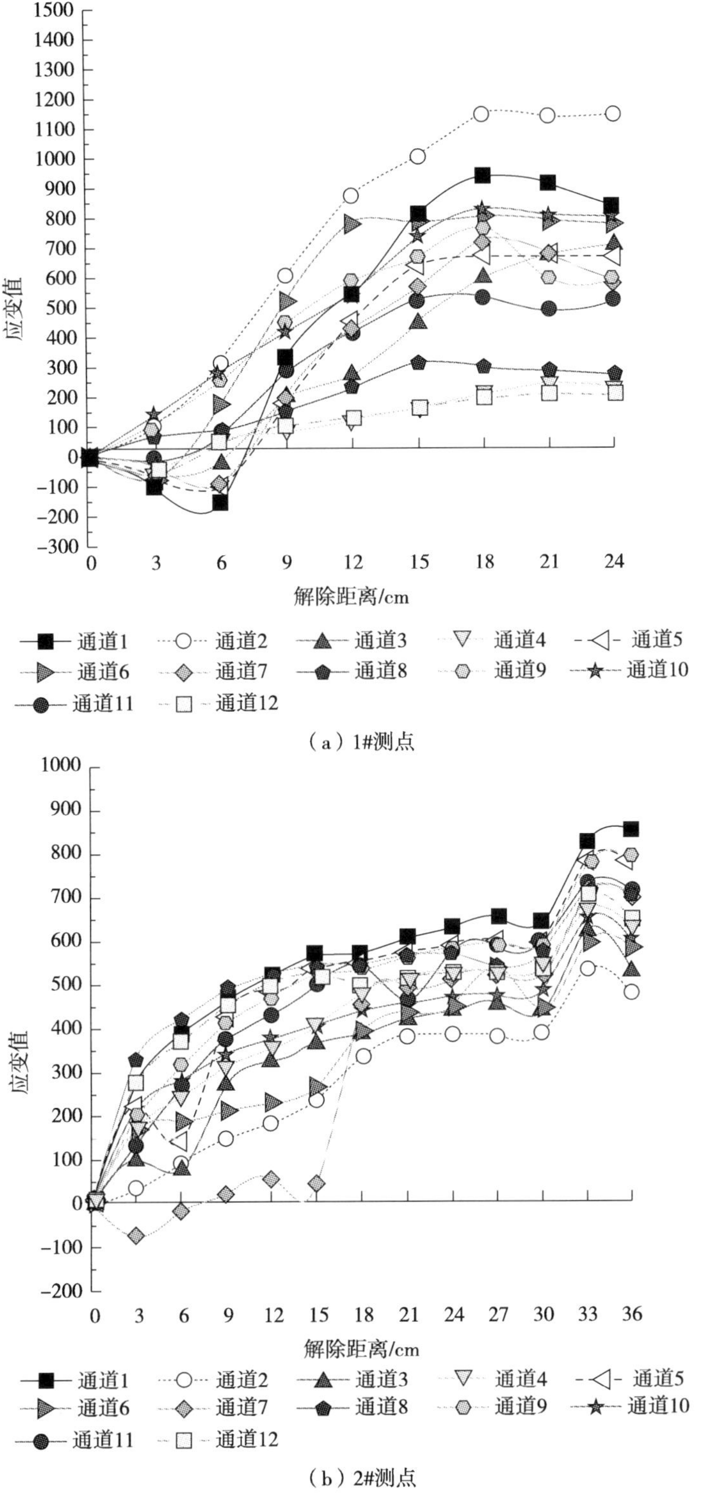

（a）1#测点

（b）2#测点

应变值
解除距离/cm
通道1
通道2
通道3
通道4
通道5
通道6
通道7
通道8
通道9
通道10
通道11
通道12
应变值
解除距离/cm
通道1
通道2
通道3
通道4
通道5
通道6
通道7
通道8
通道9
通道10
通道11
通道12

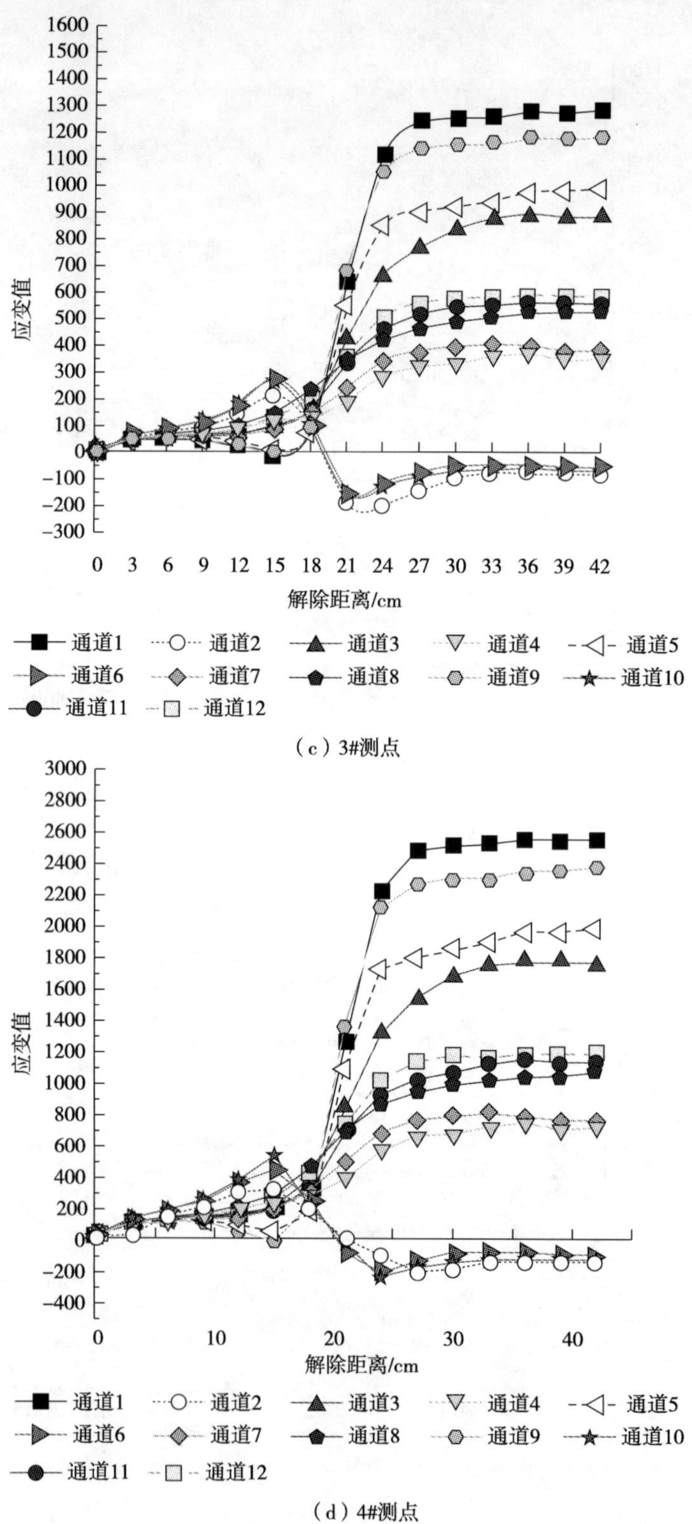

（c）3#测点

（d）4#测点

900
800
700
600
500
400
300
200
100
0
−100
−200
−300
应变值
0
10
20
30
40
解除距离/cm
通道1
通道2
通道3
通道4
通道5
通道6
通道7
通道8
通道9
通道10
通道11
通道12

（e）5#测点

1500
1400
1300
1200
1100
1000
900
800
700
600
500
400
300
200
100
0
−100
应变值
0 3 6 9 12 15 18 21 24 27 30 33 36 39 42
解除距离/cm
通道1
通道2
通道3
通道4
通道5
通道6
通道7
通道8
通道9
通道10
通道11
通道12

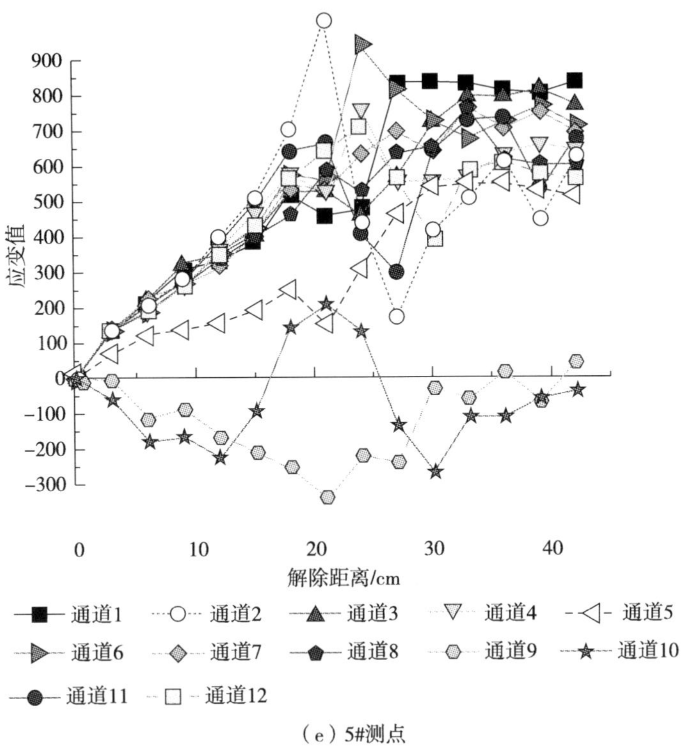

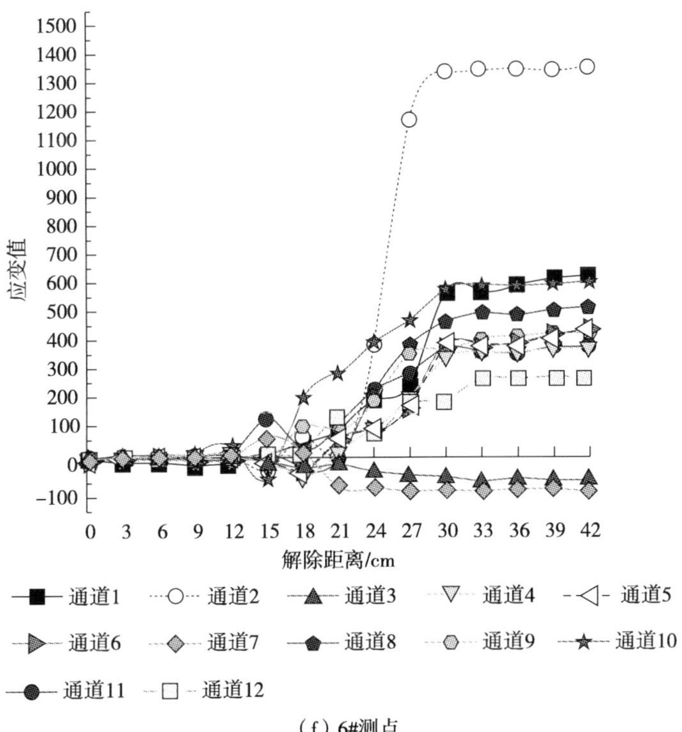

（f）6#测点

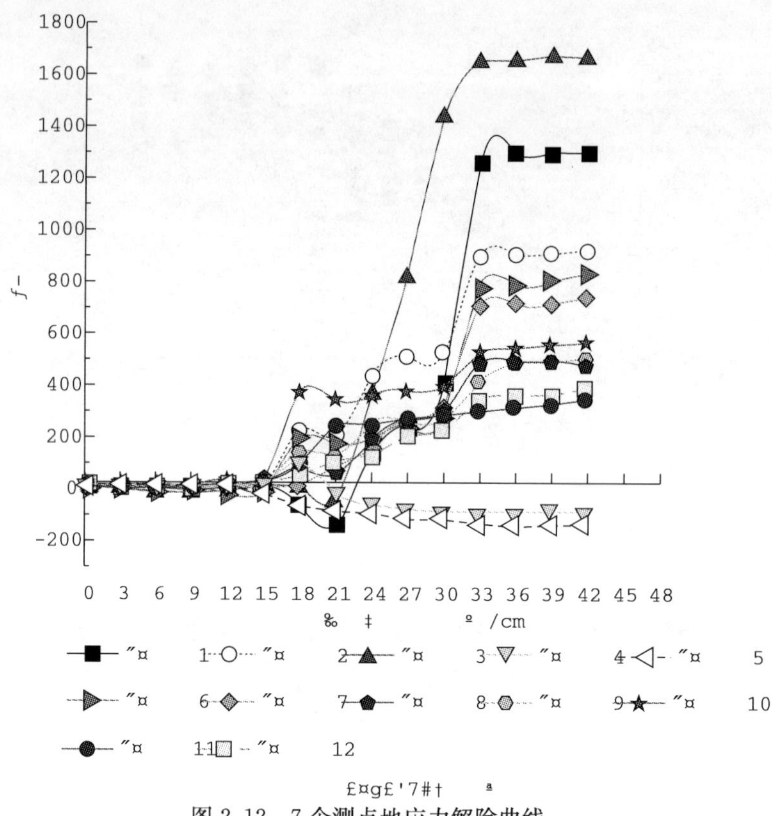

图 2.12　7 个测点地应力解除曲线

2.2.3　岩石弹性常数的确定

为计算地应力，在获得应力解除曲线后需测量岩石的弹性常数，如弹性模量和泊松比，并且其取值精度直接关系到地应力计算结果，因此需准确获得测点位置的岩石弹性常数。一般直接采用率定仪现场获得弹性模量和泊松比，但误差较大。我们采用实验室测试方法获得上述两个物理参数。

本次实验取离测点最近的大孔岩心，加工成标准试件，通过室内试验得到其弹性常数。标准岩石试件尺寸为 Φ50mm×100mm，每个测点制作标准岩石试件 3 个（图 2.13），在力学试验机上进行单轴压缩试验。试验采用长春朝阳试验机有限公司生产的 TAW-2000 微机控制电液伺服岩石三轴试验机，如图 2.14 所示。TAW-2000 微机控制电液伺服岩石三轴试验机是目前国内最先进的、功能最全的岩石力学试验系统。试验机配置了德国 DOLI 公司原装进口的 EDC 全数字伺服控制器，以及美国进口 MOOG 公司的伺服阀、岩石引伸计、高低温系统、数字式声波分析系统、围压系统及孔隙水压系统。试验机具有轴压、围岩、孔隙水压和温度独立闭环控制系统。主机采用美国 MTS 三轴主机结构，刚度大于 10GN/m，轴压 2000kN，围压 100MPa，孔隙水压 60MPa，温度－50℃～200℃，试件直径 25～100mm，最小采样时间间隔为 1ms。可进行单轴、三轴应力-应变全过程试验，恒速、变速、循环加卸载及多种波形控制试验，以及孔隙水和高低温特性试验等。试验采用微机控制，实时显示试验全过程。加载试验后破坏试件如图 2.15 所示。

图 2.13 钻孔岩心加工出的试件图

图 2.14 TAW-2000 电液伺服岩石三轴试验机

图 2.15 加载试验后试件

根据实时记录的轴向与环向应力应变关系，如图 2.16 所示，可以得到岩心的弹性模量与泊松比。

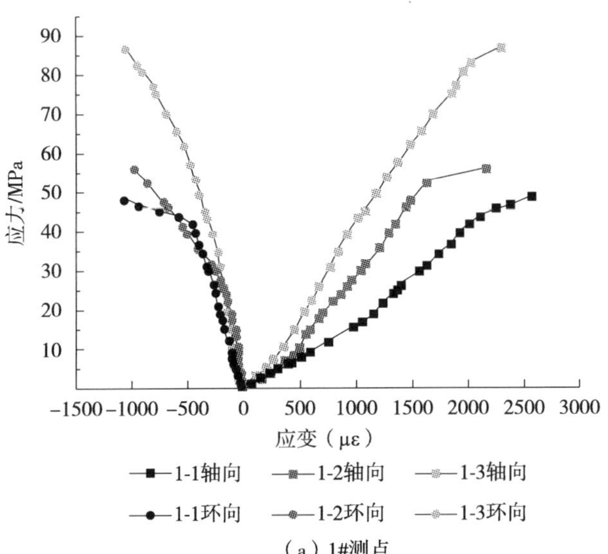

（a）1#测点

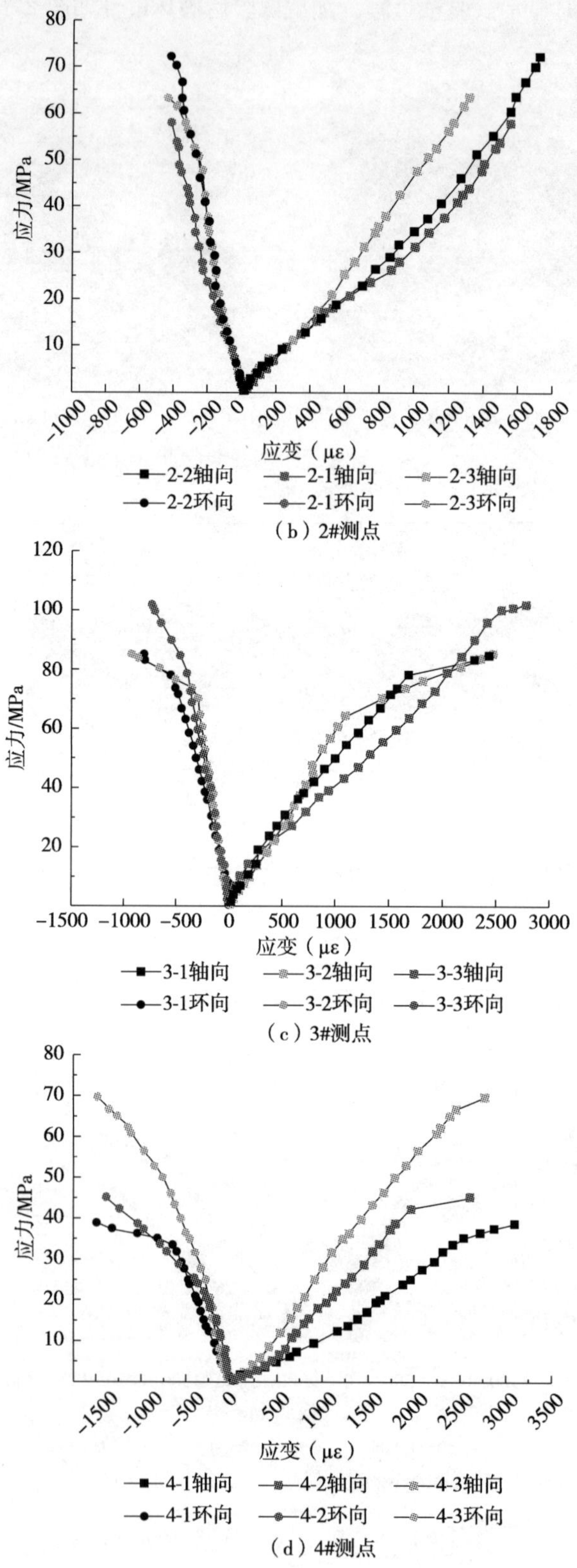

（b）2#测点

（c）3#测点

（d）4#测点

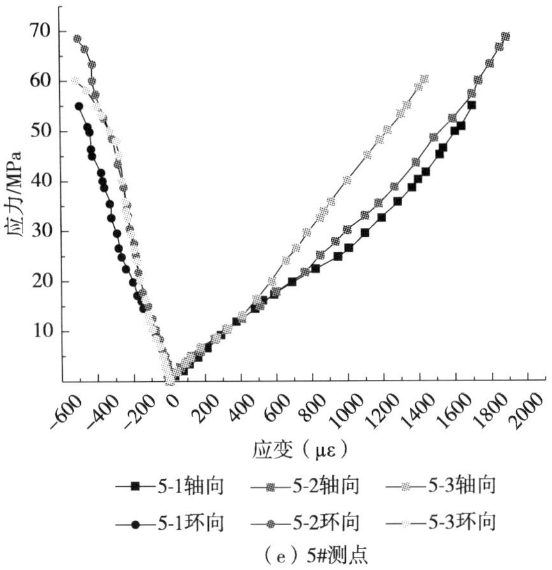

（e）5#测点

图 2.16　典型岩石破坏实验曲线图

通过单轴压缩实验得到如下地应力计算参数，如表 2.3 所示。

表 2.3　李村矿区地应力计算参数汇总表

岩石组别	单轴抗压强度/MPa	弹性模量/GPa	泊松比
1＃测点	64.04	29.88	0.251
2＃测点	64.40	35.51	0.232
3＃测点	90.87	49.32	0.24
4＃测点	51.23	19.92	0.21
5＃测点	61.18	31.53	0.22
6＃测点	72.97	25.35	0.185
7＃测点	73.53	48.37	0.211

2.2.4　李村煤矿地应力测试结果

根据实测的应变数据、测点岩石力学参数及钻孔的几何参数，由中国地质科学院地质力学研究所提供的地应力计算软件，即可分析计算得出该测点的地应力分量及主应力的大小和方向。李村煤矿地应力测量结果如表 2.4 所示。

表 2.4　李村煤矿地应力测量结果汇总表

测点	深度/m	钻孔位置	分析结果			
			主应力	值/MPa	方位角/(°)	倾角/(°)
1	650	1＃进风石门	σ_1	26.9	203.4	−0.1
			σ_2	11.9	13.6	60.7
			σ_3	9.8	107.3	29.3

续表

测点	深度/m	钻孔位置	分析结果			
			主应力	值/MPa	方位角/(°)	倾角/(°)
2	650	主变电所	σ_1	27.9	268.4	−3.6
			σ_2	17.8	−4.7	40.5
			σ_3	17.5	182.6	49.3
3	650	1#进风石门	σ_1	32.8	202.6	−3.7
			σ_2	27.8	−67.1	−81.4
			σ_3	10.5	112.7	−8.6
4	650	南翼 2#进风石门	σ_1	26.2	218.0	−19.0
			σ_2	22.3	−62.4	−69.3
			σ_3	6.8	130.8	−7.9
5	650	消防材料库	σ_1	18.9	214.3	−3.6
			σ_2	12.3	−54.5	−18.3
			σ_3	7.4	113.7	−71.3
6	553.4	南翼皮带运输巷	σ_1	26.58	314.3	−25.2
			σ_2	12.69	−85.2	−21.2
			σ_3	11.13	119.9	56.0
7	560.1	南翼进风大巷	σ_1	25.79	305.8	7.6
			σ_2	14.53	−75.8	58.4
			σ_3	10.81	60.8	−30.4

李村地应力测量所选地点分别为1#进风石门、主变电所、1#进风石门、南翼2#进风石门、消防材料库、南翼皮带运输巷和南翼进风大巷。目的就是想通过有限个测点的测量掌握矿井深部总体地应力分布规律，为后面采用有限元软件反演做准备，以及为矿井后期深部煤炭资源开采提供科学依据。

根据测量数据分析，3#测点的地应力相对偏高，考虑到特殊构造及3#所处的位置（在1#进风石门和石门联络巷的临近区域），最终认为3#测点数据依然可靠。而5#测点地应力测值较低，初步分析是由于5#测点所处位置为消防材料库，巷道分布错综复杂，原岩应力受巷道人工开挖的影响较大，测点刚好处于地应力应力集中峰值之后的急剧卸压地带，此测点能够初步反映出该区域应力干扰大、分布不均衡及应力变化梯度明显的特征，此处巷道支护体极易由于高应力梯度产生受力不均衡现象。其预测点特征明显，可信度较高，均可看作工业矿区地应力的普遍特征。

李村矿成功地把空心包体应力解除法应用在煤矿大断面巷道地应力测试，得到实测的7个测点的实测应力值，并且计算出矿区最大主应力与水平方向夹角较小，不超过30°；第二主应力近似垂直，与铅垂面夹角不超过30°；最大主应力位于水平方向，其值为自重应力的1.21～1.85倍。因此，测量结论认为矿区原岩应力场以水平构造应力场为主导；并且最大水平主应力的走向总体上为西北方向，该结论得到了李村矿的认可，并用于指导巷道设计布置。

2.3　基于非连续变形分析方法的二维地应力反演

2.3.1　李村煤矿地质资料分析

李村矿井内大部分被第四系黄土所覆盖，仅中部出露二叠系上统石千峰组下段（P_2sh^1）地层。该矿区断裂构造简单，仅在工业广场的北部控制范围之外发现一条北东向断层 FL1 断层，该断层延展长度为 220m，落差为 0～8m。另外，还有两条断层（FL2、FL3 断层），在严格的地质意义上应为环状断陷，在 3＃煤层上表现为高角度的逆断层，并在 15＃煤层上基本上与 X3 陷落柱合二为一，因此这两条断层应归为环状或半环状的不完全断陷。

通过对李村煤矿提供的地质资料分析得知矿区陷落柱的详细情况如下。

（1）X1 陷落柱：位于工业广场西北，本次三维地震勘探控制范围外侧，距 0～4＃钻孔约 200m。平面上该陷落柱的长轴方向为近南北向，为不规则的椭圆形状，在 3＃煤层上该陷落柱的长轴长 110m，短轴长 65m，断陷面积约为 0.006km^2；在 15＃煤层上该陷落柱的长轴长 150m，短轴长 100m，断陷面积约为 0.013km^2。纵向上为上小下大的圆锥形状。陷落柱的断陷高度约为 150m。

（2）X2 陷落柱：位于工业广场以北，本次三维地震勘探控制范围附近，距原副检钻孔约 400m。平面上该陷落柱的长轴方向为近东西向，为不规则的梨状形态，在 3＃煤层上该陷落柱的长轴长 195m，短轴长 100m，断陷面积约为 0.016km^2；在 15＃煤层上该陷落柱的长轴长 220m，短轴长 143m，断陷面积约为 0.024km^2。纵向上为上小下大的圆锥形状。陷落柱的断陷高度约为 200m。

（3）X3 陷落柱：位于工业广场原副检钻孔的西北侧。平面上该陷落柱的长轴方向为北西向，与 FL2 断陷断层所围成的断陷形成不规则的串珠状形态，平面形状不规则。在3＃煤层上该陷落柱的长轴长 170m，短轴长 195m，断陷面积约为 0.031km^2；在 15＃煤层上该陷落柱的长轴长 300m，短轴长 358m，断陷面积约为 0.079km^2。纵向上为上小下大的多头圆锥形状。陷落柱的断陷高度约为 100m 及 250m 不等。如果包括 FL2 及 FL3 断陷断层在内，该陷落柱在 3＃煤层上的长轴长 345m，短轴长 295m，断陷面积约为 0.061km^2；在 15＃煤层上的长轴长 450m，短轴长 358m，断陷面积约为 0.10km^2。

（4）X4 陷落柱：位于工业广场三维地震勘探西边界 0～4＃钻孔以南约 400m 处。平面上该陷落柱的长轴方向为北西向，平面上为较扁的不规则椭圆形状。在 3＃煤层上该陷落柱的长轴长 50m，短轴长 200m，断陷面积约为 0.004km^2；在 15＃煤层上该陷落柱的长轴长 143m，短轴长 67m，断陷面积约为 0.008km^2。纵向上为上小下大的圆锥形状。陷落柱的断陷高度约为 160m。

（5）X5 陷落柱：位于工业广场原副检孔东南约 400m 处。平面上该陷落柱的长轴方向为北西向，平面上为较扁的不规则椭圆形状。在 3＃煤层上该陷落柱的长轴长 200m，短轴长 165m，断陷面积约为 0.028km^2；陷落柱的断陷坡度较缓，因此在 15＃煤层上该陷落柱的长轴长 143m，短轴长 292m，断陷面积约为 0.051km^2。纵向上为上小下大的圆锥形状。断陷高度约为 160m。

(6) X6 陷落柱：位于首采区西南部道场庙村庄以南 550m，本次三维地震勘探南部控制边界附近。平面上该陷落柱的长轴方向为北西向，平面上为较规则的椭圆形状。在 3＃煤层上该陷落柱的长轴长 160m，短轴长 108m，断陷面积约为 0.014km^2；在 15＃煤层上该陷落柱的长轴长 240m，短轴长 165m，断陷面积约为 0.030km^2。纵向上东西方向上显示为上小下大的圆锥形状，而在沿该陷落柱的长轴方向上则显示为一双头圆锥形状。

2.3.2 李村煤矿二维地应力反演模型

李村煤矿地应力测试结果显示，水平主应力是垂直主应力的 1.2～1.8 倍，可见水平构造应力很大，是三个主应力中最危险的一个应力；而垂直主应力可近似通过传统的计算方法估算得到。我们只获得了 7 个测点的地应力，因此对整个矿区的地应力我们并没有一个全局的了解。如果增加测点，我们会获得更多的测量数据，但这涉及更多的人力、物力和财力问题，因此通过有限的地应力数据来反演更大范围的地应力显得非常有意义。由于陷落柱周围通常较为危险，因此为了获得陷落柱附近的地应力分布情况，我们选取其附近的 5 个测点进行模拟反演，取水平断面为平面应力反演对象，水平断面的海拔为 355m。另外，再选取一个典型垂直断面，分析其巷道围岩稳定性，并对相应支护做出评价。根据地应力测点的布置位置和矿区巷道的走向及目前巷道的完成现状，确定矿区模拟范围。

以主井底部标高做水平断面，由于所测地应力为原岩应力，这里不考虑巷道布置的影响，也不考虑垂直主应力的影响。通过现场实测三维地应力，求其在水平面投影分量的应力张量，利用 DDA 方法，反演出该水平断面下矿区二维地应力的分布。具体断面见图 2.17。

根据 3＃煤层在综合柱状图中给出的空间探测位置，通过四个测点的差值计算，求得 3＃煤层的空间产状，其平面法向的走向是北偏西 72.14188°，倾角 3.69285°。同理，其他岩层构造以此类推，这里平均的认为其他岩层的走向、倾角同 3＃煤层。通过地质统计规律，又选取另一组弱结构面，其法面与 3＃煤层相垂直。根据这两组结构面，可以建立 DDA 计算模型，如图 2.18 所示。

模型中共设立了四个监测点，其位置见图 2.18，通过布置的监测点可以监测到对应监测点区域应力的变化过程，最终给出该点对应块体的应力值。五个地应力测点在图 2.18中也有表示。通过五个点的地应力测试结果，可以反演出该模型区域内的应力分布情况。

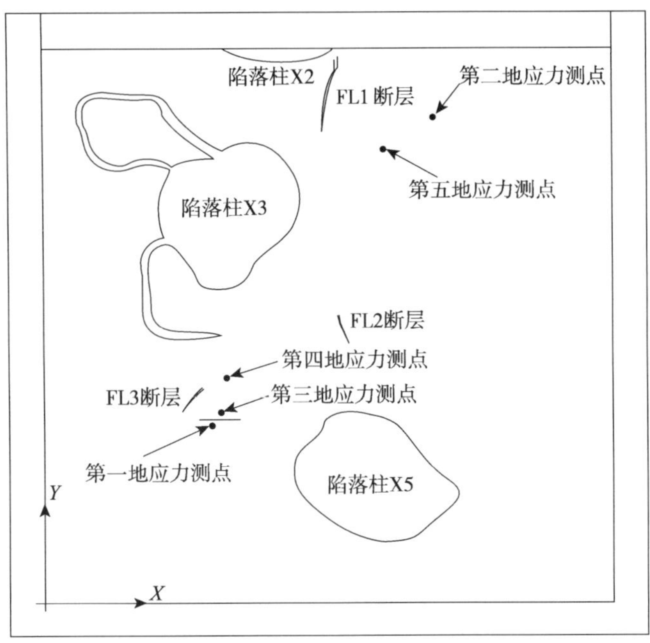

图 2.17　水平断面模型（框架）

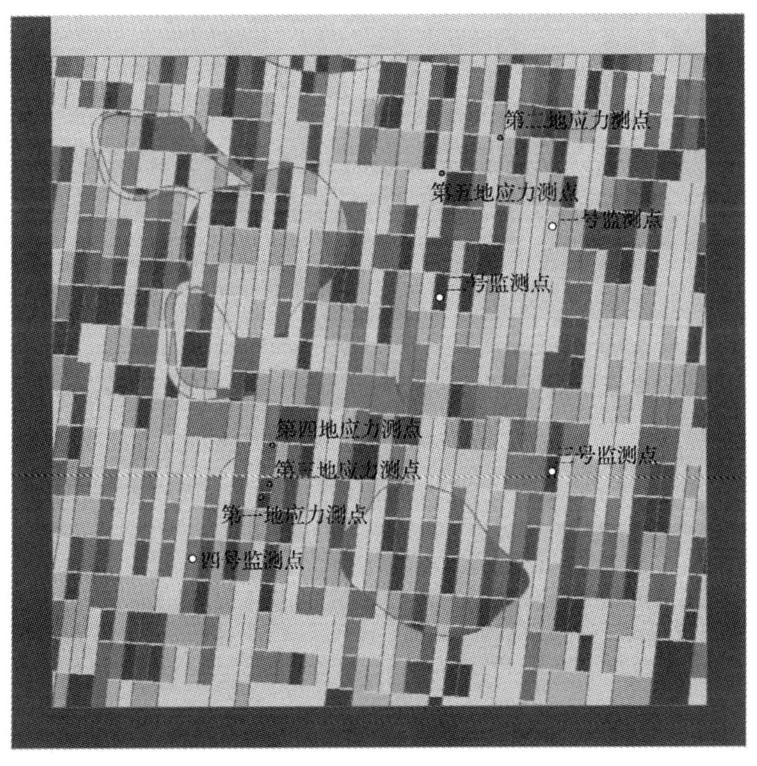

图 2.18　水平断面 DDA 计算模型

2.3.3 李村煤矿二维地应力反演分析

1. 水平断面模拟参数选取

本模型中断层、陷落柱及岩体结构面所选取的参数见表 2.5。

表 2.5 结构面参数

断层说明	摩擦角/(°)	黏聚力/MPa	抗拉强度/MPa
断层、陷落柱	5	0	0
普通岩体结构面	25	3	3

模型中岩石材料的密度为 2.65kg/m^3，弹性模量为 54.52GPa，泊松比为 0.298。为了使迭代应力更快收敛，在初始模型块体中加入初始应力，该取值是根据五个地应力测试结果得来，见表 2.6。

表 2.6 初始迭代应力取值参数

钻孔编号	X 轴方向应力/MPa	Y 轴方向应力/MPa	剪切方向应力/MPa
1＃测点	26.022	11.243	−3.723
2＃测点	27.904	17.693	0.278
3＃测点	14.16	29.608	7.812
4＃测点	14.904	17.969	9.19
5＃测点	13.964	16.692	3.24
平均值	19.3908	18.641	3.3594

此处，水平断面的模拟计算及初始迭代应力用的就是这五个地应力测试结果在水平面投影值的平均值。

2. 水平断面模拟计算结果及分析

计算采用的是动力学计算模拟方式，总计算时步为 2000。计算过程中，起始计算时步是将整体模型块体的初始应力设置好，时刻以五个地应力测点的结果为应力源，一直布置在测点对应的块体模型中，直到整个模型区域内应力变化很小且在设定的误差范围内时，停止计算。图 2.19 给出了计算过程中典型时步所对应的应力云图[16]。

在计算过程中，先是在陷落柱周围出现明显的应力集中；随着迭代计算累加，陷落柱以外较远的区域应力也逐渐增加，并与应力集中区域的应力相差逐渐减少，但应力集中区域应力依然很高。当撤掉初始应力的迭代后，模型范围内的应力攀升速度就会减慢，随之变化的是各个地应力测点的应力迭代变化，此时五个地应力测点的应力始终以实测应力为初始应力，反复的迭代，直到五个点的计算应力值在设定的计算误差范围内，则认为该结果为反演的最终应力场。图 2.20 是最终计算给出的主应力线场分布图。

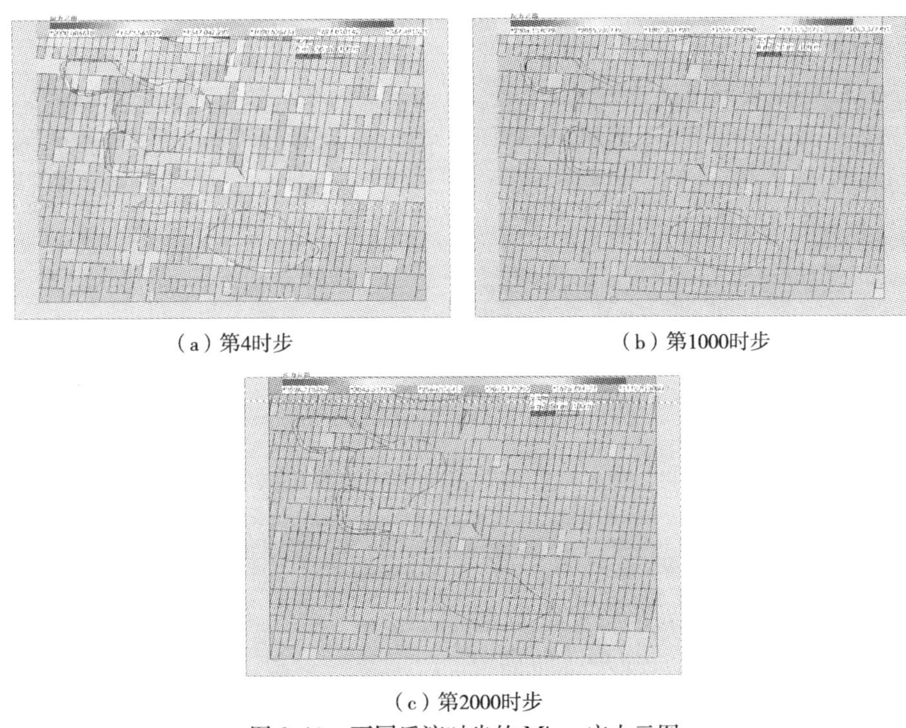

（a）第4时步　　（b）第1000时步

（c）第2000时步

图 2.19　不同反演时步的 Mises 应力云图

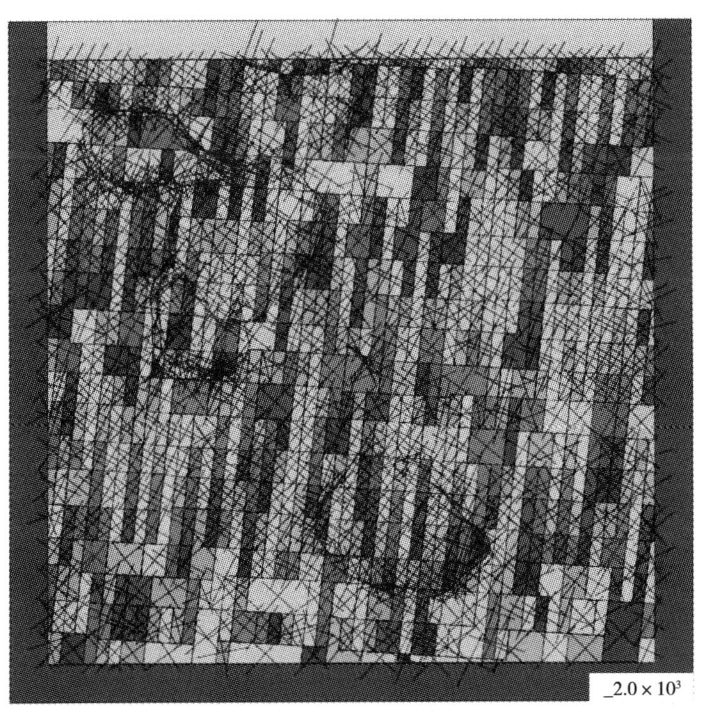

图 2.20　主应力线场分布图

从主应力线场分布图中可以看出，在陷落柱周围主应力线比较密集，且主应力线的长度较远离陷落柱区域的主应力线要长些，即陷落柱区域的应力大。从整体看，主应力场方向以西南或东北走向为主，这与实际情况较为吻合。

在利用非连续变形分析方法反演全场应力分布过程中，根据之前设定的参数，程序最后输出每个块体的形心坐标和该块体所对应的三个应力分量 σ_x，σ_y，τ_{xy}，经计算后得到两个主应力 σ_1 和 σ_2。通过采用 Sufer 软件的线性插值算法，将整个模型的各应力分量做了平滑处理，最终绘制出该区域各应力量的分布云图，具体见图 2.21～图 2.23。

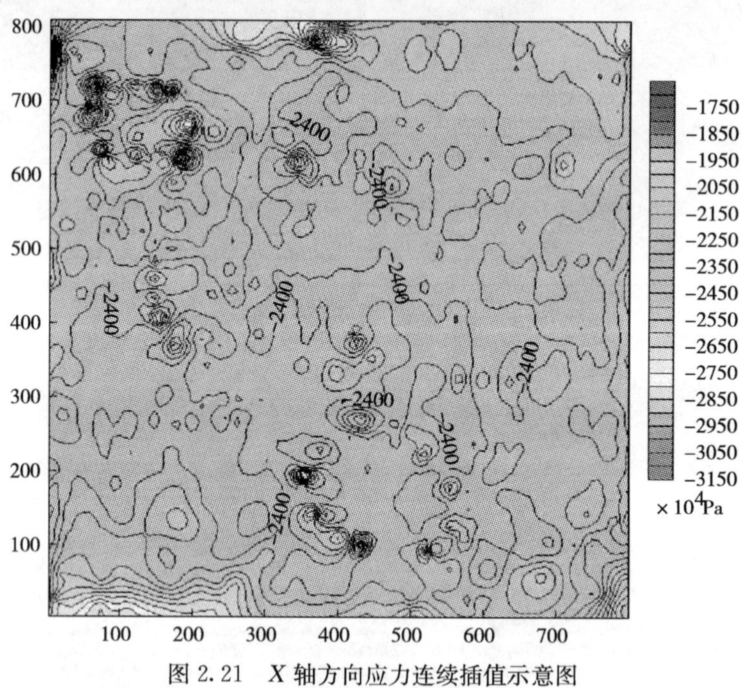

图 2.21　X 轴方向应力连续插值示意图

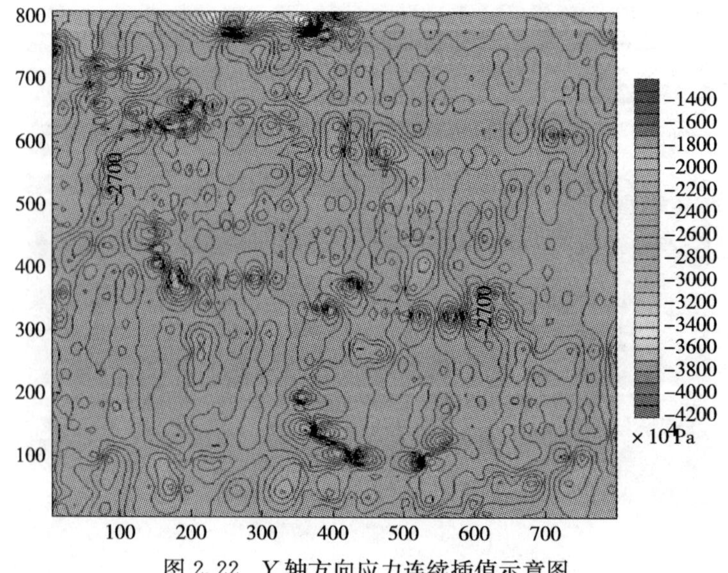

图 2.22　Y 轴方向应力连续插值示意图

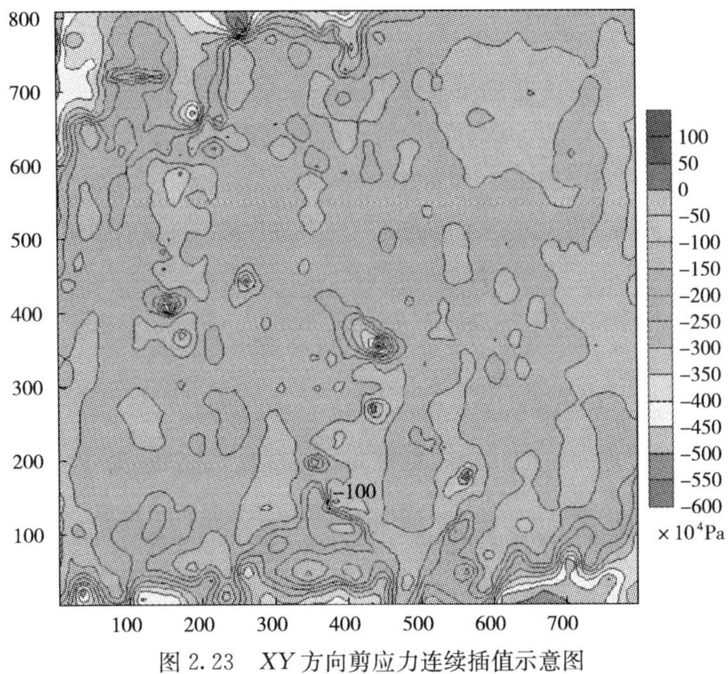

图 2.23　*XY* 方向剪应力连续插值示意图

图 2.21 显示，模型中间区域的 σ_x 分布相对比较均匀，大约都为 24MPa。在陷落柱周围的岩体，σ_x 值相对比较高，但不是沿着陷落柱周围连续均匀的分布，而是非连续的有几处应力集中区，这些小的区域分别环绕着三个陷落柱。在模型整体的西南区域和东北区域的 σ_x 应力值较高于模型东南区域和西北区域，在西南区域和东北区域 σ_x 有整体应力集中的趋势。

图 2.22 显示，模型中间区域的 σ_y 分布相对比较均匀，和 σ_x 分布云图相比，基本上呈现的规律大致相同，σ_y 值大约都为 23MPa。在陷落柱周围的岩体，σ_y 非连续的零星的有几处应力集中区，这些小的区域分别环绕着三个陷落柱。在模型整体的西北区域，σ_y 值有明显的应力集中区，其原因是受陷落柱 X2 的影响，陷落柱周围岩体有应力集中趋势。

图 2.23 显示，模型中间区域的 τ_{xy} 分布相对比较均匀，τ_{xy} 值大约都为 1.5MPa。在陷落柱 X5 的北部有一处应力集中区，而在南部有三处应力非常低的区域。同样，陷落柱 X3 的北部也有一个应力集中区。在整体模型的西北区域和东南区域，分布的 τ_{xy} 值较中间区域值要高。

观测第一主应力云图 2.24 可知，模型中间区域的 σ_1 分布相对比较均匀，该值大约为 25MPa。在陷落柱周围的岩体，σ_1 有几处应力集中区，这些小的区域分别环绕着三个陷落柱。受陷落柱 X2 的影响，在模型整体的西北区域，σ_1 值有明显的应力集中区。

由第二主应力云图 2.25 可知，模型中西南区域和东北区域的 σ_2 值相对比较高，其整体分布不均匀，平均大约为 23MPa。在陷落柱周围的岩体，σ_2 值相对比较低，零星的有几处应力较低区域，环绕着三个陷落柱。在模型整体的西南区域和东北区域的 σ_2

应力值较高于模型东南区域和西北区域，在西南区域和东北区域 σ_2 有整体应力集中的趋势。

在利用非连续变形分析方法反演整体矿区地应力的计算过程中，程序实时记录了观测点对应块体的应力变化过程。针对设立的四个观测点，绘制出该块体对应的应力分量随时间变化的关系图，如图 2.26～图 2.29 所示。

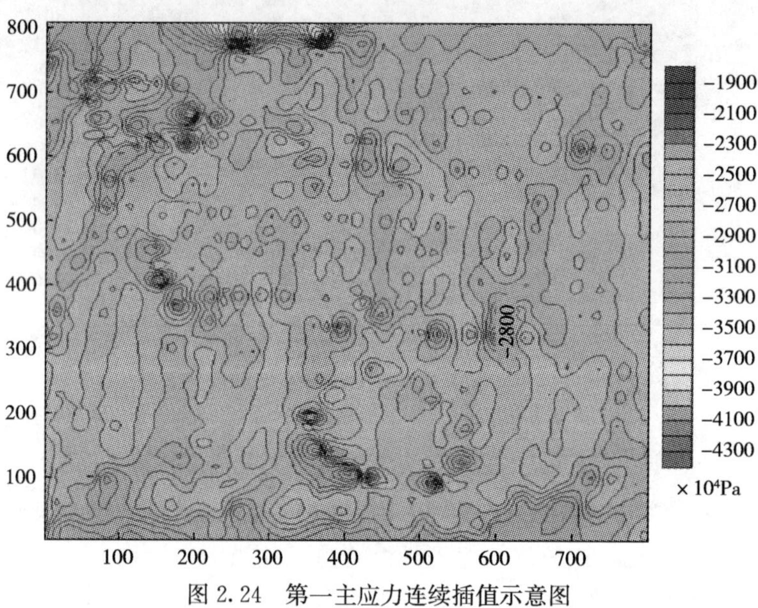

图 2.24　第一主应力连续插值示意图

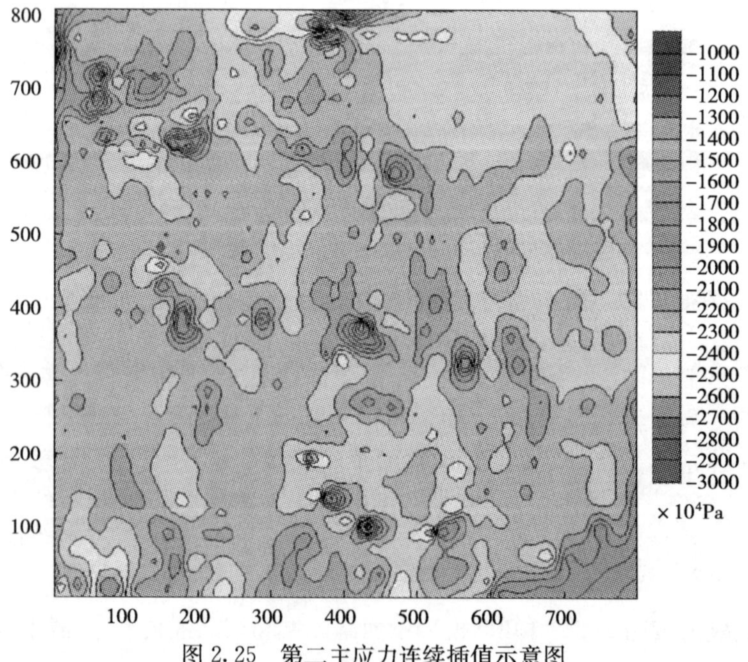

图 2.25　第二主应力连续插值示意图

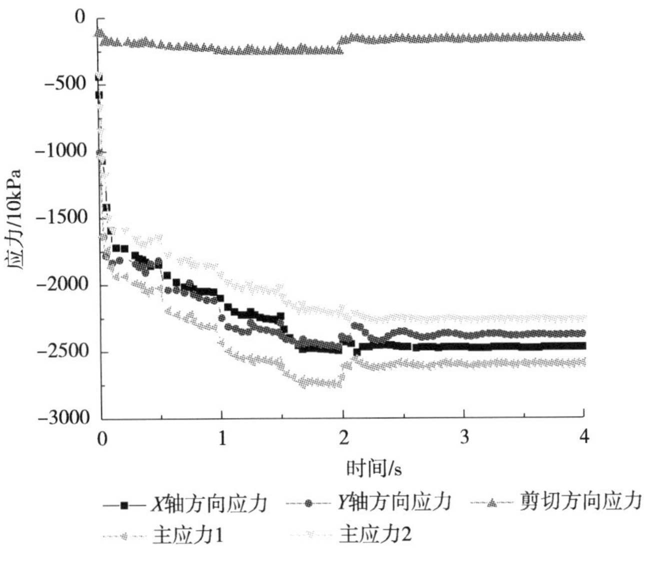

图 2.26　1＃观测点应力随时间变化关系

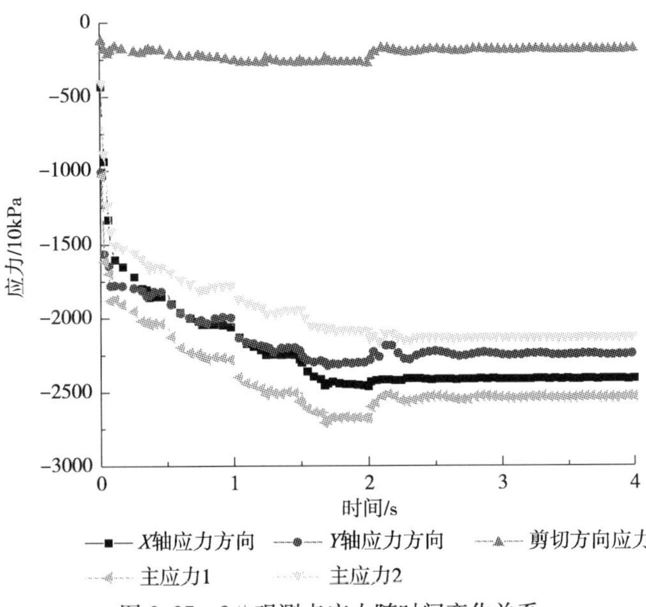

图 2.27　2＃观测点应力随时间变化关系

综合以上四个观测点数据可以发现，最大主应力的应力平均值大约为 27MPa，第二主应力的值大约为 21MPa。4＃监测点提取的应力值要较高一些，大约高出前三个监测点各应力平均值为 2MPa。由于这四个监测点均布置在计算模型的中间区域，所以各点应力值相差不大。这也和上述各应力分量云图的分析结果相对应。矿区通过空心包体应力减除法实测得到的平均最大主应力值为 26.54MPa，利用非连续变形分析方法反演出的最大水平主应力与实测平均值相比非常贴近，比较吻合，这说明基于非连续变形分析方法反演出的矿区应力场分布规律能够较吻合实际矿区应力场的分布规律。

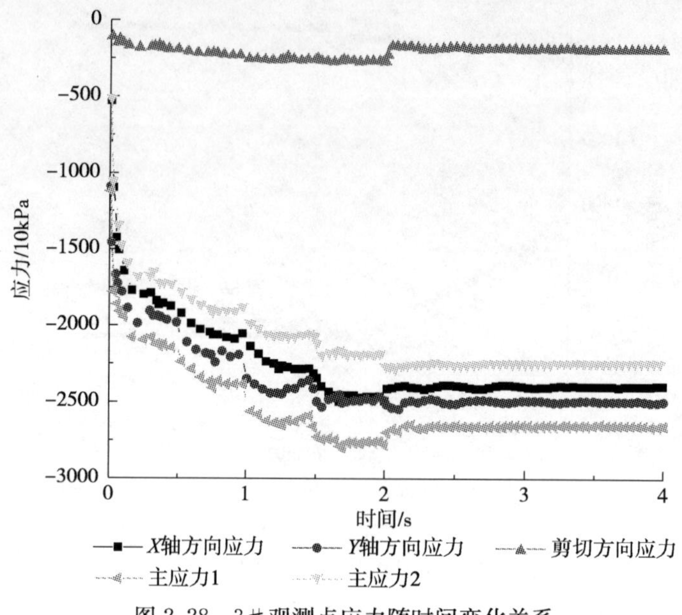

图 2.28　3＃观测点应力随时间变化关系

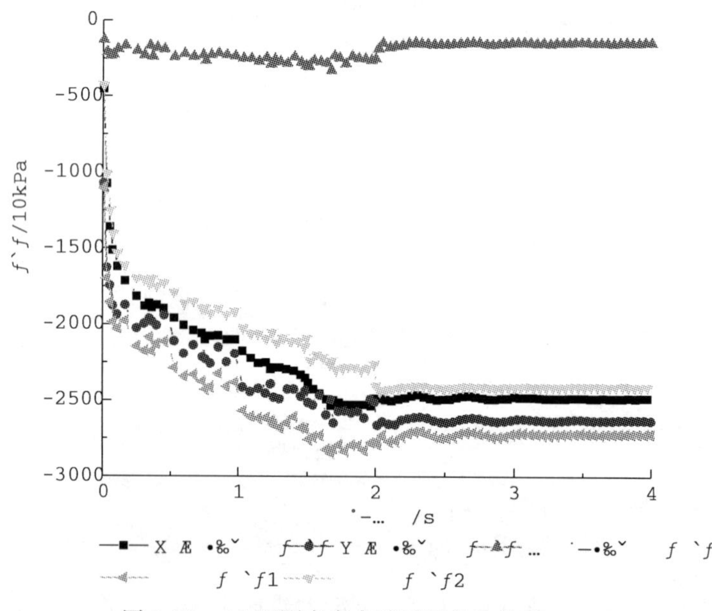

图 2.29　4＃观测点应力随时间变化关系

3. 水平断面地应力模拟结论

非连续变形分析方法反演分析得出矿区水平最大主应力大约为 27MPa。矿区中部应力分布比较均匀，在陷落柱、断层局部会有应力集中现象出现。

在陷落柱 X2 和陷落柱 X5 周围，各围岩主应力成环状分布，其值较远离陷落柱的岩体要高些。在陷落柱 X2 与陷落柱 X5 之间的岩体，其应力比远离陷落柱岩体的应力高。在整个矿区模拟范围内，西南区域及东北区域岩体应力较高于东南区域和西北区域。

在西南区域岩体最大水平应力方向是沿着穿过陷落柱 X2 和陷落柱 X5 中间区域的方向，在东北区域的岩体，其最大水平主应力方向较西南区域岩体有向东偏转的趋势。

基于实测地应力，利用非连续变形分析方法成功反演出该水平断面下矿区二维地应力的分布，实时记录下四个观测点对应块体的应力变化过程，并绘制出该块体对应的应力分量随时间变化的关系图。

2.4　基于人工神经元网络的三维地应力反演

第 2.3 节通过不连续变形分析方法反演了典型区域二维地应力的分布特征。人工神经元网络已被成功运用到医学、天气预测等领域，并取得了很好的预测效果。本节主要将人工神经元网络运用到矿山的三维地应力反演分析，以期为矿区安全建设、生产提供较为可靠的依据。通过现场实测三维地应力，求其在水平面投影分量的应力张量，利用有限元软件 Ansys，反演出该水平断面下矿区三维地应力的分布。

2.4.1　反演区域及反演初始值的选取

考虑到巷道密集区是较危险的区域，并且相互影响较大，我们选择该区域进行反演分析，以期获得地应力对矿区巷道的影响分析。考虑到弹性力学圣维南原理，测点不能位于边界地区，本次地质模型选取矿区联合工业场地附近 680m×1200m 区域。

选取所获得的 7 个钻孔地应力为初始反演应力，反演以各个孔所测量得出的应力分量为基础，各测点应力分量如表 2.7 所示。

表 2.7　各测点应力分量值　(MPa)

测点	σ_x	σ_y	σ_z	τ_{xy}	τ_{yz}	τ_{zx}
1	26.0	11.2	11.5	−3.7	0.9	0.2
2	27.9	17.7	17.7	0.3	0.2	0.6
3	14.2	29.6	27.5	7.8	−1.0	2.4
4	14.9	18.0	22.4	9.2	2.4	−0.8
5	14.0	16.7	7.9	3.2	−0.3	1.6
6	12.15	26.1	12.1	−2.6	3.1	0.5
7	13.4	28.3	14.4	8.7	−2.4	0.5

2.4.2　李村煤矿三维反演地质模型

李村煤矿三维反演地质模型的建立采用有限元软件 Ansys，选取的区域至关重要，考虑到弹性力学圣维南原理，测点不能位于边界地区，并且由于地表有凹凸不平曲面，因此采用自底向下建模的方式，选取不规则平面为巷道所在平面，选择 36 个不规则面的控制关键点（Kps），均选自矿山技术部门的实际工程图纸。将这 36 个点依照 x 方向坐标平均分成 6 组，每组 6 个。使用 Ansys 软件中 besplin 命令将 6 组关键点连接成 6 条不规则骨线，再使用 askin 命令将这 6 条骨线蒙皮，从而得到不规则面，再在下部生成一个立方体，具体模型建立如图 2.30 所示。

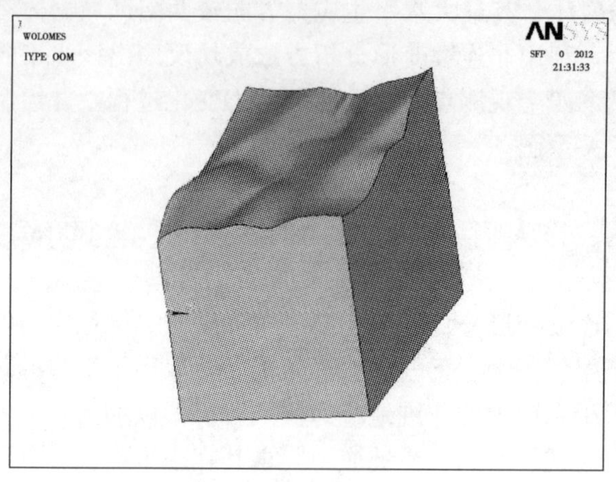

图 2.30 矿区三维地质模型

网格选取四面体网格，单元为 solid185，网格尺寸为 1，采用自动划分网格，由于重点研究打孔位置的地应力数值，故获取 7 个孔位的三维坐标值后，将其带入该模型中，并将这 7 个点位设置为硬点，在硬点处强制生成节点，使得计算数据更加精确。具体硬点设置命令流及其三维坐标为

HPTCREATE，LINE，3，0，COORD，213.2913，705.7866，100,！1 具体三维坐标点为（213.2913，705.7866，100）

HPTCREATE，LINE，6，0，COORD，508.6675，1126.9659，100,！2

HPTCREATE，LINE，3，0，COORD，241.0157，746.5053，100 ,！3

HPTCREATE，LINE，3，0，COORD，191.7763，780.4864，100 ,！4

HPTCREATE，LINE，5，0，COORD，470.6035，1074.9986，100,！5

HPTCREATE，LINE，4，0，COORD，310.9317，264.5511，100,！6

HPTCREATE，LINE，4，0，COORD，295.7891，197.3364，100,！7

划分好网格的三维地质模型如图 2.31 所示。

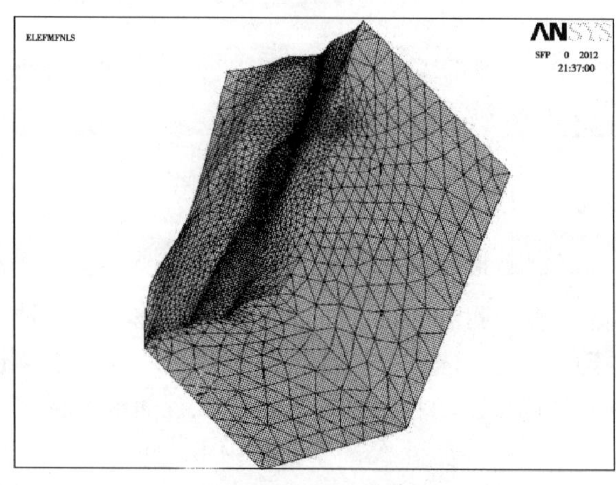

图 2.31 矿区三维地质有限元网格模型

2.4.3 三维模型反演的自变量参数选取及训练样本的培育

地应力的大小是由地下若干因素耦合而成的，如下式所示：(μ，E，h，ρ，…) = f (σ，ε，…)。在地应力反演过程中，不可能充分考虑上述所有因素及其影响地应力变化的权重，在实际反演分析中，往往选取权重最重的因素，忽略权重小的因素，将各个明确因素与地应力值建立一一对应的关系，从而带入具有学习功能的人工神经元网络中进行无导师学习训练，使人工神经元网络对这种一一对应的法则 f 产生适应性，从而生成类似生物学领域中条件反射的能力。在以往文献中往往总选取位移边界条件模拟初始地应力，在本工程模拟中，采用混合边界条件（应力边界条件与位移边界条件共同作用于地质模型）作为荷载，施加荷载后三维有限元模型如图 2.32所示[17]。

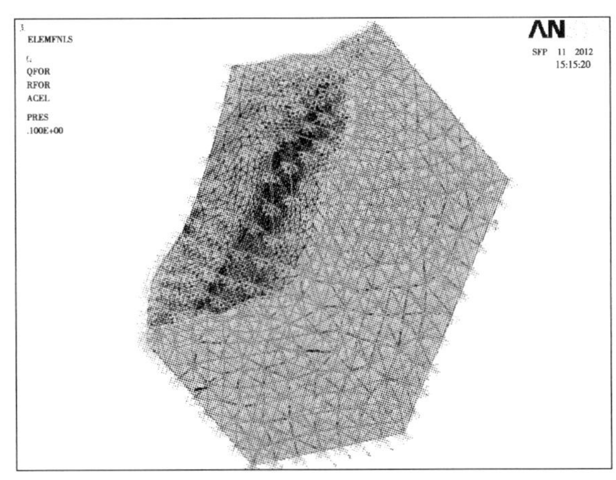

图 2.32　施加位移荷载后三维有限元模型

在人工神经元网络样本采集过程中，主要考虑五个因素：E，μ，u_x，u_y，σ。其中，σ 为施加给模型的应力荷载，根据实测结果及工程经验，上述五个参量的计算搜索范围如下所示：

$E\in[50，65]$；$\sigma\in[8\text{MPa}，11\text{MPa}]$；$\mu\in[0.15，0.35]$；$u_x\in[0.4，0.7]$；$u_y\in[0.5，0.9]$

为了计算方便，E 选取 50、55、60、65；σ 选取 8、9、10、11；μ 选取 0.15、0.21、0.27、0.33；u_x 选取 0.4、0.5、0.6、0.7；u_y 选取 0.5、0.6、0.7、0.8、0.9。将这五组参量组合，依照特点选取其中 30 个工况进行三维有限元样本计算，具体工况条件如表 2.8 所示。

表 2.8　三维有限元模型位移边界条件样本

参数	1	2	3	4	5	6	7	8	9	10
E	50	50	50	50	55	55	55	55	60	60
σ	8	9	10	11	11	8	9	10	11	10
μ	0.15	0.21	0.21	0.33	0.15	0.33	0.27	0.33	0.21	0.27
u_x	0.4	0.5	0.6	0.7	0.5	0.6	0.5	0.7	0.5	0.7
u_y	0.5	0.6	0.7	0.8	0.5	0.7	0.8	0.5	0.6	0.7

续表

参数	11	12	13	14	15	16	17	18	19	20
E	60	60	60	55	50	65	65	65	65	65
σ	9	8	11	11	10	9	11	10	8	10
μ	0.27	0.33	0.21	0.33	0.33	0.21	0.15	0.33	0.21	0.33
u_x	0.7	0.6	0.5	0.7	0.6	0.6	0.7	0.6	0.7	0.5
u_y	0.5	0.7	0.7	0.6	0.6	0.6	0.7	0.9	0.8	0.9
参数	21	22	23	24	25	26	27	28	29	30
E	50	50	55	55	60	60	60	65	65	65
σ	9	10	11	8	10	8	9	11	8	10
μ	0.27	0.15	0.21	0.27	0.33	0.15	0.27	0.33	0.21	0.15
u_x	0.6	0.6	0.4	0.7	0.4	0.5	0.4	0.4	0.5	0.7
u_y	0.8	0.9	0.7	0.5	0.6	0.9	0.6	0.9	0.9	0.6

将上述30组工况带入三维有限元地质模型中计算，得到7个硬点的三个应力分量，如表2.9所示。

表2.9 7个硬点的三个应力分量 (MPa)

硬点	训练样本1			训练样本2		
	σ_x	σ_y	σ_z	σ_x	σ_y	σ_z
1	10.9	2.0	2.0	24.4	6.7	6.4
2	13.6	2.4	2.4	31.0	8.2	8.2
3	10.1	2.0	1.7	22.7	6.1	4.7
4	8.3	1.4	1.2	18.5	4.2	2.5
5	5.3	0.8	1.8	12.4	3.4	3.1
6	6.9	1.0	1.5	16.9	4.4	3.2
7	6.5	1.0	1.3	16.7	4.6	3.1
硬点	训练样本3			训练样本4		
	σ_x	σ_y	σ_z	σ_x	σ_y	σ_z
1	33.9	9.2	8.9	73.0	36.3	35.1
2	43.0	11.4	11.4	96.0	47.0	47.2
3	31.4	8.2	6.3	67.1	31.2	24.4
4	25.5	5.6	3.1	52.3	20.1	11.0
5	17.1	5.1	3.8	35.8	16.1	10.15
6	23.5	6.5	4.1	51.4	22.3	14.9
7	23.4	6.9	4.1	52.1	22.9	15.7
硬点	训练样本5			训练样本6		
	σ_x	σ_y	σ_z	σ_x	σ_y	σ_z
1	28.7	5.1	5.0	67.4	33.6	32.5
2	35.8	6.1	6.3	88.8	43.5	43.7
3	26.6	4.3	3.7	62.2	29.1	22.6
4	22.0	2.9	2.0	48.5	18.9	10.2

续表

硬点	训练样本 5			训练样本 6		
	σ_x	σ_y	σ_z	σ_x	σ_y	σ_z
5	15.1	4.6	2.8	33.2	14.7	9.5
6	20.2	5.7	2.6	47.6	20.4	13.8
7	20.2	6.3	2.6	48.2	20.8	14.6
硬点	训练样本 7			训练样本 8		
	σ_x	σ_y	σ_z	σ_x	σ_y	σ_z
1	33.7	13.0	12.3	88.9	43.4	42.6
2	44.1	16.4	16.3	114.7	55.5	56.1
3	32.0	12.2	8.9	78.5	34.1	27.9
4	25.4	8.3	4.4	61.6	21.7	12.3
5	16.9	4.2	4.8	42.7	24.7	10.9
6	23.9	6.0	5.7	60.6	32.8	17.0
7	23.5	5.6	5.5	62.6	35.4	19.1
硬点	训练样本 9			训练样本 10		
	σ_x	σ_y	σ_z	σ_x	σ_y	σ_z
1	33.1	9.0	8.7	72.7	27.0	26.3
2	42.0	11.1	11.1	93.2	34.1	34.4
3	30.7	8.1	6.2	66.5	22.8	17.7
4	24.8	5.6	3.1	53.3	15.1	8.0
5	16.7	4.6	3.7	36.5	15.4	8.1
6	22.8	6.0	4.0	51.1	20.2	10.9
7	22.6	6.3	4.0	52.0	21.5	11.7
硬点	训练样本 11			训练样本 12		
	σ_x	σ_y	σ_z	σ_x	σ_y	σ_z
1	80.8	29.5	29.1	75.2	37.6	36.2
2	102.6	37.2	37.7	99.0	48.6	48.7
3	72.8	23.6	19.1	69.3	32.4	25.2
4	58.7	15.5	8.4	54.1	20.9	11.4
5	48.9	20.6	8.4	37.0	16.4	10.5
6	56.8	26.4	11.9	53.1	22.7	15.3
7	58.5	28.9	13.3	53.7	23.2	16.2
硬点	训练样本 13			训练样本 14		
	σ_x	σ_y	σ_z	σ_x	σ_y	σ_z
1	24.1	6.8	6.4	86.6	42.6	41.5
2	30.9	8.3	8.2	112.3	54.6	55.1
3	22.6	6.6	4.7	77.5	34.9	27.8
4	18.1	4.6	2.5	60.7	22.0	12.3
5	11.7	1.7	3.2	41.9	22.5	11.0
6	16.0	2.5	3.1	59.6	30.2	16.8
7	15.5	2.2	2.9	61.2	32.2	18.6

续表

硬点	训练样本 15			训练样本 16		
	σ_x	σ_y	σ_z	σ_x	σ_y	σ_z
1	61.6	30.5	29.6	55.2	14.7	14.4
2	80.4	39.3	39.5	70.0	18.3	18.5
3	55.9	25.5	20.2	50.8	12.5	9.8
4	43.8	16.4	9.1	41.4	8.5	4.6
5	301	15.0	8.4	28.3	10.1	5.3
6	43.0	20.3	12.5	39.0	13.0	6.2
7	43.8	21.3	13.4	39.3	14.0	6.5

硬点	训练样本 17			训练样本 18		
	σ_x	σ_y	σ_z	σ_x	σ_y	σ_z
1	59.8	10.6	10.4	77.7	39.5	37.6
2	74.8	12.9	13.2	104.3	51.6	51.5
3	55.1	8.9	7.2	74.1	36.4	27.4
4	45.2	5.9	3.4	57.4	23.7	12.5
5	30.9	9.1	4.6	38.8	12.8	11.8
6	41.8	11.4	4.4	5.6	19.0	16.6
7	42.0	12.7	4.5	56.1	18.0	16.6

硬点	训练样本 19			训练样本 20		
	σ_x	σ_y	σ_z	σ_x	σ_y	σ_z
1	62.1	16.8	16.2	57.7	29.9	28.1
2	78.8	20.7	20.9	79.0	39.4	39.1
3	57.2	14.7	11.1	57.3	29.7	21.5
4	46.2	10.0	5.1	44.1	19.6	10.1
5	31.2	9.6	6.0	29.5	6.2	9.9
6	43.0	12.4	6.8	43.2	10.4	13.2
7	43.1	13.3	7.0	42.2	8.3	12.4

硬点	训练样本 21			训练样本 22		
	σ_x	σ_y	σ_z	σ_x	σ_y	σ_z
1	39.9	15.2	14.5	18.5	3.7	3.3
2	51.8	19.2	19.2	23.2	4.2	4.1
3	37.5	14.0	10.4	16.7	3.8	2.5
4	29.8	9.5	5.0	13.2	2.7	1.5
5	20.0	5.7	5.3	7.6	0.6	2.2
6	28.1	8.0	6.5	10.2	0.4	1.7
7	28.0	7.8	6.5	9.2	0.8	1.4

硬点	训练样本 23			训练样本 24		
	σ_x	σ_y	σ_z	σ_x	σ_y	σ_z
1	9.0	3.0	2.5	72.5	26.4	26.1
2	12.0	3.5	3.2	92.0	33.4	33.8
3	8.9	3.7	2.2	65.3	21.2	17.2

续表

硬点	训练样本 23			训练样本 24		
	σ_x	σ_y	σ_z	σ_x	σ_y	σ_z
4	6.8	2.7	1.5	52.7	13.9	7.6
5	3.6	2.4	2.1	36.7	18.6	7.6
6	4.9	2.6	1.7	51.0	23.8	10.7
7	3.9	3.6	1.1	52.5	26.1	12.0

硬点	训练样本 25			训练样本 26		
	σ_x	σ_y	σ_z	σ_x	σ_y	σ_z
1	40.6	20.7	19.7	9.8	2.4	1.9
2	54.7	27.1	27.0	12.4	2.5	2.2
3	39.3	19.6	14.7	8.4	3.2	1.5
4	30.5	12.9	6.9	6.0	2.3	1.0
5	20.6	6.4	6.8	1.8	4.1	1.7
6	30.0	9.6	9.2	2.3	4.5	1.1
7	30.0	8.8	9.0	7.2	5.6	0.5

硬点	训练样本 27			训练样本 28		
	σ_x	σ_y	σ_z	σ_x	σ_y	σ_z
1	25.3	10.0	9.3	37.6	20.3	18.5
2	33.5	12.6	12.4	53.7	27.3	26.8
3	24.5	9.8	7.0	40.4	22.9	15.7
4	19.4	6.7	3.6	30.8	15.4	7.7
5	12.8	2.2	4.0	20.1	0.5	7.9
6	18.1	3.4	4.6	30.1	1.7	9.8
7	17.6	2.8	4.3	28.4	1.5	8.2

硬点	训练样本 29			训练样本 30		
	σ_x	σ_y	σ_z	σ_x	σ_y	σ_z
1	20.9	6.5	5.7	66.1	11.5	11.4
2	27.5	7.7	7.4	82.7	14.1	15.4
3	20.0	7.3	4.3	61.1	9.4	8.0
4	15.3	5.2	2.4	50.4	6.2	3.7
5	8.7	3.0	3.2	35.1	11.6	5.0
6	12.2	2.9	2.7	47.5	14.3	4.9
7	10.7	4.2	1.9	48.1	16.2	5.1

2.4.4 BP 神经元网络的建立及网络的适应性训练

BP（back propagation）网络是 1986 年由 Rumelhart 和 McCelland 为首的科学家小组提出的，是一种按误差逆传播算法训练的多层前馈网络，是目前应用最广泛的神经网络模型之一[18]。BP 网络能学习和存贮大量的输入-输出模式映射关系，而无需事前揭示描述这种映射关系的数学方程。它的学习规则是使用最速下降法，通过反向传播来不断调整网络的权值和阈值，使网络的误差平方和最小。BP 神经网络模型拓扑结构包括输入层（input）、隐层（hide layer）和输出层（output layer）。BP 神经元模型如图 2.33所示。

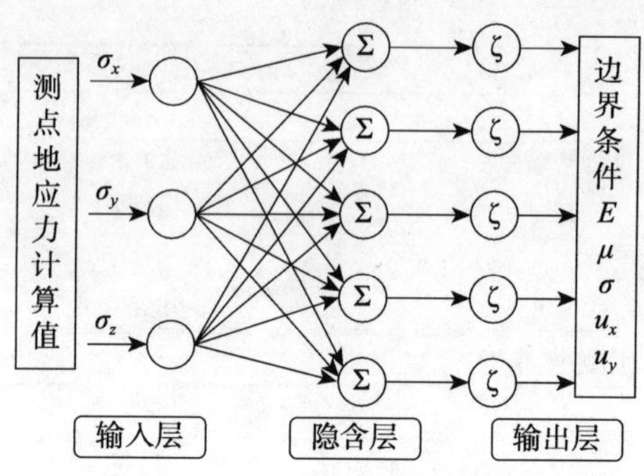

图 2.33　BP 神经网络结构

BP 神经元网络算法对数据的自适应学习过程主要有两个阶段。

第一阶段（正向传播过程）：首先在输入层感知数据，并通过多层节点函数传递给中间隐层，并继续通过神经元节点传递给输出层，并由输出层节点输出数据。这样，数据就完成了第一阶段的传播。

第二阶段（反向传播过程）：若输出层未能输出在网络允许误差范围内的数据，则网络将反向逐层递归计算输出值与期望值之间的误差，通过误差来调节权值。也就是说，每一个权值，对应一个接收单元误差值和发送单元激活值的积。由于这个积和误差及权值的（负）微商是正比关系，所以把它称作权值误差微商。运算中，这两个过程反复运用，使得误差减到最小，当误差到某一值时结束学习过程。

具体算法如图 2.34 所示。

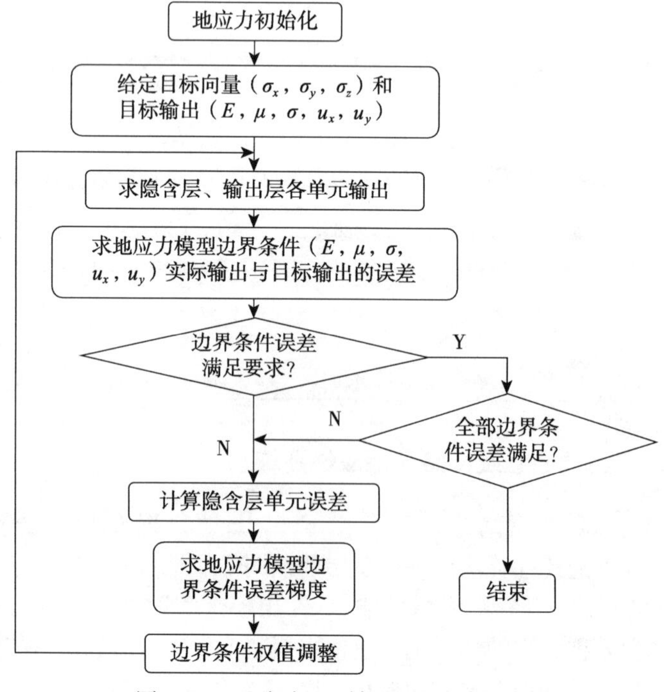

图 2.34　地应力 BP 神经网络计算过程

将表 2.9 第 1 组到第 26 组训练样本作为输入向量，其对应的 26 组训练样本的边界条件作为输出向量对网络进行无导师适应性训练。第 27 组到第 30 组对应的输入输出向量作为检测样本。本 BP 神经元网络采用三层结构，包含一个输入层、一个隐含层和一个输出层。

神经元网络采用遗传算法进行优化，其网络节点输入层（N_{input}）以实测地应力点数决定，为 $3n$ 个节点，实测地应力点数为 7 个，即该神经元网络输入层有 21 个节点，输出层（N_{output}）网络节点数由混合边界条件自变量数量决定，本三维地质模型荷载自变量为 5 个，因此，该神经元网络输出节点为 5 个。隐含层（N_{hidden}）所含节点确界为

$$\sqrt{N_{input}+N_{output}} \leqslant N_{hidden} \leqslant 2N_{input}+1$$

本神经网络采用上确界，即 42 个神经元。而后依此建立 BP 人工神经元网络，使用 MATLAB 计算平台进行编程及训练，在样本训练前后对所有数据进行归一化与反归一化，使所有数据都处于［0，1］内，以防止出现数据奇异导致样本的离散化。该神经元网络的部分 MATLAB 核心代码如下：

```
p1=p _ data (:, 1: 21);% p _ data 为上述 1 到 26 组训练样本
t1=t _ data (:, 1: 5);% t _ data 为所列出的 1 到 26 组边界条件
p=p1′; t=t1′;
[pn, minp, maxp, tn, mint, maxt] =premnmx (p, t)%数据归一化处理
threshold= [0 1; 0 1; 0 1; 0 1; 0 1; 0 1; 0 1; 0 1; 0 1; 0 1; 0 1; 0 1;
0 1;0 1; 0 1; 0 1; 0 1; 0 1; 0 1 ; 0 1; 0 1;];%阀函数
bpnet=newff (threshold, [43 5], { ′tansig′, ′logsig′}, ′trainlm′);
%建立 BP 神经网络，21 个输入神经元，43 个隐层神经元，5 个输出神经元
%tranferFcn 属性′logsig′输出层采用 Sigmoid 传输函数
%trainFcn 属性′trainlm′自适应调整学习速率附加动量因子梯度下降反向传播
算法训练函数
%learn 属性′learngdm′附加动量因子的梯度下降学习函数
net. trainParam. epochs=1000;%允许最大训练步数 2000 步
net. trainParam. goal=0. 0001;%训练目标最小误差 0. 001
net. trainParam. show—10;%每间隔 100 步显示一次训练结果
net. trainParam. lr=0. 05;%学习速率 0. 05
bpnet=train (bpnet, pn, tn);%构建的网络输入输出样本无导师自适应训练
p2=p2′;%p2 为检测样本
p2n=tramnmx (p2, minp, maxp);%数据的反归一化
a2n=sim (bpnet, p2n);%网络预测
a2=postmnmx (a2n, mint, maxt)
display (a2);
```

2.4.5 网络自适应训练后的准确性检验

将训练样本 27～30 代入上述训练好的神经元网络中，得到预测边界条件输出向量，如表 2.10 所示。

表 2.10 网络训练样本的输出向量

参数	训练样本 27	训练样本 28	训练样本 29	训练样本 30
E	57.50	59.75	57.50	64.99
σ	9.56	9.50	9.61	10.19
μ	0.25	0.33	0.24	0.14
u_x	0.45	0.55	0.55	0.70
u_y	0.70	0.74	0.80	0.67

训练样本 27～30 的有限元地质模型计算所用的实际混合边界条件，如表2.11所示。

表 2.11 训练样本的实际边界条件

参数	训练样本 27	训练样本 28	训练样本 29	训练样本 30
E	60	65	65	65
σ	9	11	8	10
μ	0.27	0.33	0.21	0.15
u_x	0.4	0.4	0.5	0.7
u_y	0.6	0.9	0.9	0.6

MATLAB 训练过程图像及误差图像如图 2.35 和图 2.36 所示。

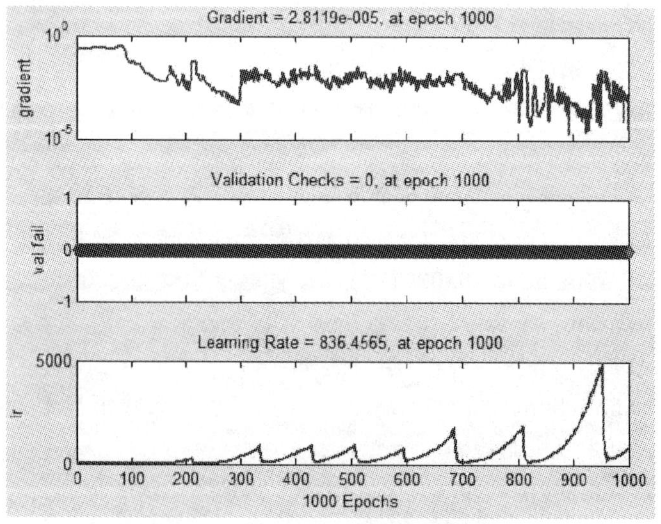

图 2.35 网络自适应学习过程 MATLAB 图像

神经元网络反演完毕得到数据后需要进行网络精度检验，以验证网络训练的效果及其稳定性，本次反演采用后验差检验方法进行网络精度检验。检验过程共分三个步骤，具体如下所示。

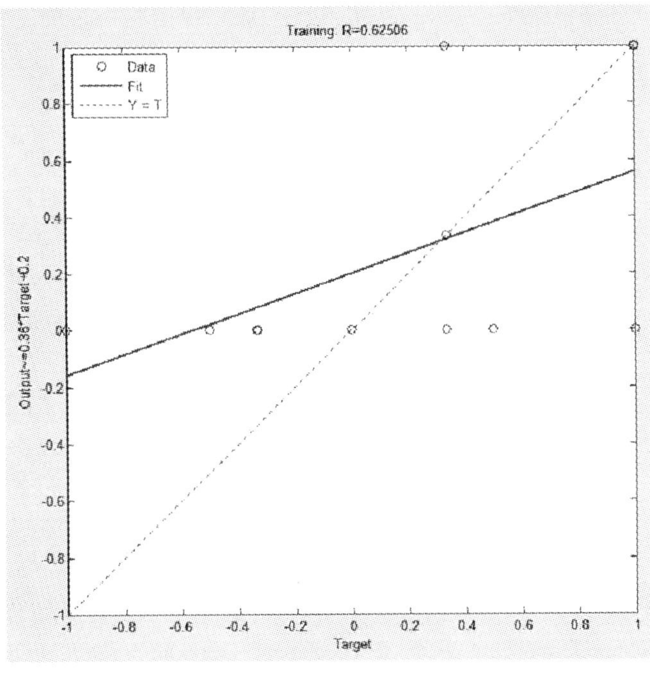

图 2.36　网络误差图像

（1）计算第 i 个样本的残差 ε_i：

$$\varepsilon_i = x_i - \tilde{x}_i \tag{2.17}$$

其中，x_i 为第 i 组样本中某个网络输出的边界条件参数值（即预测值）；$\tilde{x}$ 为其对应的边界条件参数的实际值。

（2）分别计算原始数据均值 $\bar{x}$，原始数据方差 s_1，及残差均值 $\bar{\varepsilon}$ 和残值方差 s_2（n 为样本数）：

$$\bar{x} = \frac{1}{n}\sum_{i=1}^{n} x_i \tag{2.18}$$

$$s_1^2 = \frac{1}{n}\sum_{i=1}^{n} (x_i - \bar{x})^2 \tag{2.19}$$

$$\bar{\varepsilon} = \frac{1}{n}\sum_{i=1}^{n} \varepsilon_i \tag{2.20}$$

$$s_2^2 = \frac{1}{n}\sum_{i=1}^{n} (\varepsilon_i - \bar{\varepsilon})^2 \tag{2.21}$$

（3）后验差指标。

后验差比值：

$$c = \frac{s_2}{s_1} \tag{2.22}$$

小误差概率：

$$p = P\{|\varepsilon_i - \bar{\varepsilon}| < 0.6475 s_1\} \tag{2.23}$$

得到后验差指标后，将指标代入表 2.12 中进行对比，得出网格精确度结论。

表 2.12 地应力反演精度等级

精度等级	c	p
好	<0.35	>0.95
合格	<0.45	>0.8
勉强合格	<0.5	>0.7
不合格	⩾0.65	⩽0.7

将表 2.10 及表 2.11 的数据代入上述步骤中经过计算得出需要反演的五个参数的后验差指标都处于精度等级的第一层次中，即精度为好，说明该人工神经元网络经过训练，能够达到预期的目标，可以认为神经元输出值信度高，可以用在实际的地应力反演中。

由表格 2.10 及表 2.11 中的对比可以看出，训练样本 27 中弹性模量 E 值和实际值的相对误差为 4.2%，训练样本 28、训练样本 29、训练样本 30 中弹性模量 E 值和实际值的相对误差分别为 8.08%，11.5%，0%。因此，预测样本与实际偏差可认为是四组样本的平均值，为 5.9%，且为负偏差；训练样本中荷载边界条件 σ 与实际值相对误差分别为 6.2%，13.6%，20%，1.9%，因此预测样本与实际偏差可认为是四组样本的平均值，为 10.4%，且为负偏差；训练样本中泊松比 μ 与实际值相对误差分别为 7.4%，0%，14.3%，6.6%，因此预测样本与实际偏差可认为是四组样本的平均值，为 7.05%，且为负偏差；训练样本中 x 方向位移值 u_x 与实际值相对误差分别为 12.5%，37.5%，10%，0%，因此预测样本与实际偏差可认为是四组样本的平均值，为 15%，且为正偏差；训练样本中 y 方向位移值 u_y 与实际值相对误差分别为 16.7%，17.7%，11%，11.6%，因此预测样本与实际偏差可认为是四组样本的平均值，为 14.25%，且为负偏差。

综上所述，反演结果误差在 15%以内，其在工程地质误差允许范围之内，因此可以认为经过训练后的该 BP 人工神经元网络是有效的，可以对实际的地应力测值的混合边界进行预测。

2.4.6 李村煤矿三维地应力 BP 神经元反演分析

现场实测地应力的各应力分量如表 2.13 所示。

表 2.13 实测地应力的各应力分量

测点	σ_x	σ_y	σ_z
1	26.0	11.2	11.5
2	27.9	17.7	17.7
3	14.2	29.6	27.5
4	14.9	18.0	22.4
5	14.0	16.7	7.9
6	12.15	26.1	12.1
7	13.4	28.3	14.4

预测混合边界条件（网络终端输出层）的 MATLAB 程序代码如下：

```
p2 = [26.9  11.9  9.8  27.9  17.8  17.5  32.8  27.8  10.5  26.2
22.3  6.8  18.9  12.3 7.4  26.58  12.69  11.13  25.79  14.53  10.81];
p2=p2';
p2n=tramnmx (p2，minp，maxp)；
a2n=sim (bpnet，p2n)；
a2=postmnmx (a2n，mint，maxt)
display (a2)；
```

得到神经元网络输出值为 $E=57.5$，$\sigma=9.51$，$\mu=0.33$，$u_x=0.55$，$u_y=0.71$。

将神经网络上述输出原始值经过误差分析经验处理，得出实际地应力混合边界条件为 $E=60.9$，$\sigma=10.5$，$\mu=0.345$，$u_x=0.46$，$u_y=0.81$。

基于上述反演得出的边界条件，运用有限元软件 Ansys 建立李村矿三维地质模型，选取四面体网格，将 7 个测点三维坐标代入该模型中，并将其设置为硬点，在硬点处强制生成节点，使得计算数据更加精确，施加荷载后得到三维有限元模型，计算得出 X、Y、Z 方向位移，三个主应力云图及 Mises 应力云图，如图 2.37～图 2.43 所示。

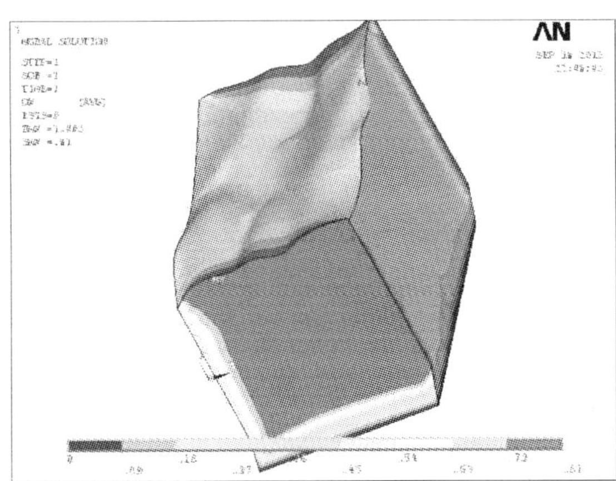

图 2.37　x 方向上位移

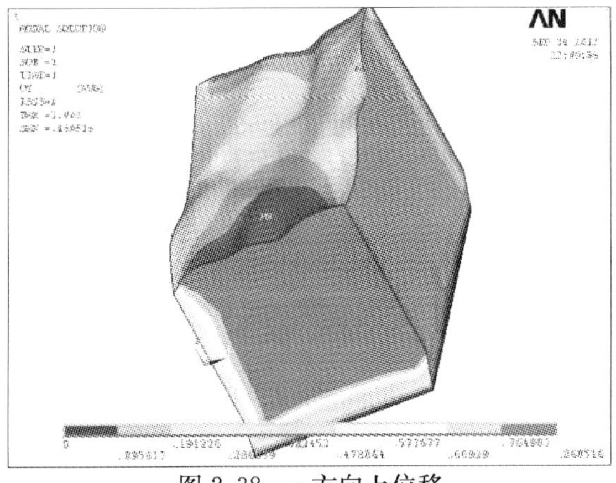

图 2.38　y 方向上位移

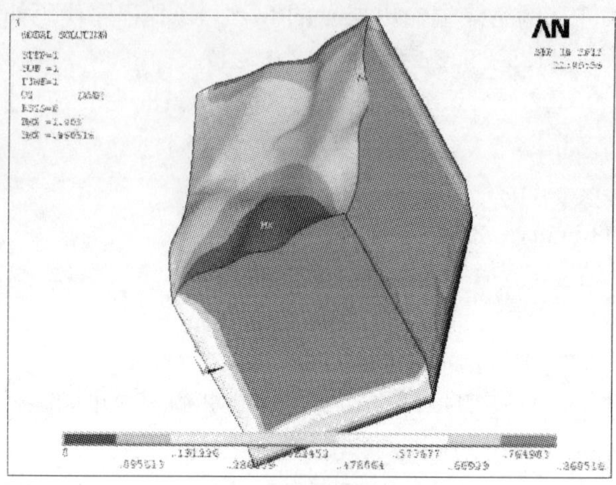

图 2.39 z 方向上位移

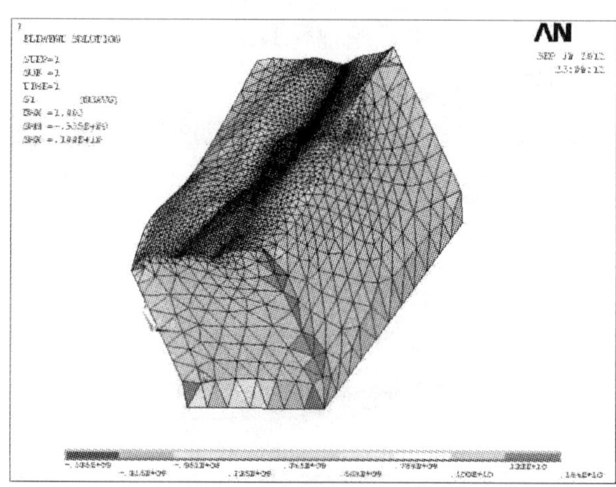

图 2.40 第一主应力分布图

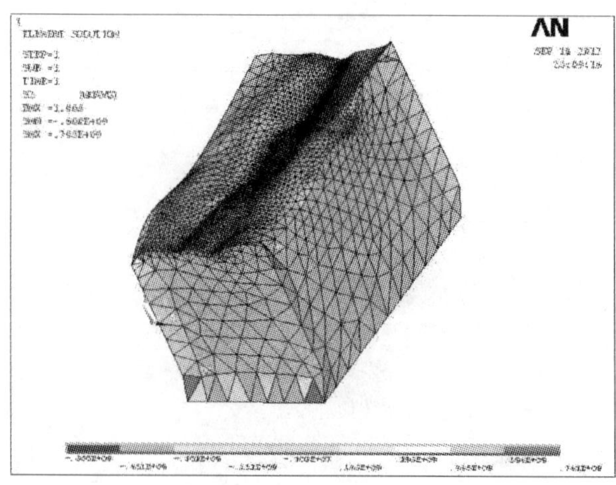

图 2.41 第二主应力分布图

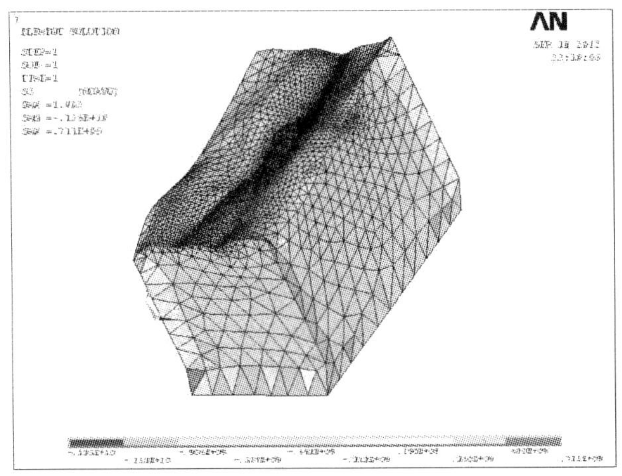

图 2.42　第三主应力分布图

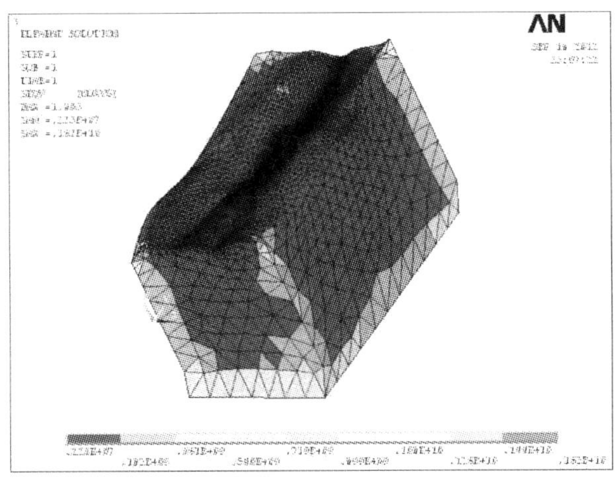

图 2.43　网格化的 Mises 应力云图

本节成功把前向反馈型人工神经元网络算法应用于煤矿地应力反演，得到一组适合李村煤矿的三维有限元地质模型的混合边界条件：$E=60.9$，$\sigma=10.5$，$\mu=0.345$，$u_x=0.46$，$u_y=0.81$，将这组边界条件代入三维有限元地质模型，得出李村煤矿典型区域的三维地应力分布，以期对矿区设计施工提供积极的指导作用。

参 考 文 献

[1] 蔡美峰，何满潮，刘东燕．岩石力学与工程 [M]．北京：科学出版社，2002.

[2] 蔡美峰．地应力测量原理和技术（修订版）[M]．北京：科学出版社，2000.

[3] 海姆森 B C，图尔恰尼诺夫 И A. 地应力测量与研究 [M]．丁健民，高莉青，祁英男译．北京：地震出版社，1982.

[4] 李四光．地质力学概论 [M]．北京：地质出版社，1999.

[5] http://baike.baidu.com/view/43631.htm? fr=aladdin.

[6] 陈宗基．陈宗基论文选 [C]．福建：福建科学技术出版社，1994.

[7] 葛修润，侯名勋．一种测定深部岩体地应力的新方法——钻孔局部壁面应力全解除法 [J]．岩石力学与工程学报，2004，23（23）：3923-3927.

[8] 胡斌，章光，李光煜．一次套钻确定三维地应力的新型钻孔变形计 [J]．岩土力学，2006，27（5）：816-822.

[9] Haimson B C. The effect of lithology，inhomogeneity，topography，and faults，on in situ stress measurements by hydraulic fracturing，and the importance of correct data interpretation and independent evidence in support of results [A] // Xie F R. Rock Stress and Earthquakes [C]．London：Taylor and Francis Group，2010.

[10] 王成虎．地应力主要测试和估算方法回顾与展望 [J]．地质论评，2014，60（5）：971-995.

[11] Sjöberg J，Klasson H. Stress measurements in deep boreholes using the Borre（SSPB）probe [J]．International Journal of Rock Mechanics and Mining Sicence，2003，40（7～8）：1205-1223.

[12] Sugawara K，Obara Y. Draft ISRM suggested method for in situ stress measurement using the compact conical-ended borehole overcoring（CCBO）technique [J]．International Journal of Rock Mechanics and Mining Science，1999，36（3）：307-322.

[13] 王连捷，潘立宙，廖椿庭，等．地应力测量及其在工程中的应用 [M]．北京：地质出版社，1991.

[14] 李远，乔兰，孙歆硕．关于影响空心包体应变计地应力测量精度若干因素的讨论 [J]．岩石力学与工程学报，2006，25（10）：2140-2144.

[15] 郑西贵，花锦波，张农，等．原孔位多次应力解除地应力测试方法与实践 [J]．采矿与安全工程学报，2013，30（5）：723-727.

[16] 左建平，李岳春，陈立平，等．新建矿井地应力测试及其对巷道围岩稳定性影响研究 [R]．北京：中国矿业大学（北京），山西潞安环保能源开发股份有限公司，2011.

[17] 林轩．李村煤矿地应力反演及预应力锚杆支护模拟研究 [D]．北京：中国矿业大学硕士学位论文，2013.

[18] Rumelhart D E，Hinton G E，Williams R J. Learning representations by back-propagating errors [J]．Nature，1986，323：533-536.

第 3 章 大采高综放工作面巷道围岩宏细观破坏力学

大采高综放工作面煤岩体的基本力学特性决定了巷道围岩变形和破坏的根本属性。大采高综放煤炭开采后，巷道和工作面附近的围岩处于卸荷状态[1]，即煤岩体经历了从原岩应力、轴向应力（$\sigma_1-\sigma_3$）在升高而围压σ_3递减（即卸荷）到破坏卸荷的完整采动力学过程[2]。不同的开采方式导致不同的卸荷路径，从而使岩石的破坏模式也有所不同。因此，研究不同采动加卸荷路径下的煤岩体力学行为对深部采矿工程具有重要意义[3]。

国内外一些文献讨论了不同卸荷条件下岩石的破坏行为。沈军辉等[4]根据卸围压试验发现大理岩的屈服与围压有较大关系，在最弱断面完全屈服之后，本征强度的降低与塑性变形量成正比，比例系数弱化模量为常数。高春玉等[5]通过升轴压、降围压，降低轴压和围压等方案对大理岩进行加卸荷试验，得出了变形模量、黏聚力和内摩擦角随应力路径的不同有明显变化的结论。李宏哲等[6]在恒轴压、卸围压条件下研究了锦屏大理岩变形模量和抗剪强度参数等力学特性。黄润秋和黄达[7]及陶履彬等[8]分别对锦屏大理岩和花岗岩在卸荷速率大小对力学特性的影响方面做了十分细致的分析。陶履彬等[8]对三峡花岗岩进行的恒轴压卸围压实验，验证了围压对岩石强度和轴向塑性流动的影响。吕颖慧等[9]在卸围压、加轴压实验的基础上建立了描述花岗岩卸荷渐进破坏的强度准则，推导了考虑岩石力学变形参数损伤劣化效应、横向变形作用和卸荷渐进破裂演化机制的力学本构方程。朱泽奇等[10]在不同应力路径和不同加载控制条件下研究了三峡花岗岩的侧向应变特征。李栋伟等[12]和王在全等[13]研究了不同卸荷速率条件下有无天然节理灰岩的变形特性和力学参数。另外理论进展方面，陈忠辉等[14]利用连续介质损伤力学方法讨论了卸荷破坏下强度及脆化特征，在理论上说明了卸荷破坏比加载破坏脆性破坏更明显。江权等[15]利用弹脆塑性模型来模拟高地应力围岩的劣化及破坏。

以上研究主要关注卸荷条件下大型水利水电工程的大理岩和花岗岩的变形破坏，而对于同样卸荷条件下煤矿岩石的破坏研究较少，并且卸荷时没有考虑不同的开采方式，即不同卸荷路径。由于煤层开采方式不同，导致围岩的卸荷路径不同，因此把侧向应力和轴向应力分开考虑则可以减少其相互干扰。在本章的研究中，我们一方面强调岩石的宏细观破坏行为研究的重要性，另一方面强调实验采动岩体力学研究的重要性，在文献[2]的基础上，对三种常见的煤层开采方式（无煤柱开采，放顶煤开采和保护层开采）分别考虑其应力路径对围岩的影响，由此加深对开采卸荷状态下岩石的物理力学性质的认识。

3.1 煤岩体的X衍射成分分析

从王庄煤矿3#煤层附件取煤岩样如图3.1所示，为了确定王庄煤岩样中各矿物组分所占的百分比，随机选取两个试件利用中国石油研究院的X射线粉末衍射仪(图3.2)做成分分析。所分析试样采自王庄矿6206工作面（图3.3）。X射线衍射分析是鉴定矿物的最重要的方法之一，它是鉴定、分析和测量固体物质相组成成分的基本方法。X射线衍射仪被广泛应用于采矿、冶金、石油、化工、科研、航空航天、教学和材料生产等领域。

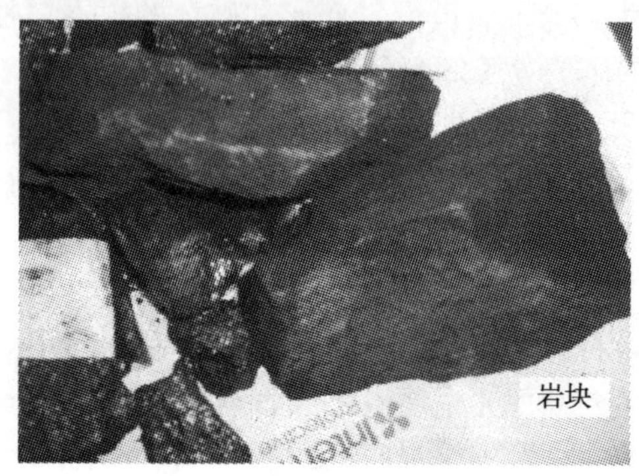

(a)

(b)

图3.1 王庄矿煤岩样

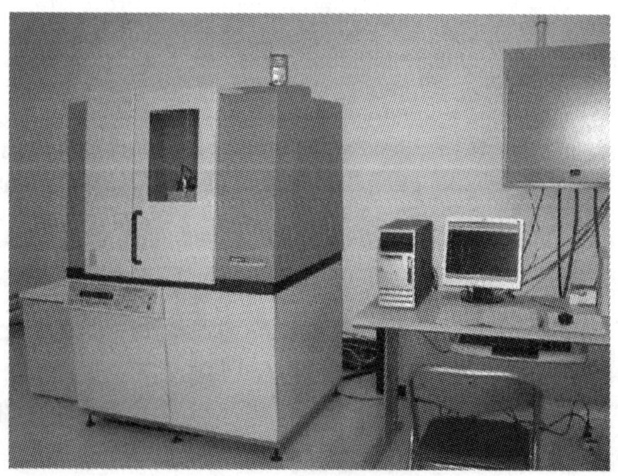

图3.2 X射线衍射仪

为确定王庄煤岩样中各矿物组分所占的百分比，随机选取两个试件利用中国石油研究院的X射线粉末衍射仪做成分分析。对于这类细粉花岗岩多晶态物质的X衍射，把样品研磨成微细的粉末状态或是微细晶粒的聚集体，如图3.4所示，这样是为了避免局部的成分偏差太大，使得分析结果具有准确性；然后推入X衍射仪器（图3.2）进行分析，详细结果如图3.5、图3.6和表3.1所示[16]。

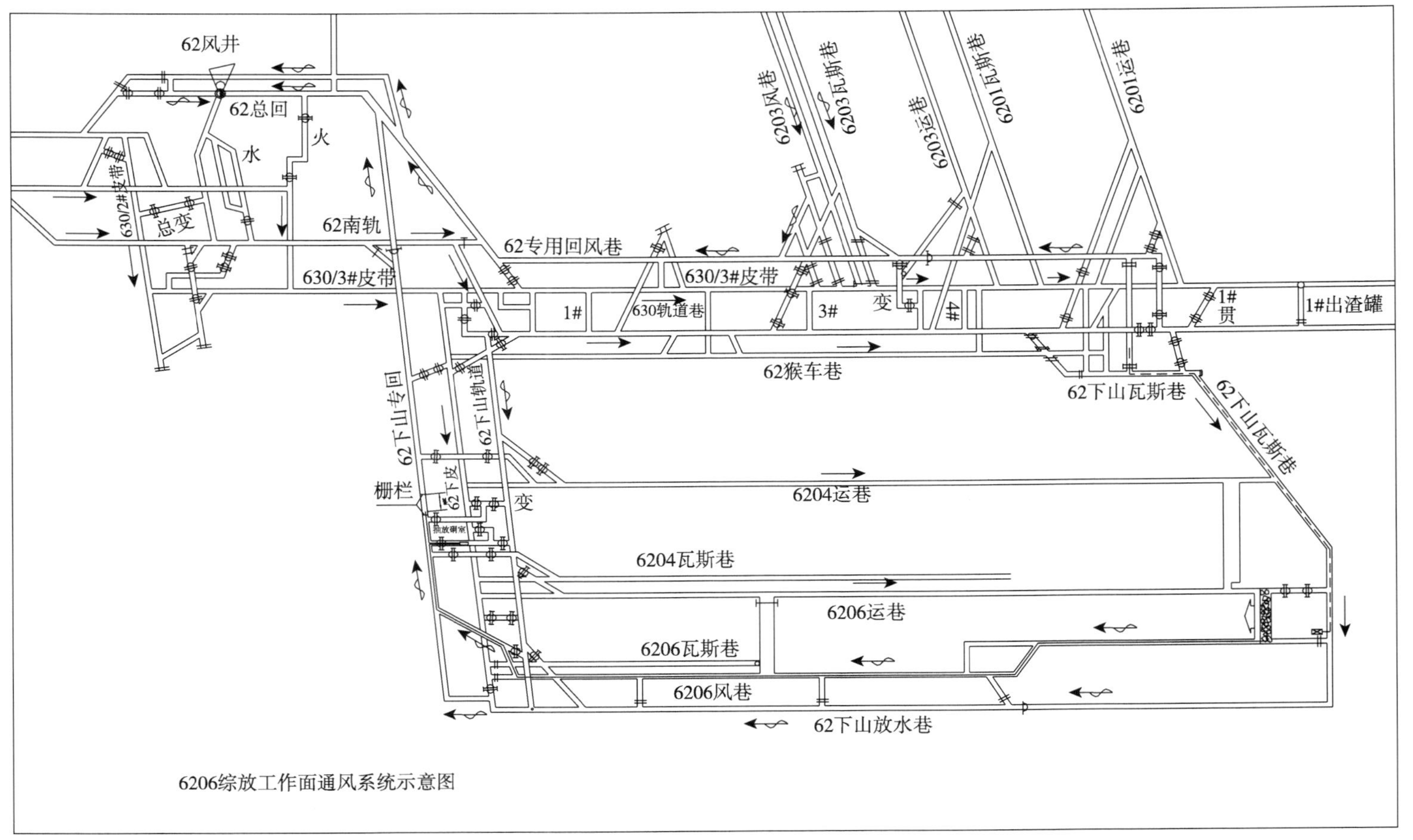

图3.3　6206综放工作面

（a）

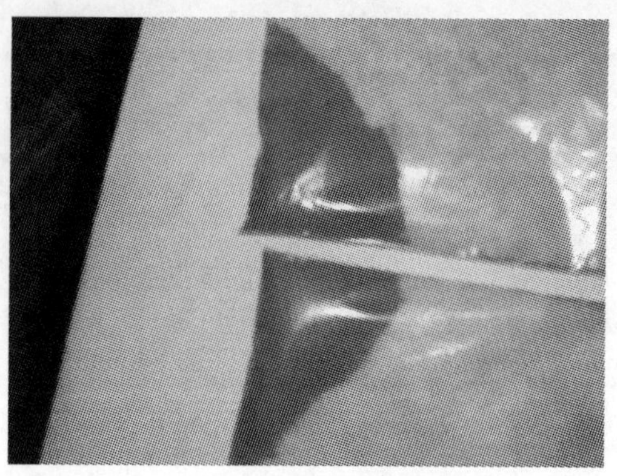

（b）

图 3.4　研磨后的泥岩样品 A 和 B

表 3.1　王庄矿煤岩 X 射线衍射分析报告

煤岩样	分析号	原编号	白云石	菱铁矿	非晶质	黏土矿物总量/%
岩样 1	KD1	1	—	—	19.0	81.0
岩样 2	KD2	2	—	—	35.0	65.0
煤 1	KD3	3	—	—	62.0	38.0
煤 2	KD4	4	1.1	0.8	81.0	17.1

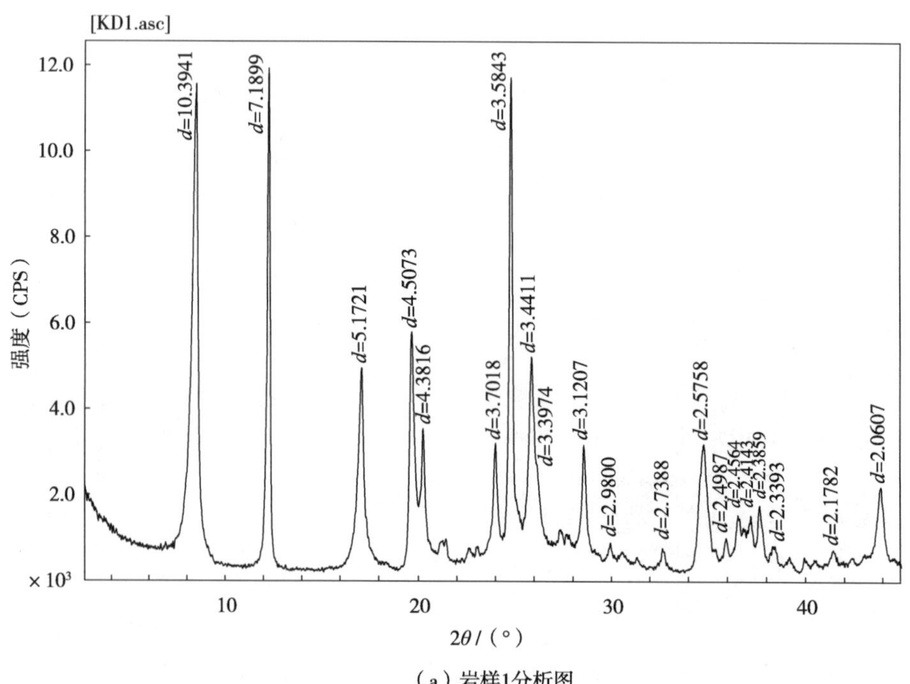

（a）岩样1分析图

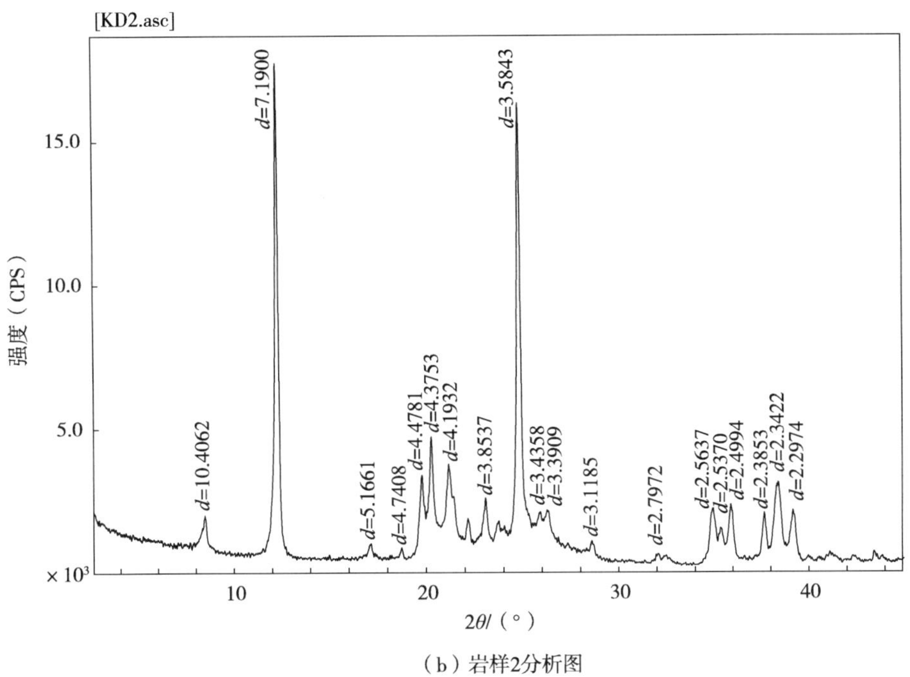

（b）岩样2分析图

图 3.5　王庄矿岩样 X 射线衍射成分分析图谱

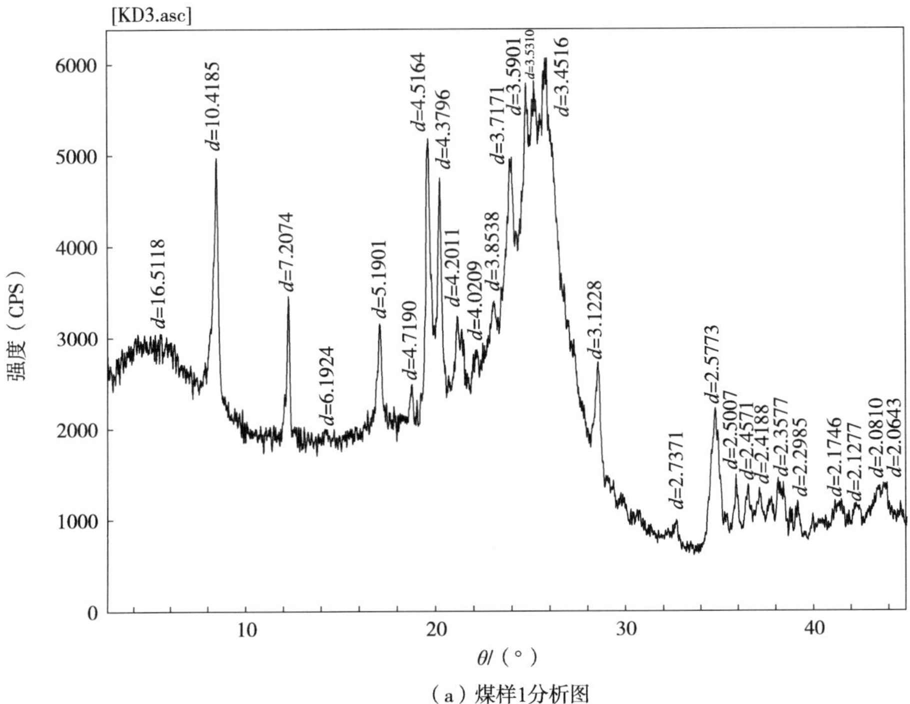

（a）煤样1分析图

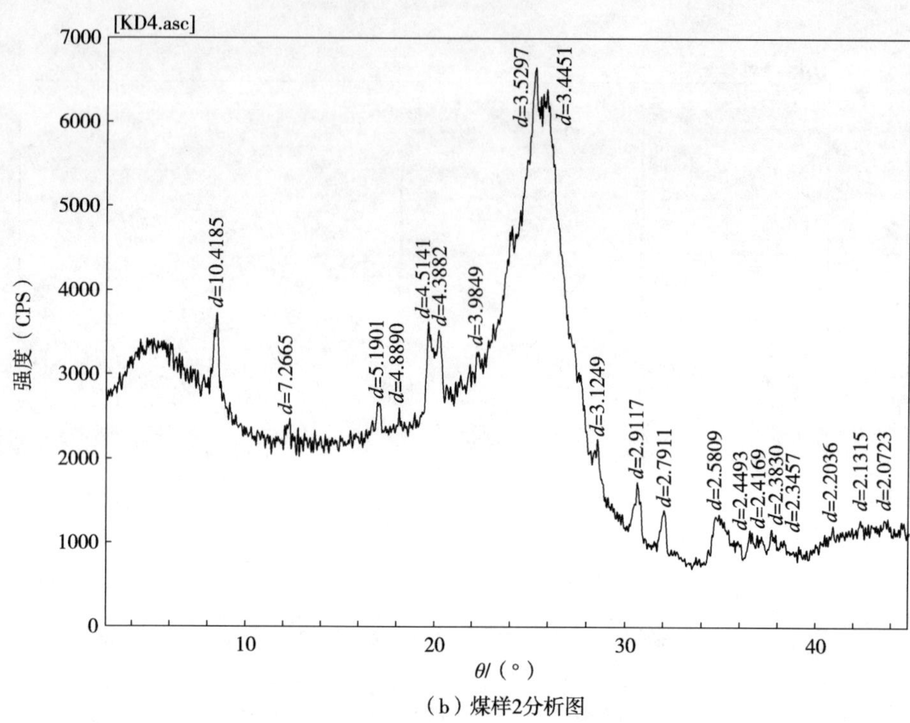

（b）煤样2分析图

图 3.6 王庄矿煤岩样 X 射线衍射成分分析图谱

通过 X 射线衍射结果显示，对王庄大采高放顶煤工作面 3＃煤层的煤岩体稳定的不利因素有以下两个。

(1) 非晶质含量高：非晶质是指组成物质的原子或离子呈不规则排列，因而不具备格子构造的固态物质。王庄泥岩的非均质达到 62%～81%，这对围岩稳定造成很大影响。

(2) 黏土矿物含量较高：其中的强膨胀性矿物（蒙脱石或伊蒙混层）含量也较高。根据试验结果，两块泥岩的黏土矿物含量分别达到 17%和 38%，黏土主要包括高岭石族、伊利石族、蒙脱石族，这些矿物在水的作用下，很容易软化和膨胀。

综上所述，王庄矿大采高工作面煤样和岩样相比其他矿区而言，非晶质含量和黏土矿物含量高，围岩是比较破碎、膨胀性较强的软岩，遇水会变得极为不稳定。

3.2 煤岩常规荷载破坏力学行为

3.2.1 煤样的单轴破坏力学行为

大采高放顶煤工作面煤体的力学性质对放顶煤的工艺起着很重要的作用。在采煤工作面，煤层、顶板和底板共同组成一个力学平衡体系，这个体系因受到大采高放顶煤开采的影响，其受力状态在不断变化。因此，围岩与煤体的相互作用，是决定放顶煤煤壁稳定性的重要条件。王庄大采高 3＃煤厚及其顶底板厚度变化差异较大，因此有必要对煤体的力学行为有充分的认识。对于煤样的实验分析，在初始加载过程中，试件中部有噼啪响声，随后煤体上有煤碎渣子掉下来。典型煤岩的应力-应变曲线如图 3.7 和图 3.8所示，实验结果如表 3.2[16]所示。

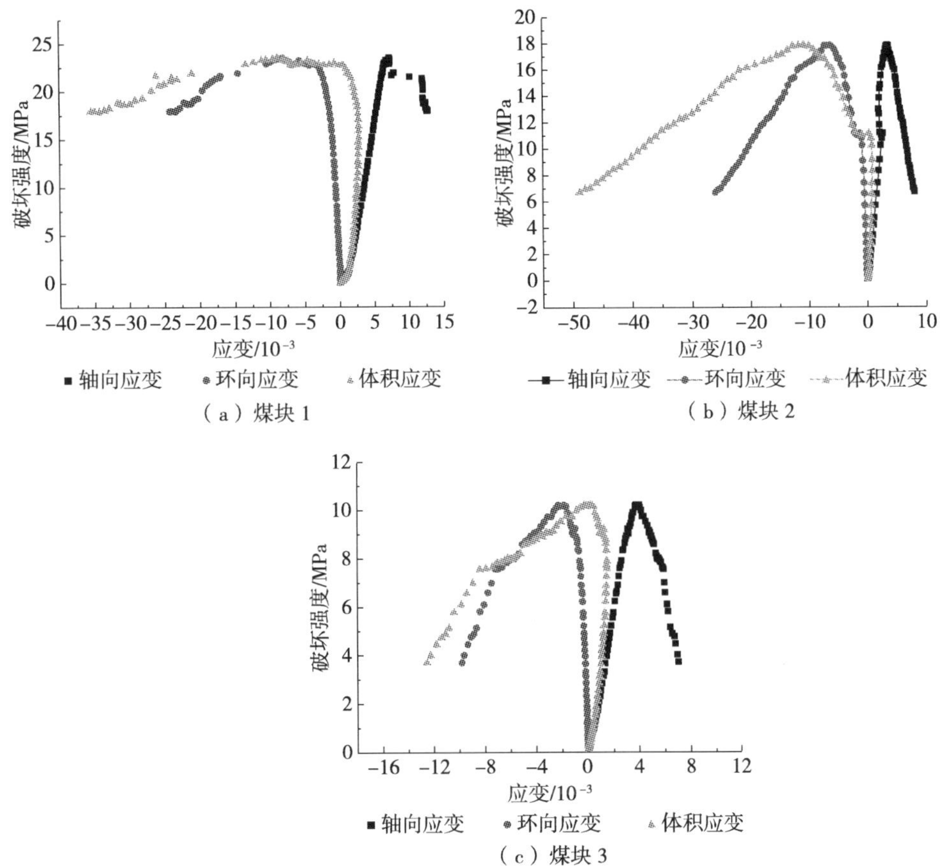

图 3.7　王庄煤矿典型煤样的应变和破坏强度的曲线关系

图 3.8　王庄煤矿典型煤样破坏图

表 3.2 煤单轴压缩试验测定结果

岩石名称	试样尺寸/mm		修正抗压强度/MPa	弹性模量/GPa	泊松比
	直径	高度			
煤块 1	48.5	96.3	22.692	4.34	0.35
煤块 2	48.4	95.2	17.344	2.79	0.31
煤块 3	48.6	95.6	10.286	2.86	0.31

通过现场调查和实验室的对比分析，在这种大采高条件下，煤体通常松软破碎，再加上煤壁在自重和顶板压力作用下，巷道煤壁片帮主要表现出两种破坏形式：一种是拉裂破坏，另一种是剪切破坏。

3.2.2 岩石单轴压缩力学行为

单轴压缩是确定岩石强度最常用的试验测试方法。为了获得王庄矿泥岩的单轴压缩强度，我们对 a，b，c，d，e 五个王庄泥岩试样进行单轴压缩试验。图 3.9 (a) 显示了岩石在单轴压缩情况下的应力-应变关系特征，总体而言单轴压缩条件下岩石的全应力-应变曲线的形状大体一致，通常可分为压实阶段、弹性阶段、非线性弹性阶段、屈服阶段、失稳破坏阶段和稳定破坏阶段 6 个阶段，我们分别叙述如下。

(1) OA 段：岩石原生裂隙压密阶段。岩石由于本身存在原始裂纹、孔隙，经过温度处理后产生的张性裂纹等在载荷作用下逐渐闭合，即在较小的荷载下会产生较大的变形，并且是非线性变形。由于我们在加载前预置了一初始荷载，并且由于岩石是一种脆性材料，且试验是三点弯曲试验，因此在载荷-位移图上很难发现这一阶段。

(2) AB 段：岩石压缩的弹性阶段。随着载荷的增加，变形逐渐增加，载荷和变形呈线性变化。这个阶段是岩石正要承受变形的阶段，并且没有损伤发生，即内部很少出现微裂纹。

(3) BC 段：岩石压缩的非线性弹性阶段。随着载荷增加，试件开始表现出非线性变形，但仍属于弹性阶段，即卸载后不会有残余变形存在。此阶段由于荷载增加，逐渐接近材料的承载能力，开始萌生新裂纹，少部分原始裂纹也开始扩展，试件进入塑性变形的临界状态。

(4) CD 段：岩石的临界屈服阶段。随着载荷的不断增加，应力在产生裂纹后又不断调整分布，出现新的应力集中，接近材料自身的抵抗强度，塑性变形越来越大，最终达到材料的峰值强度，裂纹扩展开始转向不稳定快速扩展。

(5) DE 段：岩石失稳破坏阶段，也就是材料宣告破坏的阶段。对于脆性破坏的试件，裂纹在应力作用下快速扩展，承载能力急速下降，试件内部的裂纹已经贯通和汇合，形成主控裂纹，控制接下来的岩石试件的变形。对于温度处理后出现的岩石由脆性向延性转化，不会出现瞬间的强度变化，裂纹呈现出稳定的扩展阶段。

(6) EF 段：岩石的稳定破坏阶段。此处是岩石材料在破坏后的蠕变阶段，承载力较小，变形量增加较快，载荷变化不大。分析认为岩石试件裂纹处为克服变形的增加，咬合摩擦作用下产生的机械抗力。在变形不断增加情况下，裂纹不断延伸、加宽，机械

抗力不断减小，此阶段的材料本身已无实际承载能力。

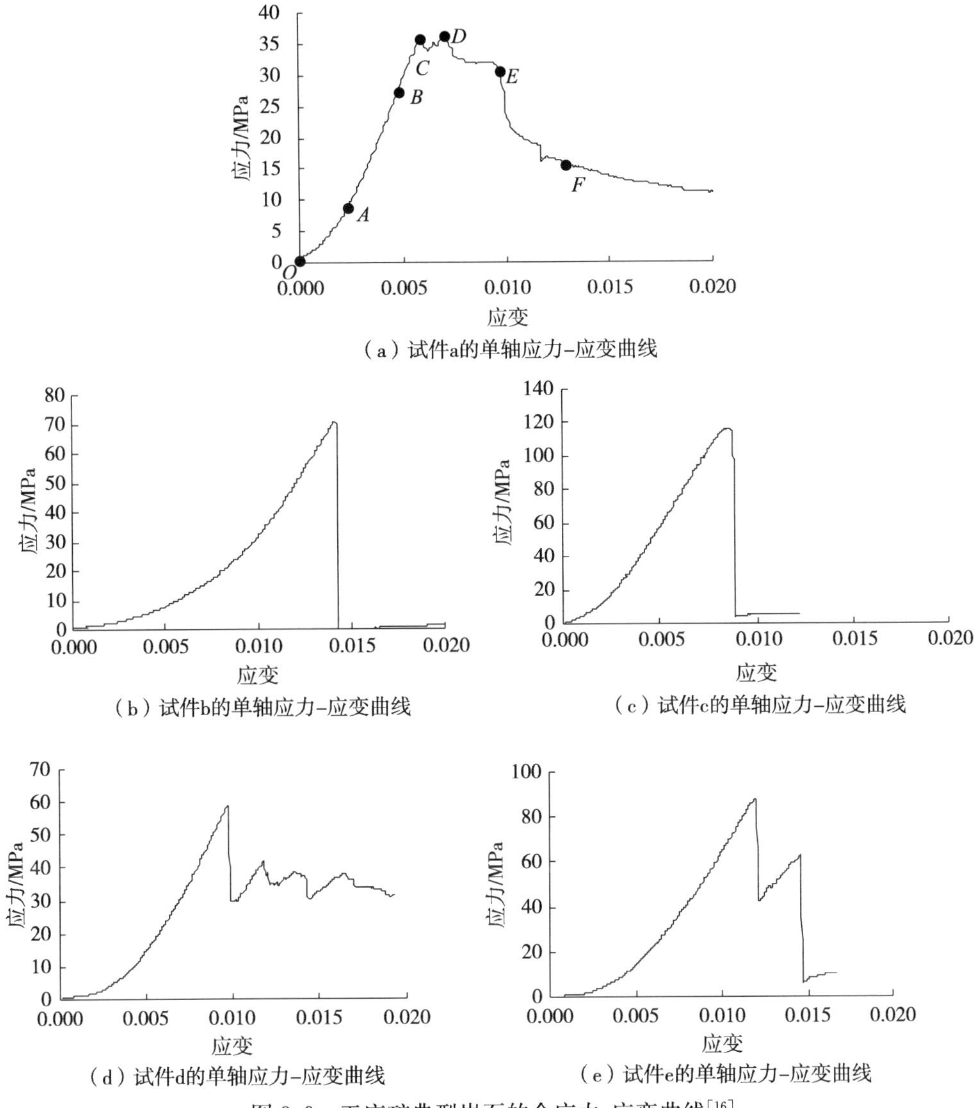

（a）试件a的单轴应力-应变曲线

（b）试件b的单轴应力-应变曲线

（c）试件c的单轴应力-应变曲线

（d）试件d的单轴应力-应变曲线

（e）试件e的单轴应力-应变曲线

图 3.9　王庄矿典型岩石的全应力-应变曲线[16]

对于典型泥岩试件 a，载荷升高到一定值时试件中部先萌生出拉裂纹，并不断向两端扩展，随着载荷的增加，出现多条长短不同的拉裂纹，试件最终的破坏是由于拉裂纹的相互贯通导致岩石劈裂破坏。对于典型泥岩试件 b，载荷升高到一定值时试件上部萌生出拉裂纹并向下扩展，随着载荷增加，裂纹不断向下延伸直到载荷上升到一定值时拉裂纹扩展受抑制，在接近峰值时出现多条剪裂纹，最终导致岩石破坏。试件的破坏模式是拉-剪混合模式。

从图 3.9 和图 3.10 可以看出泥岩的单轴压缩应力-应变关系特征，岩石的单轴压缩试验全应力-应变曲线的形状大体上是相似的，通常可分为低应力压实阶段、线弹性变形阶段、非线性弹性变形阶段、高应力屈服阶段、渐进失稳破坏阶段和稳定破坏阶段六个阶段。通常而言，在加载初期，随着轴向荷载的增加，轴向应变也在逐渐增加，应力-应变曲线呈上凹形状，这是岩石原生的微裂隙或节理面压密所造成的。随着荷载的增加，岩石内部的裂隙和弱节理面相聚闭合，岩石的应力-应变关系则近似于线弹性，由于岩石中原生裂隙和节理面等尺寸关系不一样，因此受载后闭合的程度也有所不同，所以各曲线的线性部分的长度也不尽相同。当轴向应力继续升高至超过岩石的最大承载力时，岩石就开始破裂，应力-应变曲线主要表现为逐渐转向下降，其特点是岩石在破坏初期仍保持一定的残余强度。有的试件甚至在破坏后，应力还有部分回弹现象，这是破裂过程中部分孔隙结晶的崩坍致使某些裂隙闭合的缘故。总体而言，王庄矿的泥岩整体以脆性破坏为主，试验结果如表 3.3 所示。

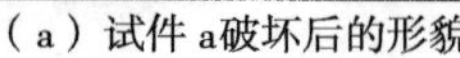
（a）试件 a破坏后的形貌

（b）试件 b破坏后的形貌

图 3.10　典型岩石破坏后的形貌

表 3.3　泥岩单轴压缩试验测定结果

岩石名称	试样尺寸/mm		实验抗压强度/MPa	弹性模量/GPa	泊松比
	直径	高度			
泥岩 a	50.2	102.3	36.42	5.99	0.19
泥岩 b	50.1	104.8	70.21	19.65	0.18
泥岩 c	50.3	95.8	118.76	14.29	0.17
泥岩 d	49.8	82.0	59.57	7.06	0.19
泥岩 e	50.5	90.1	89.54	16.43	0.23

3.2.3　岩石间接拉伸力学行为

表 3.4 为试验测定的岩石抗拉强度和弹性模量，由于岩石试件不易加工为直接拉伸试件，只能采用间接拉伸试验手段来测试岩石的拉伸强度，采取劈裂实验的方法。实验结果如表 3.4 所示，破坏试件如图 3.11 所示。其与岩石的劈裂试验应力-应变曲线的形状大体上是类似的，可以与单轴压缩试验一样分为压密、弹性变形和向塑性变形过渡直到破坏三个阶段。但是劈裂试验试件在破坏时与单轴压缩是不同的，当达到最大承载能力时，试件瞬间破坏，由于是采用位移控制模式，在试件破坏后应力还有一定的回升，随着试验的进行最终应力值降为零。从所有试件的强度分布图 3.12 来看，试件的强度还是很离散的。

表 3.4　岩石拉伸试验测定结果

岩石名称		抗拉强度/MPa	弹性模量/GPa
砂泥岩	砂泥岩（26-1）	18.26	17.03
	砂泥岩（62ban-1）	12.56	14.25
	砂泥岩（17-1）	12.98	12.49
	砂泥岩（26-2）	15.12	14.73
	砂泥岩（102-1）	9.45	8.11
灰岩	灰岩（44-4）	15.72	12.78
	灰岩（44-2）	15.85	18.20
	灰岩（44-3）	16.89	15.32
	灰岩（62-69）	9.24	8.60
砂岩	砂岩（88-1）	9.89	8.38
	砂岩（k5-1）	25.63	20.82
	砂岩（88-2）	14.25	12.96
	砂岩（62-78）	19.53	19.87
	砂岩（88-3）	10.02	8.63
	砂岩（k3-1）	15.23	9.96
泥岩	泥岩（10-4）	11.52	16.44
	泥岩（10-5）	14.23	19.65
	泥岩（10-6）	12.03	14.29
	泥岩（62-18）	4.02	6.06
	泥岩（62-19）	1.71	5.23

图 3.11　典型泥岩破坏后的试件

3.2.4　岩石三轴力学行为

从王庄大采高工作面覆岩的典型四种岩石的常规三轴应力-应变曲线来看，岩石在

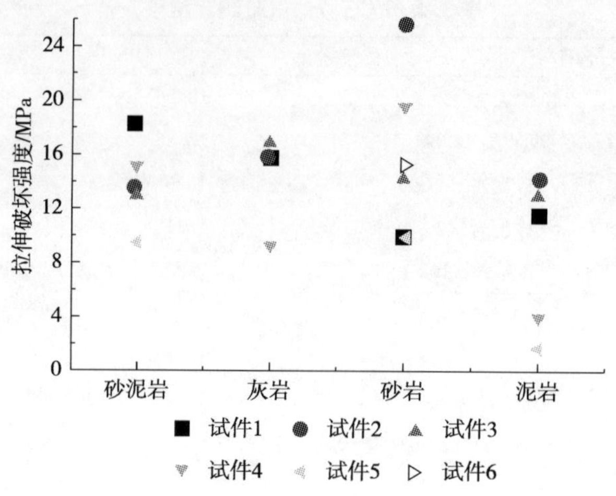

图 3.12　王庄典型岩石的劈裂破坏强度

不同围压下的轴向应力-应变全过程曲线形状是类似的，可以划分为四个阶段，即压密阶段、弹性变形阶段、塑性阶段和破坏阶段。

第 1 阶段：在开始施加轴向压力时，岩石被压密，部分裂隙闭合，应力-应变曲线微向下弯曲。

第 2 阶段：岩石表现出明显的线弹性，随围压增大，线弹性部分长度增长。

第 3 阶段：岩石内部开始产生微裂隙，岩石进入塑性阶段。裂隙随加载载荷增加加速扩展，最终裂隙汇合贯通使岩石破坏。

第 4 阶段：试件破坏后，岩石的承载能力没有完全丧失，还具有一定的承载能力，强度减弱到残余强度，而且残余强度随围压增大而增大，这主要是在围压作用下，孔隙裂隙被压密闭合，而使岩石刚度和强度加大造成的。

根据试验测得岩石应力-应变关系绘制的岩石全应力-应变曲线如图 3.13 所示。

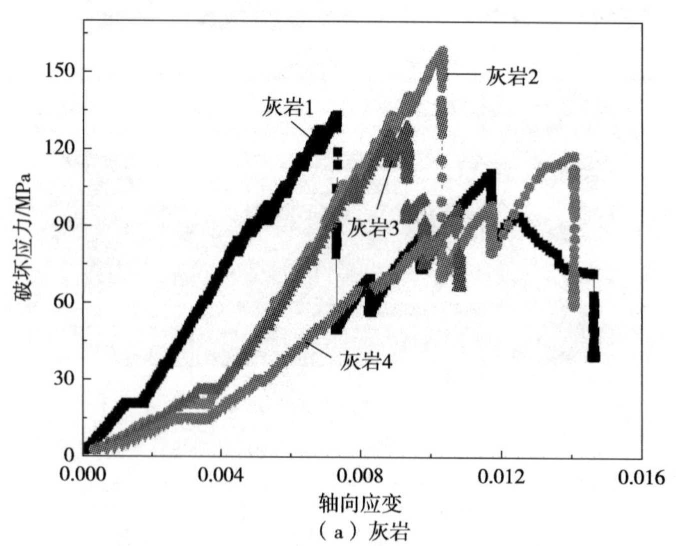

（a）灰岩

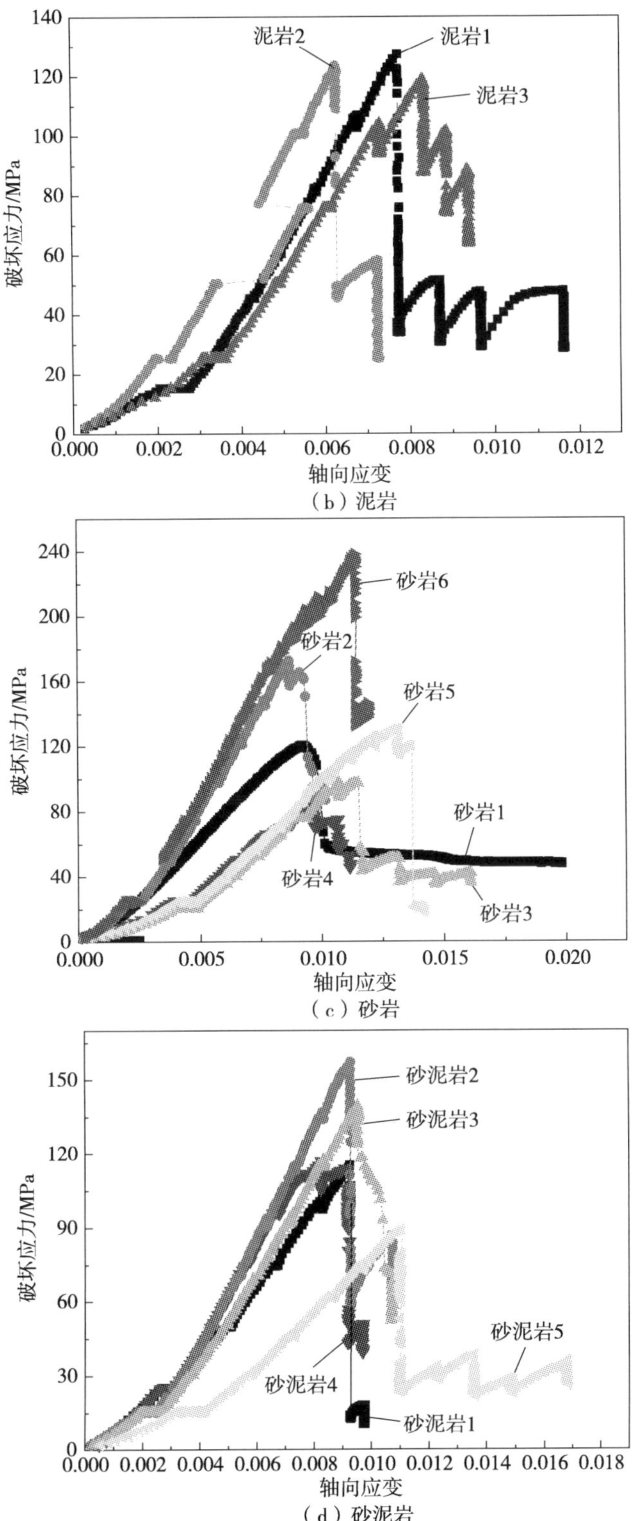

图 3.13　王庄大采高工作面四种典型岩石全应力-应变曲线

表 3.5 为试验测定的在不同围压作用下的抗压强度、弹性模量和泊松比。图 3.14 为四种典型岩石的破坏强度分布图。

表 3.5　岩石常规三轴实验强度测定结果

围压	岩石名称	试样尺寸/mm		抗压强度/MPa	弹性模量/GPa	泊松比
		直径	高度			
砂泥岩	砂泥岩 1	50.6	102.7	115.39	12.49	0.18
	砂泥岩 2	50.2	102.7	157.57	17.03	0.14
	砂泥岩 3	50.2	84.2	139.08	14.73	0.16
	砂泥岩 4	50.6	102.5	116.98	14.25	0.12
	砂泥岩 5	49.7	77.3	89.32	8.11	0.16
灰岩	灰岩 1	50.2	102.5	132.26	18.20	0.15
	灰岩 2	50.3	106.7	158.33	15.32	0.20
	灰岩 3	50.2	101.9	128.41	12.78	0.23
	灰岩 4	50.4	65.5	92.01	8.60	0.17
砂岩	砂岩 1	49.9	97.4	120.71	12.96	0.13
	砂岩 2	50.5	102.4	172.99	19.87	0.14
	砂岩 3	49.9	102.3	97.34	8.38	0.18
	砂岩 4	50.0	102.8	82.75	8.63	0.13
	砂岩 5	50.6	102.1	130.37	9.96	0.15
	砂岩 6	50.5	100.5	242.8	20.82	0.15
泥岩	泥岩 1	50.3	102.3	127.39	16.44	0.23
	泥岩 2	50.3	104.8	122.59	19.65	0.19
	泥岩 3	50.3	95.8	118.97	14.29	0.18

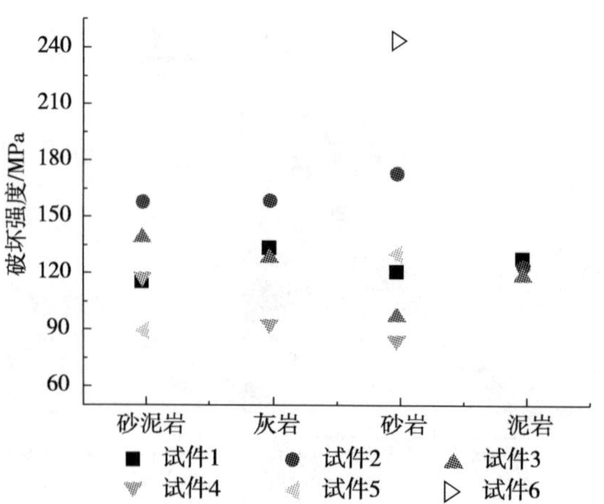

图 3.14　王庄大采高工作面四种典型岩石的破坏强度分布

3.2.5　常规单轴和三轴岩石破坏模式

围压除了对岩石的强度特性产生影响外，还对岩石的破坏机制有影响。岩石试样在单轴压缩条件下表现为脆性张裂破坏，随着围压的增加，岩石便进入剪切破坏，破坏时伴随有较大的声响和震动。图 3.15（a）是岩石单轴压缩典型劈裂破坏模式，图 3.15（b)是岩石常规三轴典型剪切破坏模式。

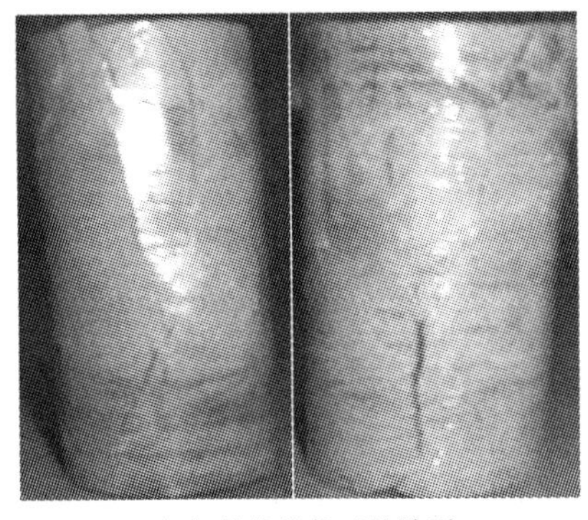

（a）单轴荷载下的劈裂　　（b）三轴荷载下的剪切破坏

图 3.15　单轴和三轴应力状态下王庄岩石的破坏模式[16]

本节通过对大采高综放工作面巷道围岩进行常规单轴、三轴和加轴压卸围压的宏观破坏实验及劈裂破坏实验，揭示了不同应力条件下岩石的宏观破坏机理。岩石试样在单轴压缩条件下表现为脆性张裂破坏；随着围压的增加，岩石便进入剪切破坏，破坏时伴随有较大的声响和震动。

3.3　岩石的微细观破坏行为

3.3.1　弯曲破坏模式及载荷变形曲线

大采高工作面煤层开挖掉，在采空区及巷道周围，顶板岩石承受了弯曲变形作用，因此对王庄岩石进行三点弯曲破坏试验，这对大采高覆岩的变形破坏规律认识有非常重要的意义。对于试件 S1，载荷加到 92.4N，试件在预制缺口中心附近开始起裂，如图 3.16（b)所示。这是由于预制缺口处应力集中现象明显，导致该处的应力最先达到破坏极值。由于载荷的作用，试件其他地方也开始出现微裂纹。当载荷经过峰值点时，到达如图 3.9（a）所示的 EF 阶段（稳定破坏阶段），对于试件 S1 载荷值为 42.9N，如图 3.16（d）所示，试件突然断裂，主裂纹独立向前扩展。另外，从 SEM 图也可以看出，裂纹扩展基本上是绕过颗粒前进，如图 3.16（d）所示。试件 S1 的载荷变形曲线如图 3.17所示。

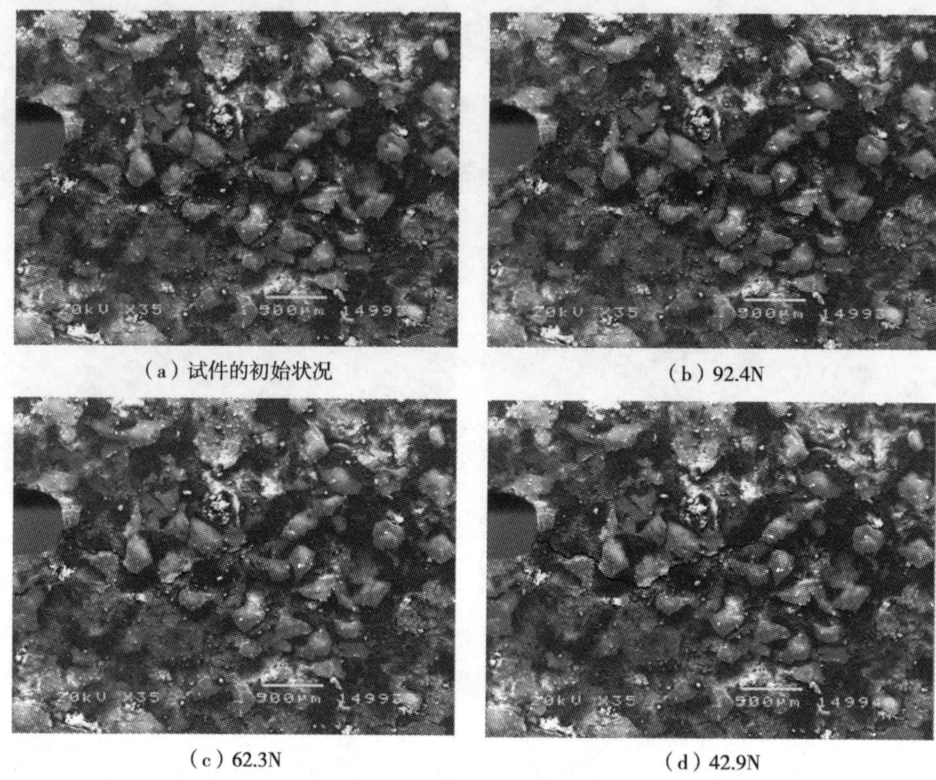

（a）试件的初始状况　（b）92.4N

（c）62.3N　（d）42.9N

图 3.16　不同荷载下试件 S1 破坏过程的微结构图（×35）

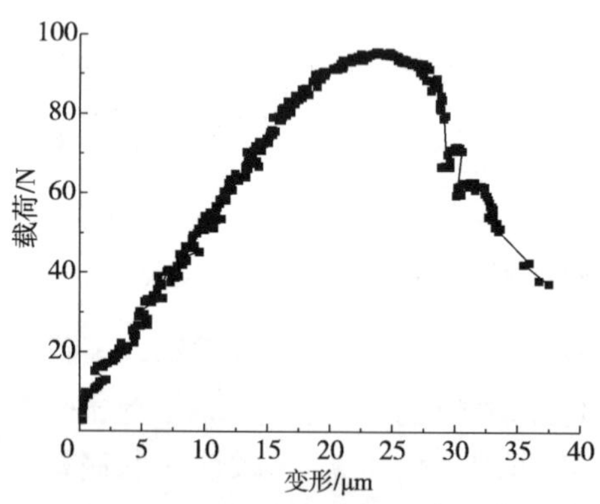

图 3.17　试件 S1 的载荷变形曲线

对于试件 S2，从 SEM 图片可以看出，当载荷加到 85.3N 时，试件在预制缺口中央偏下的地方起裂，如图 3.18（b）所示。随着载荷的继续增加，裂纹延伸。裂纹扩展基本上是绕着颗粒前进的。和 S1 试件一样，也是在经过载荷峰值点后，在载荷位移曲线的稳定破坏阶段试件突然断裂。以后的实验，试件同样是在载荷-位移曲线(图 3.19)的稳定破坏阶段断裂。只是不同试件断裂时的荷载值并不一样。

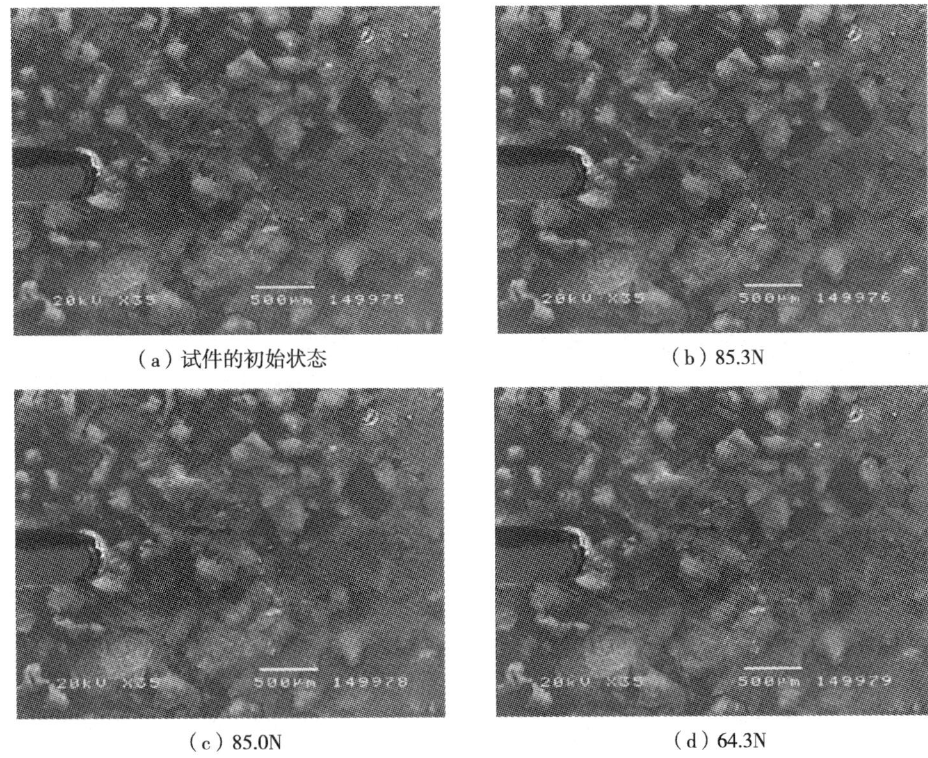

（a）试件的初始状态　（b）85.3N

（c）85.0N　（d）64.3N

图 3.18　试件 S2 破坏过程及表面裂纹 SEM 图（×35）

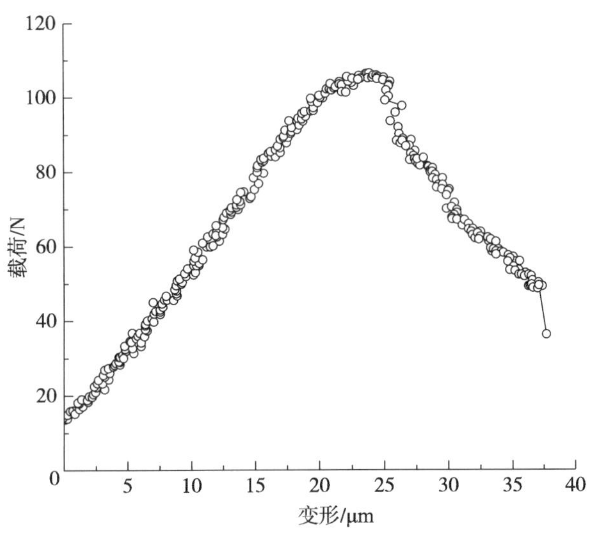

图 3.19　试件 S2 的载荷变形曲线

对于试件 S3，实验出现了不同于其他试件的现象。在荷载达到 90.7N 时开始起裂，所不同的是，裂纹同时起裂于中央和中央偏上两个部位。由于实验限制，我们不知道这两条裂纹谁先起裂。通过 SEM 图，我们观察到两条裂纹并没有在绕过一个颗粒集中块体后汇合［图 3.20（d）］，形成一条主裂纹；而是在中央偏上部位的裂纹继续朝前扩展，而中央裂纹扩展停止，只形成了一条小裂纹。同时我们观察到，在两条裂纹汇合的道路上出现了一个颗粒。以后随着荷载的增加，裂纹继续扩展，扩展方式同样是绕过颗粒前进。试件 S3 的载荷变形曲线如图 3.21 所示。

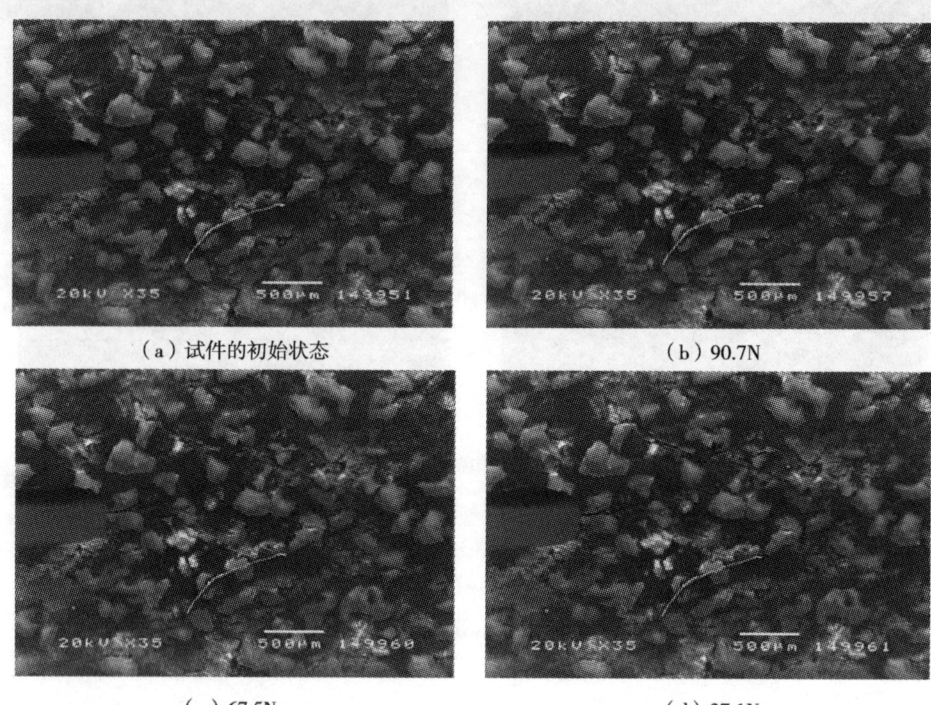

（a）试件的初始状态　（b）90.7N

（c）67.5N　（d）37.1N

图 3.20　试件 S3 破坏过程及表面裂纹 SEM 图（×35）

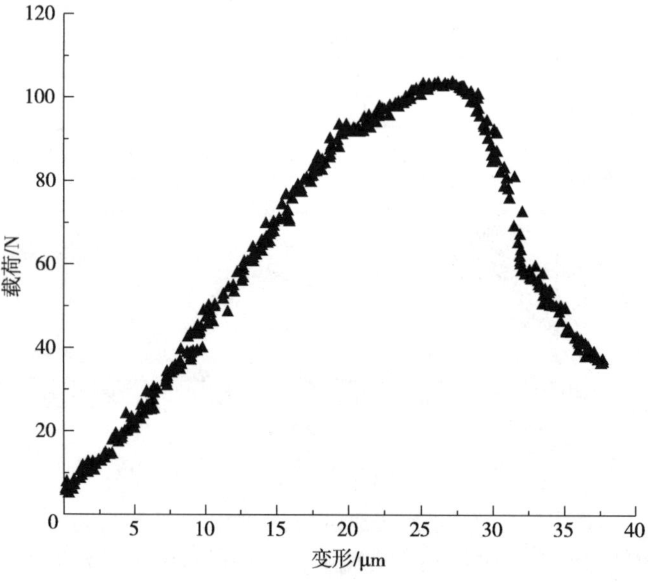

图 3.21　试件 S3 的载荷变形曲线

3.3.2　岩石的微观结构分析

采用 SEM 可以观察到矿井泥岩的微细观结构，这包括矿井泥岩的黏土矿物图像和黏土矿物-粗颗粒的物质图像。煤顶板泥岩扫描电镜结果显示：在放大 500 倍时，可见样品中 5～40μm 的微裂缝；在放大 1000 倍时，可见粒表溶蚀坑内片状绿泥石和粒表片状高岭石。结构图像同样显示泥岩中含有较高的黏土颗粒，并且这些微小的黏土颗粒构成较大的集合颗粒，互相交织定向排列组合在一起，结构呈絮凝状，如图 3.22（b）和图 3.22（c）所示。单元体以细小颗粒构成较大的集粒，彼此互相交织呈定向排列，该结构反映了泥岩主要是由黏土组成的特性，其孔隙存于絮凝状结构之间，呈均匀分布。泥岩中由长石、石英和云母等组成泥岩粗粒部分，而黏土颗粒则充填在这些粗大颗粒中间，主要起胶结作用，从而形成粗颗粒骨架-黏粒絮凝的细观结构。矿井软岩长期受到上覆岩层的自重作用及地质构造运动的影响，从而使得矿物晶体定向排列，这形成了较为有序的薄片状微结构，同时使矿物颗粒在接触处胶结，这种胶结连结在水与外力的作用下容易发生破坏，颗粒间产生错动，从而使泥岩宏观上软化。含有黏土矿物的岩石，其蒙脱石或是伊蒙混层矿物在岩石中具有定向结构，多呈片状分布。长石等矿物表面有大量溶蚀孔洞，有的孔洞被方解石晶体和泥质成分等充填。岩石的微裂隙较发育，而且大部分连通性较好，有的裂隙夹有长石和方解石晶体等充填物。

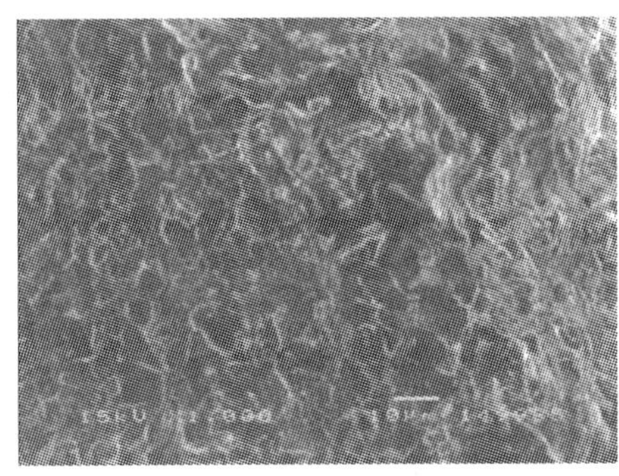

（a）微结构1

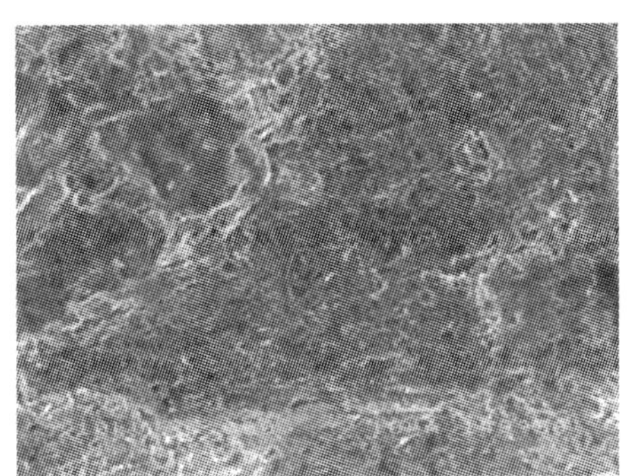

（b）微结构2

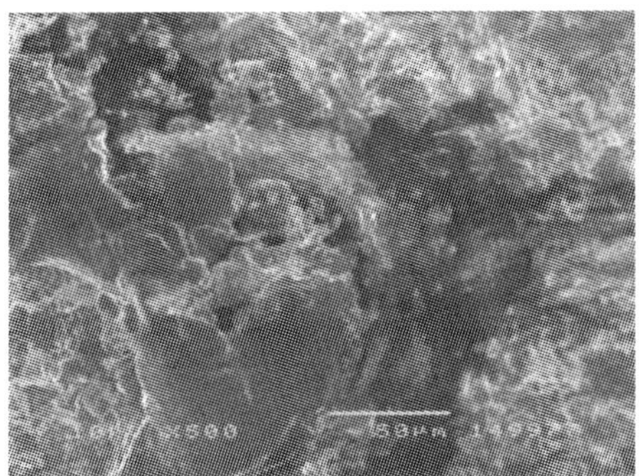

（c）微结构3

图 3.22　王庄矿岩石的微观结构

如果水和伊利石发生物理化学反应，则会使岩石的原体积增加 50%～60%，它们的化学反应式可表示如下：

$$K_{0.9}Al_{2.9}Si_{2.1}O_{10}\ (OH)_2+nH_2O \rightarrow K_{0.9}Al_{2.9}Si_{2.1}O_{10}\ (OH)_2 \cdot nH_2O$$

由上式可知无论是伊利石黏土矿物颗粒，还是高岭石黏土颗粒，它们与水相互作用时，水分子都会进入层状的黏土矿物颗粒之间，形成极化的水分子层，这些水分子层又可不断吸水扩张，同时水分子进入伊利石等黏土矿物晶胞层间，形成矿物内部层间水层，前者造成黏土矿物的外部膨胀，后者造成内部膨胀，这极易造成泥岩软化崩解。

因此，如果围岩在有水渗入的情况下，一方面围岩裂隙带的存在改变了地应力场的方向和大小，且由于原生裂隙带的存在，为岩层提供了突水通道；另一方面采动使得地应力综合释放，这造成了隔水岩层阻水能力的下降，在这些因素的综合影响作用下使得大采高工作面的围岩更为不稳定。

本节通过对大采高综放工作面巷道围岩进行微细观破坏实验，结果表明矿物结构，特别是黏土矿物胶结情况，以及颗粒形状、大小影响了岩石的最终破坏模式。

3.4 采动加卸荷岩石破坏试验研究

随着人们对问题认识的深入，常规的单轴和三轴岩石力学行为已经不能完全描述大采高综放工作面岩石。实际在大采高综放开采过程中，巷道和工作面附近的围岩经历了轴向应力升高而围压递减的完整采动力学过程[2]。本节将重点研究不同的开采方式下岩石的破坏行为。

3.4.1 试验样品和实验条件

潞安矿区近年来逐渐进入深部开采阶段，并且一些矿井煤层赋存周围存在大量灰岩。实验灰岩取自潞安李村煤矿，埋深为 600m 左右。为避免爆破扰动影响，采取深部钻孔取心的方法，在巷帮上钻取深度在 10m 以外的岩心，并按照国际岩石力学学会建议的方法，将大块岩石加工成高度为 100mm，直径为 50mm 的标准圆柱体试件，试件如图 3.23 所示。

图 3.23 岩心加工成的标准试件

实验是在四川大学 MTS815 Flex Test GT 岩石力学试验机上完成的，如图 3.24 所示。该设备最大轴向荷载为 4600kN，能够支持的最大围压、渗透压均为 140MPa。可进行煤岩体与混凝土的损伤力学试验、动力学试验和多场耦合试验等，是目前国内功能最齐备、技术水平最先进的岩石力学实验设备之一。

图 3.24 MTS815 岩石力学测试系统及典型灰岩试件

3.4.2 常规三轴及采动加卸载实验方案

无煤柱开采、放顶煤开采和保护层开采是我国煤矿目前采用的三种典型开采方式，转化为室内试验即对应着不同的应力卸荷路径。为对比常规三轴实验与不同卸荷路径实验的不同，本节设计了两组试验。

第一组：常规三轴试验。先采用应力控制模式加载，把轴压和围压同时升到预定值（3MPa、5MPa 和 9MPa），然后继续轴向加载直到试件破坏；一旦试件破坏，峰后采用位移控制模式加载，以获得试件的全程应力-应变曲线，加卸载如图 3.25 所示。

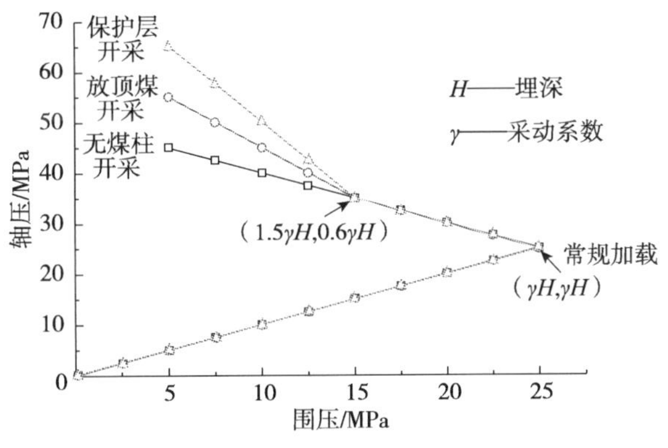

图 3.25 采动加卸载路径示意图

第二组实验：不同路径卸荷试验。我们可以设计三种不同开采方式的加卸荷路径。为模拟不同的采深，对岩石施加不同的初始围压，分别为 15MPa（约为 600m 的静水压力）和 25MPa（约为 1000m 的静水压力），加载速率为 3MPa/min。本节假设工作面前方煤岩体和周围围岩同时到达峰值强度，常规三轴实验测得岩样的峰值强度约为 137MPa。当实验初始围压设定为 15MPa 时，如果假设围岩峰值强度约为 150 MPa，则其为静水压力的 10 倍。参考文献［2］指出，在无煤柱开采、放顶煤开采和保护层开采三种开采方式下，工作面前方煤岩峰值分别为静水压力的 3 倍、2.5 倍和 2 倍，实验条件下岩样的轴向加载速率和侧向卸荷速度之比分别为 4.75∶1、3.5∶1 和 2.25∶1，则

围岩 $\Delta\sigma_1=\Delta\sigma_3=0$ 分别为 15.83∶1、14∶1 和 11.25∶1。同理，初始围压为 25MPa 时，轴向加载速率和侧向卸载速率之比设计为 9.5∶1、8.4∶1 和 6.75∶1。实验中围压卸荷速度均为 0.5 MPa/min，峰后采用位移控制，围压卸荷速度不变。具体实验控制数据见表 3.6[17]。

表 3.6　第二组实施方案

初始围压/MPa	开采方式	$\frac{\Delta\sigma_1}{\Delta\sigma_3}$	轴向加载速率 /（MPa/min）	围压卸载速率 /（MPa/min）
15	保护层开采	11.25	5.625	0.5
	放顶煤开采	14	7.0	0.5
	无煤柱开采	15.83	7.915	0.5
25	保护层开采	6.75	3.375	0.5
	放顶煤开采	8.4	4.2	0.5
	无煤柱开采	9.5	4.75	0.5

3.4.3　灰岩的采动加卸荷破坏实验

这里以第三孔的岩样为例说明实验结果，应力峰值时的试验数据如表 3.7 所示。

表 3.7　实验记录表

试件	加载时间点 /s	加载端头位移 /mm	轴向伸缩量 /mm	环向伸缩量 /mm	环向位移 /mm	围压/MPa	轴压/MPa
3-1	2674.5366	0.652350	0.004531	0.694612	46.194664	5.2973	120.14
3-2	1686.0774	0.7013896	0.355944	0.8336278	46.5889	13.29699	96.8
3-3	2361.3918	0.706688	0.353344	0.736278	33.6321	7.9075	159.69

针对该孔三个岩样的 MTS 实验数据，分别绘制了应力-应变全过程曲线，见图 3.26[18]。

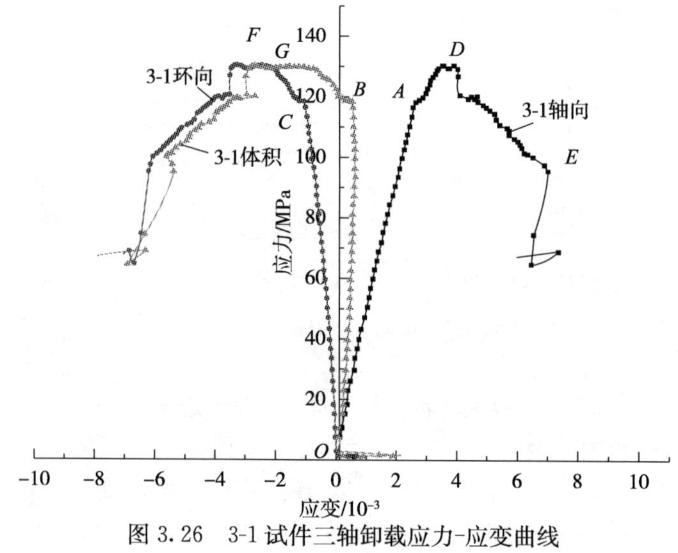

图 3.26　3-1 试件三轴卸载应力-应变曲线

图 3.26 中 OA，OB，OC 阶段呈明显的线性特征，OA 表示轴向应力随轴向应变线性增长，该阶段为岩石的弹性变形阶段。AD 为裂纹扩展阶段，伴随许多新裂纹的生成，此时应力只要有微小增量，应变就会有明显的改变。并在 D 点处出现一个平台，其主要伴随塑性流动产生。D 点为试样的三轴抗压强度，D 点之后有一个微小的应力跌落，裂纹的数量急剧增加，到 E 点时试件破坏，该试件变形中没有明显的剪胀效应。

图 3.27 中，应力-应变曲线描述了试件从加载到破坏的全过程，OA 可近似为弹性变形阶段，当轴向应力为 70MPa 时，体积应变在拐点 B 处偏离线性，发生剪胀效应，此时应力大致位于峰值应力 96.8MPa 的 2/3～3/4 处。这与一般情况下的三轴实验在其峰值强度的 1/3～1/2 处发生剪胀效应形成对比。该三轴卸荷试验明显延迟了试件的剪胀作用。D 点时达到试件的峰值应力，同时出现屈服平台，产生塑性变形。D 点出现一个小的应力跌落后，岩样没有立即失去承载能力，而是随着裂纹的缓慢扩展，直到轴向应力达到试件的残余强度。轴向应力达到最大值时，环向应变和体积应变也相应地分别在 F 点和 G 点达到极值。

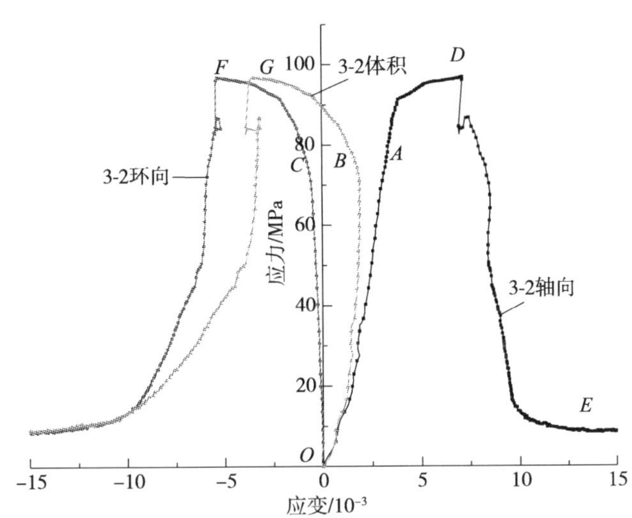

图 3.27　3-2 试件三轴卸载应力-应变曲线

图 3.28 中，3-3 试件仅得到了峰前的应力-应变曲线，D 点之前基本没有塑性变形，仅在 D 点出现了一个屈服平台。平台的出现可能是试件内部发生剪切滑动造成的，虽然有位移的移动，但是应力保持不变。

通过分析以上三图可知，三轴试验限制了岩石的环向变形，这就增大了试件的轴向承载能力，同时也增大了岩样的弹性模量。轴向应力曲线 OA 产生微小曲率可能是因为围压的降低，致使岩样变形模量的减小。

先前做的 3＃孔岩石试件的单轴应力-应变曲线如图 3.29 所示。

由 MTS 数据和单轴压缩数据，可以找到相应三轴试验和单轴试验的峰值应力和峰值应变（表 3.8）。

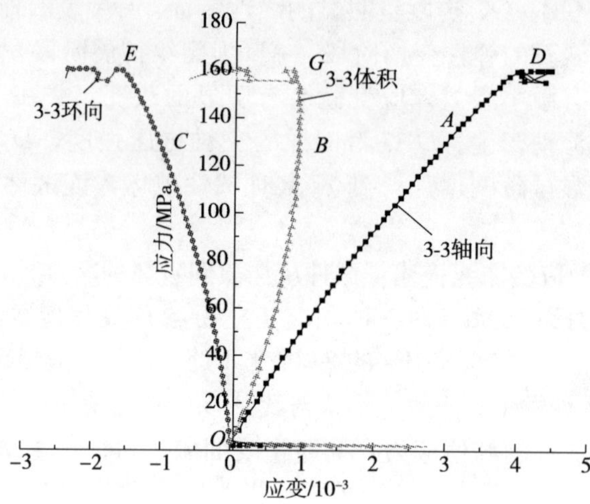

图 3.28　3-3 试件三轴卸载应力-应变曲线

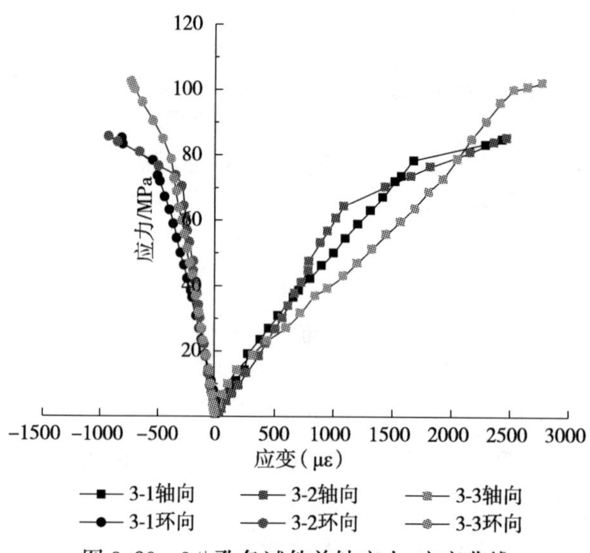

图 3.29　3＃孔各试件单轴应力-应变曲线

表 3.8　3＃孔岩样三轴、单轴试验数据

类型	试件	3-1	3-2	3-3	均值
三轴	峰值强度/MPa	61.58	96.88	159.92	106.13
	轴向应变/10^{-3}	3.16	6.15	3.67	4.33
	环向应变/10^{-3}	−3.78	−6.24	−1.48	−3.83
单轴	峰值强度/MPa	84.9	85.4	105.3	91.87
	轴向应变/10^{-3}	2.436	2.47	2.74	2.55
	环向应变/10^{-3}	−0.824	−0.934	−0.87	−0.876

3＃孔试件三轴试验的平均峰值强度为 106.13MPa，单轴抗压强度为 91.87MPa，不难发现该三轴试验提高了岩石的抗压强度。

另外，由其他两孔的数据也可以得出相似的观点，1＃孔的部分曲线如图 3.30～图 3.33所示。

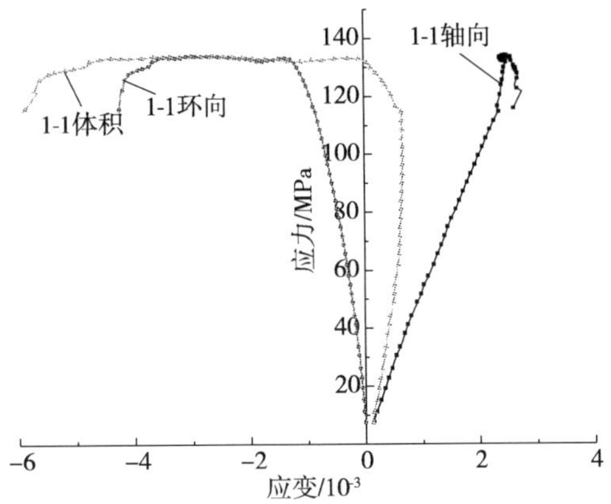

图 3.30 1-1 试件三轴应力-应变曲线

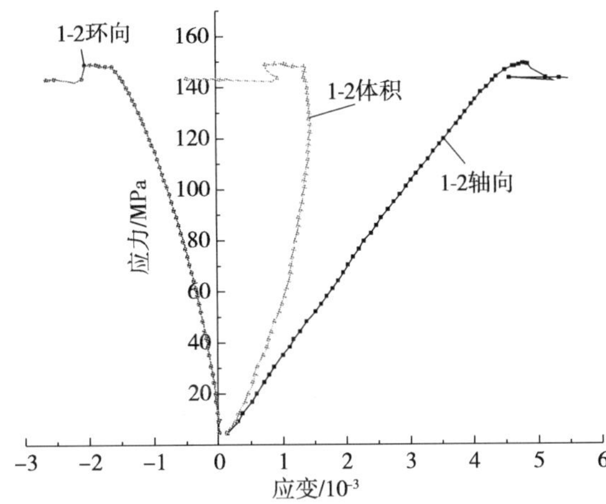

图 3.31 1-2 试件三轴应力-应变曲线

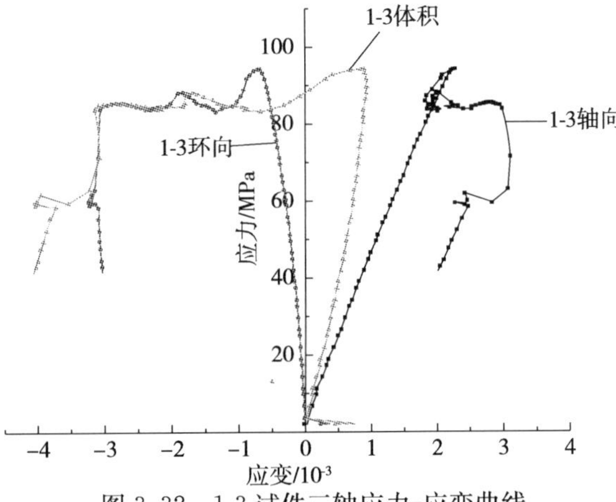

图 3.32 1-3 试件三轴应力-应变曲线

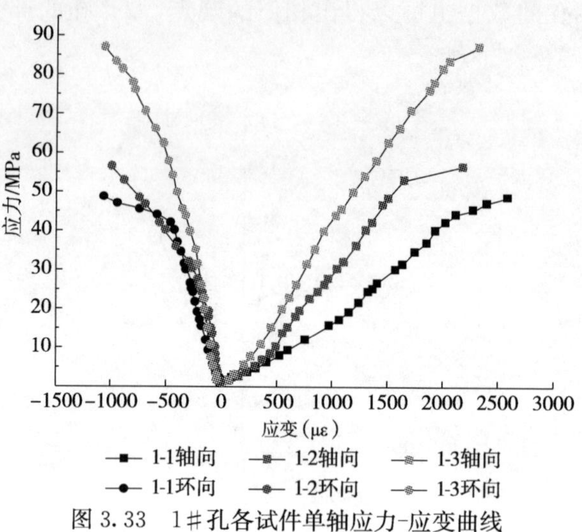

图 3.33　1＃孔各试件单轴应力-应变曲线

筛选数据后，得到1＃孔的峰值应力-应变数据如表3.9所示。

表 3.9　1＃孔三轴、单轴试验数据

类型	试件	1-1	1-2	1-3	均值
三轴	峰值强度/MPa	134.25	149.13	94.08	125.82
	轴向应变/10^{-3}	2.48	4.83	2.284	3.198
	环向应变/10^{-3}	−2.94	−2.02	−0.711	−1.89
单轴	峰值强度/MPa	48.6	56.4	87.1	64.03
	轴向应变/10^{-3}	2.58	2.174	2.309	2.35
	环向应变/10^{-3}	−1.06	−0.99	−1.06	−1.037

该组试验中，三轴试验的抗压强度几乎是单轴抗压强度的2倍，这应该是因为该组试件的原生裂隙较多，或者岩石的抗拉强度很低，导致在单轴试验中，试件发生张拉破坏。

2＃孔的应力-应变曲线如图3.34～图3.37所示。

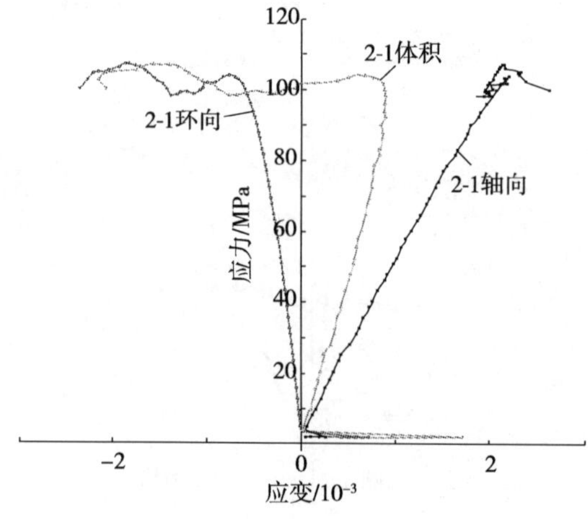

图 3.34　2-1 试件三轴应力-应变曲线

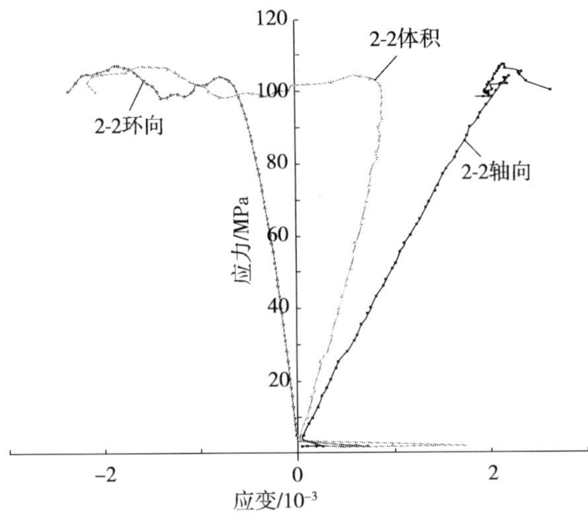

图 3.35　2-2 试件三轴应力-应变曲线

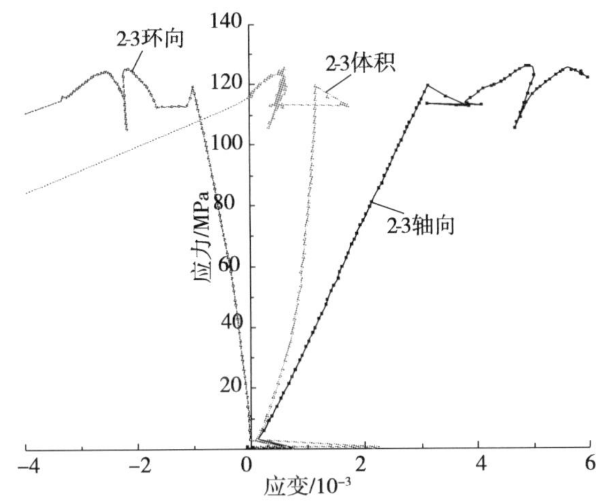

图 3.36　2-3 试件三轴应力-应变曲线

2＃孔的峰值应力、应变数据如表 3.10 所示。

表 3.10　2＃孔三轴、单轴试验数据

类型	试件	1-1	1-2	1-3	均值
三轴	峰值强度/MPa	107.39	136.79	115.66	119.95
	轴向应变/10^{-3}	1.86	2.315	1.04	1.74
	环向应变/10^{-3}	−1.57	−1.125	−1.372	−1.36
单轴	峰值强度/MPa	57.8	72.1	63.3	64.4
	轴向应变/10^{-3}	1.547	1.719	1.311	1.526
	环向应变/10^{-3}	−0.42	−0.43	−0.44	−0.43

在该组试验中，三轴抗拉强度也几乎是单轴抗压强度的两倍，在图 3.36 中，应力-

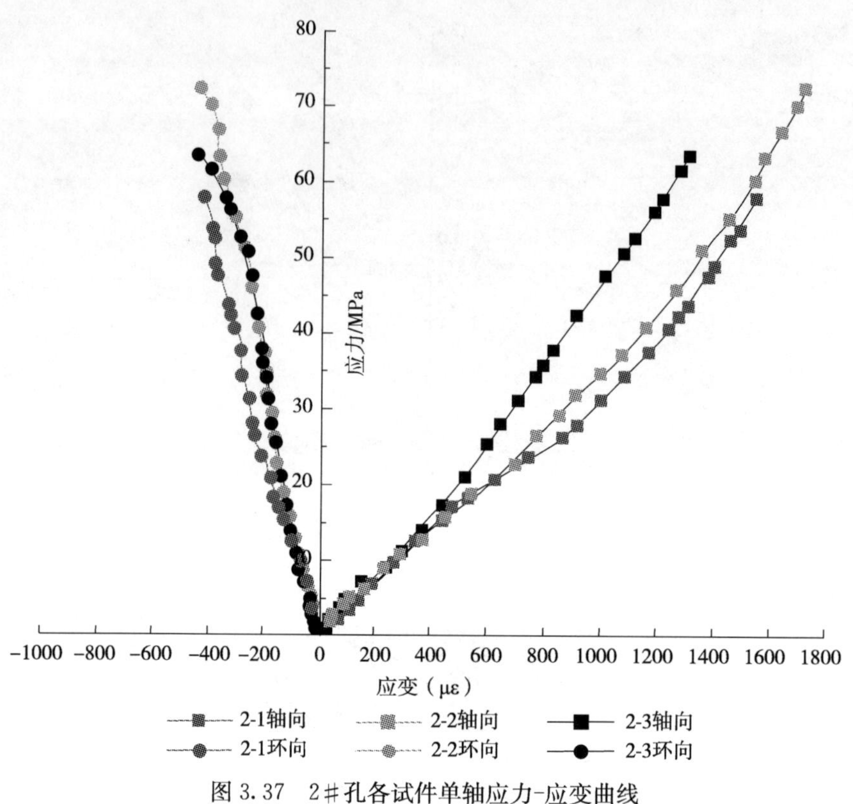

图 3.37 2#孔各试件单轴应力-应变曲线

应变曲线有滞回环产生，可能在试件到达峰值强度之后，岩石破坏过程中破碎的岩块挡住试验机加载头的下降，故而导致应力的波动。

3.4.4 灰岩的常规三轴破坏实验

由于深部岩石的赋存深度不同，它们所处的初始围压也有很大差别，本节中设计了3MPa、5MPa 和 9MPa 三个围压，研究岩石常规三轴试验下的应力-应变曲线，如图 3.38所示，后面将与卸荷试验形成对比。本节的常规三轴实验表明，围压为 3MPa 的轴向应力-应变曲线中应力跌落段斜率为−4.053，而 5MPa 围压的应力跌落段斜率为−1.438，9MPa 围压的试件跌落段斜率为−0.397。三种围压下倾斜段跌落值分别为80.67MPa、61.24MPa 和 27.59MPa，残余强度分别是其峰值强度的 33.5%、46.9% 和 70.7%。

由于主要考虑采动加卸荷岩石破坏试验，常规三轴实验数量有点少，每个围压只有一个实验，从其破坏强度的分布上看其不具备代表性，围压为 9MPa 的岩石破坏强度小于 3MPa 的破坏强度，说明在低围压下（如小于 9MPa 的围压），围压的影响效果不如岩石非均质性和各向异性的影响。但从跌落程度来看，随着围压增大，应力跌落程度在降低，这说明围压升高会逐渐限制岩石的瞬时破坏，使得灰岩的塑性变形特性有所增强。同时，峰值处对应的侧向应变也在逐渐减小，这也说明较大的围压可以更好地限制岩石的侧向变形，保持围岩的完整性。

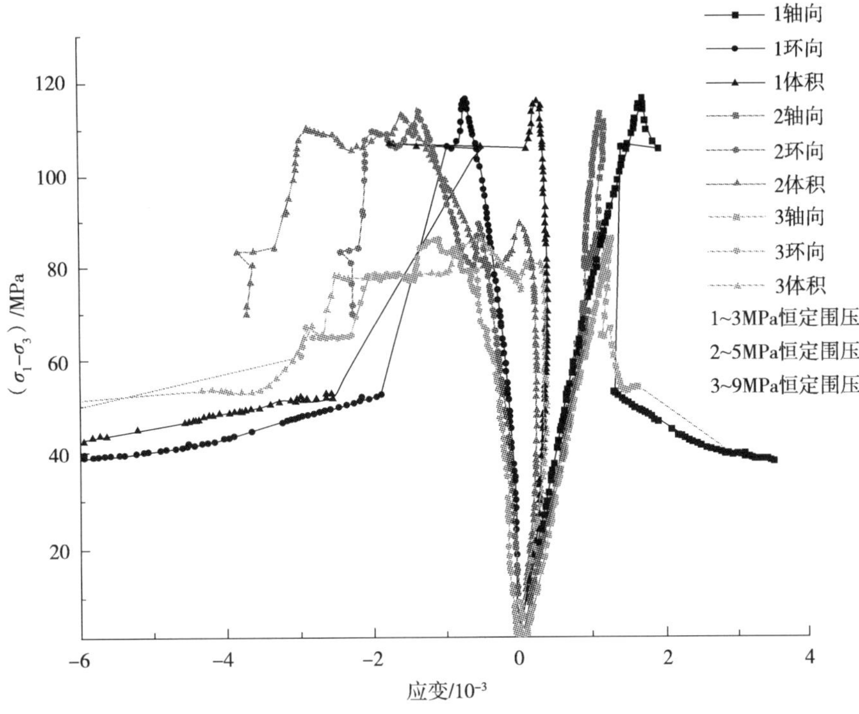

图 3.38　不同围压下的常规三轴应力-应变曲线

3.4.5　采动卸荷条件下灰岩的宏观断裂

常规三轴试验下灰岩破裂主要以剪切破坏为主。但对于卸围压条件下的灰岩试件，既有张拉破坏也有剪切破坏。图 3.39 和图 3.40 分别是不同初始围压、不同轴向加载速率下灰岩的破坏模式图。图下方数值为峰值时的围压大小。

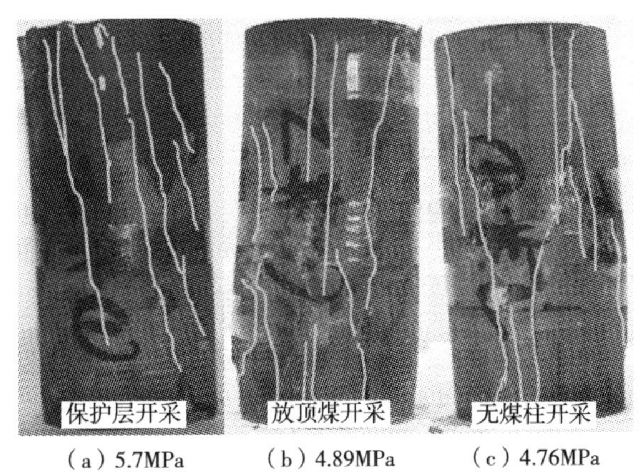

(a) 5.7MPa　(b) 4.89MPa　(c) 4.76MPa

图 3.39　初始围压 15MPa 时不同加载速率下灰岩的破坏模式

图 3.39 是初始围压为 15MPa 时的破坏图，三个试件的轴向加载速率依次增大，破坏模式分别为张剪破坏、张拉破坏和张拉破坏；峰值破坏时的围压分别为 5.7MPa、

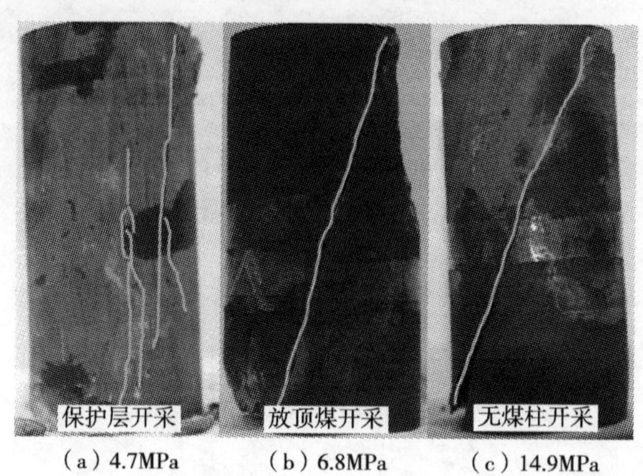

(a) 4.7MPa　　(b) 6.8MPa　　(c) 14.9MPa

图 3.40　初始围压 25MPa 时不同加载速率下灰岩的破坏模式

4.89MPa 和 4.76MPa。图 3.40 是初始围压为 25MPa 的破坏图，破坏模式分别为张拉破坏、剪切破坏和张拉破坏，峰值破坏时的围压分别为 4.7MPa、6.8MPa 和 14.9MPa。初始围压较低时，张拉破坏为主要破坏形式；初始围压较高时，剪切破坏较多。相同赋存深度时，无煤柱开采和放顶煤开采附近灰岩最常发生剪切破坏，如图 3.40所示。

对比图 3.39 和图 3.40，容易发现图 3.39 中的试件破坏伴随着更多的宏观裂纹产生，而图 3.40 中宏观可见裂纹明显减少，可见围压明显抑制了微裂纹的产生。在实验初始阶段，岩样所受围压较大，内部主要受到剪切作用。随着围压减小，张拉作用逐渐明显。当两者中的一个最先到达临界值时，内部缺陷就以张拉作用为主导形式发生破坏。轴压到达峰值时，如果围压较高，张拉作用就会受到抑制，剪切裂纹会迅速扩展贯通，如图 3.40 (b) 和图 3.40 (c) 所示。当峰值处围压较低时张拉作用明显显现，裂纹的宏观表现形式为张拉破坏，如图 3.39 (b)、图 3.39 (c) 和图 3.40 (a) 所示，当介于两者之间时就会表现出两者的组合破坏形式，如图 3.39 (a) 所示。

不同轴向加载速率下灰岩的破坏模式与峰值处围压关系如图 3.41 所示，可以明显看出，当峰值强度处围压低于 5MPa 左右时，试件为张拉破坏；围压大于 6MPa 时，试件偏向于发生剪切破坏；围压 5～6MPa 时，试件为张拉和剪切的联合破坏形式。可见，灰岩的破坏模式与破坏峰值处围压的大小有明显的关系，而与轴向加载速率的关系不太明显。

将图 3.39 和图 3.40 进行比较发现，剪切破坏造成的宏观裂纹较张拉破坏形式的裂纹有很大不同：剪切破坏试件的破坏带明显比张拉试件宽；剪切破坏的宏观表面裂纹较张拉破坏少得多。裂纹演变的形式均是微裂纹的形成、扩展、成核和贯通造成的。仅从两图不能看出其微裂纹的分布如何，但是每个裂纹都是微裂纹的集体贯通造成的。从裂纹破坏的结果不难分析，张拉破坏的试件中微裂纹的分布较广泛，这才造成破坏的裂纹多样，而剪切破坏的试件只有一条剪切裂纹，所以微裂纹产生相对集中，均匀分布在剪切带附近。

图 3.41 显示岩石破坏形式与峰值围压之间有密切关系。峰值围压较低时，岩

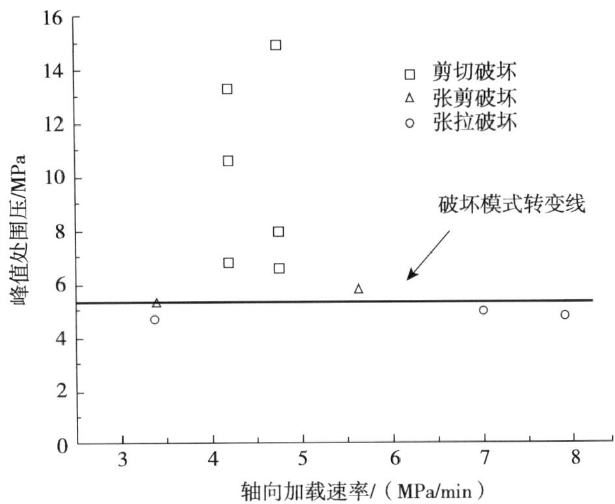

图 3.41　不同加载速率下灰岩的破坏模式分布图

石材料脆性特征明显，由于缺陷的存在，局部张拉应力明显，在缺陷应力场附近，由于材料强度的差异和不均质性，虽然应力较低，但仍会产生微裂纹（亚临界裂纹），正是这种静态亚临界裂纹的扩展机制，造成了微裂纹的出现。峰值围压较高时，岩石材料塑性特征突出。由于三轴受力状态抑制张拉性裂纹的产生，其尖端应力场较低。而在剪切带附近的塑性区发生较大的晶粒位错，从而造成亚临界微裂纹的形成。正是剪切带的单一造成附近塑性区的集中，从而使微裂纹的产生较集中在剪切带附近。

3.4.6　采动加卸载速率的影响分析

在常规三轴试验中，围压通常保持不变，因而不会对岩样的变形造成突变性影响。本节主要讨论围压卸载时，加载速率对灰岩整体应变和塑性应变的影响规律。

1. 应变与轴向加载速率的关系

图 3.42（a）和图 3.42（b）分别为侧向应变和轴向应变与轴向加载速率之间的关系。从图 3.42 中可以看出，初始围压为 25MPa 时，轴向加载速率为 4.2MPa/min（放顶煤开采）的试件轴向应变和侧向应变均为最大，分别是保护层开采和无煤柱开采的 194%、200%和 130%、110%。初始围压为 15MPa 时，轴向加载速率为 7.0 MPa/min（放顶煤开采）的试件轴向应变和侧向应变也最大，分别是保护层开采和无煤柱开采的 169%、217%和 184%、139%。这说明放顶煤开采可能会引起采场围岩更大的变形。并且开采深度越深，放顶煤开采条件下造成的侧向变形越明显。可见，不同围压作用下，加载速率的不同会导致轴向和侧向变形不同，因此煤矿开采中应针对不同的条件选取合理的开采方式[17]。

2. 塑性变形与轴向加载速率的关系

三种开采方式造成围岩变形差异的主要原因是轴压的加载速率不同。虽然应力路径

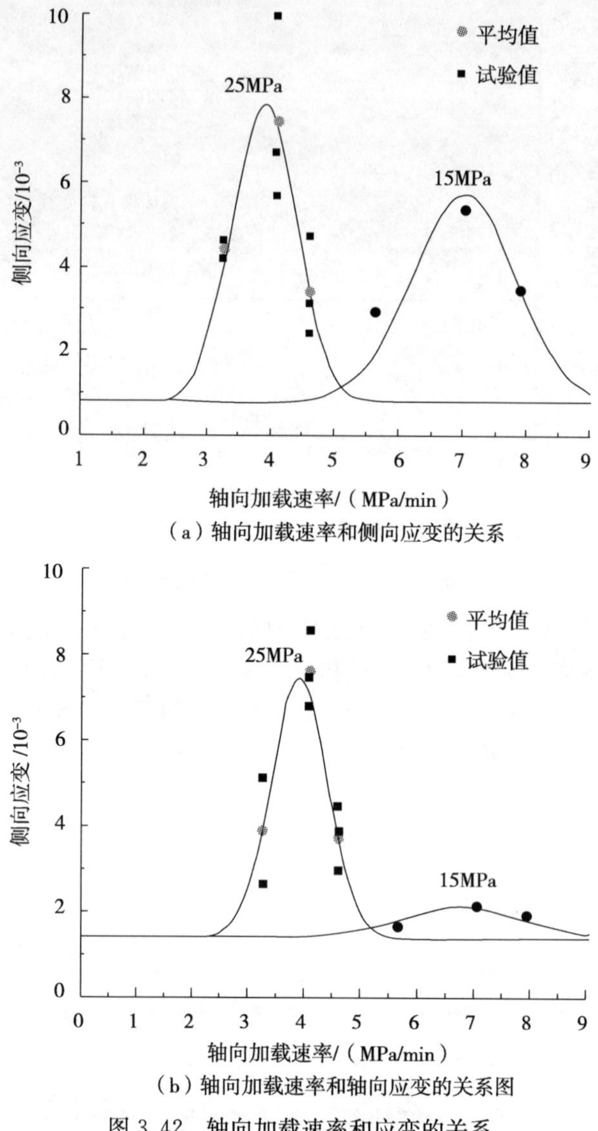

（a）轴向加载速率和侧向应变的关系

（b）轴向加载速率和轴向应变的关系图

图 3.42 轴向加载速率和应变的关系

有所变化，但到达峰值时的应力状态却相差不大，如图 3.43 所示。又因为弹性变形和应力路径无关，试件的弹性变形也应该差异不大。所以，造成图 3.42 中应变值差异较大的主要原因是灰岩的塑性变形量的差异，而岩石的塑性变形和应力路径有明显的关联性。

不同围压的卸荷应力-应变曲线图（图 3.43）表明，侧向应变和体积应变在差应力峰值附近都会有一个变形平台。图 3.43（a）表明，保护层开采时，轴向加载速率为 5.62 MPa/min，差应力到达峰值时，侧向应变为 0.63×10^{-3}；随着实验的继续，主差应力为 100MPa 且保持不变，轴向应变维持在 1.15×10^{-3}不变，而同时侧向应变已增大到 2.41×10^{-3}。平台应变是拐点处应变的 2.82 倍。发生如此大的变形平台，应该是因为到达峰值处，围压仍在降低，侧向压力的减小造成岩石内部裂隙的

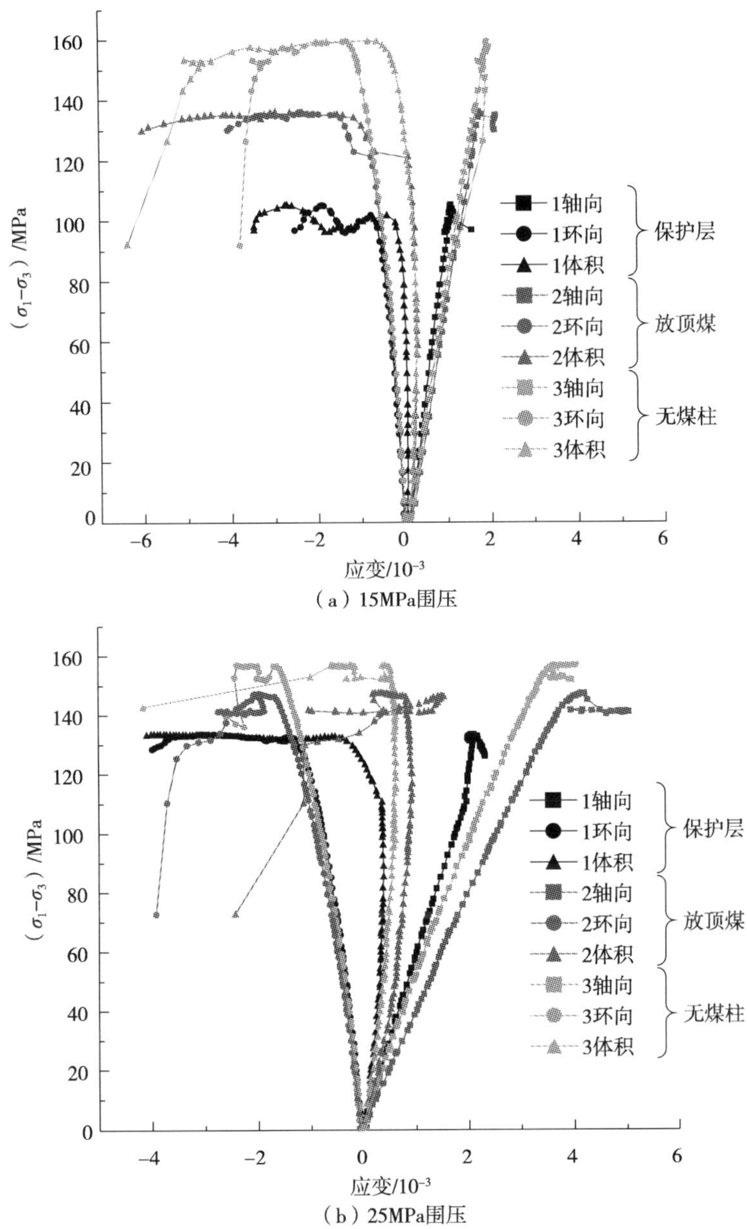

图 3.43 不同围压下不同开采卸荷条件下灰岩的应力-应变曲线

滑移，致使塑性变形增大。所以，该变形平台主要是塑性变形增大的结果。同时，本节还统计了放顶煤开采条件下，轴向加载速率为 7 MPa/min 时，出现屈服平台的侧向应变起始点为 0.94×10^{-3}和终点为 4.05×10^{-3}；无煤柱开采条件下，轴向加载速率为 7.9 MPa/min 时，出现平台的起始点为 1.83×10^{-3}和终点为 3.79×10^{-3}。分别是拐点处应变的 3.26 倍和 1.05 倍。通过比较发现放顶煤开采条件下，围岩发生的屈服现象最明显。图 3.43 (a) 表明，随着轴向加载速率的增加，屈服平台的变形量先增大后变小。这主要是因为轴向加载速率超过某个特定值后，岩石没有充足的时间发生塑性变形，其塑性特征向脆性转变。图 3.43（b）中侧向应变随加载速率的增加而增大，屈服特征也有类似的趋势[17]。

下面从灰岩的塑性变形来分析其与轴向加载速率之间的关系。实验所获得的应变包含弹性应变和塑性应变两部分：

$$\varepsilon=\varepsilon^{e}+\varepsilon^{p} \tag{3.1}$$

其中，ε 为灰岩的总应变；ε^{e} 和 ε^{p} 分别为灰岩的弹性和塑性变形。由广义胡克定律得

$$\varepsilon_1^{p}=\varepsilon_1-\frac{1}{E}\ (\sigma_1-2\mu\sigma_3) \tag{3.2}$$

$$\varepsilon_3^{p}=\varepsilon_3-\frac{1}{E}\left[(1-\mu)\ \sigma_3-\mu\sigma_1\right] \tag{3.3}$$

由此计算得灰岩的塑性应变，如图 3.44 所示。可见，当初始围压为 25 MPa，轴向加载速率从 3.375 MPa/min 增大至 4.2 MPa/min 时，塑性应变有很大的增幅；但当加载速率增加到 4.75 MPa 时，塑性应变又逐渐减小。比较得知放顶煤开采条件下产生的轴向塑性变形是保护层开采的 378%，是无煤柱开采的 329%；侧向塑性应变是保护层开采的 184%，是无煤柱开采的 245%。可知，在初始围压相同的卸围压条件下，在一定范围内随着轴向加载速率增大，岩石中的塑性变形逐渐增大；当加载速率增大到一定数值时，塑性变形逐渐减少。初始围压为 15 MPa 的塑性应变曲线也有类似的现象，放顶煤开采条件下产生的轴向塑性变形是保护层开采的 180%，是无煤柱开采的 326%；侧向塑性应变是保护层开采的 196%，是无煤柱开采的 169%。但从净变化量来看，初始围压较大时，塑性变形更明显。

从塑性变形变化的比例数值来看，轴向加载速率很小的变化就可能导致较大的塑性变形。这说明改变轴向加载速率也可导致岩石的脆性和延性特征发生转变，可见岩石的脆性-延性转变不仅与围压和温度等因素有关，也与轴向加载速率作用有关。当围压越大时，这种转变趋势越明显。

由图 3.44 可以看出，初始围压较大时，应变量随轴向加载速度的变化也较大。但是图 3.44 中发现初始围压较低的拟合曲线明显较宽，说明其应变量对轴向加载速度敏感的范围更广。根据所知曲线的基本特征，我们采用式（3.4）能较好地拟合图 3.42 和图 3.44，该式可用来表述应变和轴向加载速度之间的关系：

$$\varepsilon=\varepsilon_0+\frac{A}{\sqrt{2\pi B}}\mathrm{e}^{\frac{(v-v_0)^2}{2B2}} \tag{3.4}$$

其中，ε_0 为单轴情况下静压力加载的应变值；v_0 为应变最大值对应的轴向加载速度；A、B 均为与加载速度和初始围压有关的参数。

曲线和坐标纵轴交点的横坐标为 0，即轴向加载速度很小，几乎接近于零，此时围压按照原来的速度卸载，很快卸载为 0，而此时轴向应力还在一个很低的水平，则此后的过程应该为单轴测试，这表明单轴静压力加载是该卸荷实验的特殊情况。同时，曲线和纵轴交点所对应的纵坐标，应该是单轴加载情况下的应变值。

本节针对煤矿不同赋存深度获取的灰岩，结合不同的开采方式（即不同卸荷路径），把侧向应力和轴向应力分开考虑，就三种常见的煤层开采方式（无煤柱开采、放顶煤开采

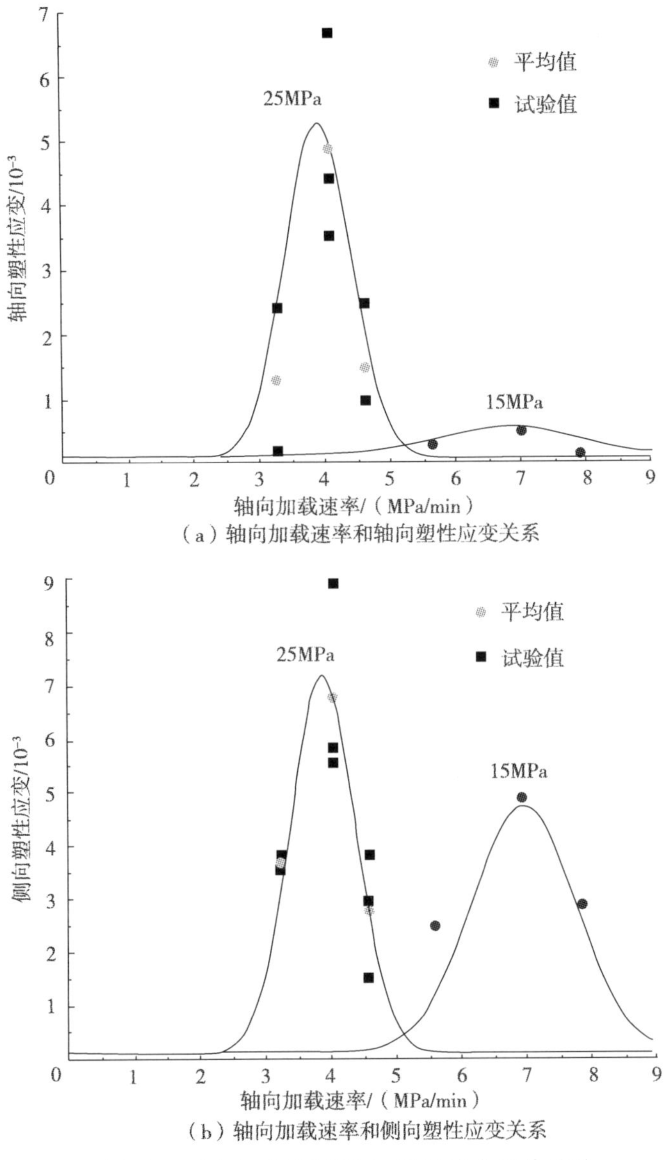

(a) 轴向加载速率和轴向塑性应变关系

(b) 轴向加载速率和侧向塑性应变关系

图 3.44　轴向加载速率和灰岩塑性应变的关系图

和保护层开采）分开考虑其应力路径对围岩的影响，设计了不同的加卸载路径，通过 MTS815 试验机对李村煤矿灰岩进行了初步研究。由此加深对开采卸荷状态下岩石的物理力学性质的认识：放顶煤开采条件下，岩石的变形比同初始围压下保护层开采和无煤柱开采要明显，这主要是放顶煤开采情况下围岩产生更大的塑性变形。初始围压为 25MPa 时，4.2 MPa/min 轴向加载速率时的轴向塑性应变分别是 3.375 MPa/min、4.75MPa/min 的 378%、329%；侧向塑性应变是它们的 184%、245%。初始围压为 15MPa 时也有类似的比例。这说明煤炭开采方式不同会导致岩石发生脆—延转变，并且围压越大，这种效应越明显。不同围压对应着不同深度的赋存环境，而采动加卸荷速率的不同会导致轴向和侧向变形不同，因此煤矿开采中应针对不同赋存条件来选取合理的开采方式。

3.5 采动加卸荷条件下岩石破坏的断裂力学分析

3.5.1 裂纹亚临界扩展行为

脆性材料在受力发生微破裂时会产生声发射现象。材料的声发射与内部微破裂有直接关系[19]。单元的损伤量（破裂）与脆性材料的声发射之间存在正比关系[20]。基于这种思想，本节假设脆性材料的微破裂与材料的声发射之间存在正相关关系，即可以通过某一特定时间段声发射的强弱来研究亚临界扩展的强弱。

在实验室实验中，测量裂纹的产生及扩展用的试验手段大部分为声发射，下面引用文献［21］的一组实验数据，该组岩石的编号分别为 A23、A26、A27、A28。初始卸荷围压为 40MPa，卸荷速率分别为 0.2MPa/s、0.4MPa/s、0.6MPa/s、0.8MPa/s。接下来分别分析其亚临界裂纹发生的时期。振铃计数率表示裂纹发育扩展的活跃程度。

如图 3.45 所示，A23 试件在初始围压为 40MPa 时开始卸载围压，卸荷速率为 0.2MPa/s。开始加载初期，振铃计数率基本为 0，说明在此阶段岩石处于压密状态；岩石应力曲线呈线性增长，岩石材料发生近似的线弹性变形，当差应力为 70MPa 左右时，振铃数有了第一次大幅度改变，并持续到 105MPa，在此阶段裂纹没有扩展、贯通，只是在发育。由于岩石的不均质性，内部有很多强弱不一的颗粒和缺陷，当局部强度达到极值时，亚临界裂纹就发生了，此时的振铃主要记载的是亚临界裂纹的生长。当差应力达到 110MPa 时，振铃计数率达到峰值，曲线线性增长趋势未变，这说明亚临界裂纹达到了最大值，微裂纹密度和大小都发育到一定时期，随着应力的继续增大，内部裂纹的应力强度因子超过了断裂韧度，裂纹开始成核、扩展并贯通，当达到一定程度时，岩石的整体也将近破坏，在峰值处裂纹快速扩张，此时的声发射也是很强的，又迎来一个高峰。图 3.45 中差应力峰值为 126MPa 时，振铃计数率也是较大的。此时主要记载的是裂纹扩展贯通。随着试验的继续，岩样到达了应力跌落和残余应力阶段。应力跌落阶段，试验机无法测出应力的突然降低，故此时裂纹是在惯性的作用下继续扩展，与试验机的作用较小，此时的声发射有所降低。在残余应力段，试验机系统稳定下来后，轴向应力继续对岩样加载。碎块岩石继续在应力作用下破坏，这是声发射主要记录的有裂纹扩展和摩擦。

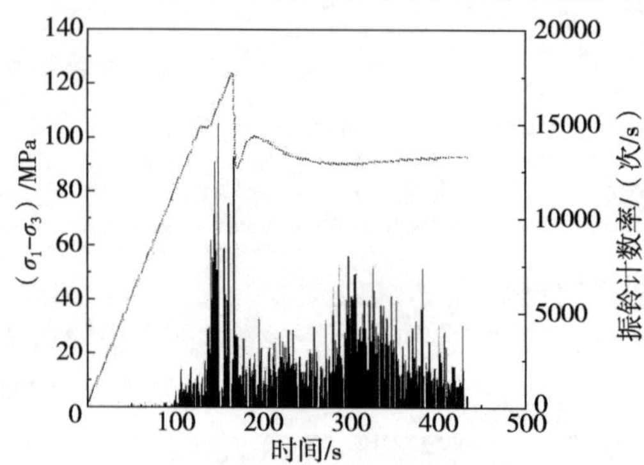

图 3.45　A23 岩样差应力及振铃计数率随时间的变化

由图 3.45～图 3.48 不难发现振铃计数率的第一个峰值均发生在峰值的 90%附近：图 3.45中，按照上述分析，峰值为 126MPa，振铃计数率第一峰值在 109MPa 处；试件 A26 的峰值为 129.6MPa，振铃计数率第一峰值在 108MPa 处；图 3.48 中峰值为 123MPa，振铃计数率第一峰值在 105MPa 处；试件 A27 的峰值为 119MPa，振铃计数率第一峰值在 103MPa 处。按照前一段的分析，可以发现亚临界裂纹扩展在峰值 90%附近达到极值。

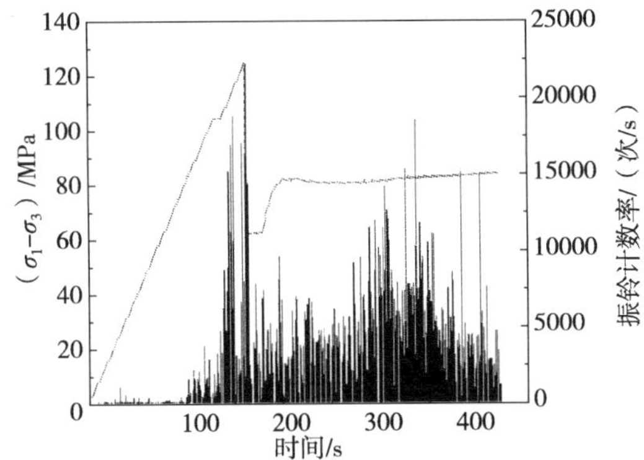

图 3.46　A26 岩样差应力及振铃计数率随时间的变化

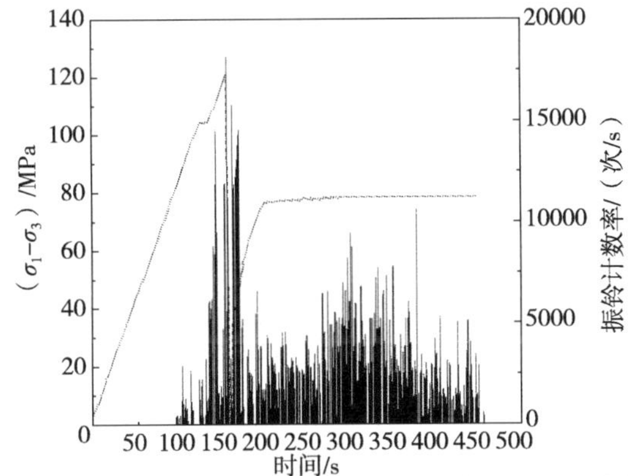

图 3.47　A27 岩样差应力及振铃计数率随时间的变化

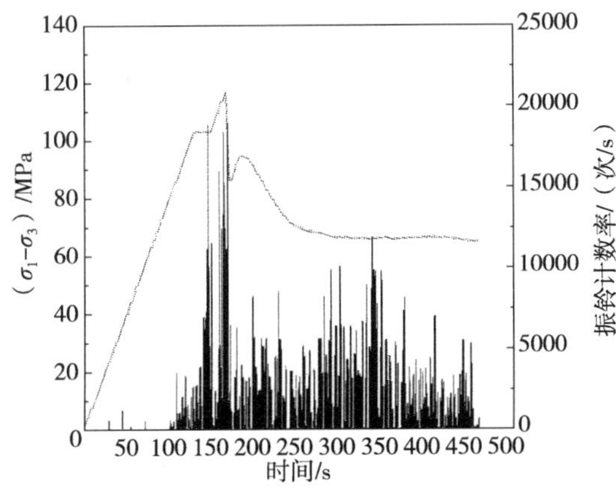

图 3.48　A28 岩样差应力及振铃计数率随时间的变化

3.5.2　裂纹亚临界扩展与卸荷速率的关系

统计试件100s后的振铃计数率，这个阶段被认为是亚临界裂纹扩展比较集中的阶段。发现计数率与围压卸荷速率的关系如图3.49所示。从图3.49可以发现，随着围压卸荷速率的升高，亚临界扩展密集区的累计振铃计数率逐渐减小。即随着围压卸荷速率的升高，亚临界裂纹扩展现象逐渐减弱。

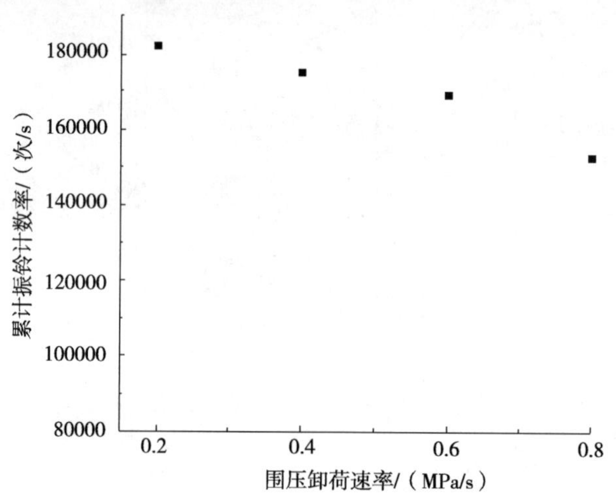

图3.49　亚临界扩展密集区累计振铃计数率与围压卸荷速率的关系

从能量方面分析，围压卸载速率较低时，亚临界扩展现象较明显，试验机对岩石做的功可以被新微裂纹产生时释放的声、热、光、电等消耗。由于输入的能量一定，这就降低了岩石最终破坏时释放的能量。从一个侧面也说明了三轴加载应力条件较三轴卸荷更趋于安全。

影响亚临界扩展的因素有扩散机理、化学机理和塑性流动机理。由于试验的环境和试件取样的一致性，可以认为塑性流动是导致亚临界扩展变化的主要原因。塑性变形和塑性区的大小与试件的三轴度有很大关系。围压的大小是岩石脆性—延性转换的一个主要因素。卸围压试验中，围压减小的越快，岩石所受的三轴度就越不明显。当三轴度降低时，岩石的塑性变形减弱，塑性区减小，亚临界裂纹主要产生于塑性区内部，这样就减少了亚临界裂纹产生的条件，所以初始围压相同时，卸荷速度大的试样较卸荷速率小的试样，亚临界扩展程度也相对较小。这就与图3.49中的亚临界声发射数为什么随着围压卸荷速率的减小而减小相吻合。

3.5.3　裂纹亚临界扩展机理

亚临界裂纹扩展的机理主要有应力腐蚀、扩散机理和塑性效应等。在实验室试验中，由于环境相对单一，条件相对封闭，所以忽略应力腐蚀和扩散机理对亚临界裂纹扩展的影响。现在从塑性效应的角度来剖析卸荷条件下亚临界扩展机理。

塑性形变是微观缺陷（晶体物质中称为位错）运动的结果。即实际缺陷物质在低于理想屈服强度的应力下，发生塑性变形。在岩石材料中，由于其自身的不均匀性和缺陷的存在，各部分的破坏强度不一致。例如，在矿物颗粒和黏土胶结物结合处，由于二者变形和强度不协调。当结合面上的剪应力大于弱物质的剪切强度时，矿物颗粒和黏土的相连处便会发生滑移，从而在结合处形成细小微裂纹，即造成亚临界裂纹的产生。所以塑性变形处是亚临界裂纹扩展密集处。但是对于常规三轴和卸荷三轴条件下亚临界裂纹的扩展机理有什么不同，还需要对塑性变形的机理做进一步分析。

常规三轴条件下，岩石处于三轴压力状态，随着压力的增大，岩石局部会由脆性转化为塑性。张拉破坏被抑制，由于剪切带的产生，塑性区密集于剪切带附近，亚临界微裂纹产生也集中在剪切带附近。而在卸荷三轴条件下，岩石初始情况处于三轴压缩状态，随后围压进行卸荷，相当于对初始状态施加一个环向逐步变大的拉应力。剪切作用减弱，剪切带附近的应力集中逐渐转向裂纹尖端和其他缺陷处，使塑性区开始分散。此时，局部岩石的性质也趋于脆性，脆性岩石在这种作用力的支配下出现疲劳亚临界微裂。所以，当峰值处围压较小时，塑性区就越分散，在拉应力的作用下，亚临界裂纹也产生于各处，从而导致张拉破坏的形成。而当峰值处围压较低时，塑性区虽然也向缺陷处分散，但缺陷处裂纹还未扩展时剪切带已经达到临界应力状态，所以剪切破坏也就随之形成。这很好地解释了第 2 章宏观裂纹的疏密与峰值围压之间的关系。

3.5.4　裂纹的应力强度因子研究

在轴向应力增加，环向应力降低的卸荷环境下，抗压强度明显降低，可见围压的降低在这个过程中起到很大的弱化作用。本节将实际的三维裂纹简化为平面裂纹，如图 3.50所示：σ_1 代表轴向应力，随着时间的推移逐渐增大；σ_2 代表围压，在卸载过程中，围压逐渐减小。为了更形象具体地分析岩石破坏过程中裂纹的扩展因素，将图 3.50等效为图 3.51 两种受力情况的叠加。

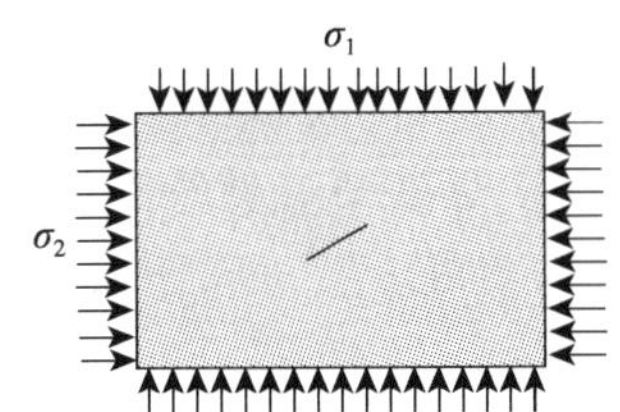

图 3.50　卸荷条件下裂纹简化模型

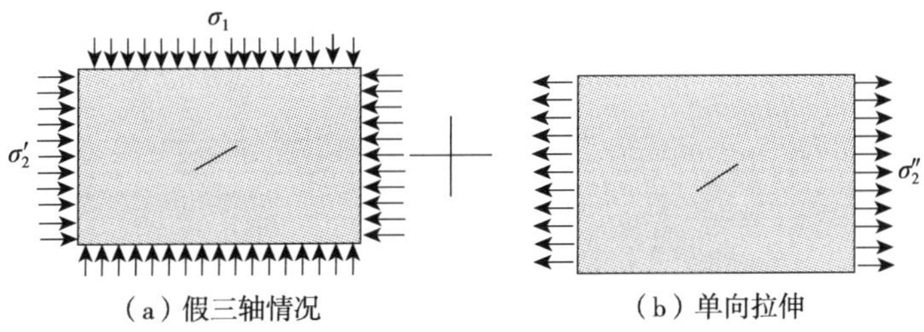

图 3.51　卸荷三轴分解为两种情况的叠加图

由叠加原理知：

$$\sigma_2=\sigma'_2+\sigma''_2 \tag{3.5}$$

其中，σ'_2 为初始围压，为常数；σ''_2 为卸载改变值，随时间增加逐渐增大，为变量。

1. 假三轴情况下

设裂纹方向与轴向应力（即 σ_1 方向）夹角为 θ，如图 3.51（a）所示。则裂纹远场的应力分量为

$$\begin{cases}\sigma_x=-\sigma_1\cos^2\theta-\sigma'_2\sin^2\theta\\ \sigma_y=-\sigma_1\sin^2\theta-\sigma'_2\cos^2\theta\\ \tau_{xy}=-(\sigma_1-\sigma'_2)\sin\theta\cos\theta\\ \sigma_z=-\sigma'_2\end{cases} \tag{3.6}$$

设裂纹面的摩擦系数为 f，则裂纹面的等效剪应力为

$$\tau=\tau_{xy}-f\sigma_y=-(\sigma_1-\sigma'_2)\sin\theta\cos\theta+f(\sigma_1\sin^2\theta+\sigma'_2\cos^2\theta) \tag{3.7}$$

则裂纹端部的应力强度因子为

$$\begin{cases}K'_{\mathrm{I}}=-(\sigma_1\sin^2\theta+\sigma'_2\cos^2\theta)\sqrt{\pi a}\\ K''_{\mathrm{II}}=[(\sigma_1-\sigma'_2)\sin\theta\cos\theta-f(\sigma_1\sin^2\theta+\sigma'_2\cos^2\theta)]\sqrt{\pi a}\end{cases} \tag{3.8}$$

其中，a 为裂纹长度。Ⅰ型裂纹的断裂强度因子为负值，此处代表其阻止Ⅰ型裂纹的扩展。

2. 单轴拉伸情况下

单轴拉伸情况如图 3.51（b）所示，其裂纹尖端应力强度因子为

$$\begin{cases}K''_{\mathrm{I}}=\sigma''_2\cos^2\theta\sqrt{\pi a}\\ K''_{\mathrm{II}}=\sigma''_2\sin\theta\cos\theta\sqrt{\pi a}\end{cases} \tag{3.9}$$

3. 叠加原理

在静力学断裂过程中的叠加，就是将分别求得的应力强度因子叠加。但是在卸荷过程，裂纹处于动力学过程中，围压的降低使得裂纹张拉破坏现象更加显著。

若从单一的叠加出发：

$$K_{\mathrm{I}}=K'_{\mathrm{I}}+K''_{\mathrm{I}}=\sigma''_2\cos^2\theta\sqrt{\pi a}-(\sigma_1\sin^2\theta+\sigma'_2\cos^2\theta)\sqrt{\pi a} \tag{3.10}$$

由于在卸荷过程中，虽然围压降低，但仍处于压缩状态，故：

$$\sigma'_2>\sigma''_2 \tag{3.11}$$

则有

$$K_{\mathrm{I}}=[(\sigma''_2-\sigma'_2)\cos^2\theta-\sigma_1\sin^2\theta]\sqrt{\pi a}<0 \tag{3.12}$$

由于断裂强度因子为负，仍限制裂纹的张拉变形。所以这种叠加方式不正确。

对于卸荷状态下，引入叠加系数：α_1，α_2，β_1，β_2，得

$$K_{\mathrm{I}}=\alpha_1K'_{\mathrm{I}}+\alpha_2K''_{\mathrm{I}}=\alpha_2\sigma''_2\cos^2\theta\sqrt{\pi a}-\alpha_1(\sigma_1\sin^2\theta+\sigma'_2\cos^2\theta)\sqrt{\pi a} \tag{3.13}$$

$$K_{\mathrm{II}}=\beta_1K'_{\mathrm{II}}+\beta_2K''_{\mathrm{II}}=\beta_1[(\sigma_1-\sigma'_2)\sin\theta\cos\theta-f(\sigma_1\sin^2\theta+\sigma'_2\cos^2\theta)]\sqrt{\pi a}+\beta_2\sigma''_2\sin\theta\cos\theta\sqrt{\pi a} \tag{3.14}$$

很多实验已经证明，对于脆性材料，平行于裂纹表面的拉应力对裂纹扩展有一定的阻碍作用，而平行于裂纹表面的压应力对裂纹的扩展有一定的驱动作用。参数的引入也满足这种影响。α_1，α_2，β_1，β_2 的取值应该与轴向加载速率 ν_1、围压卸载速率 ν_2 和裂纹角度 θ 有关。即

$$\begin{cases}\alpha_i=\alpha_i\ (\nu_1,\ \nu_2,\ \theta)\\ \beta_i=\beta_i\ (\nu_1,\ \nu_2,\ \theta)\end{cases}\tag{3.15}$$

如图 3.52 所示为裂纹扩展的三个阶段，K_0 为亚临界扩展的门槛值，当应力强度因子小于门槛值时，裂纹静止；当应力强度因子大于门槛值，小于断裂韧度时，主裂纹静止，只在裂尖处发生亚临界扩展；当应力强度因子大于断裂韧度时，裂纹快速扩展。

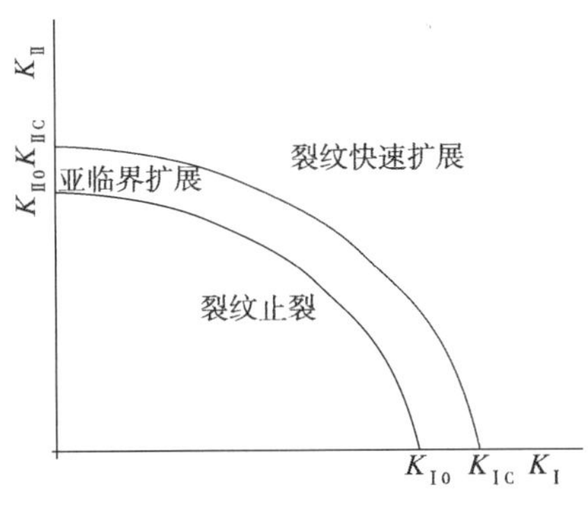

图 3.52　裂纹扩展三阶段

3.6　采动卸荷岩石破坏的理论模型初探及讨论

经典的单轴岩石力学实验表明，岩石在破坏前塑性变形很小；而现有的采动卸荷岩石破坏实验表明，岩石在破坏前经历了一个较为明显的屈服阶段，如何描述该过程是本构模型中需要考虑的重点。岩石材料因为其内部富含裂纹、夹杂和结构面等各种缺陷，造成其外在变形表现出不均匀性和不连续性，而这些缺陷结构正是造成其塑性变形及变形局部化的主要原因。众多学者在这方面做了大量的研究工作，并运用多种方法来描述局部化变形。本节主要是建立局部化模型，通过塑性应变梯度求出内禀材料长度和局部化带宽度的关系，将内禀材料长度代入基于圆形胞元考虑尺寸效应的 Gurson 模型。并用实验验证其正确性。

3.6.1　采动卸荷与常规破坏实验比较

三种典型开采条件下煤体破坏采动卸荷全程应力-应变曲线与单轴荷载的全程应力-应变曲线存在明显差异，如图 3.53 所示；单轴荷载下岩石呈现明显的脆性破坏特征，而卸荷条件下应力-应变曲线出现了一个明显的非线性过程；并且煤岩的采动力学细观破坏呈现较明显的张拉特征。

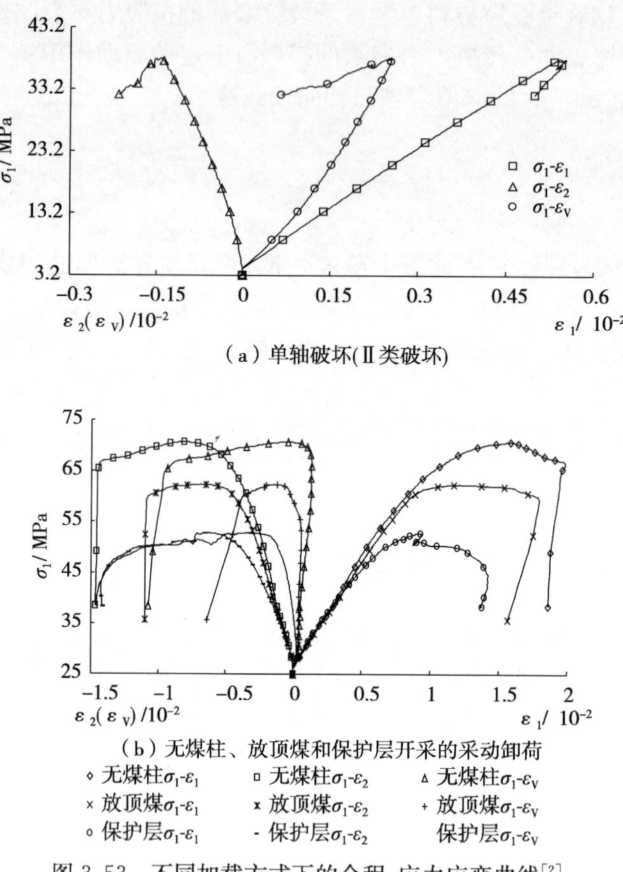

（a）单轴破坏(Ⅱ类破坏)

（b）无煤柱、放顶煤和保护层开采的采动卸荷

图 3.53 不同加载方式下的全程-应力应变曲线[2]

3.6.2 采动卸荷破坏应力-应变关系模型

根据图 3.53（b），不同开采方式下的采动卸荷全程应力-应变曲线可简化为如图 3.54所示的关系模型。通常岩石压密阶段较少，本节忽略这个阶段。随着三轴荷载的增加，岩石在开始经历一个线性弹性阶段，岩石内部的微裂隙和孔洞周边发生了可恢复的弹性变形。这个阶段的弹性模量为 E。为了模拟煤矿开采进行过程，我们采取加轴压、卸围压的加载模式，即应力差在继续增加。在三轴卸围压的加载模式下，岩石在破坏峰值荷载前后，都经历了非线性的强化阶段和弱化阶段［图 3.53（b）］，由于岩石通常呈现脆性破坏，该非线性阶段通常不会太明显，为了简化起见，我们也用一个线性段来描述该过程，即用弹性模量为 E_t 的一段直线来描述该强化阶段。用 E_s 来表示峰后破坏阶段。

这里假设采动卸荷过程的强化阶段，变形只发生在塑性带 ω 内，其余部分均位于弹性阶段，且模量不变。大量的实验表明，无论是金属材料，还是岩土材料，其力学行为都表现出一定的尺寸效应[22]。王学滨[23]指出，局部化剪切带破坏的特点在于其带内出现高度的应变梯度和高变形流动，应变梯度在局部化阶段起到主导和控制作用，这一点在传统的宏观连续介质力学中是难以体现的。基于上述观点，假设岩石的应变梯度塑

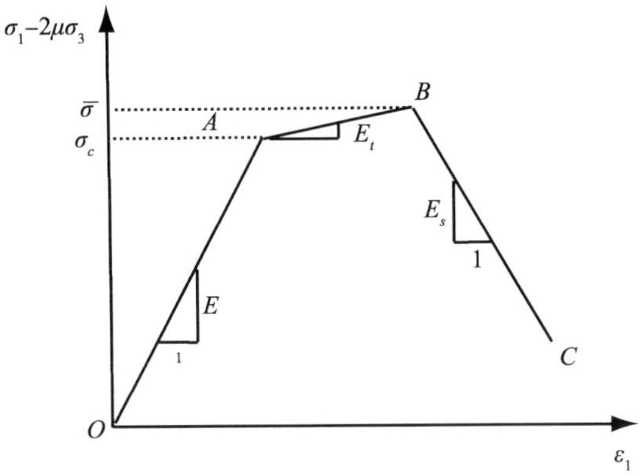

图 3.54　采动卸荷岩石应力-应变关系模型

性的屈服函数为

$$f=\sigma-\bar{\sigma}\left(\varepsilon^{\mathrm{p}},\ \frac{\mathrm{d}_2\varepsilon^{\mathrm{p}}}{\mathrm{d}y^2}\right)=0 \tag{3.16}$$

其中，f 为屈服函数；σ 为外部远场应力；$\bar{\sigma}=\sigma_1-2\mu\sigma_3$；$\varepsilon^{\mathrm{p}}$ 为塑性应变；y 为长度。

由于各向同性假设，屈服方程中只存在偶次项，即峰前有

$$\bar{\sigma}=\sigma_{\mathrm{c}}+E_t\varepsilon^{\mathrm{p}}-s\frac{\mathrm{d}^2\varepsilon^{\mathrm{p}}}{\mathrm{d}y^2} \tag{3.17}$$

求解式（3.17）的二阶微分方程得到：

$$\varepsilon_1^{\mathrm{p}}=A\cos\frac{y}{l}+\frac{\bar{\sigma}-\sigma_{\mathrm{c}}}{E_t} \tag{3.18}$$

其中，$l=\sqrt{\dfrac{s}{E_t}}$被定义为材料内禀尺寸。

对式（3.18）进行时间求导得到

$$\dot{\varepsilon}_1^{\mathrm{p}}=\dot{A}\cos\frac{y}{l}+\frac{\dot{\bar{\sigma}}}{E_t} \tag{3.19}$$

由于假设塑性区范围在$\pm\dfrac{1}{2}\omega$，即 $\dot{\varepsilon}_1^{\mathrm{p}}\mid_{y=\omega/2}=0$，代入式（3.19）有

$$\dot{A}=-\frac{\dot{\bar{\sigma}}}{E_t\cos\dfrac{\omega}{2l}} \tag{3.20}$$

由于岩石变形的总应变率为

$$\dot{\varepsilon}=\dot{\varepsilon}^{\mathrm{e}}+\dot{\varepsilon}^{\mathrm{p}}$$

则

$$\dot{\varepsilon}_1=\frac{1}{E}\ (\dot{\sigma}_1-2\mu\dot{\sigma}_3)\ +\frac{\dot{\sigma}_1-2\mu\dot{\sigma}_3}{E_t}\left(1-\frac{\cos\dfrac{y}{l}}{\cos\dfrac{\omega}{2l}}\right) \tag{3.21}$$

由几何方程$\varepsilon_1=\dfrac{\partial u}{\partial y}$和边界条件$\dfrac{\partial\dot{u}\ (l/2)}{\partial\ (\omega/2)}=0$，得局部变形带的宽度 ω 与内禀尺度 l 之间

的关系：

$$\omega=2\pi l \tag{3.22}$$

从式（3.22）可知，只要知道局部化变形带的宽度，就可以计算岩石材料的内禀长度。

3.6.3 考虑尺度的 Gurson 模型

基于球形胞元模型推导的考虑尺寸效应的 Gurson 模型的屈服函数[24]为

$$\Phi=\left(\frac{\sigma_{eq}}{\sigma_M}\right)^2+2fq_1\cosh\left(q_2\frac{\sigma_{kk}}{2\sigma_M}\right)-1-f^2-q_3 \tag{3.23}$$

其中，$\sigma_{eq}=\sqrt{\frac{3}{2}s_{ij}s_{ij}}$ 为宏观 Von-Mises 等效应力；$s_{ij}=\sigma_{ij}-\frac{1}{3}\sigma_{kk}\delta_{ij}$ 为宏观应力偏量；$\sigma_{kk}=3\sigma_m$ 为宏观主应力，σ_m 为宏观平均应力；f 为孔隙度；$q_1=\frac{1}{1+a(f)k}$，$q_2=\frac{1}{1+b(f)k}$，$q_3=\frac{1}{1+c(f)k}$；$k=\frac{L}{f}=\frac{l}{rf}|\varepsilon_{kk}^p|$，为孔洞尺寸因子；$\sigma_M$ 为基体材料的等效屈服应力。

这里取

$$\sigma_M=\sigma_0+E_t\varepsilon^p \tag{3.24}$$

其中，E_t 为硬化模量；σ_0 为静水压力下基质材料初始时刻的弹性极限应力。

这里假设塑性势面与屈服面重合，由正交法则得塑性应变微分形式为

$$d\varepsilon_{ij}^p=d\lambda\frac{\partial\Phi}{\partial\sigma_{ij}} \tag{3.25}$$

其中，λ 为塑性流动因子；Φ 为塑性势函数。

基体材料的塑性功为

$$\sigma_{ij}:d\varepsilon_{ij}^p=(1-f)\sigma_M d\varepsilon^p \tag{3.26}$$

其中，ε^p 为基体材料等效屈服应力 σ_M 对应的等效塑性应变。

在 Gurson 模型中，基体塑性不可压缩，则孔隙度增量为

$$df=(1-f)d\varepsilon_{ij}^p=(1-f)d\lambda\frac{\partial\Phi}{\partial\sigma_m} \tag{3.27}$$

由塑性条件加载的一致性得

$$d\Phi=\frac{\partial\Phi}{\partial\sigma_{ij}}d\sigma_{ij}+\frac{\partial\Phi}{\partial\sigma_M}d\sigma_M+\frac{\partial\Phi}{\partial f}df=0 \tag{3.28}$$

综合以上诸式可得

$$d\lambda=-\frac{1}{H}\frac{\partial\Phi}{\partial\sigma_{ij}}d\sigma_{ij} \tag{3.29}$$

其中，

$$H=(1-f)\frac{\partial\Phi}{\partial f}\frac{\partial\Phi}{\partial\sigma_m}+\frac{E_t\sigma_{ij}}{(1-f)\sigma_M}\frac{\partial\Phi}{\partial\sigma_M}\frac{\partial\Phi}{\partial\sigma_{ij}} \tag{3.30}$$

AB 段岩石的弹塑性本构方程为

$$d\varepsilon_{ij}=D_{ijkl}d\sigma_{kl}+d\lambda\frac{\partial\Phi}{\partial\sigma_{ij}} \tag{3.31}$$

3.6.4　不同参数对破坏本构模型的影响分析

1. 孔隙度对屈服面的影响

图3.55为比例因子$k=0.1$，孔隙度f分别取值0.05、0.08、0.10、0.12时的屈服曲线，可见，随着孔隙度的增大，屈服面逐渐减小。这是因为随着孔隙度的增大，材料的固有性质也随之变得较差，力学性能下降。本节中由于考虑的塑性变形处于岩石的峰值受压处，虽然此时围压降低，但仍认为在此阶段中岩石只会有亚临界裂纹产生，而没有裂纹的扩展和贯通，故岩石的孔隙度为常数，不考虑孔隙度在此过程中的演化规律[25]。

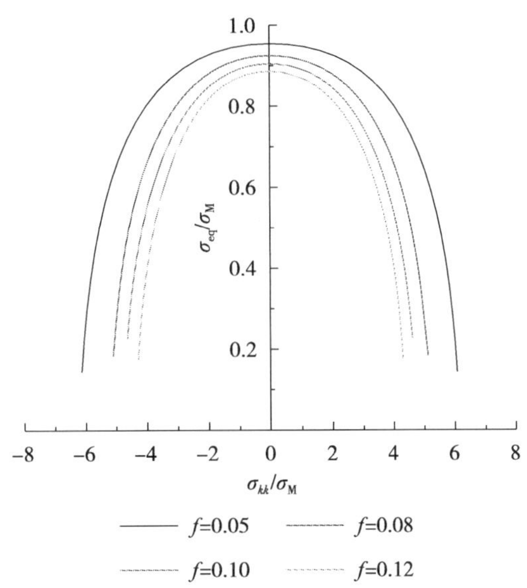

图3.55　孔隙度f值变化时的屈服曲线（$k=0.1$）

2. 比例系数k和材料内禀尺寸l对屈服面的影响

考虑内部材料尺寸的Gurson损伤模型，当孔隙度f一定时，随着k的增大，屈服面也随之增大。图3.56为孔隙度$f=0$，k分别取值0、0.1、0.5、1、2、4时的屈服曲线，从中可以清晰地看出，随着k的增大，屈服面也逐渐变大。

因为比例因子k和内禀材料尺寸l的关系$k=\dfrac{L}{f}=\dfrac{l}{rf}\mid\varepsilon_{kk}^{p}\mid$。现在考虑内禀尺寸对屈服面的影响，$\varepsilon_{kk}^{p}=0.02$，$l=0.5r$，$r$，$5r$，$10r$，$20r$，$50r$时，屈服曲线如图3.57所示。不难发现，随着选择内禀材料尺寸的增大，材料屈服面逐渐增大。因为$k\propto l$，所以当ε_{kk}^{p}一定时，l和k有一致的变化趋势。由此可见，l对屈服势函数有很大的影响。又因为材料内禀尺寸与材料局部变形带有$\omega=2\pi l$的关系，实际操作中可以通过测量局部变形带的宽度来选择合适的参数进行模型验证。

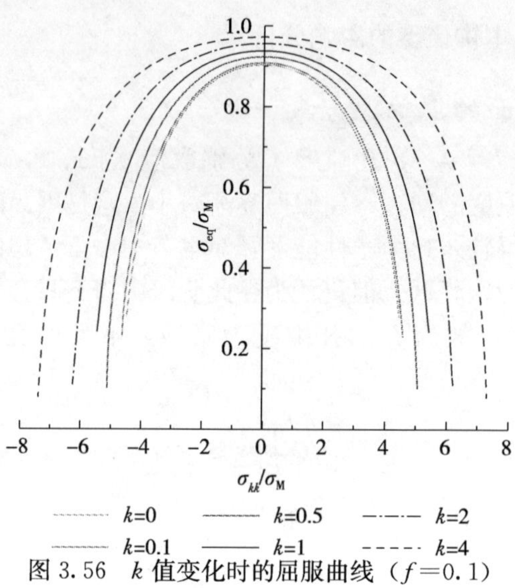

图 3.56　k 值变化时的屈服曲线（$f=0.1$）

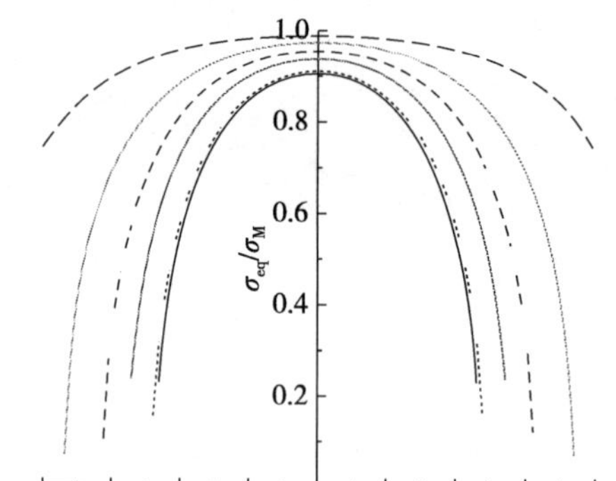

图 3.57　l 值变化时的屈服曲线（$f=0.1$）

3.6.5　采动卸荷条件下岩石破坏的本构关系

对于采动卸荷岩石破坏的本构关系（图 3.54）中，各阶段的增量本构方程如下。

（1）OA 线性段：

$$d\sigma = [\boldsymbol{D}_e]\, d\varepsilon \tag{3.32}$$

其中，$[\boldsymbol{D}_e]$ 为弹性刚度矩阵。

（2）AB 段本构关系。

该阶段岩石处于压密状态之后、破裂之前，三轴度较高，主要发生弹塑性阶段，所以此部分的应力-应变关系采用弹塑性本构方程式（3.31），即

$$d\varepsilon_{ij} = D_{ijkl}\, d\sigma_{kl} + d\lambda \frac{\partial \Phi}{\partial \sigma_{ij}} \tag{3.33}$$

(3) 峰后 BC 段本构关系。

假设的应力-应变关系，将峰后应力跌落段视为软化的本构模型，其中软化模量为 E_s，则该段的本构关系为

$$d\sigma = E_s d\varepsilon \tag{3.34}$$

这里 E_s 为负值。

该模型由三段曲线构成，符合卸荷过程中发生的一般现象，可以解释一般规律。在峰值附近的本构关系中引入 GNT 塑性模型，建立宏观破坏与内禀材料尺寸的关系，也就是建立了宏细观的理论关系。对于理论的可行性，接下来将进一步验证。

为了在本构方程中引入卸载路径，使结果更加满足边界条件，弹性模量和泊松比等力学参数随应力路径的变化也需要考虑其中，即

$$E = E(\sigma_1, \sigma_3) \tag{3.35}$$

$$v = v(\sigma_1, \sigma_3) \tag{3.36}$$

将以上两式代入本构方程中，即为考虑卸荷路径的本构方程。

3.6.6 本构模型初步验证及讨论

本节以作者进行的一组卸荷试验为例，证明模型的可行性[2]。岩样初始围压为 25 MPa时，轴向加载速率和侧向卸载速率之比设计为 9.5∶1、8.4∶1 和 6.75∶1。实验中围压卸荷速度均为 0.5MPa/min，峰后采用位移控制，围压卸荷速度不变。具体实验控制数据见表 3.11。

表 3.11 实施方案[2]

初始围压/MPa	开采方式	$\frac{\Delta\sigma_1}{\Delta\sigma_3}$	轴向加载速率/(MPa/min)	围压卸载速率/(MPa/min)
25	保护层开采	6.75	3.375	0.5
	放顶煤开采	8.4	4.2	0.5
	无煤柱开采	9.5	4.75	0.5

(1) 弹性模量和泊松比的确定。

弹性模量和泊松比可由下列公式求得

$$E = \frac{\Delta\sigma_{11}}{\Delta\varepsilon_{11}} \tag{3.37}$$

$$v = \frac{\Delta\varepsilon_{33}}{\Delta\varepsilon_{11}} \tag{3.38}$$

由于弹性段弹性模量随应力路径的变化不大，故仍取常数。而泊松比 ν 受围压影响较大，图 3.58 是初始围压为 25MPa，加载速度为 4.6MPa/min 的泊松比变化趋势图。

从图 3.58 中可以看出试验点分布范围很广，这可能是试验机造成的，但从中不难发现随着围压的降低，试验点密集区域呈上升趋势，即随着围压的卸载，泊松比升高，围压与泊松比的关系可近似用下式来表示：$v = -0.01578\sigma_3 + 0.56507$。其他加卸载速率的泊松比也可由与此相似的方法来确定。

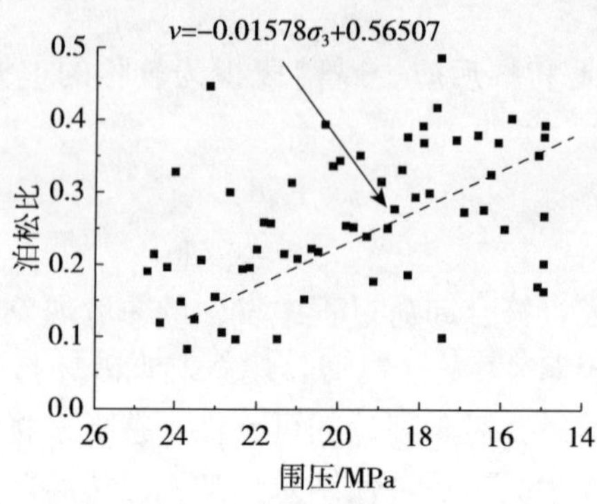

图 3.58　围压与泊松比变化关系

(2) 弹塑性阶段岩石为压密状态之后，裂纹尚未大范围扩展贯通，此处孔隙度取常数 $f=0.1$。

(3) $\sigma_M=\sigma_0+E_t\varepsilon^p$，其中 σ_0 为静水压力条件下基体材料的初始弹性极限应力。

在静水条件下，塑性势函数变为

$$\Phi=2fq_1\cosh\left(q_2\frac{\sigma_{kk}}{2\sigma_0}\right)-1-f^2-q_3=0 \tag{3.39}$$

由式 (3.39) 可以求出静水压力条件下基体材料的初始弹性极限应力 σ_0 的值。

(4) q_1，q_2，q_3 等参数的确定。

$$q_1=\frac{1}{1+ak}$$

$$q_2=\frac{1}{1+bk}$$

$$q_3=\frac{1}{1+ck}$$

其中，a，b，c 分别为与孔隙度有关的变量，a，b，c 为常数，可由拟合得到。

弹性模量 $E=90\text{GPa}$，静水压力条件下基体材料的初始弹性极限应力 $\sigma_0=100\text{MPa}$，$l=5r$，$a=0.5$，$b=0.02$，$c=0$。下面分别描述初始围压为 25MPa，轴向加载速率分别为 3.26MPa/min，4.07MPa/min 和 4.6MPa/min 的理论模型曲线[25]。

如图 3.59 所示，在模型曲线直线段，可以很好地和试验点吻合，随着模型曲线由弹性阶段转变为弹塑性阶段，在趋势方面也十分相似，在这个过程中，塑性变形占主要因素，岩石横向扩容明显，当到达峰值时，岩样强度达到最大，裂纹由亚临界裂纹的孕育向形核、贯通转变，此时的应力开始大幅度降低，由于此时围压仍在降低，这个跌落的幅度较三轴加载情况下更明显。这一段用直线描述，也可定性地描述峰后地应力-应变变化。

在图 3.60 中弹塑性变形段，试验点有多个峰值，可能是由于岩石的不均质性，以及亚临界产生和贯通破坏的随机性，造成在此过程中局部发生脆性破坏，导致岩石局部破裂，变形局部化现象明显。对于这种现象，本节尚不得描述。在图 3.61 中峰值后，岩石继续明显扩容，而没有显著的应力跌落现象。

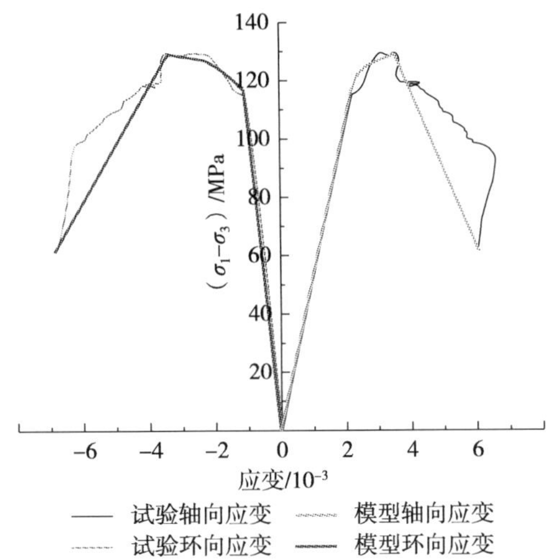

图 3.59　初始围压 25MPa，轴向加载速率 3.26MPa/min

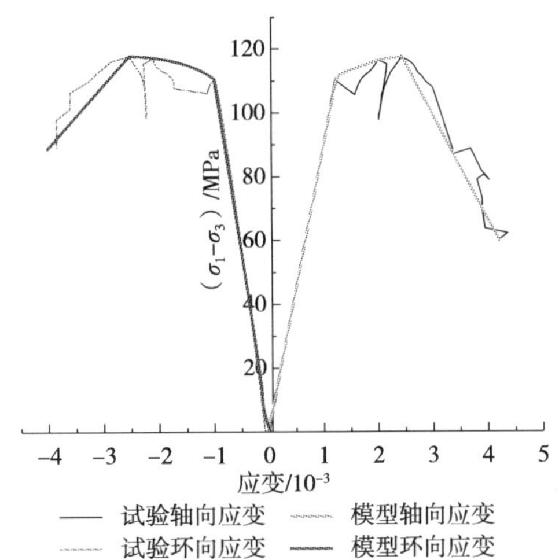

图 3.60　初始围压 25MPa，轴向加载速率 4.07MPa/min

本节建立了采动卸荷岩石本构模型，将采动卸荷岩石力学的应力-应变分为三个部分，即弹性变形、弹塑性变形和弱化变形。并在弹塑性部分引入 GTN 塑性本构理论，将材料内禀尺寸引入其中。最终将其与实验数据比较：当假设材料局部均匀时，我们可以由此确定材料的内禀尺寸，即 $\omega=2\pi l$，其中 ω 为局部变形带的宽度，l 为材料内禀长度；在弹塑性变形阶段，通过材料内禀尺寸将本构关系与材料的局部变形带的宽度建立联系，引入考虑材料应变局部化的 Gurson 模型。当孔隙度 f 一定，局部变形带增大，或材料内禀尺寸增大时，都会使屈服面增大，可见 l 的选择很大程度上影响屈服势函数的正确性，也正好说明材料内禀长度的因素不可忽略；本节研究的考虑材料尺寸的 Gurson 本构模型与实验较好吻合。但由于变形局部化现象，实验曲线变化局部有时不稳定。

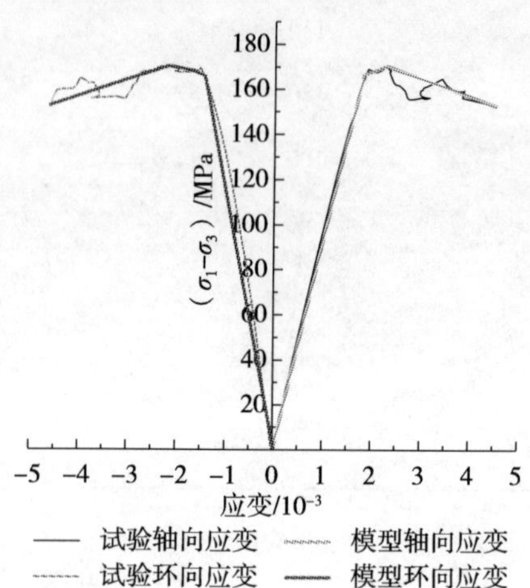

图 3.61 初始围压 25MPa，轴向加载速率 4.6MPa/min

参考文献

[1] 杨树新，李宏，白明洲，等．高地应力环境下硐室开挖围岩应力释放规律［J］．煤炭学报，2010，35（1）：26-30.

[2] 谢和平，周宏伟，刘建锋，等．不同开采条件下采动力学行为研究［J］．煤炭学报，2011，36（7）：1067-1074.

[3] 吴玉山，李纪鼎．大理岩卸载力学特性的研究［J］．岩土力学，1984，5（1）：29-36.

[4] 沈军辉，王兰生，王青海，等．卸荷岩体的变形破裂特征［J］．岩石力学与工程学报，2003，22（12）：2028-2031.

[5] 高春玉，徐进，何鹏，等．大理岩加卸载力学特性的研究［J］．岩石力学与工程学报，2005，24（3）：456-460.

[6] 李宏哲，夏才初，闫子舰，等．锦屏水电站大理岩在高应力条件下的卸荷力学特性研究［J］．岩石力学与工程学报，2007，26（10）：2104-2109.

[7] 黄润秋，黄达．高地应力条件下卸荷速率对锦屏大理岩力学特性影响规律试验研究［J］．岩石力学与工程学报，2010，29（1）：21-33.

[8] 陶履彬，夏才初，陆益鸣．三峡工程花岗岩卸荷全过程特性的试验研究［J］．同济大学学报，1998，26（3）：330-334.

[9] 吕颖慧，刘泉声，江浩．基于高应力下花岗岩卸荷试验的力学变形特性研究［J］．岩土力学，2010，31（2）：337-344.

[10] 朱泽奇，盛谦，张占荣．脆性岩石侧向变形特征及损伤机理研究［J］．岩土力学，2008，29（8）：2137-2143.

[11] 王在泉，张黎明，孙辉，等．不同卸荷速度条件下灰岩力学特性的试验研究［J］．岩土力学，2011，32（4）：1045-1050.

[12] 李栋伟，汪仁和，范菊红．基于卸荷试验路径的泥岩变形特征及数值计算［J］．煤炭学报，2010，35（3）：387-391.

[13] 王在泉，张黎明，孙辉，等．不同卸荷速度条件下灰岩力学特性的试验研究［J］．岩石力学，2011，32（4）：1045-1050

[14] 陈忠辉，林忠明，谢和平，等．三维应力状态下岩石损伤破坏的卸荷效应 [J]．煤炭学报，2004，29 (1)：31-35.

[15] 江权，冯夏庭，陈国庆．考虑高地应力下围岩劣化的硬岩本构模型研究 [J]．岩石力学与工程学报，2008，27 (1)：144-152.

[16] 左建平，杨建立，柴能斌，等．《大采高放顶煤工作面开采关键技术研究》研究报告 [R]．北京：中国矿业大学（北京），山西潞安环保能源开发股份有限公司王庄煤矿，2010.

[17] 左建平，刘连峰，周宏伟，等．不同开采条件下岩石的变形破坏特征及对比分析 [J]．煤炭学报，2013，38 (8)：1319-1324.

[18] 刘连峰．开挖卸荷条件下硬岩的力学行为研究 [D]．北京：中国矿业大学硕士学位论文，2013.

[19] 肖洪天，杨若琼，周维垣．三峡船闸花岗岩亚临界裂纹扩展试验研究 [J]．岩石力学与工程学报，1999，18 (4)：447-450.

[20] 谢海峰，饶秋华，谢强，等．岩石剪切亚临界裂纹扩展长度的研究 [J]．岩土工程学报，2009，10 (10)：1533-1538.

[21] 石磊．不同加、卸荷条件下大理岩力学及声发射特性试验及理论研究 [D]．青岛：青岛理工大学硕士学位论文，2011.

[22] Bazant Z P，Planas J. Fracture and Size Effect in Concrete and Other Quasi-brittle Materials [M]．Boca Raton：CRC Press，1997.

[23] 王学滨．材料缺陷对岩样变形局部化影响的数值模拟 [J]．岩土力学，2006，27 (8)：1241-1247.

[24] Gurson A L. Continuum theory of ductile rupture by void nucleation and growth：part I-yield criterion and flow rules for porous ductile media [J]．Transactions of the ASME，1977，99：2-15.

[25] 左建平，刘连峰，陈绍杰，等．采动卸荷岩石破坏的理论模型及实验验证 [J]．地下空间与工程学报，2014，10 (5)：1002-1009.

第4章 大采高综放工作面覆岩移动规律及模型分析

矿山压力与岩层控制一直都是采矿工程研究的核心。国内外的采矿学者一致认为采场上覆岩层的结构形态对于采场围岩控制具有十分重要的作用。大采高综放开采上覆岩层结构及其运动规律与普通采高开采有所不同，因而矿山压力及围岩控制原理也会有所不同。大采高开采与普通开采的上覆岩层结构及运动规律相比，尽管在宏观上可能是相似的，但在采场周围所形成的“小结构”的机理并不会完全相同。就大采高而言，采场的大小结构对于围岩的控制已经产生了根本性的变化，相应的围岩控制机理也会发生改变。尽管我国在大采高开采方面已实践多年，但对于上覆岩层结构的研究还远远落后于实践，现有研究成果相对较少且不系统，缺乏相关的理论基础，这将大大阻碍我国大采高综放开采技术的发展。

国内外学者通过经验统计和类比法、数值模拟和相似材料模拟等方法，借用现代数学、力学等工具对覆岩结构的变形破坏和移动规律进行了大量研究，但是由于岩体破断运动的复杂性，这些方法在一定程度上都或多或少地存有局限和不足。因此，现场监测仍然是目前国内外覆岩变形破坏研究的最主要的方法之一。迄今为止，科研工作者勘测研究所用的方法主要有钻孔电视法、微震监测、钻孔深部基点法、钻孔冲洗液法、超声成像及数字测井法、超声波穿透法、井钻孔 CT 及电法和井下仰孔注水测漏法等[1~11]。上述几种方法基本属于物探方法，这些方法本身的技术要求很高，且受多种因素的综合影响，所以一般会产生较大的误差，且费用昂贵，因此在实际应用中一般将其用做综合研究中的辅助研究方法。尤其是利用微震探测、钻孔电视和电磁 CT 等方法探测工作面覆岩破坏相关规律时，由于一些定量的判别方法目前还没有建立起来，在实际探测时专家的经验对监测结果的影响还是很大，所以这些方法目前还正处于不断探索当中[11]。1986 年，霍振奇[12]提出工作面实测矿山压力参数与覆岩破坏高度之间存在着必然的联系的观点，并以钱鸣高院士所提出的矿压理论及其控制理论中的“砌体梁”模型为依据，利用实测矿山压力参数反演出覆岩的破坏高度等规律。在目前有关监测覆岩移动的方法中，由于钻孔越深越难打，以前大多仅监测顶板 3～8m 范围内的岩层，并且只布置 2～3 个点，如矿井常采用的顶板离层仪就是两个测点。这个监测范围小，并不能很好地反映出顶板覆岩移动规律。为了研究更大范围内的覆岩移动规律，本章我们介绍深基点监测顶板钻孔深 20m 范围内顶板岩层的移动规律，并通过复合关键层理论来分析覆岩的移动规律及其周期性垮落步距。

4.1　覆岩移动深孔监测介绍

4.1.1　深部岩层移动监测介绍

选取五阳煤矿一个典型的大采高综放工作面——7605 工作面作为工程背景，以研究大采高工作面上覆岩层移动规律。通过现场监测，获得大采高工作面巷道顶板不同深度岩层沉降量随时间的变化过程，从而为大采高工作面回采巷道顶板移动与破坏的理论研究奠定基础。

4.1.2　监测仪器及方法

有关监测位移的多点位移计的种类很多，尽管它们具有不同的结构参数、组成和适用条件，但多数的原理还是很一致的，即将位移计的爪脚固定在岩层中，通过测量不同回采阶段时伸出钢丝绳的长度来判断岩层发生的位移。本次监测采用自制的机械式深基点多点位移计，最长可以测量顶板 20m 范围内的岩层移动，并且该位移计具有结构简单、安装方便、使用可靠、测试精度较高及价格低廉等特点，现场应用效果良好。该多点位移计由孔内固定器、位移传动装置孔和测读装置组成，如图 4.1所示。

(a) 深基点多点位移计

(b) 位移计钢丝绳保护套

图 4.1　多点位移计实物图

测点布置在 7605 大采高工作面的材料巷和运输巷。根据本次监测的要求，分别从两条巷道顶部中间位置打垂直向上钻孔，预先设计每个钻孔深度为 20m（实际情况下每个钻孔通常打到 16～19m）。每条巷道布置 5 个观测孔，观测站走向钻孔间距为 7m。考虑到两条巷道的垮落和沉降具有一定的对称性。因此，运输巷布置的测站比运输巷内的测站更远离工作面，错距约为 100m。每条巷道布置为 5 个钻孔，共布置 10 个钻孔，钻孔孔径为 50mm。在布置好的钻孔里每隔 2m 安装位移计，每个孔可布置 10 个位移计，位移计的测线在孔口通过孔内固定器固定。测站布置如图 4.2 所示。

在安装位移计时，先要在巷道内按要求打孔，钻孔直径应能保证孔内位移计固定器

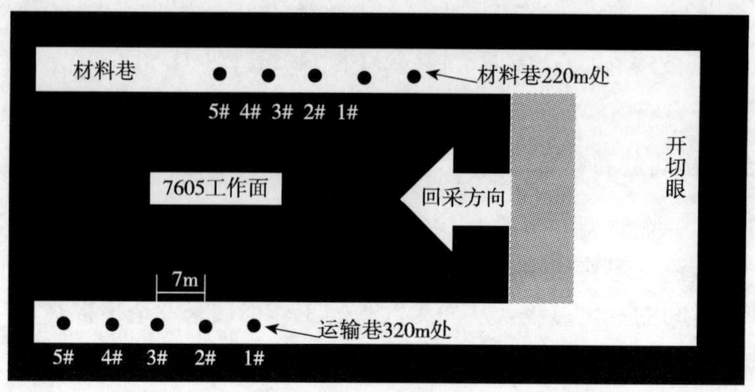

图 4.2　岩层移动工作站测点布置示意图

的顺利安装和固定，并且又不影响巷道的稳定性。钻孔打完后，把多点位移计中带有最长测量钢丝绳的固定器捆绑在安装杆上，然后用安装杆将其推至孔内最深处，测绳由专人拉直，以防安装杆造成测绳损伤，或者测绳被卷入孔中，且一般孔口留测绳长度为200～400mm，便于测试读数。安装杆通常由每段长为 2m 的 PVC 管组成，在 PVC 管内加工内部螺纹便于连接各杆。当位移计输送到指定位置后，拔除约束位移计弹簧爪子的销子，弹簧爪子会自动张开，撑向钻孔岩壁，从而使位移计完全固定在所指定的钻孔位置上。在孔口位置，为了防止测试时钢丝绳接触孔壁产生磨损，因此在孔口位置有专门的一根管子引出。将测绳穿过孔口装置的管眼后，然后将孔口装置推至孔壁贴实（用少许水泥将孔口装置与煤岩壁固定）。将绳头穿进锁钩尾部用扳手将螺丝拧紧。不同深度锁钩颜色不同，安装时需仔细。撤回安装杆，随后依次把位移计送入指定位置直到结束。

安装完毕后，由专人定期测量读数，通常在回采工作面远离测点时可每 3 天测量一次，当回采接近测点近 50m 时，要求每天观测 1 次。测试时，用弹簧秤勾住锁钩眼，为避免读数误差，要将测绳拉直，通常拉至 30～50N，每次以孔口装置外为基准面到锁钩尾部为测读距离，用钢尺或卷尺读数，第一次的读数作为初读数或基准数，以后每次的测数与该基准数比较，就可以获得不同回采阶段时覆岩移动的相对位移。每次测量结束后，将测绳小心卷好，并用专门保护罩装好，以防损坏，影响正常测量。

根据测量的数据，可计算出上覆岩层离层的相对位移。假定初始点 A 为不动点，随回采推进，A 将沉降到新位置 B 点，如测得 A 点和 B 点与巷道表面的相对位移分别为 L_A 和 L_B，则 L_A-L_B 就可认为是 A 点到 B 点间离层位移的相对值。

把测点距巷道表面距离作为横坐标，各测点岩层绝对位移值为纵坐标，做出岩层内部位移曲线，则根据该曲线的斜率变化可大致判断工作面覆岩的非弹性变形区和松动区的范围。如果以工作面回采时间为横坐标，岩层绝对位移值为纵坐标，做出距巷道表面不同深度岩层随时间的变化曲线，则根据不同深度位移变化亦可判断岩层松动区范围以及顶板岩层受回采影响的程度。根据观测的多点位移计数据，我们主要绘制了四类曲线。

（1）测点位移-时间变化曲线：将各测点每次所测得的位移值与测量时间对应，绘制各测点位移-时间变化曲线。

（2）全断面不同深度岩层位移-时间变化曲线：将观测断面内不同多点位移计不同深度测点每次所测得的位移与测量时间对应，绘制全断面不同深度岩层位移-时间变化曲线。

（3）测点位移-空间变化曲线：将各测点每次所测得的位移与测量时距工作面距离对应，绘制各测点位移-空间变化曲线。

（4）全断面不同深度岩层位移-空间变化曲线：将观测断面内不同多点位移计不同深度测点每次所测得的位移与测量时距工作面距离对应，绘制全断面不同深度岩层位移-空间变化曲线。

4.2　巷道围岩移动现场监测结果及分析

课题组人员于 2010 年 7 月 8 日至 2010 年 9 月 13 日，对大采高 7605 工作面运输巷和材料巷的变形进行了观测，以下是监测结果及相应的分析[13]。

4.2.1　同孔不同深度岩层的绝对沉降变化量

将材料巷和运输巷 10 个钻孔的不同深度处的监测数据绘制成覆岩沉降量曲线，如图 4.3 和图 4.4 所示。其中，当测绳伸长时为正值，表示岩层在下沉；当测绳缩短时为负值，表示覆岩上升。

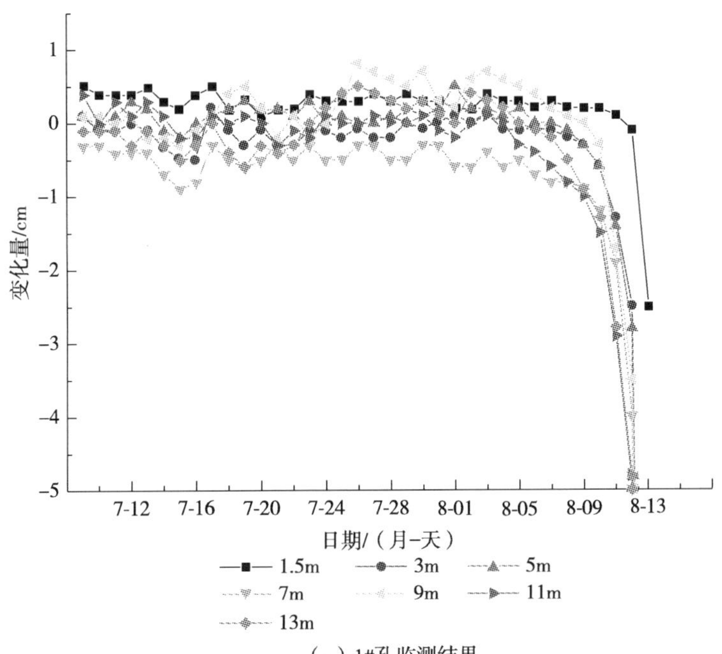

（a）1#孔监测结果

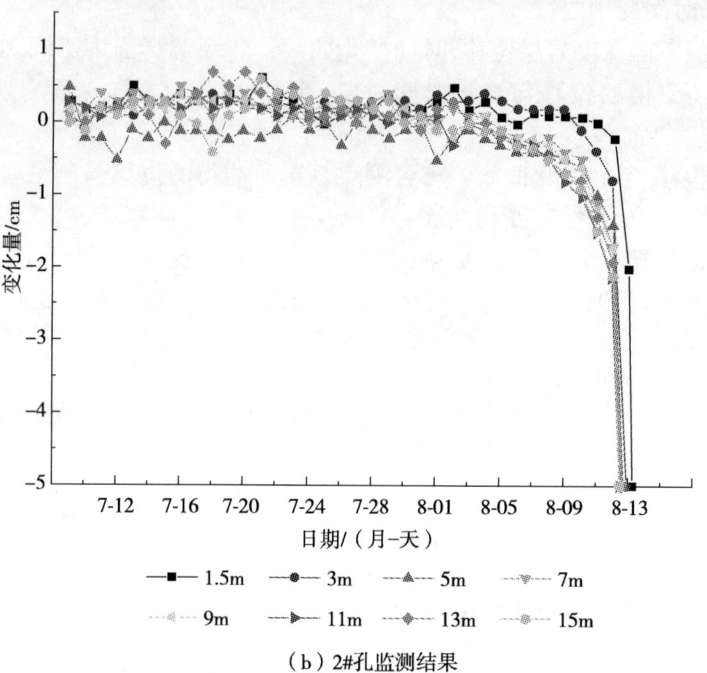

（b）2#孔监测结果

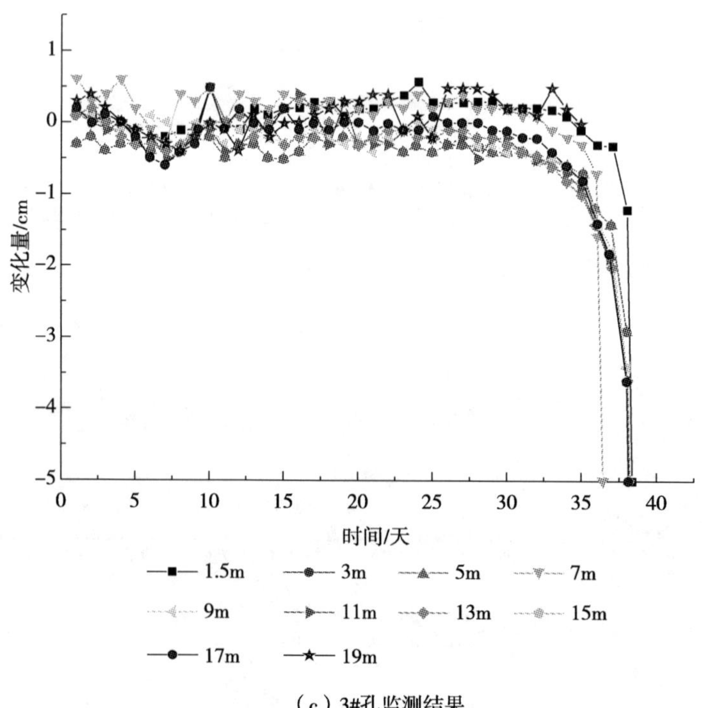

（c）3#孔监测结果

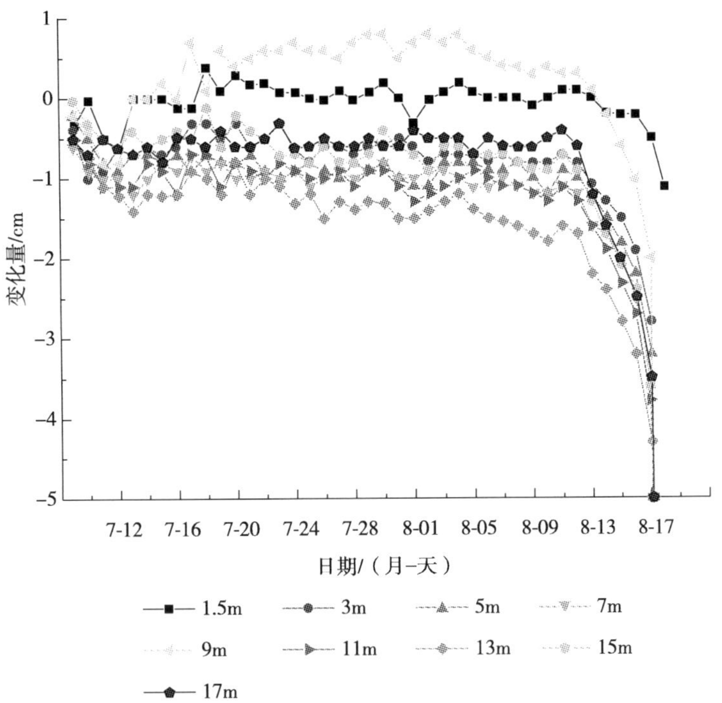

（d）4#孔监测结果

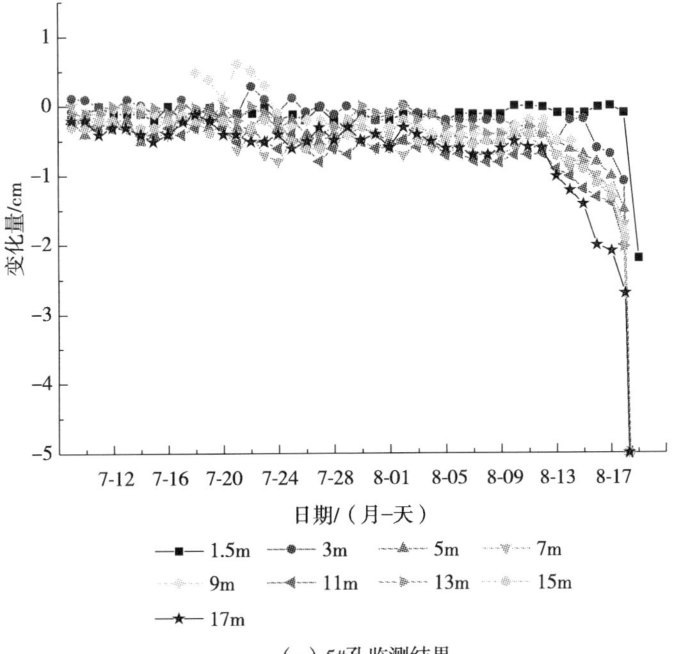

（e）5#孔监测结果

图 4.3　材料巷不同深度岩层的绝对沉降变化量

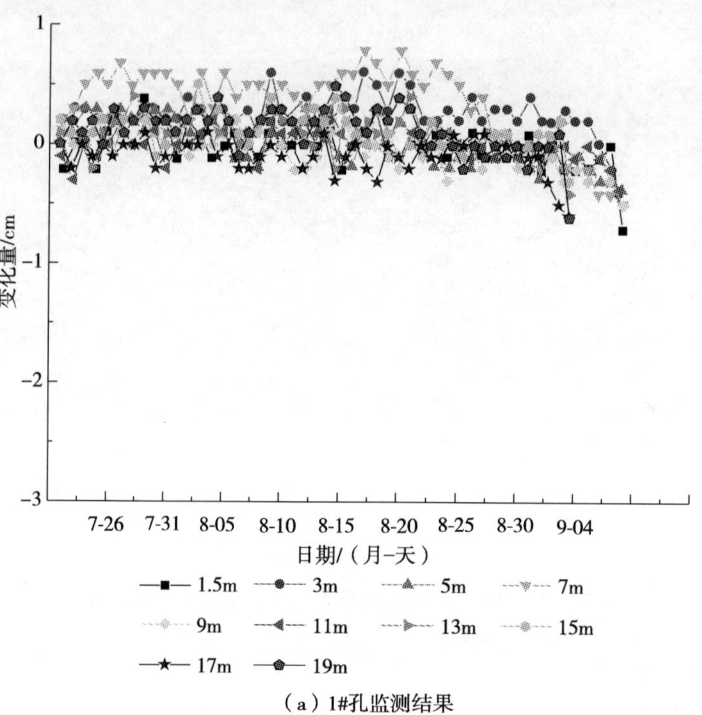

（a）1#孔监测结果

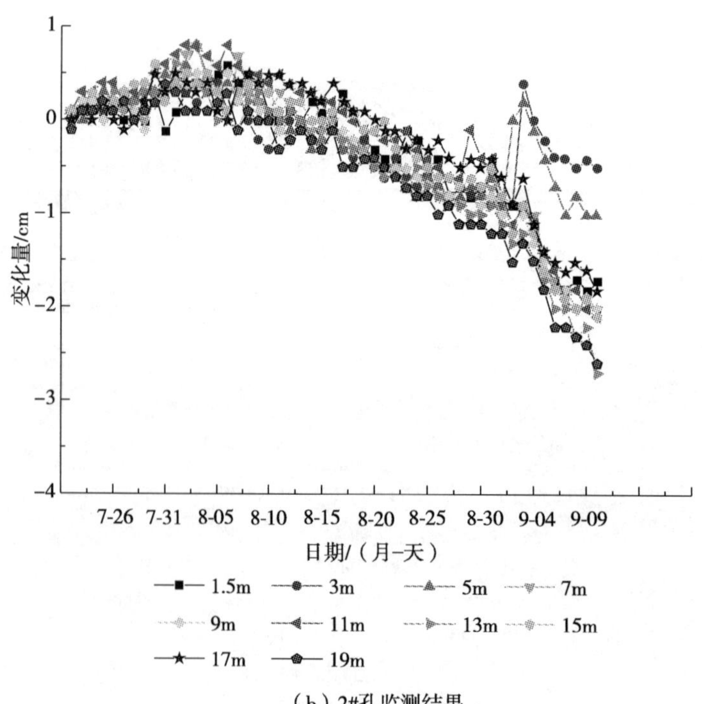

（b）2#孔监测结果

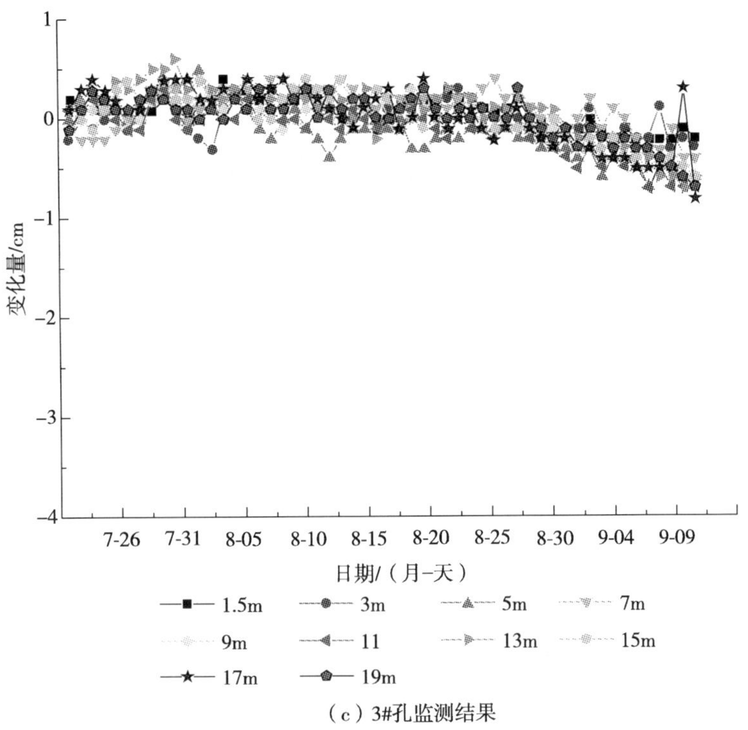

（c）3#孔监测结果

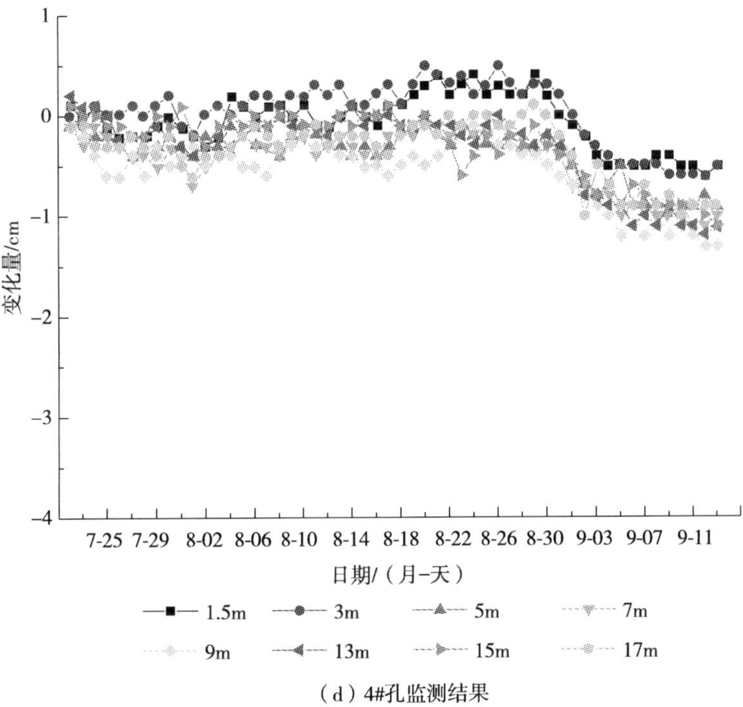

（d）4#孔监测结果

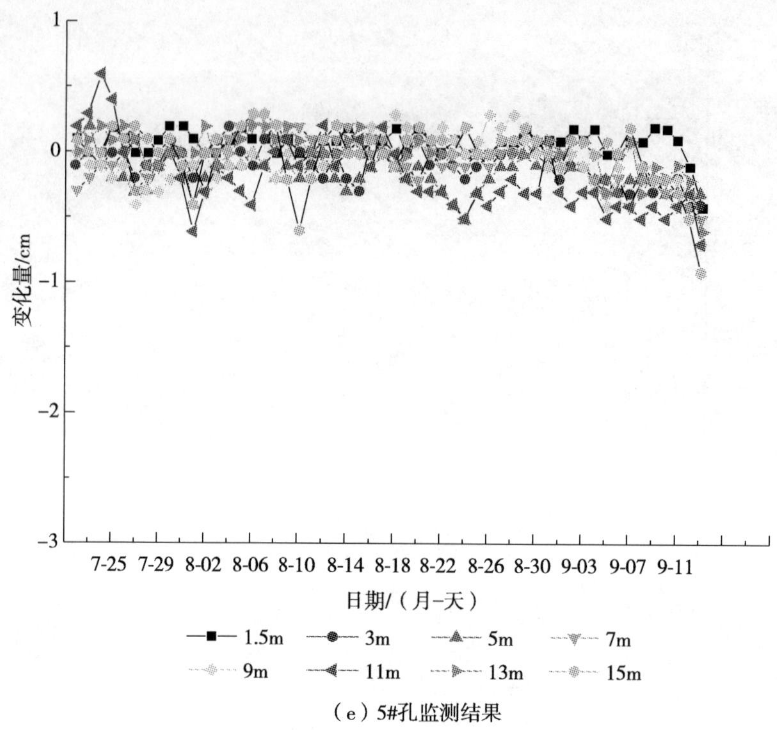

（e）5#孔监测结果

图 4.4　运输巷不同深度岩层的绝对沉降变化量

从图 4.3 可以看出，材料巷 5 个钻孔监测结果整体变化趋势基本类似，前期呈现出上下波动的变化特征，这主要是由于大采高工作面回采距离测点较远，测点前方采空区上方的覆岩发生了周期性破断，对其扰动影响较小，随着测点距离工作面越来越近，各测点岩层变化量逐渐增大，当回采工作面超过测孔后，覆岩已进入采空区，顶板发生断裂，覆岩沉降量急剧增加。

由图 4.4 可以看出，运输巷各测点都有下沉趋势，且离回采工作面越近，测孔变化越为剧烈，且岩层越高，垂向位移变化速度越小。而图 4.4（b）是运输巷 2＃孔的监测结果。图 4.4 显示，8 月 2 日以后，覆岩逐渐近似线性下降；而在 9 月 3 日，3m 和 5m 测点发生向上的突变，这表明这两测点发生了局部突然破坏甚至垮落。

4.2.2　不同孔同一层位岩层的绝对沉降变化量

上面是每个孔在不同岩层位置的沉降情况，为了比较不同位置处同一层位岩层的变化情况，本节我们把不同孔大致在同一层位岩层的变形情况进行比较，如图 4.5 所示。由图 4.5 可知，材料巷各岩层所测得的沉降量较大，比运输巷各岩层移动剧烈，这主要是由于材料巷测的覆岩发生破断。由图 4.5 中的测试结果和分析可知，总体上不同孔同一层位岩层处的变化趋势相近。

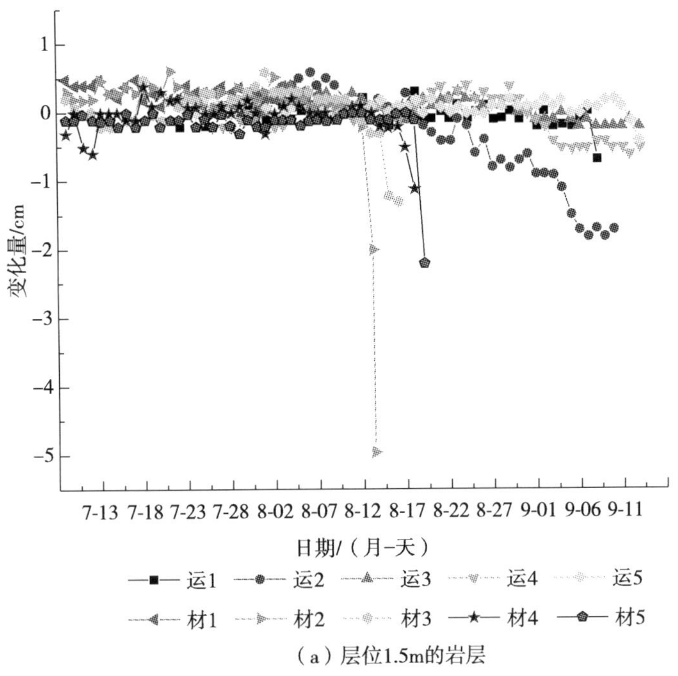

（a）层位1.5m的岩层

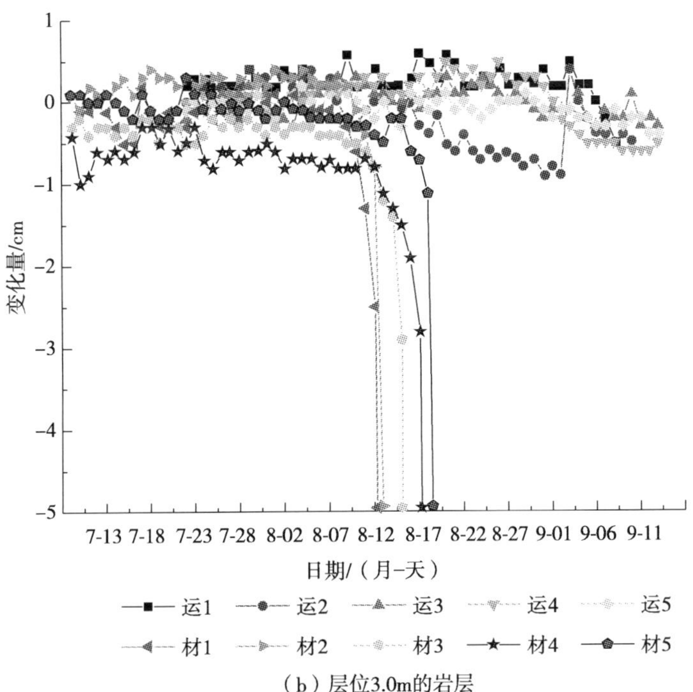

（b）层位3.0m的岩层

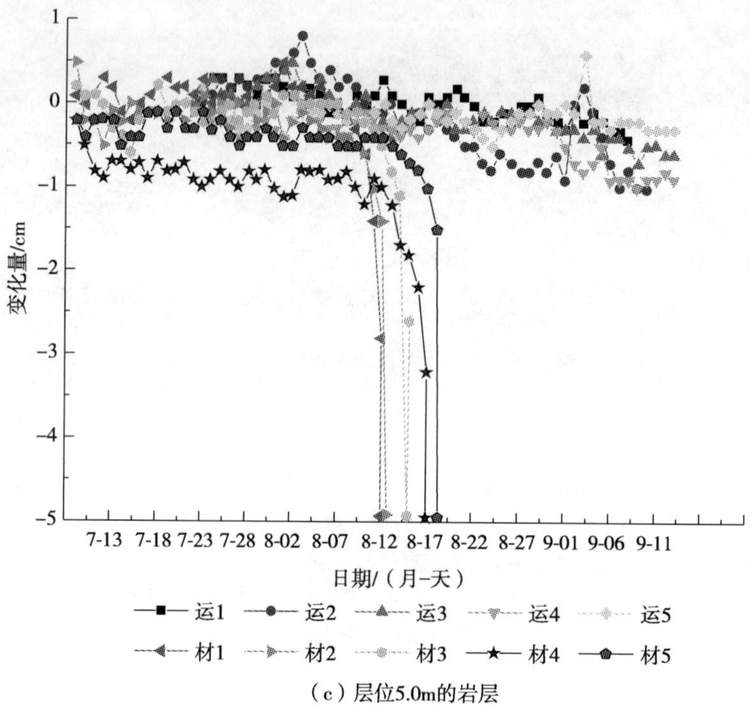

（c）层位5.0m的岩层

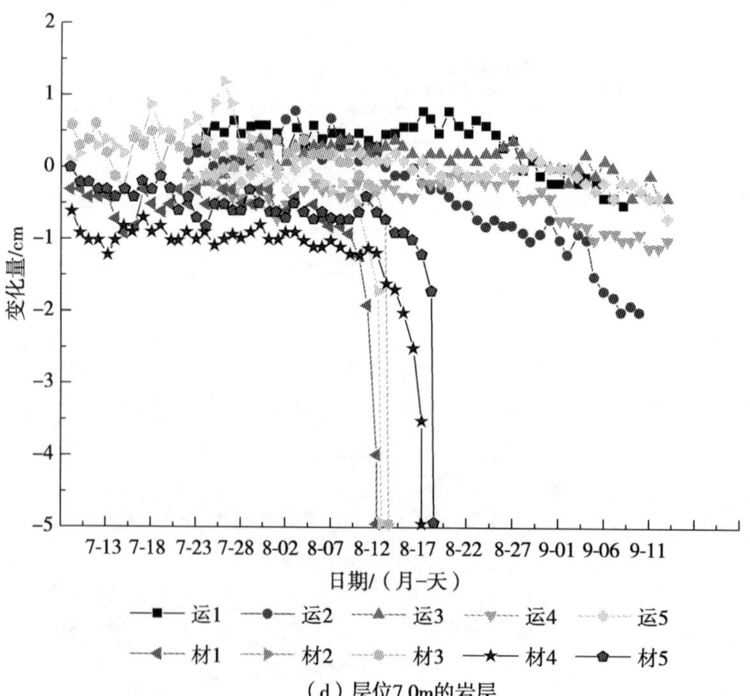

（d）层位7.0m的岩层

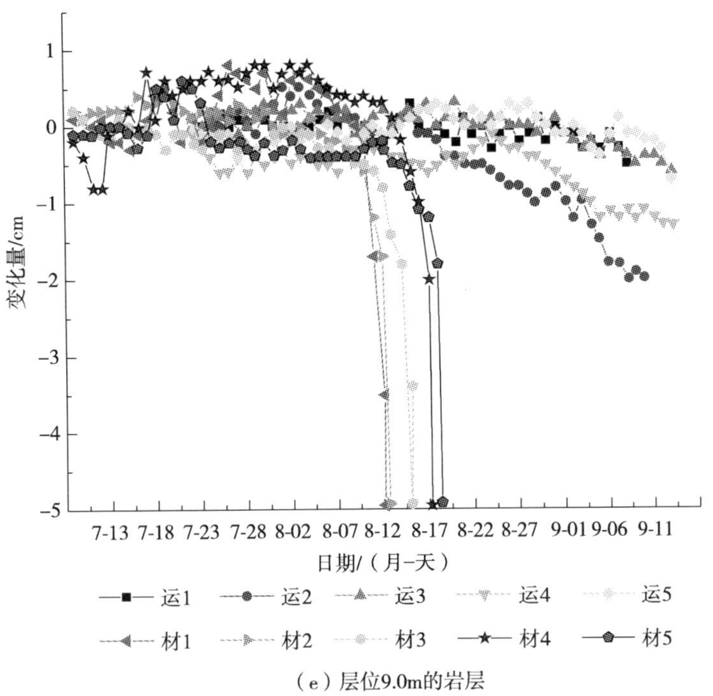

（e）层位9.0m的岩层

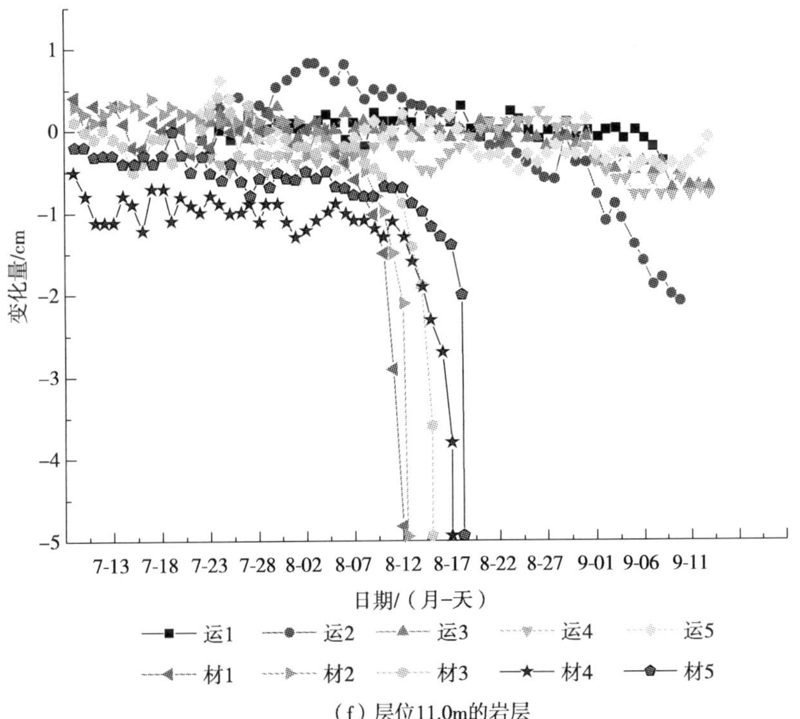

（f）层位11.0m的岩层

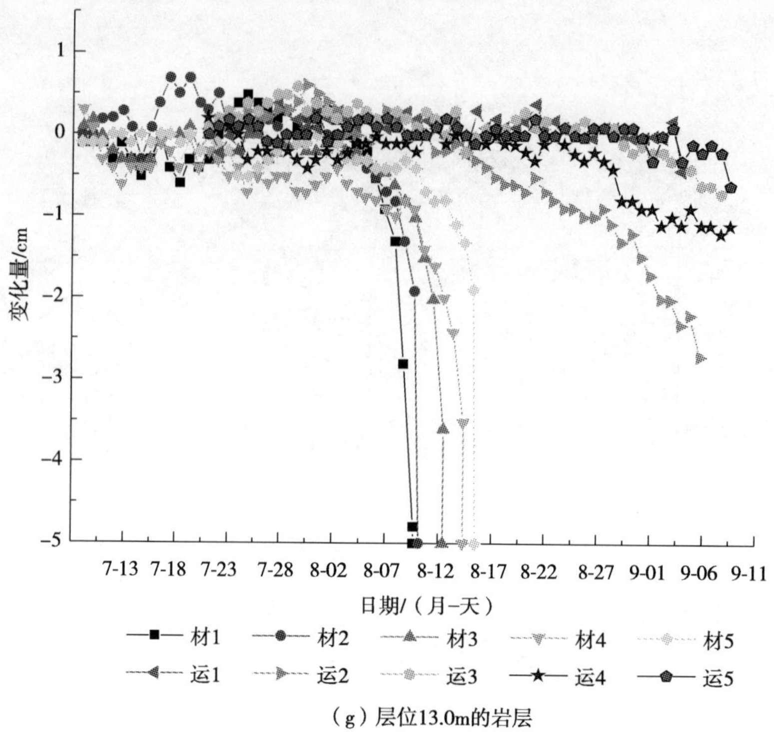

（g）层位13.0m的岩层

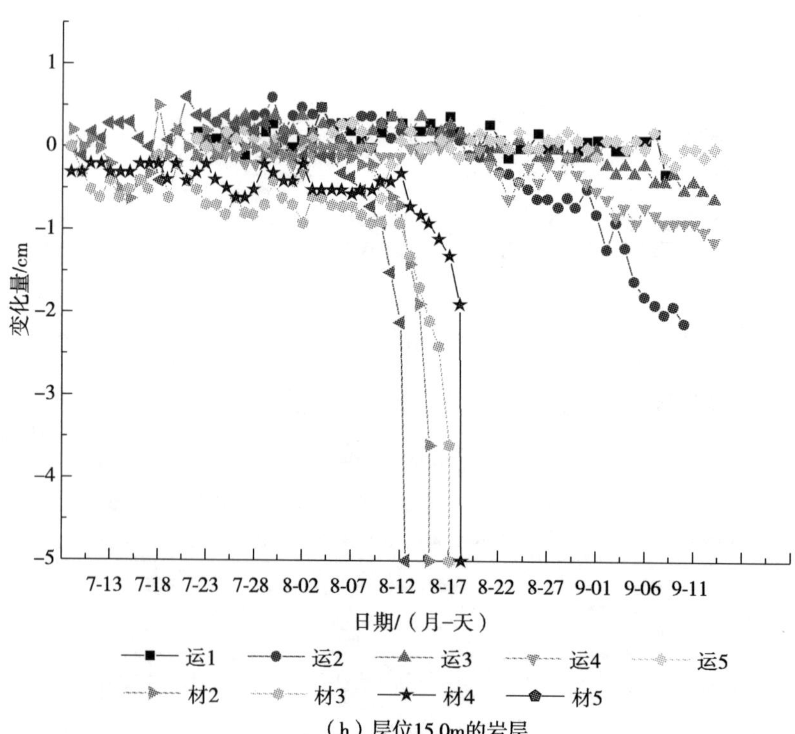

（h）层位15.0m的岩层

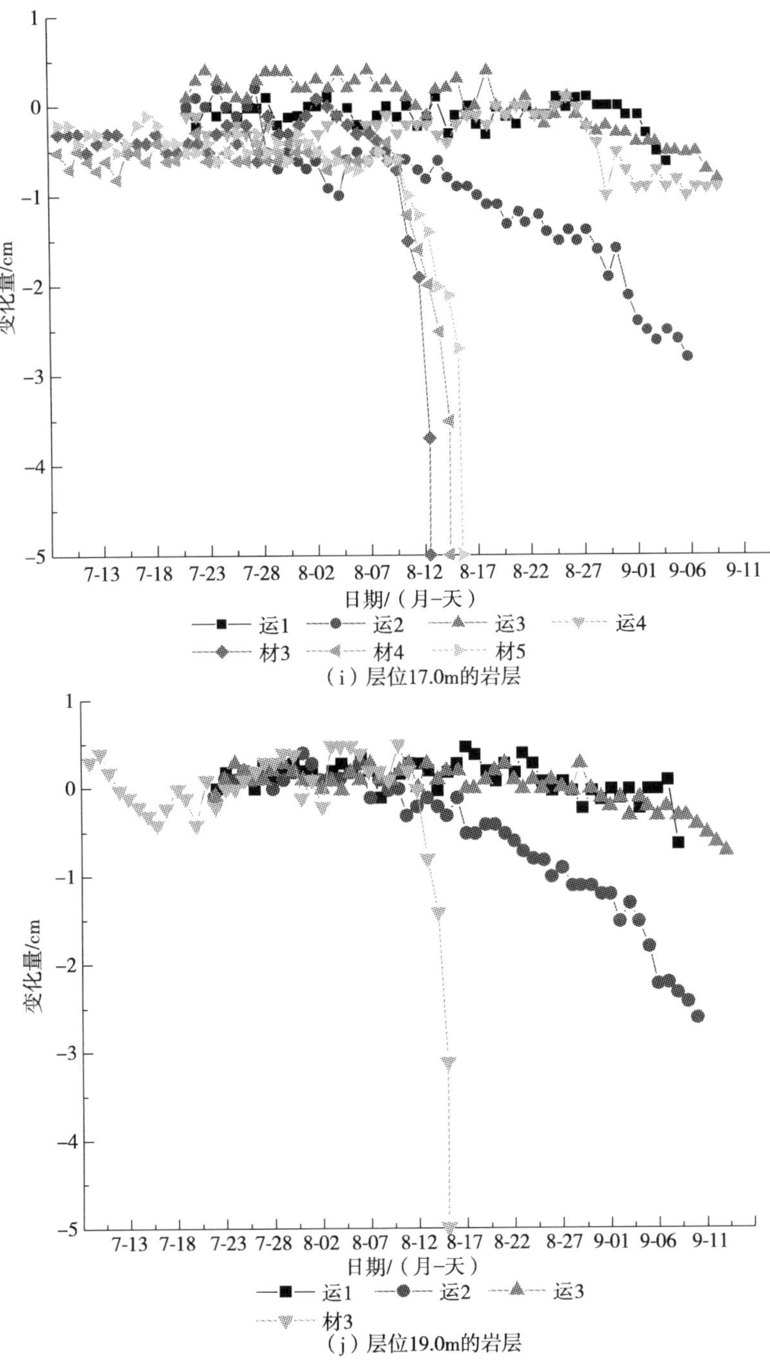

（i）层位17.0m的岩层

（j）层位19.0m的岩层

图 4.5　不同孔同一层位岩层的绝对沉降变化量

4.2.3　同孔不同深度岩层相对沉降变化量

相对沉降量是指前后两天测量数据的差值，用以比较分析短期内顶板的变形和沉降情况。材料巷和运输巷同孔不同深度的相对沉降变化规律如图 4.6 所示。图 4.6显示，当回采工作面距离监测站测孔较远时，岩层随时间的相对沉降变化量不大，但随着回采工作面位置的靠近，顶板岩层的变形量表现出增大趋势，尤其是当回采通过监测站测点之后采空区的顶板开始发生破段时，变形量剧增，这表明此时在此高度范围内发生了较大的变形并且随时可能发生断裂垮落。比较发现，各个孔不同层位处岩层的沉降变化值有所不同，覆岩由高到低其变形沉降变化也呈现出由慢到快的变化趋势。

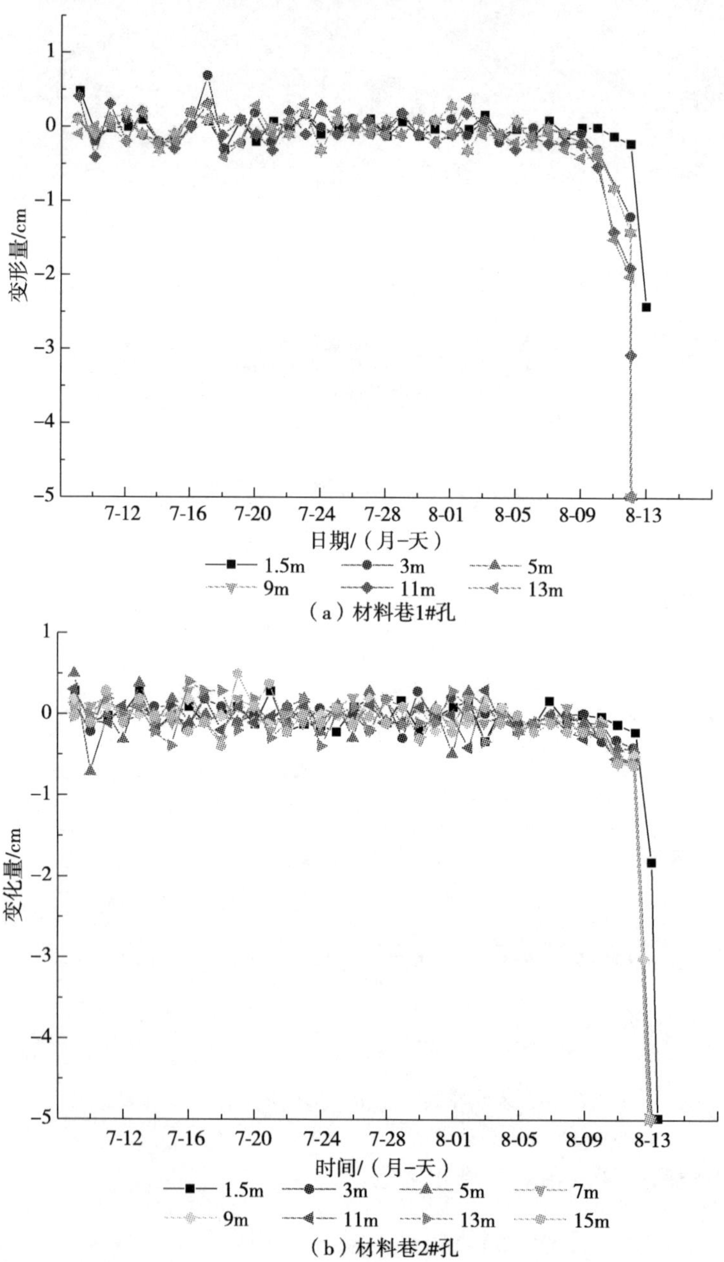

（a）材料巷1#孔

（b）材料巷2#孔

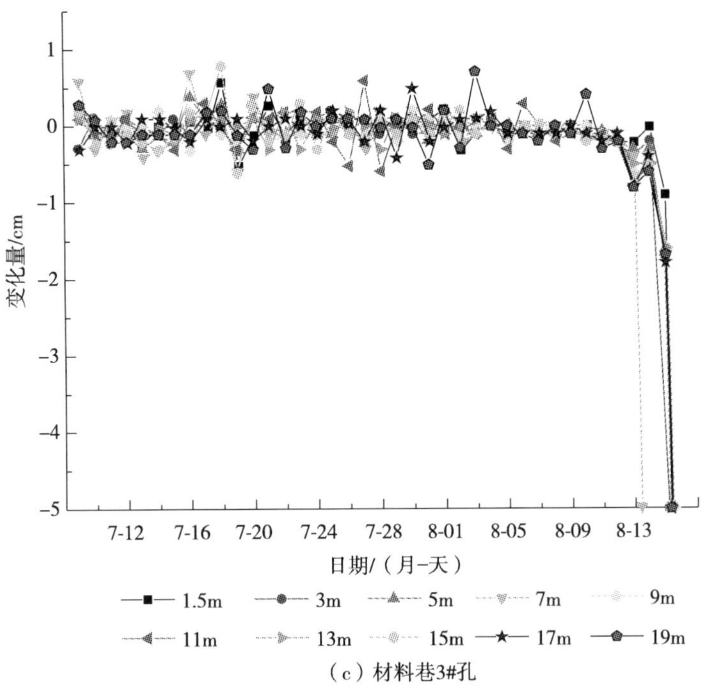

（c）材料巷3#孔

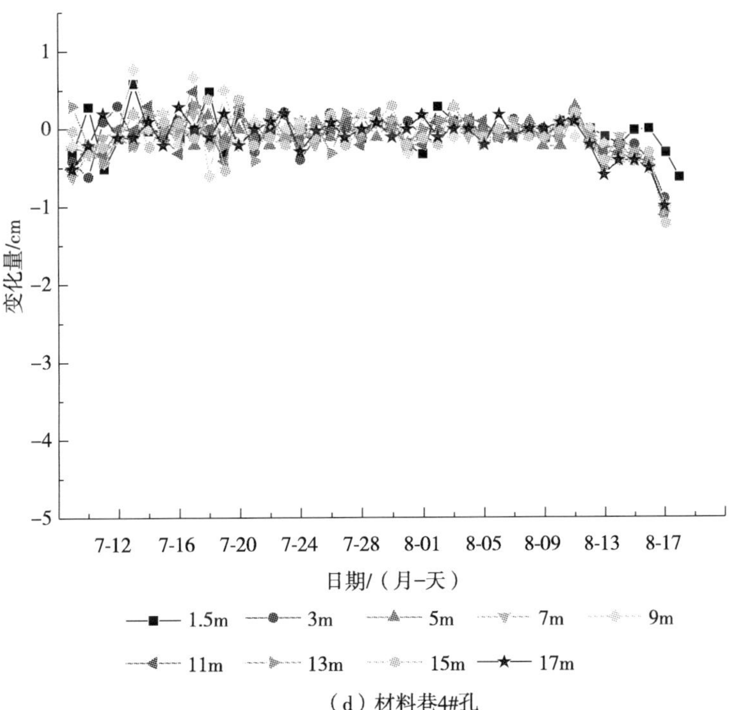

（d）材料巷4#孔

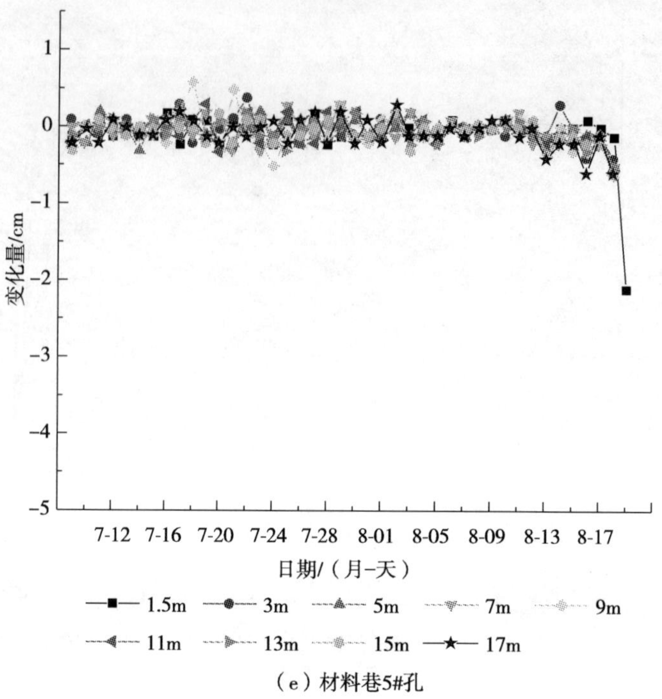

（e）材料巷5#孔

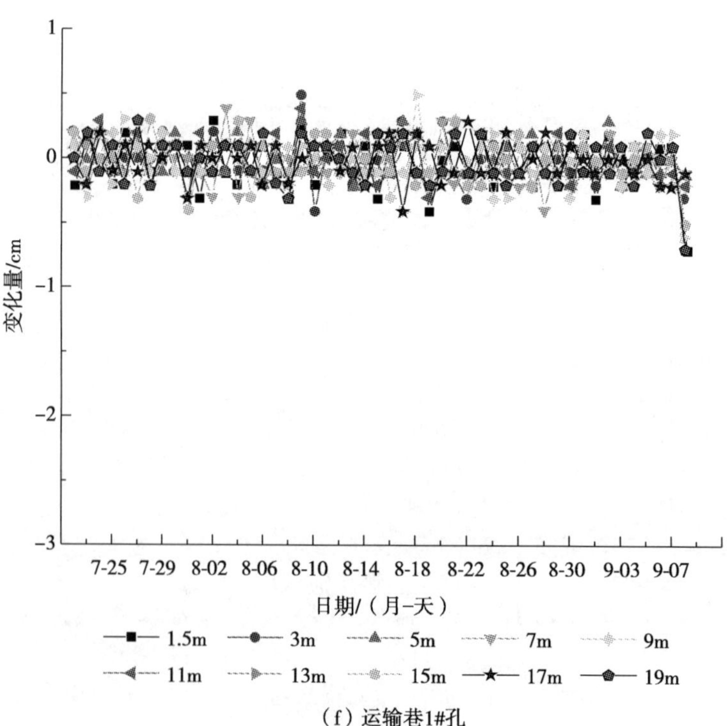

（f）运输巷1#孔

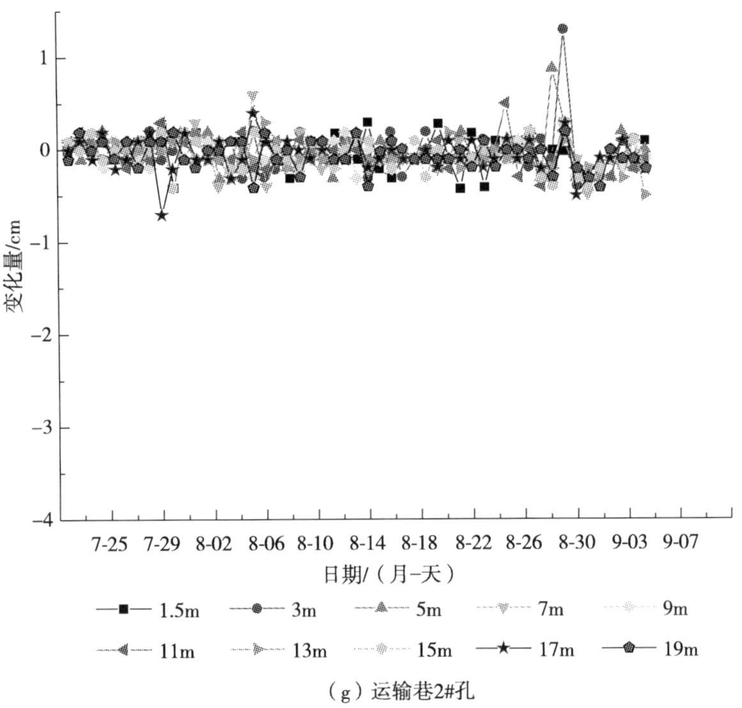

（g）运输巷2#孔

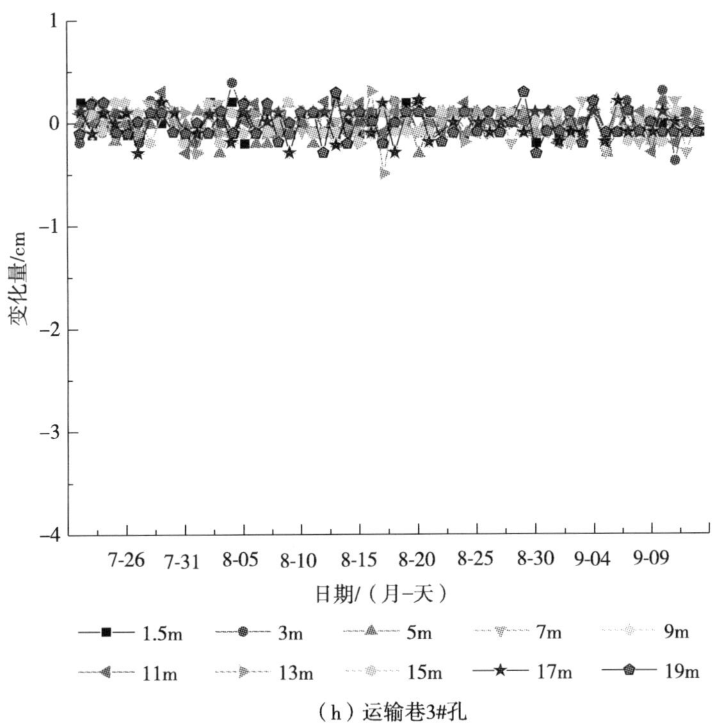

（h）运输巷3#孔

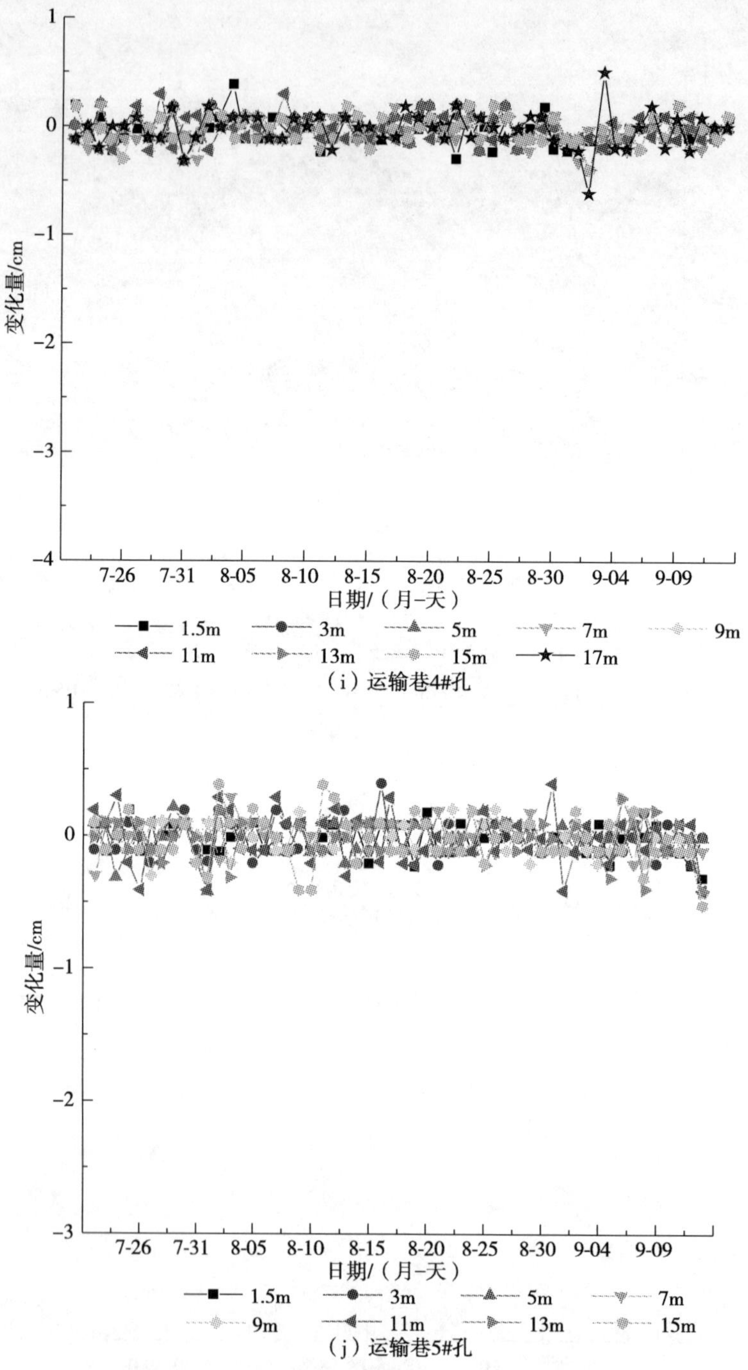

(i) 运输巷4#孔

(j) 运输巷5#孔

图 4.6 同孔不同深度岩层相对沉降变化量

4.2.4 不同孔同一层位岩层的相对沉降量

不同监测站测点同一层位岩层的相对沉降情况，如图 4.7 所示。不难发现，随着回采的推进，不同位置覆岩的沉降变化剧烈程度是有所区别的。总体而言，在开始阶段各监测站测点变化均较平缓，到最后覆岩开始进入破坏时变化量都较大，且材料巷 3＃孔和 4＃孔相对于其他孔更加剧烈，这可能是该处发生了破断，这一现象会在后面做详细的理论分析。

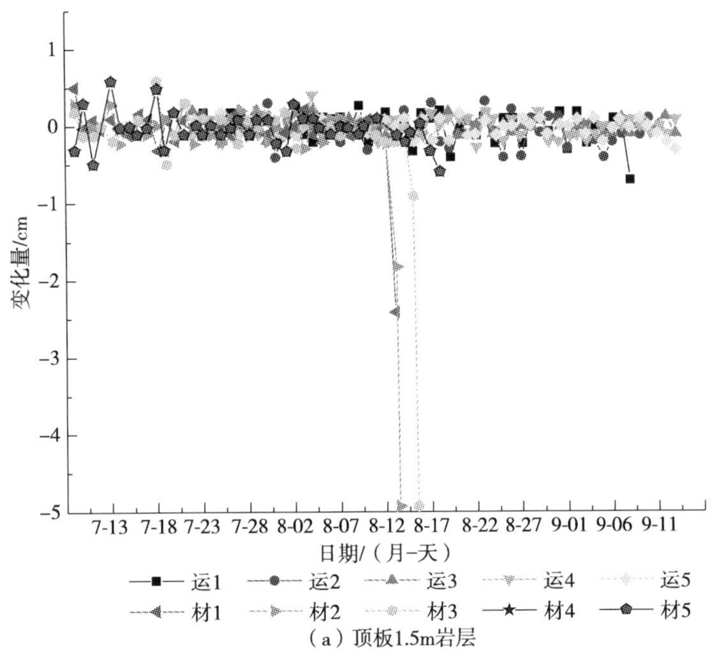

（a）顶板1.5m岩层

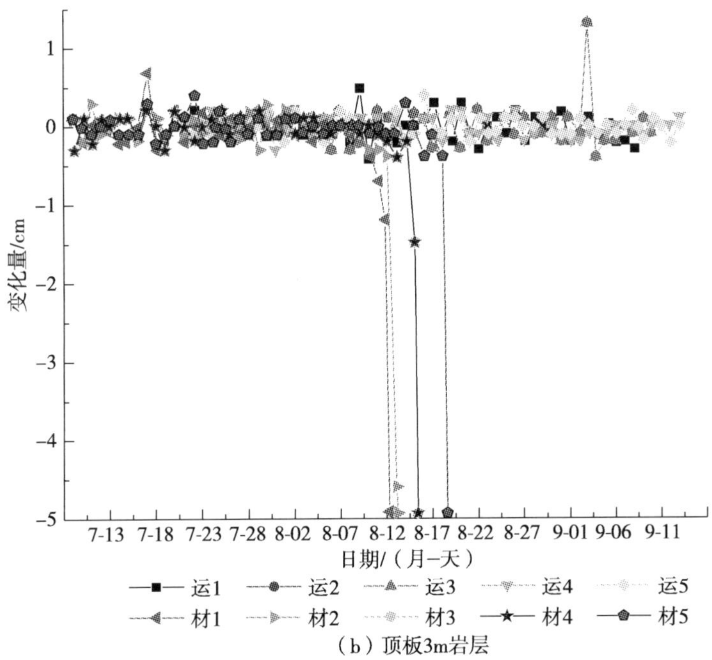

（b）顶板3m岩层

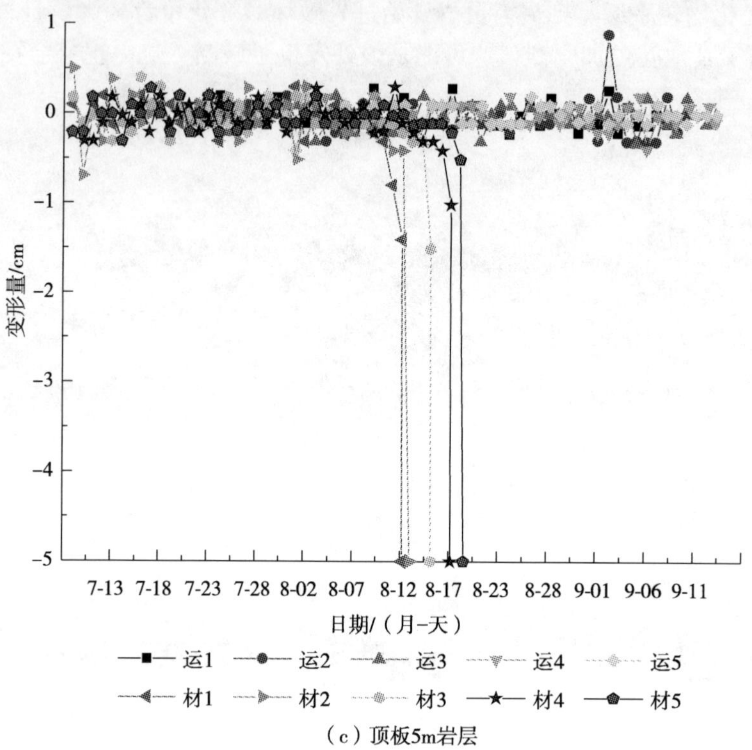

（c）顶板5m岩层

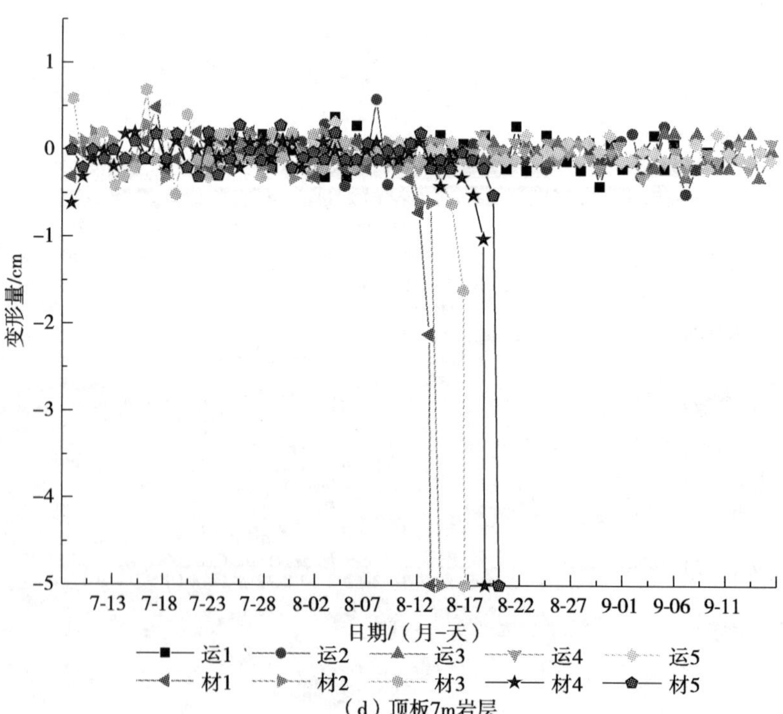

（d）顶板7m岩层

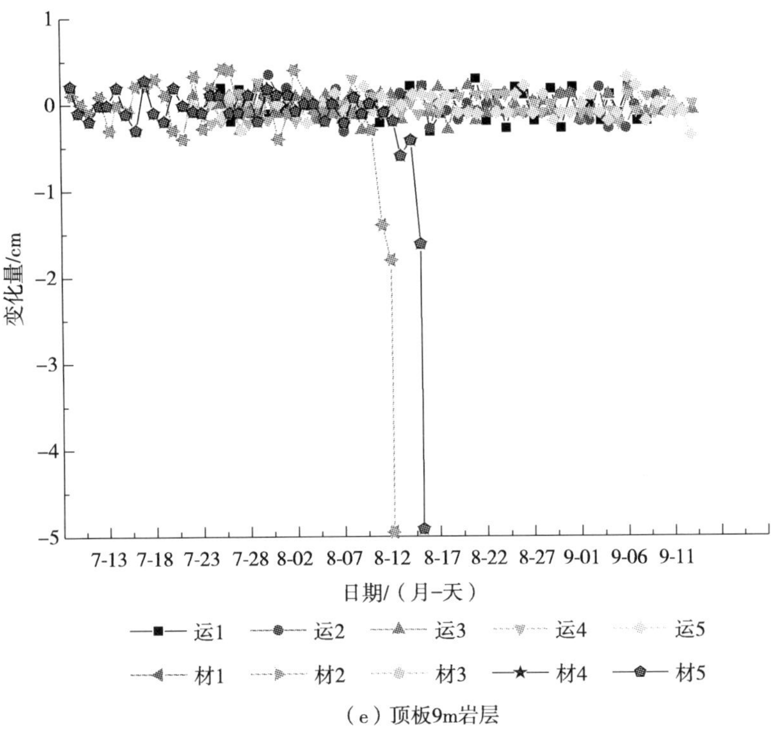

（e）顶板9m岩层

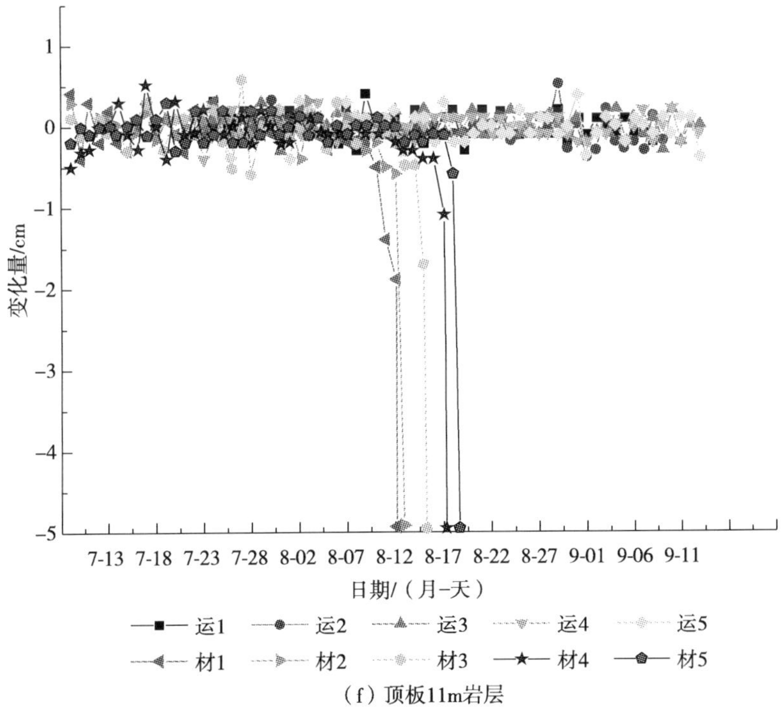

（f）顶板11m岩层

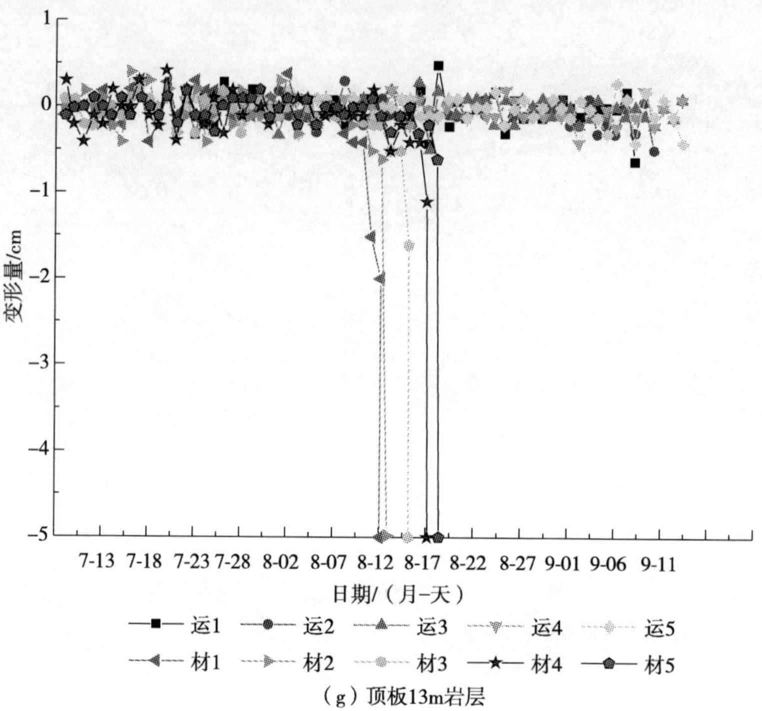

（g）顶板13m岩层

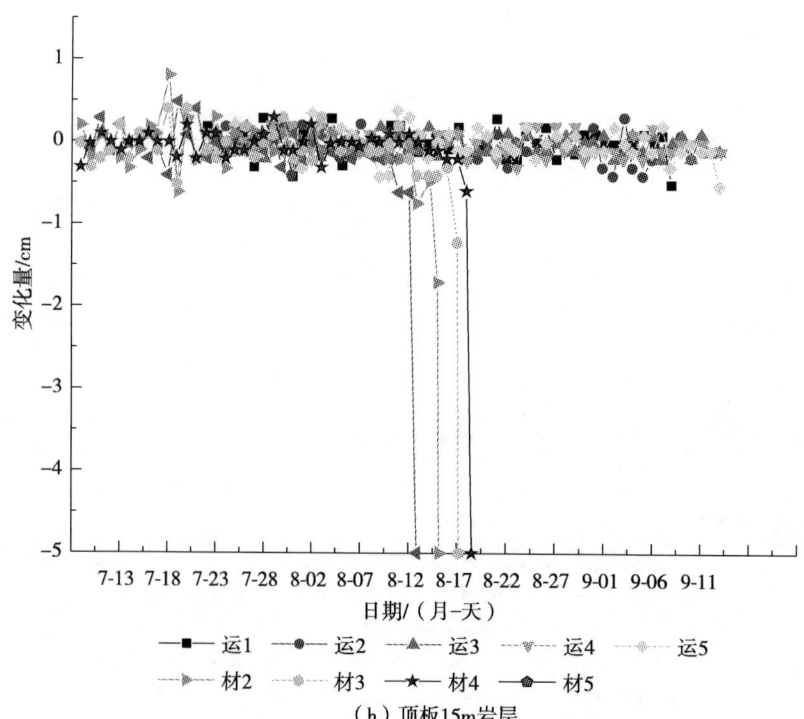

（h）顶板15m岩层

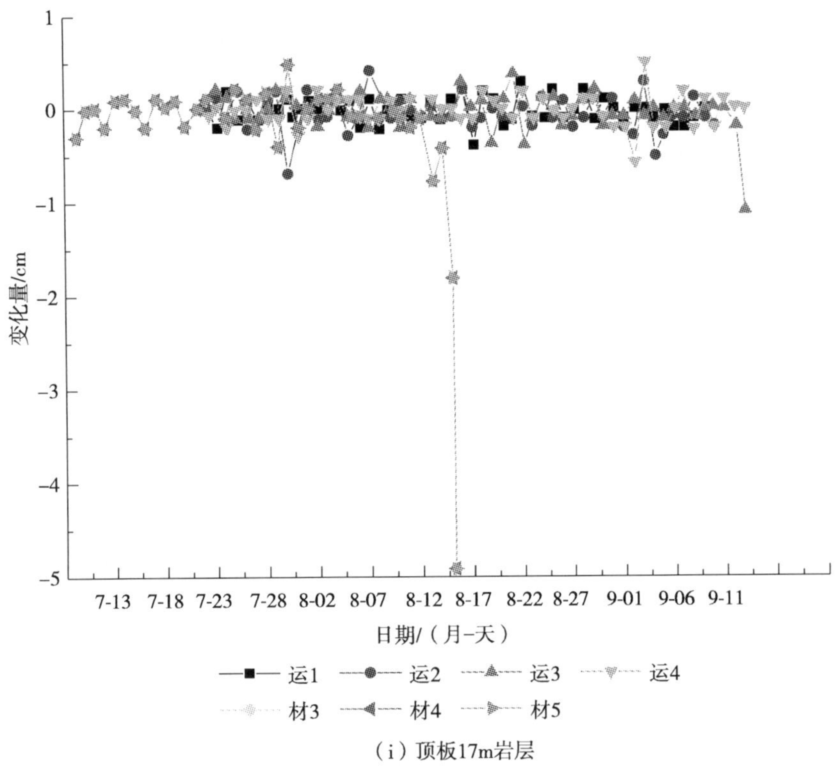

（i）顶板17m岩层

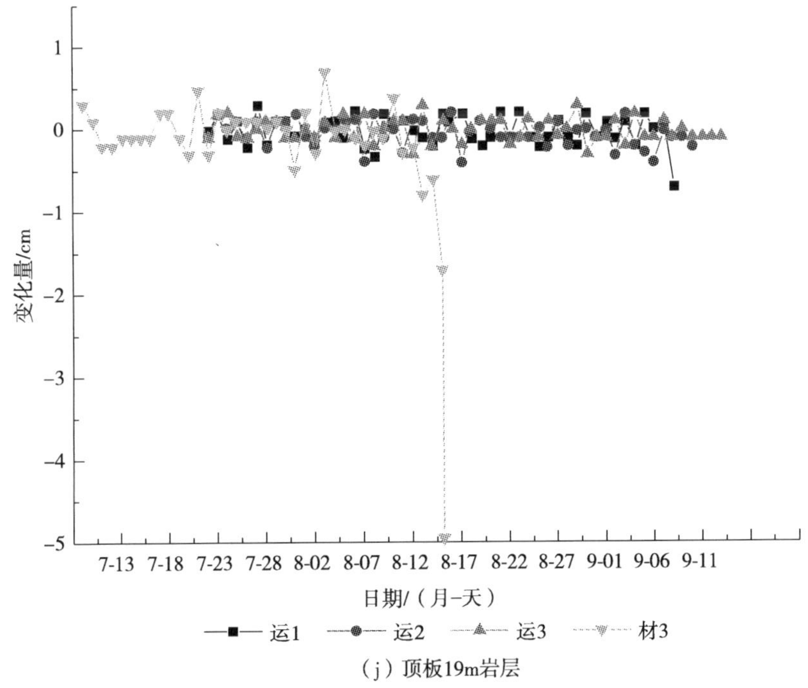

（j）顶板19m岩层

图 4.7　不同测站同一层位岩层的相对沉降量

4.3 巷道顶板破碎钻孔电视窥视结果

大采高工作面采动覆岩的裂隙发育高度和演化特征是决定煤矿安全的一个重要影响因素，也是岩层顶板控制、瓦斯灾害防治和顶板突水防治中必须考虑的一个极为重要的技术参数。而目前钻孔电视技术使得我们可以获取工作面顶板上覆岩层的裂隙发育情况。2011 年 6 月，对五阳矿巷道进行了钻孔电视窥视，以期获得不同深度岩层的离层及变形情况，并与前面的多点位移计的监测结果相互印证比较。钻孔位置选择在回风井二号联络巷，对顶板孔的窥视结果如下：在 3.5m 范围内，1.2m 和 3.5m 处有离层，其余地方围岩坚硬完整；3.5m 往上围岩变岩性，但总体上围岩也较完整，其中在 4.7m、7.0m 和 9.0m 处有离层现象，图 4.8 是各离层位置的钻孔窥视图。

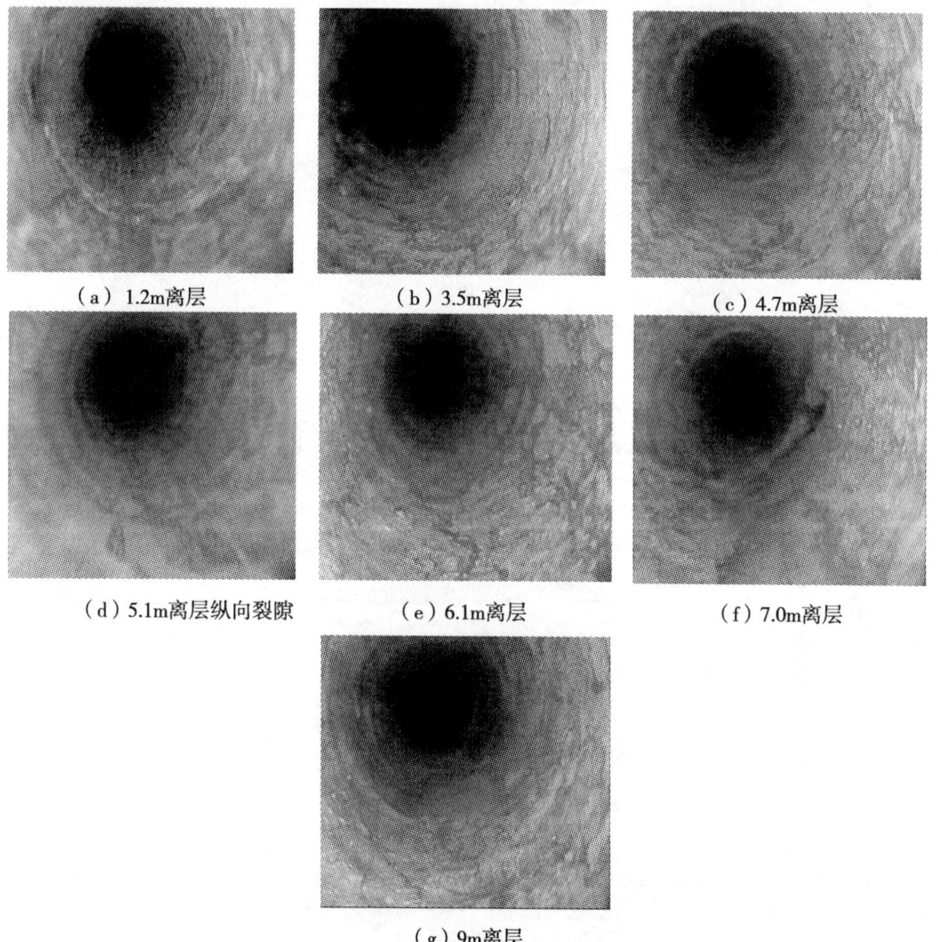
(a) 1.2m离层　(b) 3.5m离层　(c) 4.7m离层
(d) 5.1m离层纵向裂隙　(e) 6.1m离层　(f) 7.0m离层
(g) 9m离层

图 4.8 大采高工作面顶板的窥视结果

课题组对煤层也进行了钻孔窥视，在煤巷左帮打斜角为 15°的钻孔，其中 0～3.4m 都为煤层。钻孔窥视结果如图 4.9 所示。从图 4.9 可以看出，0～1.0m 煤层离层较密集；而

1～3.4m 的煤体较完整；2m 和 2.7m 处有离层；2.7～3.4m 煤层较完整，直至孔底。

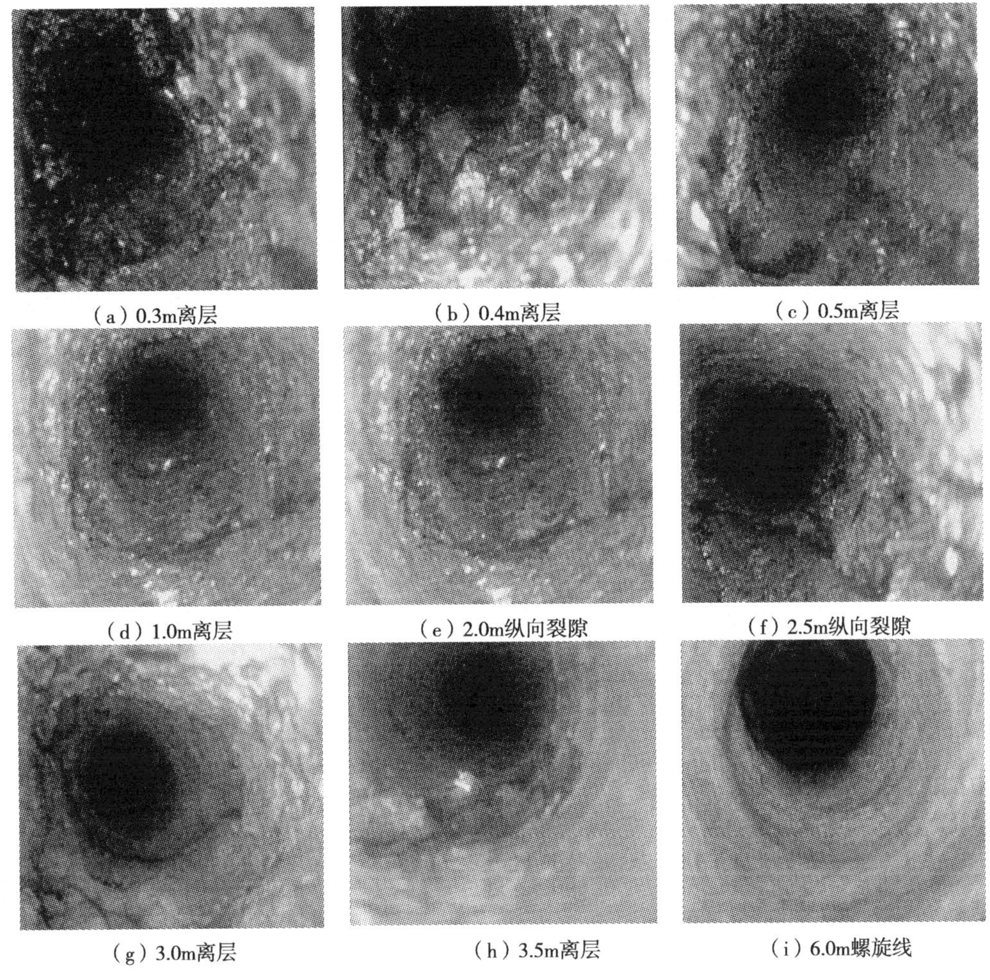

图 4.9　大采高工作面煤巷左侧孔的窥视结果

从现场窥视及文献知识分析得出，大采高工作面的巷道围岩变形与破坏的主要影响因素有三个：①大采高工作面巷道围岩的工程地质条件，包括煤岩体力学性质、地质构造和节理、裂隙发育程度、地下水及瓦斯情况；②大采高工作面巷道工程的地应力环境，包括自重应力及构造应力等；③大采高工作面回采及巷道施工因素影响，包括巷道断面形状与尺寸，巷道开挖方式，以及巷道支护形式、支护参数和支护时机等。

在大采高工作面巷道围岩的工程地质条件中，煤岩体的强度及变形特征，围岩内结构面形式、结构面的分布及物理力学参数等，是影响巷道围岩变形与破坏的重要因素。在浅部煤层中，结构面是最关键的影响因素；在深部煤层中，除了结构面的影响，地应力条件也是一个重要的影响因素，因此在深部煤层，工作面顶板及巷道的变形破坏受到应力和结构面的共同控制作用。从钻孔窥视结果来看，通常在软弱岩层内，裂隙相对比较发育，以纵横交错的相交裂隙为主。在单个厚度较薄较软弱的岩层中，受到剪应力作用形成的高角度纵向裂隙的宽度一般较小。裂隙周围存在破碎现象，坚硬岩层内裂缝尺寸较大，以高角度纵向裂隙为主，裂隙一般沿岩石的原生弱面发展。在单层厚度较厚的砂岩类较硬岩层中，受拉应力作用形成的高角度纵向裂缝的宽度则一般较大，裂隙断口一般比较整齐。

总体而言，在大采高综放工作面巷道中，高应力环境是大采高巷道变形与破坏的根本原因。巷道围岩的应力场不仅取决于原岩应力，还与区域的构造应力场有关。当然，由于是大采高工作面，大规模的高强度采动影响也是一个关键因素。因此可以说，巷道围岩应力环境是原岩应力、构造应力及大规模高强度采动应力场叠加后的应力环境，这非常不利于巷道的维护和稳定。

4.4 覆岩移动的复合关键层理论分析

4.4.1 覆岩控制中的关键层理论

20 世纪 60 年代，煤矿采场顶板结构及覆岩移动理论飞速发展，国内外对矿山压力及覆岩提出了很多理论和假说，用以解释采场矿山压力及岩层控制，但值得注意的是这些假说或理论都主要是根据浅部的一些监测及实验得出的。例如，宋振骐[14]院士在大量的现场观测的基础上提出了“传递岩梁”理论。姜福兴教授等[15~17]认为老顶存在“类拱、拱梁及梁式”三种结构，并给出定量评价老顶结构形式的“岩层质量指数方法”。近年来，钱鸣高院士课题组[18, 19]基于多年对矿山顶板岩层控制的研究与实践，提出了“岩层控制关键层理论”，即开采后岩层运动引起的应力或位移变化主要取决于上覆岩层中硬而厚的岩层（关键层）的变形和破断，并把对上覆岩层活动全部或局部起控制作用的岩层称为关键层，后来又发展到复合关键层理论。岩层控制的关键层理论判断的主要依据是岩层变形及破断行为，即在关键层破断时，其上覆全部岩层或局部岩层的下沉变形是相互协调一致的，前者称为岩层活动的主关键层，后者称为亚关键层，如图 4.10所示。

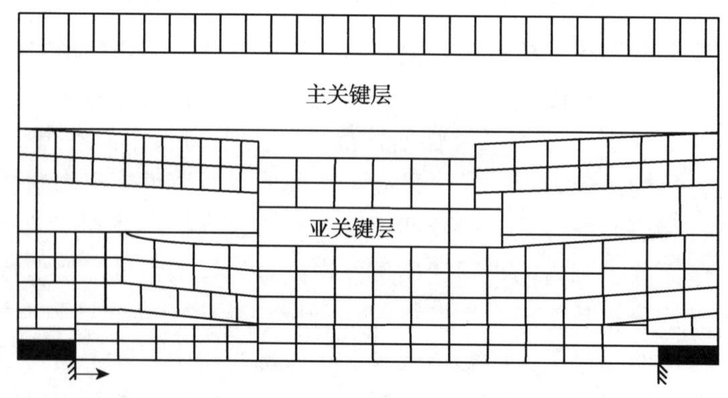

图 4.10　关键层和亚关键层

钱鸣高院士指出采场上覆岩层中的关键层有如下特征[18]：①在几何特征上，相对其他相同岩层厚度较厚；②在岩性特性方面，相对其他岩层较为坚硬，即弹性模量较大，强度较高；③在变形特征方面，当关键层下沉变形时，其上覆全部或局部岩层的下沉量与它是同步协调的；④在破断特征方面，关键层的破断将导致全部或局部上覆岩层的破断，引起较大范围内的岩层移动；⑤在支承特征方面，关键层破坏前以板（或简化为梁）的结构形式，作为全部岩层或层部岩层的承载主体，断裂后若满足岩块结构的 S-R 稳定[20]，则成为砌体梁结构，继续成为承载主体。

4.4.2　覆岩关键层"悬臂梁"结构运动规律

随着大采高综放工作面开采高度的增大，上覆岩层垮落带的高度也会相应增大。此时，如果下位关键层距离工作面较近，则其破断后不能形成稳定的"砌体梁"结构，而是进入垮落带，形成"悬臂梁"结构。随着大采高工作面的推进，"悬臂梁"结构发生周期性的破断运动，而关键层断裂的"砌体梁"铰接结构向更高的层位发展，此观点已得到采矿界广大学者的普遍认可[21~23]。文献［24］通过理论分析并结合模拟实验提出大采高覆岩关键层"悬臂梁"结构运动的三种形式。

实际上，大采高采场下位关键层断裂后没有形成稳定的"砌体梁"的根本原因，是破断块体回转角过大使铰接处发生回转变形失稳，如图 4.11 所示。图 4.11 中下位关键层 1 由于开采高度较大，其断裂后回转空间太大，导致发生回转失稳而处于垮落带中，其规则块度的破断将垮落带分界成"规则垮落带"和"不规则垮落带"两个区域[24]。

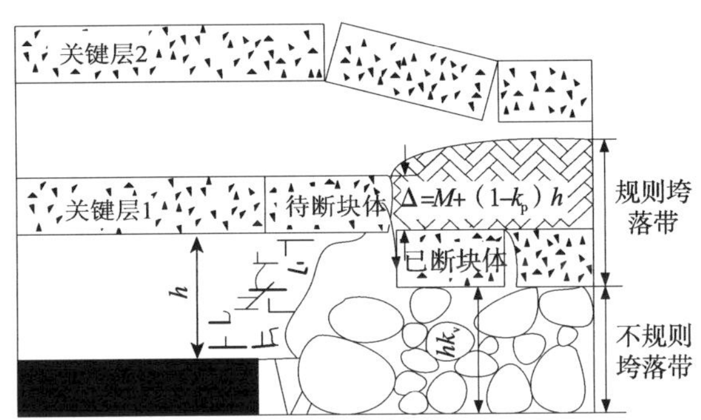

图 4.11　大采高工作面覆岩关键层结构示意图[24]

"规则垮落带"与"不规则垮落带"交界处发生破断块体运动，如图 4.12 所示。从图 4.12中可以看出，已断块体的破断位置和待断块体的回转角均不同，关键层待断块体发生断裂后，其以断裂位置为铰接点，以块体长度为半径发生回转运动，其回转的角度与后方已断块体在走向上距离待断块体的远近密切相关。当工作面后方已断块体垮落位置在推进方向上距离待断块体较近时，则待断块体只需回转很小的角度就会触及已断块体而形成稳定的铰接结构，如图 4.12（a）所示。当工作面后方已断块体垮落位置在推进方向上距离待断块体较远时，则待断块体需要回转很大的角度才能触及后方的已断块体，此时，如果待断块体回转角度达到稳定极限回转角，则待断块体将会发生回转失稳，而不能形成稳定的铰接结构，如图 4.12（b）所示。

由此可见，大采高工作面覆岩关键层的破断运动形式，并不是传统意义上的简单"悬臂梁"的形式直接垮落，其待破断块体的运动将受工作面后方已断块体的限制。

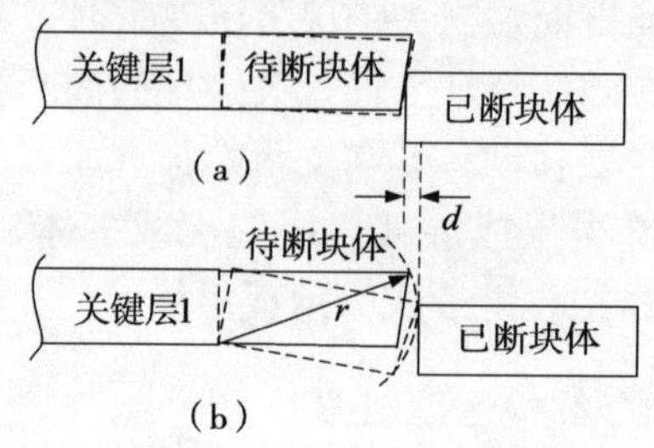

图 4.12 关键层 1 破断块体运动模型[24]

大采高工作面覆岩关键层“悬臂梁”结构与普通采高工作面覆岩关键层“砌体梁”结构的受力分析，如图 4.13 所示。从图 4.13 可以明显看出，两者最大的区别在于“砌体梁”结构中待破断块体多受后方块体的剪切力 $\boldsymbol{R}$ 和水平力 $\boldsymbol{T}$ 的综合作用。其中，l_1 和 l_2 分别为“悬臂梁”结构和“砌体梁”结构关键层的断裂步距；Q_1 和 Q_2 分别为“悬臂梁”结构和“砌体梁”结构待破断块体的重量；$\boldsymbol{M}$ 为前方岩体固定端约束力矩；$\boldsymbol{R}$ 为“砌体梁”结构后方已断块体对待断块体的剪切力；q 为上覆岩层均布载荷。分别对“悬臂梁”结构和“砌体梁”结构块体断裂处列力矩平衡方程得

$$l_1=\sqrt{\frac{2\boldsymbol{M}}{q+k}}\text{；}\ l_2=\frac{\sqrt{\boldsymbol{R}^2+\boldsymbol{M}(q+k)}-\boldsymbol{R}}{q+k} \tag{4.1}$$

其中，k 为常数，$k=Q/l$。

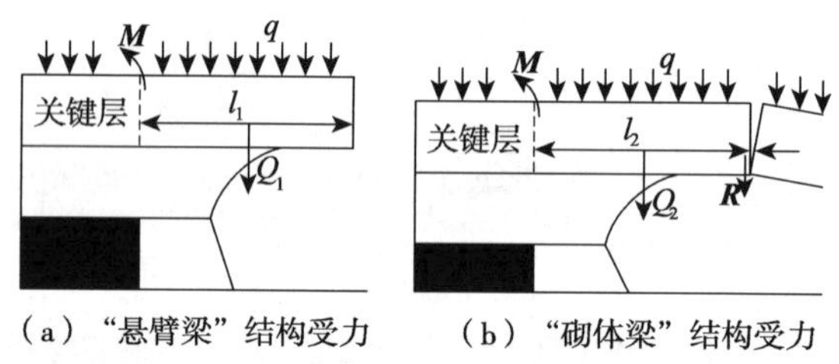

图 4.13 关键层待破断块体受力分析[24]

通过变形化简可得

$$l_2=\sqrt{\left(\frac{\boldsymbol{R}}{q+k}\right)^2+\frac{2\boldsymbol{M}}{q+k}}-\frac{\boldsymbol{R}}{q+k}<\sqrt{\left(\frac{\boldsymbol{R}}{q+k}\right)^2}+\sqrt{\frac{2\boldsymbol{M}}{q+k}}-\frac{\boldsymbol{R}}{q+k}=l_1 \tag{4.2}$$

由式（4.2）可以看出，大采高工作面覆岩关键层“悬臂梁”结构断裂步距将大于普通采高工作面覆岩关键层“砌体梁”结构的断裂步距，即大采高工作面关键层“悬臂梁”结构的来压步距比普通采高工作面“砌体梁”结构的来压步距要大。

4.4.3 覆岩的三带分析及垮落步距分析

传统的矿压理论在竖向方向将覆岩移动破坏分为冒落带、断裂带和弯曲下沉带“三带”，如图 4.14 所示。冒落带高度主要取决于煤层的采厚和上覆岩石的碎胀情况，现场观测和相似模型实验表明，冒落带高度通常为煤层采厚的 2～4 倍。准确的划分工作面顶板“三带”分布和确定垮落步距是“三下”采煤设计的理论基础，也是覆岩离层充填的基础，对于生产实践具有重要意义，对于大采高综放工作面，亦是如此。

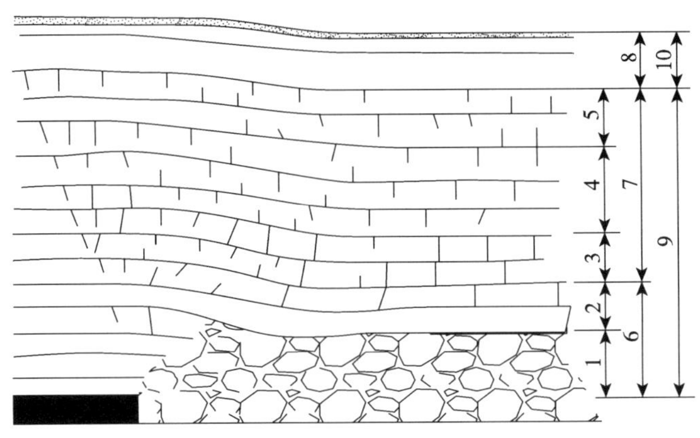

图 4.14　覆岩采动影响"三带"示意图

1. 不规则冒落带；2. 规则冒落带；3. 严重断裂；4. 一般开裂；5. 微小开裂；6. 冒落带；
7. 裂隙带；8. 弯曲下沉带；9. 破坏影响区；10. 非破坏影响区

以上述监测的五阳矿 7605 工作面为研究对象。五阳矿 7605 工作面的地面标高为 ＋830～＋926m，井下标高＋370～＋450m。7605 工作面位于 76 皮带巷以西，7601 采空区以北，7607 运输巷以南，井田西部边界以东，其中 7607 工作面还未开采。工作面的切眼长为 238.5m，运输巷和回风巷长分别为 2064m 和 1977m，其中可采长度为 1372m。回风巷和运输巷均布置在煤层，沿顶板掘进。切眼沿煤层倾向布置，长为 238.5m。工作面主采煤层为山西组中下部 3＃煤层，煤层赋存稳定，平均厚度为 6.1m，含二层夹矸，分为三个自然分层，其结构为［6.10＝1.5（0.01）3.44（0.05）1.1］，平均煤层倾角约为 6°。7605 工作面的煤层以亮煤为主，暗煤次之；夹镜煤及丝炭条带，为贫瘦煤。工作面沿煤层倾向布置，工作面坡度为 5°～12°。运输巷和回风巷沿煤层走向布置，两巷均有明显的波状起伏，在局部地段形成凹地，存有积水。经勘探，7605 工作面内没有大断层或陷落柱等地质构造。由于岩体的力学参数很难获取，现场测试需要花费大量的人力、物力和财力，因此近似选取岩体力学参数如下：岩体的单轴抗拉强度和单轴抗压强度均为岩块的单轴抗拉强度和单轴抗压强度的 1/2；而岩体的内聚力则为岩块内聚力的 1/3。所以，可将顶板岩层的组合岩板模型简化为组合岩梁力学模型，如图 4.15 所示。

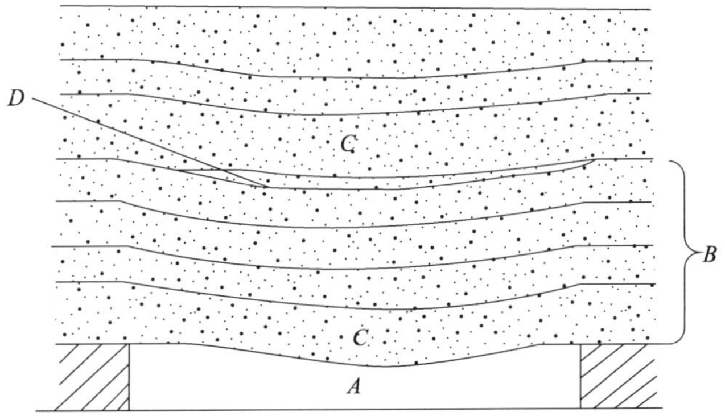

图 4.15　采场覆岩组合岩梁力学模型示意图

A. 采空区；*B*. 岩层组合；*C*. 关键层；*D*. 层间离层

4.4.4 覆岩移动的复合关键层分析

基于图 4.15 所示的采场覆岩组合岩梁的力学模型，岩层上覆载荷的计算表达式为[25]

$$(q_n)_1=\frac{E_1h_1^3(\gamma_1h_1+\gamma_2h_2+\cdots+\gamma_nh_n)}{E_1h_1^3+E_2h_2^3+\cdots+E_nh_n^3} \tag{4.3}$$

其中，γ_i、h_i、E_i 分别为第 i 层岩（煤）体的容重、厚度、弹性模量；$(q_n)_1$ 为第 n 层岩层对第 1 层岩层所作用的载荷。当计算上覆岩层总载荷，计算到 $(q_{n+1})_1<(q_n)_1$ 时，则从第 1 层到第 n 层岩层为一个组合，$(q_n)_1$ 为所有作用在第 1 层岩层上的载荷。通过下面的分析和计算可获得上覆岩层的岩层组合及关键层，并可获得关键层的载荷值。

首先，由于第 1 层岩层较弱，是厚度为 0.35m 的炭质泥岩，故可将该岩层视为伪顶。其次，随着回采工作面的推进，它在上覆岩层的自重作用下会随采随落，因此分析组合岩层时只分析其余的岩层。具体分析如下。

(1) 岩层组合Ⅰ：

$$(q_1)_1=\frac{E_1h_1^3}{E_1h_1^3}\gamma_1h_1=26.8\times2.43\text{kPa}=65.12\text{kPa}$$

$$(q_2)_1=\frac{E_1h_1^3(\gamma_1h_1+\gamma_2h_2)}{E_1h_1^3+E_2h_2^3}=\frac{32.62\times2.43^3\times(26.8\times2.43+26.5\times5.15)}{32.62\times2.43^3+43.02\times5.15^3}\text{kPa}=14.9\text{kPa}$$

因为 $(q_2)_1<(q_1)_1$，所以第 2 层岩层可视为岩层组合Ⅰ。

(2) 岩层组合Ⅱ：

$$(q_1)_1=\frac{E_1h_1^3}{E_1h_1^3}\gamma_1h_1=26.5\times5.15\text{kPa}=136.5\text{kPa}$$

$$(q_2)_1=\frac{E_1h_1^3(\gamma_1h_1+\gamma_2h_2)}{E_1h_1^3+E_2h_2^3}=\frac{43.02\times5.15^3\times(26.5\times5.15+13.7\times0.15)}{43.02\times5.15^3+3.31\times0.15^3}\text{kPa}=138.5\text{kPa}$$

$$\begin{aligned}(q_3)_1&=\frac{E_1h_1^3(\gamma_1h_1+\gamma_2h_2+\gamma_3h_3)}{E_1h_1^3+E_2h_2^3+E_3h_3^3}\\&=\frac{43.02\times5.15^3\times(26.5\times5.15+13.7\times0.15+4.96\times26.6)}{43.02\times5.15^3+3.31\times0.15^3+32.62\times4.96^3}\text{kPa}\\&=161.2\text{kPa}\end{aligned}$$

$$\begin{aligned}(q_4)_1&=\frac{E_1h_1^3(\gamma_1h_1+\gamma_2h_2+\gamma_3h_3+\gamma_4h_4)}{E_1h_1^3+E_2h_2^3+E_3h_3^3+E_4h_4^3}\\&=\frac{43.02\times5.15^3\times(26.5\times5.15+13.7\times0.15+4.96\times26.6+26.7\times11.95)}{43.02\times5.15^3+3.31\times0.15^3+32.62\times4.96^3+50.43\times11.95^3}\text{kPa}\\&=36.1\text{kPa}\end{aligned}$$

由于 $(q_4)_1<(q_3)_1$，所以第 3～第 5 层岩层即为岩层组合Ⅱ。

(3) 岩层组合Ⅲ：

$$(q_1)_1=\frac{E_1h_1^3}{E_1h_1^3}\gamma_1h_1=26.7\times11.95\text{kPa}=319.1\text{kPa}$$

$$(q_2)_1=\frac{E_1h_1^3(\gamma_1h_1+\gamma_2h_2)}{E_1h_1^3+E_2h_2^3}$$

$$=\frac{50.43\times 11.95^3\times(26.7\times 11.95+26.6\times 10.15)}{50.43\times 11.95^3+32.62\times 10.15^3}\text{kPa}$$

$$=421.9\text{kPa}$$

$$(q_3)_1=\frac{E_1h_1^3(\gamma_1h_1+\gamma_2h_2+\gamma_3h_3)}{E_1h_1^3+E_2h_2^3+E_3h_3^3}$$

$$=\frac{50.43\times 11.95^3\times(26.7\times 11.95+26.6\times 10.15+26.7\times 11.68)}{50.43\times 11.95^3+32.62\times 10.15^3+50.43\times 11.68^3}\text{kPa}$$

$$=386.6\text{kPa}$$

因为 $(q_3)_1<(q_2)_1$，所以第 6～第 7 层岩层可视为岩层组合Ⅲ。

(4) 岩层组合Ⅳ：

$$(q_1)_1=\frac{E_1h_1^3}{E_1h_1^3}\gamma_1h_1=26.7\times 11.68\text{kPa}=311.9\text{kPa}$$

$$(q_2)_1=\frac{E_1h_1^3(\gamma_1h_1+\gamma_2h_2)}{E_1h_1^3+E_2h_2^3}$$

$$=\frac{50.43\times 11.68^3\times(26.7\times 11.68+26.7\times 6.87)}{50.43\times 11.68^3+50.43\times 6.87^3}\text{kPa}$$

$$=411.5\text{kPa}$$

$$(q_3)_1=\frac{E_1h_1^3(\gamma_1h_1+\gamma_2h_2+\gamma_3h_3)}{E_1h_1^3+E_2h_2^3+E_3h_3^3}$$

$$=\frac{50.43\times 11.68^3\times(26.7\times 11.68+26.7\times 6.87+2.80\times 26.7)}{50.43\times 11.68^3+50.43\times 6.87^3+50.43\times 2.80^3}\text{kPa}$$

$$=468.3\text{kPa}$$

$$(q_4)_1=\frac{E_1h_1^3(\gamma_1h_1+\gamma_2h_2+\gamma_3h_3+\gamma_4h_4)}{E_1h_1^3+E_2h_2^3+E_3h_3^3+E_4h_4^3}$$

$$=\frac{50.43\times 11.68^3\times(26.7\times 11.68+26.7\times 6.87+26.7\times 2.80+26.8\times 15.01)}{50.43\times 11.68^3+50.43\times 6.87^3+50.43\times 2.80^3+36.31\times 15.01^3}\text{kPa}$$

$$=354.2\text{kPa}$$

由于 $(q_4)_1<(q_3)_1$，所以第 8～第 10 层岩层可视为岩层组合Ⅳ。

(5) 岩层组合Ⅴ：

$$(q_1)_1=\frac{E_1h_1^3}{E_1h_1^3}\gamma_1h_1=26.8\times 15.01\text{kPa}=402.3\text{kPa}$$

$$(q_2)_1=\frac{E_1h_1^3(\gamma_1h_1+\gamma_2h_2)}{E_1h_1^3+E_2h_2^3}$$

$$=\frac{36.31\times 15.01^3\times(26.8\times 15.01+26.8\times 13.17)}{36.31\times 15.01^3+36.31\times 13.17^3}\text{kPa}$$

$$=450.7\text{kPa}$$

$$(q_3)_1=\frac{E_1h_1^3(\gamma_1h_1+\gamma_2h_2+\gamma_3h_3)}{E_1h_1^3+E_2h_2^3+E_3h_3^3}$$

$$=\frac{36.31\times 15.01^3\times(26.8\times 15.01+26.8\times 13.17+26.6\times 21.91)}{36.31\times 15.01^3+36.31\times 13.17^3+32.62\times 21.91^3}\text{kPa}$$

$$=299.4\text{kPa}$$

由于 $(q_3)_1 < (q_2)_1$，所以第 11～第 12 层岩层可视为岩层组合Ⅴ。

(6) 岩层组合Ⅵ：

$$(q_1)_1 = \frac{E_1 h_1^3}{E_1 h_1^3}\gamma_1 h_1 = 26.6 \times 21.91\text{kPa} = 582.8\text{kPa}$$

$$\begin{aligned}(q_2)_1 &= \frac{E_1 h_1^3(\gamma_1 h_1 + \gamma_2 h_2)}{E_1 h_1^3 + E_2 h_2^3} \\ &= \frac{32.62 \times 21.91^3 \times (26.6 \times 21.91 + 26.7 \times 12.47)}{32.62 \times 21.91^3 + 50.43 \times 12.47^3}\text{kPa} \\ &= 721.6\text{kPa}\end{aligned}$$

$$\begin{aligned}(q_3)_1 &= \frac{E_1 h_1^3(\gamma_1 h_1 + \gamma_2 h_2 + \gamma_3 h_3)}{E_1 h_1^3 + E_2 h_2^3 + E_3 h_3^3} \\ &= \frac{32.62 \times 21.91^3 \times (26.6 \times 21.91 + 26.7 \times 12.47 + 18.47 \times 26.7)}{32.62 \times 21.91^3 + 50.43 \times 12.47^3 + 50.43 \times 18.47^3}\text{kPa} \\ &= 637.2\text{kPa}\end{aligned}$$

由于 $(q_3)_1 < (q_2)_1$，所以第 13～第 14 层岩层可视为岩层组合Ⅵ。

相邻岩层组合之间由于岩性等性质不同会产生变形不协调现象，因而产生的挠度也有所不同，所以在岩层组合之间通常会产生离层现象。基于分析组合岩梁的变形机制，获得离层产生的判定条件，得到发生离层的不等式为 $(q_{n+1})_1 < (q_n)_1$。并由此确定覆岩中产生动态层间采动离层裂隙的位置，分析结果如表 4.1 所示。

表 4.1　五阳矿 7605 工作面复合关键层分析结果

层号	层厚/m	岩石名称	组合岩层厚度/m	岩层组合（荷载值*）	关键层	分带情况
15	18.47	灰绿色石英长石砂岩				弯曲变形带
14	12.47	黄绿色中粒砂岩	34.38	岩层组合Ⅵ 712.4	关键层	微小断裂带
13	21.91	紫灰色桃花泥岩				
12	13.17	灰色砂质泥岩	28.18	岩层组合Ⅴ 450.7	关键层	一般断裂带
11	15.01	灰绿色砂质泥岩				
10	2.80	浅灰色细粒砂岩	21.35	岩层组合Ⅳ 468.3	关键层	严重断裂带
9	6.87	灰绿色中粒砂岩				
8	11.68	灰色中粒砂岩				
7	10.15	深灰色泥岩	22.10	岩层组合Ⅲ 421.9	关键层	
6	11.95	灰白色中粒石英砂岩				
5	4.96	灰黑色泥岩	10.26	岩层组合Ⅱ 161.2	关键层	垮落带
4	0.15	2＃煤				
3	5.15	细石英砂岩				
2	2.43	泥岩	2.43	岩层组合Ⅰ	直接顶	
1	0.35	炭质泥岩	0.35	65.12	伪顶	
0	6.10	3＃煤			开采层	

＊荷载值是指该岩层组合的关键层的荷载大小，单位为 kN/m²

根据前面对岩层组合和关键层的计算分析，第 2 层岩层可视为岩层组合Ⅰ，且由于其为泥岩，且厚度为 2.43m，故可判断其为直接顶。组合岩层Ⅰ（即第 2 岩层）在上覆岩层自重作用下发生垮落，取岩石的膨胀系数为 1.3，可计算得第 1～第 2 层垮落后剩余的空间高度为 5.26 m。考虑第 3～第 5 层岩层为 1 个岩层组合，其厚度为 10.26m，其中第 3 层岩层即为关键层，第 3～第 5 层岩层通常产生协调变形，其破断和垮落下沉是同步的，因此当组合岩层达到极限垮落步距时马上充填采空区，逐步形成规则垮落带，且由于采高较大，岩层较硬故可取膨胀系数为 1.50，故可计算得第 3～第 5 层垮落后剩余空间为 0.136m，基本上可充满采空区。因此，可确定第 1～第 5 层岩层为垮落带，总厚度约为 13.04m，为开采煤层厚度（6.1m）的 2.14 倍，处于 2～4 层。

由于岩层组合Ⅲ的厚度为 22.10m，关键层为 11.95m 的中粒砂石英岩，且此时其下部岩层已填充了大部分采空区，故岩层较坚硬，可大致判断其已进入裂隙带，其实际沉降值 S_A 可计算如下：

$$\begin{aligned} S_A &= h - \sum m_Z(K_A - 1) \\ &= \{6.1 - [(0.35 + 2.43)\times(1.30 - 1.0) + 10.26\times(1.5 - 1.0)]\}\,\text{m} \\ &= 0.136\text{m} \end{aligned} \tag{4.4}$$

根据《采煤规程》中硬岩层裂隙带高度的计算公式：

$$H_{裂} = \frac{100\sum h}{1.6\sum h + 3.6} + 5.6\text{m} = \left(\frac{100\times 6.1}{1.6\times 6.1 + 3.6} + 5.6\right)\text{m} = 51.3\text{m} \tag{4.5}$$

$$H_{裂} = 20\sqrt{\sum h} + 10\text{m} = (20\sqrt{6.1} + 10)\,\text{m} = 59.4\text{m} \tag{4.6}$$

综合考虑 7605 工作面煤层的直接顶板为泥岩，老顶多为中粒砂岩；顶板采用完全垮落方法管理，一次采全高，可按式（4.7）估算顶板裂隙带高度：

$$H_{裂} = \frac{100h}{3.3n + 3.8} + 5.1\text{m} = \left(\frac{100\times 6.1}{3.3\times 1 + 3.8} + 5.1\right)\text{m} = 91.0\text{m} \tag{4.7}$$

结合五阳矿地质条件及一些钻孔探测分析，这里的裂隙带高度取 91.0m，这与实际情况是较为吻合的。

运用组合岩梁及关键层理论，根据对岩层组合关键层的分析，结合离层发育状况及经验公式计算，并参照该矿区的地质柱状图，我们经过综合分析，对顶板岩层的“三带”及裂隙带的分带进行了较为细致的划分。3＃煤层顶板 5 层共计 13.04 m 厚的岩层，为冒落带；第 6～第 7 层为 22.10m 厚的岩层组合Ⅲ，第 8～第 10 层为 21.35m 厚的岩层组合Ⅳ，这两层穿层裂隙较宽且连通性好，透气性良好，为严重断裂带；第 11～第 12 层岩层所组成的 28.18m 厚的岩层组合Ⅴ，裂隙较发育，连通性和透气程度一般，为一般断裂带；第 13～第 14 层岩层所组成的 34.48m 厚的岩层组合Ⅵ，有微小裂缝且连通性较差，透气性微弱，为微小断裂带；裂隙带总高度为 95.73 m；15 层及其以上岩层为弯曲变形带。根据表 4.1 及上述分析，得到大采高工作面回采期间的周期性垮落步距，具体如表 4.2 和表 4.3 所示。

表 4.2　各测孔测得的垮落步距汇总　（m）

巷道	孔编号	1	2	3	4	5	6	7	8
运输巷	1#	10.0	11.0	10.0	11.4	11.1	8.4	—	—
	2#	12.5	9.7	10.0	12.2	14.8	10.9	11.2	11.8
	3#	11.0	11.9	12.8	9.5	9.8	—	—	—
	4#	9.0	10.3	11.3	11.1	13.9	13.6	—	—
	5#	9.0	10.3	11.3	10.1	10.4	11.8	—	—
材料巷	1#	13.8	10.7	9.5	10.2	6.3	10.3	9.7	11.7
	2#	13.8	8.2	12.0	10.2	9.7	—	—	—
	3#	11.0	10.5	12.5	9.2	9.9	—	—	—
	4#	12.5	12.0	10.7	11.3	11.1	—	—	—
	5#	13.8	10.7	8.3	13.6	13.9	14.8	—	—

表 4.3　周期性垮落步距分布区间

分布区间/m	(6.0，9.0)	[9.0，10.0)	[10.0，11.0)	[11.0，12.0)	[12.0，13.0)	[13.0，14.0)	[14.0，15.0)
垮落步距个数	4	10	15	15	7	7	2

由表 4.2 和表 4.3 可知：共测得了 60 个垮落步距值，其中最大垮落步距为 14.8m，最小为 6.3m，而分布于 9.0～14.0m 的有 54 个，占总数（60 个）的 90.0%，我们绘制了其分布图如图 4.16 和图 4.17 所示。因此，我们可以推测垮落步距长度大多数位于［9.0m，14.0m］，并且认为大采高综放工作面的周期性垮落步距具有正态分布特征。

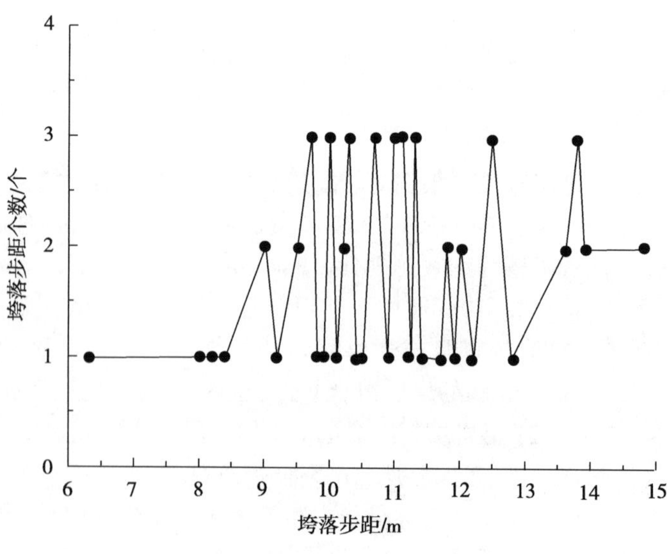

图 4.16　周期垮落步距分布图

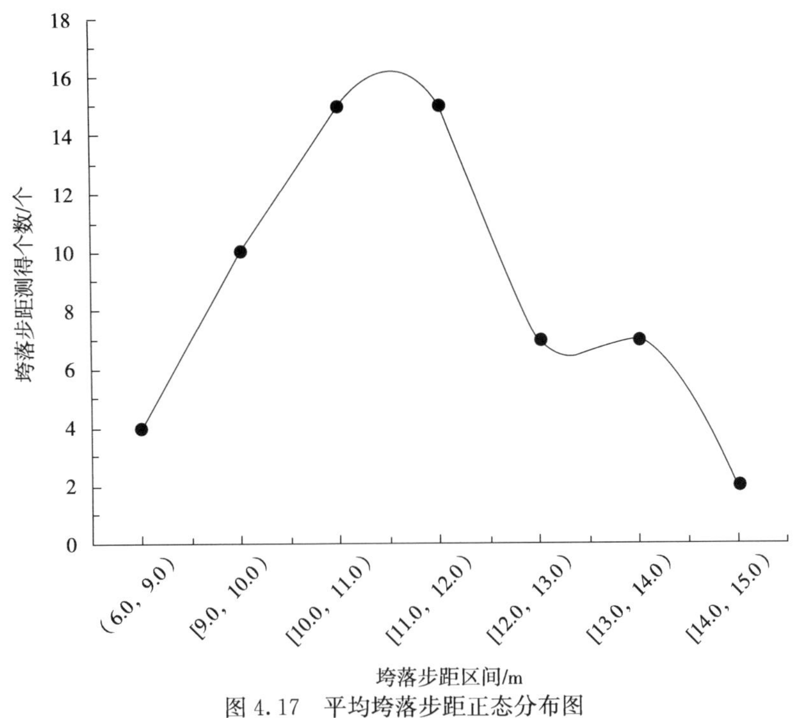

图 4.17　平均垮落步距正态分布图

4.5　地表沉陷观测及分析

王庄矿还缺少综放一次采全厚 6m 左右类似条件下的地表沉陷观测及“三带”高度实测资料，为了更好地实现王庄煤矿的安全高效开采，对王庄矿某综放工作面进行地表沉陷和“三带”高度现场观测。

4.5.1　地表沉陷观测站设置

为了对厚煤层综放开采条件下地表沉陷规律开展研究，在王庄矿某工作面设置了地表沉陷观测站，包括一条走向观测线和一条倾向观测线，测线总长约为 1650m，观测站共设观测点 60 个，取得了比较完整的综采放顶煤条件下的地表移动观测数据。工作面的开采情况见表 4.4。

表 4.4　地表移动观测站试验工作面基本情况

走向长/m	倾斜长/m	煤层厚度/m	煤层倾角/(°)	平均采深/m	推进速度/(m/d)
1880	180	6.5	4.5	316	7

4.5.2　地表沉陷特征

根据现场观测站实测资料，工作面开采后地表下沉值达到 2858～4815mm；地表倾斜值达到 28.1～53.1mm/m，地表下沉盆地较为陡峭。最大水平移动值达 1611mm，

最大正曲率达 0.72×10^{-3}/m，最大负曲率达 -1.38×10^{-3}/m，最大水平变形值达21.2 mm/m，最大水平压缩变形值达−26.8 mm/m。绘制该工作面倾向观测线和走向观测线的地表移动变形实测曲线如图 4.18 所示。

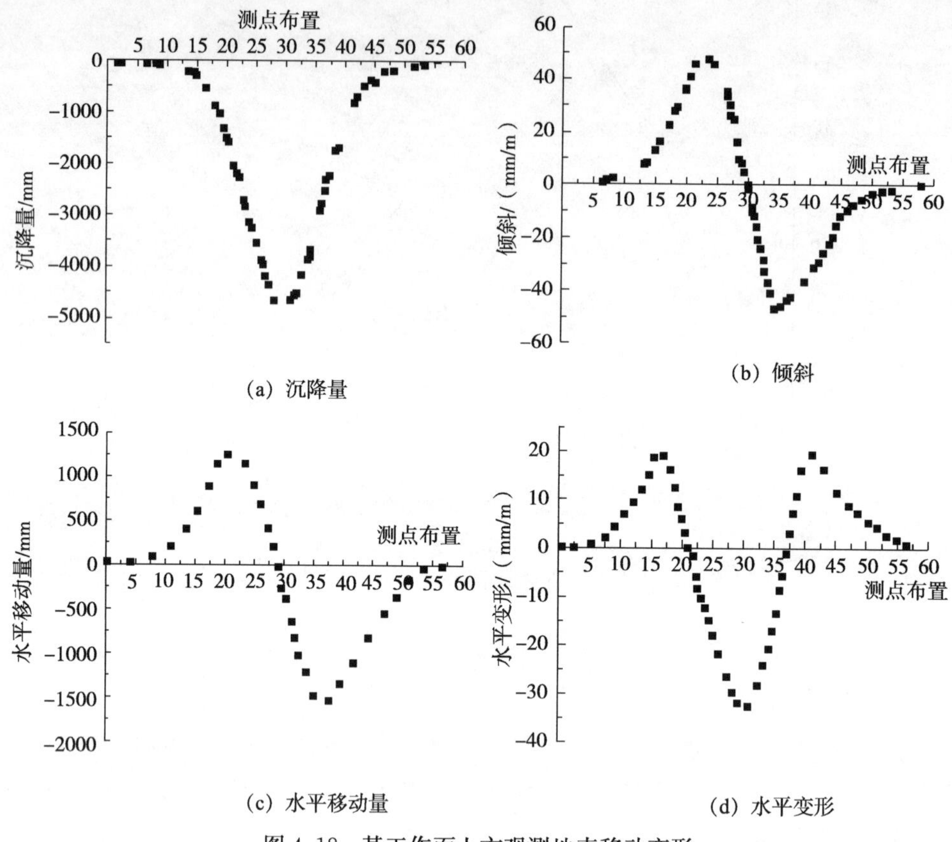

(a) 沉降量

(b) 倾斜

(c) 水平移动量

(d) 水平变形

图 4.18　某工作面上方观测地表移动变形

从图 4.18 可以看出，该工作面地表移动变形值可用我国常用的典型曲线法、负指数函数法和概率积分法等进行预测。与我国典型地表沉陷观测站峰峰矿区的实测下沉相比[26]，说明大采高综采放顶煤条件下的地表下沉盆地发育形态总体符合一般地表沉陷规律，但综放条件下的下沉典型曲线与一般开采条件下的下沉典型曲线稍有差别，具体表现在曲线中部稍平缓，整个曲线靠近煤柱一侧，并且综采放顶煤条件下地表的移动变形值相比一般开采要大，其中地表变形值远超过“三下”采煤规程中给出的建筑物产生Ⅳ破坏的地表变形值[27]。

分别求出该工作面综放条件下的岩层移动边界角、移动角、裂缝角、地表下沉系数、水平移动系数和概率积分预计方法的特定参数，并与几个典型矿区岩移参数比较，如表 4.5 所示。由表 4.5 可以看出，与一般开采条件相比，王庄综放开采的下沉系数为 0.84，而一般开采条件下的下沉系数为 0.55～0.84，平均值为 0.70，典型峰峰矿区的下沉系数为 0.78。王庄综放开采的主要影响角正切值约为 2.7，而一般采动条件下的主要影响角正切值为 1.92～2.40，平均值为 2.16，典型峰峰矿区的影响角正切值为 2.09。可见，综采放顶煤与一般开采相比，下沉系数和主要影响角正切都明显偏大。在综采放顶煤条件下岩层移动的走向边界角达63°，上下山边界角达63°～64°。根据规程[27]，在中硬覆岩条件下，走向方向、上山方向的边界角一般为55°～60°。可见，综采放顶煤与一般开采相比，岩层移动的边界角偏大，移动盆地陡峭，移动变形更为集中。

表4.5　几个典型矿区岩移参数比较

参数名称	王庄综放开采	峰峰一般采动[28]	全国一般采动[29]	五阳综放开采[29]
初采下沉系数 q	0.84	0.78	0.55～0.84	0.82～0.86
水平移动系数 b	0.31	0.25	0.2～0.3	0.28～0.33
主要影响角正切 $\tan\beta$	2.7	2.09	1.92～2.40	2.7～2.71
拐点偏移距 S/H	0.11	—	0.08～0.30	0.12～0.14
影响传播角系数 K	0.8	—	0.6～0.7	0.6～1.0
走向移动角 δ	69°	74°	—	72°～74°
下山移动角 β	68°	70°－0.6α	—	68°～69°
上山移动角 γ	70°	63°＋α	—	71°～74°
走向边界角 δ_0	63°	58°	55°～60°	66°～67°
下山边界角 β_0	64°	58°－0.3α	55°～60°	62°～64°
上山边界角 γ_0	63°	58°	55°～60°	63°～67°

注：α 为煤层倾角

4.5.3　覆岩破坏规律研究

为了探测厚煤层综放开采采空区的“三带”高度，在采空区上方打钻孔观测，三个观测孔 k_1、k_2、k_3 孔口标高均约为927m，距离开切眼相应距离分别为445m、484m、540m，钻孔处相应煤层底板标高分别为＋624.2m、＋622.8m、＋624.2m，相应位置煤层顶板采深为295.9 m、297.3m、295.9m，钻孔位置如图4.19所示。k_1 钻孔因为套管变形，孔深未钻到位，该钻孔观测表明：煤层有效采厚为5.9m，导水裂缝带高度为114.67m，裂高采厚比为19.44；未探测到冒落带。k_2 钻孔观测表明，煤层有效采厚为5.2m，导水裂缝带高度为102.27m，裂高采厚比为19.67；冒落带高度为19.35m，冒高采厚比为3.72。k_3 钻孔观测表明，煤层有效采厚为5.7m，导水裂缝带高度为114.87m，裂高采厚比为20.15；冒落带高度为35.70m，冒高采厚比为6.26。基于钻孔观测数据我们绘制了工作面“三带”高度发育形态示意图，如图4.19所示。从图4.19可以看出，当工作面推过钻孔距离较大时，采空区犹如简支梁，中部岩层承受的弯矩最大，因此中间的岩层最容易冒落，并且工作面中间冒落岩层随后会逐渐被压实，冒高偏小，计算中间冒高采厚比约为3.72；而边界冒落岩层由于承受的弯矩最小，并且由于煤壁的支撑作用不容易压实，其冒高偏大，中间冒高采厚比为6.26。与我国煤矿一般开采条件下的冒高采厚比一般为2～3相比，大采高综放开采的矿山压力更明显，冒高采厚比明显偏大。而裂隙带发育与冒落带相比也有相似的规律，即中间低两边高，类似于“马鞍形”，与国内在水体下采煤“两带”观测中所取得的导水裂缝带发育的最大高度与煤层初次一次采厚成正比的规律相似[30]。

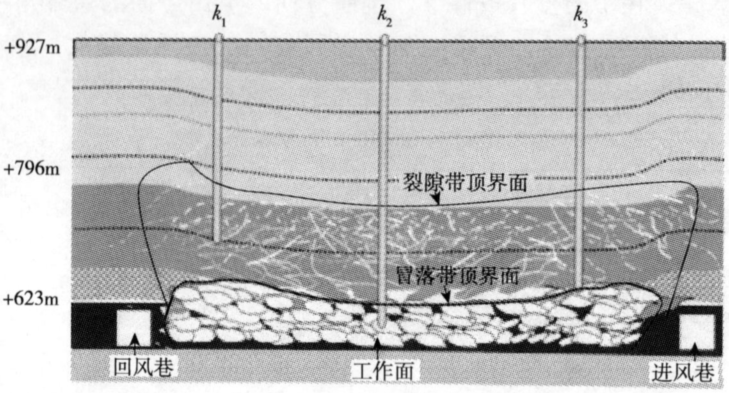

图 4.19　工作面冒落带和裂隙带发育形态示意图

三个观察孔 k_1、k_2 和 k_3 所处煤层的厚度分别为 5.9m、5.2m 和 5.7m，而所观测的导水裂缝带高度分别为 114.67m、102.27m 和 114.87m。其所观测到的裂高采厚比大致在 19.44～20.15，由于这三个孔之间相互隔了 40m 或 60m，因此我们可以认为裂高采厚比大致相同，且导水裂缝带高度和煤层初次采厚几乎呈正比关系，比例系数约为 20。考虑到三个孔的间距及煤层厚度变化，再结合现场采空区的观测情况，我们认为该比例系数是统计有效的，因此可近似采用下列经验公式来判断王庄煤矿裂隙带的高度：

$$H_{裂}=20H_{煤}$$

地表沉陷观察表明，随着厚煤层的逐渐回采，地表局部地方逐渐产生地表裂缝，这是地下采动引起地表产生不均匀沉降和水平变形所致，也是不可避免的。但是否会出现裂缝及裂缝的发育形态如何，主要取决于该区域岩层和表土层的性质。现场观察表面地表裂缝通常有两种：一种是随着工作面不断向前推进，在工作面前方动态拉伸区不断出现的动态条形裂缝；另一种是在采区边界附近下沉盆地边缘发生的位置比较固定的裂缝，如图 4.20 所示。对于王庄大采高综采放顶煤工作面，在推进过程中位于工作面前方的地表每隔 5～9m 就出现一条和工作面回采线大致平行的弧状条形裂缝，裂缝宽度一般为 10～40mm。裂缝从开裂到发育成熟一般需 20 天左右，之后再经过 60 天左右裂缝闭合消失或残留裂口、裂痕，在塌陷台阶处，台阶不能完全消失。在工作面开采边界的外侧，出现宽度大于 100mm 的永久性地表裂缝，其中在下山方向较为发育，出现了明显的裂缝带。这些裂缝一般不会自然消失，大多数裂缝伴随有台阶落差。可以看出，大采高综采放顶煤开采与一般开采相比，地表沉陷变形值更大，地表的裂缝与破坏比较严重[30]。

大采高综放工作面开采的裂隙带和冒落带形态与一般开采具有相似规律，呈“马鞍形”，但大采高综放开采的矿山压力更明显，冒高采厚比和裂高采厚比明显偏大，王庄矿冒高采厚比为 3.72～6.26，裂高采厚比为 19.44～20.15，可用 $H_{裂}=20H_{煤}$ 来近似预测王庄矿大采高综放工作面裂隙带的发育高度。

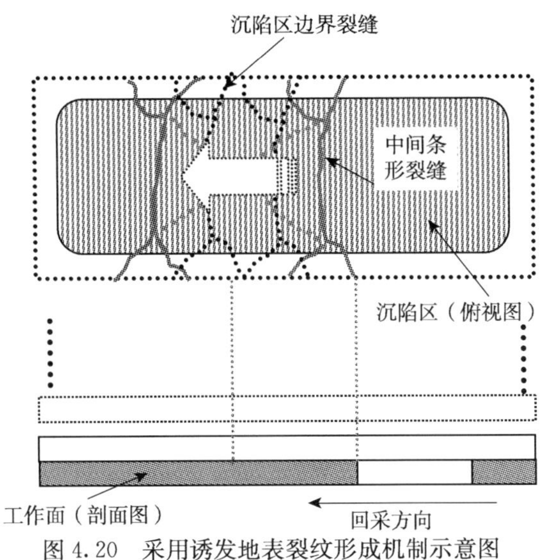

图 4.20　采用诱发地表裂纹形成机制示意图

4.6　覆岩移动的几何学理论分析

4.6.1　大采高开采对地表下沉影响

当大采高工作面附近不存在大的构造和断层时，覆岩移动及地表下沉可以通过近似的几何理论积分求解获得[31]。为求出因工作面 S 的回采而在地表 A 处所引起的下沉，我们建立了坐标系 x，y，z，其中（x，y）面位于煤层顶板，z 轴竖直向上并通过地表点（图 4.21）。将回采工作面 S 划分为 n 个子区域 $\Delta S_i(i=1，2，\cdots，n)$。Knothe 假设因单元 ΔS_i 的开采而在 A 点产生的下沉 ΔW_i 可表示为[31]

$$\Delta W_i = |\Delta S_i| g(x_i,\ y_i) \tag{4.8}$$

其中，ΔS_i 为区域 ΔW_i 的表面积，点（x，y）$\in \Delta S_i$；函数 $g(x, y)$ 为定义在平面（x，y）上任意点的某个函数。

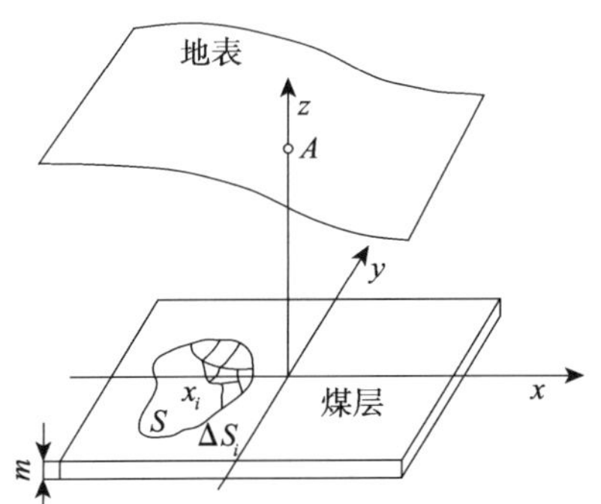

图 4.21　单元 ΔS_i 的开采对地表点 A 的影响

由于各子区域产生的影响，利用叠加原理，则整个回采工作面 S 所产生的下沉可写为

$$w_k = \sum_{i=1}^{n} |\Delta S_i| g(x_i, y_i) \tag{4.9}$$

令子区域数 n 趋于无穷大，则有 $|\Delta S_i| \rightarrow 0$，我们可得 A 点的下沉：

$$w_k = -\iint_S g(x, y) \mathrm{d}x \mathrm{d}y \tag{4.10}$$

由于在给定坐标系中，z 轴的方向竖直向上，故下沉为负值，式（4.10）中加负号。

从理论上讲，如果整个煤层的开采面积无限大，且经历足够长的时间，则 A 点的下沉将达到最大值 $w_{\max}$，则最大下沉为

$$w_{\max} = \int_{-\infty}^{\infty}\int_{-\infty}^{\infty} g(x, y) \mathrm{d}x \mathrm{d}y = \tilde{\eta} m \tag{4.11}$$

其中，m 为煤层厚度；$\tilde{\eta}$ 为下沉系数。从该方程可以看出，最大下沉值与开采煤层的厚度成正比，并与煤矿开采方法有关。其中，系数 $\tilde{\eta}$（其值小于 1）取决于处理采空区的方法（如顶板垮落、充填法），采用顶板垮落法时，$\tilde{\eta}=0.7 \sim 0.8$；采用水力充填法时，$\tilde{\eta}=0.1 \sim 0.5$；采用风力充填法时，$\tilde{\eta}=0.3 \sim 0.35$；采用机械固体充填法时，$\tilde{\eta}=0.05 \sim 0.2$。

如果下沉是连续的，采场所处的深度对最大下沉值的大小不产生影响。在式（4.10）和式（4.11）中，被积函数中的函数 $g(x, y)$ 表示单位采场对 A 点下沉的影响，因此称之为影响函数或影响表面。

式（4.10）和式（4.11）中定义影响表面的二变量函数 $g(x, y)$，使我们能够确定地表下沉的最终形状。为说明如何将积分［式（4.10）］（确定某一孤立点的最终下沉）转换为描述整个下沉剖面的积分，我们在地表建立坐标系 (s, t')，其原点位于A 点。

如果 $g(x, y)$ 为对应于点 A（位于坐标点 $s=0$，$t=0$）的影响表面，则影响表面 $g|(x-s), (y-t')|$ 对应于任意点 $B(s, t)$。B 点的下沉为

$$w_k = (s, t') = -\iint_g g\{(x-s), (y-t')\} \mathrm{d}x \mathrm{d}y \tag{4.12}$$

该积分确定了因开采面积为 S 的部分煤层而在地表形成下沉的最终剖面。该剖面与沿 z 轴方向的位移分量的分布重合。

4.6.2 地表下沉随时间的变化

Knothe 于 1953 年对描述充分下沉盆地最终形状的方程进行了推广，使之包含盆地形状随时间不断变化的情形[31]。根据他导出的公式，我们能够求出开采不断推进时给定点下沉值的大小，并能够研究变形随时间的发展与工作面推进速度之间的关系。根据 Knothe 的假设，岩体内某点的下沉速度与该点的最终可能下沉值 w_r 和瞬时下沉值之差成比例，即

$$\frac{\mathrm{d}w}{\mathrm{d}t} = c(w_t - w) \tag{4.13}$$

其中，c 为比例系数，表征上覆岩层的特性。

如果我们考虑理论情形，也就是说，将部分煤层在 $t=0$ 时刻突然全部采出，则式（4.13）应在初始条件 $w(0)=0$ 下求解，其解为

$$w = w_k(1 - \mathrm{e}^{-it}) \tag{4.14}$$

当开采结束，或工作面已推进到距目标点充分远处（也就是说，工作面与该点的距离大于主要影响半径）之后。岩体内一点的下沉随时间变化由式（4.14）计算。将其与现场实测值进行对比表明，二者相当吻合。然而，式（4.14）不能用来计算工作面附近主要影响区内一点下沉随时间的变化。此时，由于最终下沉 w_k 也在随时间不断变化，并取决于采场当前尺寸及目标点相对于工作面的位置，因此该指数函数不适用于这种情形，最终下沉随时间的变化可用下面的方法补偿。

令无限长工作面以速度 v 沿水平煤层推进，开采开始于 $x=0$ 点、$t=0$ 时刻。与点 A（坐标为 $s=0$）对应的影响曲线记为 $f(x)$。在时间 t 之后，工作面推进至 $x=vt$ 处。因工作面从 0 推进至 x，而在点 B（s）形成的最终下沉为

$$w_k = \int_0^t f(\lambda - s)\mathrm{d}\lambda \tag{4.15}$$

或者，将积分变量变为 $\xi = \lambda/v$，有

$$w_k = \int_0 vf(v\xi - s)\mathrm{d}\xi = \int_0 vf(v\xi - s)\mathrm{d}\xi \tag{4.16}$$

将式（4.16）代入微分式（4.13）中，在初始条件 $w(0)=0$ 下积分得

$$w(t,\ s) = \int_0^t vf(v\xi - s)\mathrm{d}\xi - \mathrm{e}^{-vt}\int_0^t \mathrm{e}^{v\xi} f(v\xi - s)\mathrm{d}\xi \tag{4.17}$$

推进过程中工作面的影响曲线如图 4.22 所示。如果我们用高斯曲线替代影响曲线，下沉随时间的变化将由非基本积分表达。若用三角形代替影响曲线，我们可以将之记为更简单的形式，尽管精度较低。该三角形各边的表达式为

$$f(x - s) = \begin{cases} \dfrac{w_{\max}}{r^2}(r + x + s), & s - r \leqslant x \leqslant s \\ \dfrac{w_{\max}}{r^2}(r - x + s), & s \leqslant x \leqslant s + r \end{cases} \tag{4.18}$$

相对于工作面各个连续位置（由坐标 $x=vt$ 确定），地表各点（由坐标 s 描述）的最终下沉为

$$\begin{cases} w_k = 0, & x \leqslant s - r \\ w_k = \dfrac{w_{\max}}{2r^2}\left[(r - s) + vt\right]^2, & s - r \leqslant x \leqslant s \\ w_k = -\dfrac{w_{\max}}{2r^2}\left[(r + s) - vt\right]^2, & s \leqslant x \leqslant s + r \\ w_k = w_{\max}, & x \geqslant s + r \end{cases} \tag{4.19}$$

同样，将式（4.18）代入式（4.17），然后积分，得瞬时下沉的分布：

对 $\dfrac{s-r}{v} \leqslant t \leqslant \dfrac{s}{v}$，有

$$w(s,\ t) = \frac{w_{\max}}{r^2}v^2\left\{-\frac{1}{\mathrm{e}^2}\mathrm{e}^{-rt+(r-s)/ti} + \frac{1}{2}\left[\left(t + \frac{r-s}{v}\right)^2 + \frac{2(t + r - s/v)}{\mathrm{e}} + \frac{2}{\mathrm{e}^2}\right]\right\} \tag{4.20}$$

对 $\frac{s}{v} \leqslant t \leqslant \frac{s+r}{v}$，有

$$w(s,t)=\frac{w_{\max}}{r^2}v^2\left\{\frac{1}{e^2}(2e^{vt/2}-1)e^{-rt+(r-s)/ti}-\frac{1}{2}\left[\left(t+\frac{r-s}{v}\right)^2-\frac{2(t+r-s/v)}{e}+\frac{2}{e^2}\right]\right.$$
$$\left.-\frac{2r}{e}\left(t+\frac{r-s}{v}-\frac{1}{e}\right)-\frac{r^2}{e^2}\right\} \tag{4.21}$$

对 $t \geqslant \frac{r+s}{v}$，有

$$w(s,t)=w_{\max}\left[-\frac{v^2}{e^2r^2}\left(2e-\frac{e^2r}{v}-1\right)e^{-}+1\right] \tag{4.22}$$

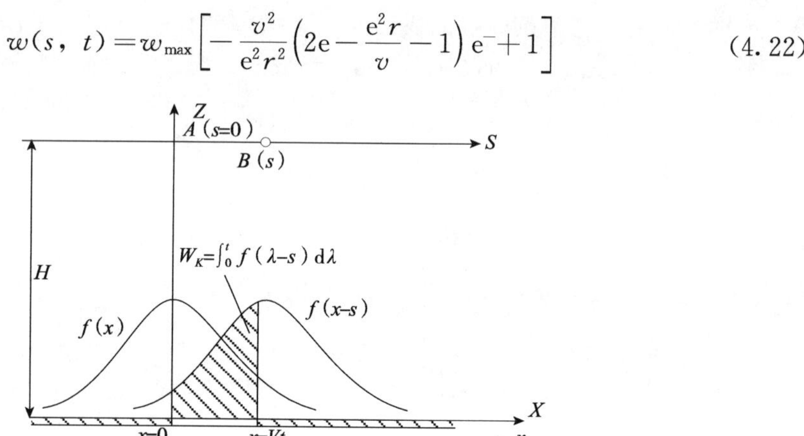

图 4.22　推进过程中工作面的影响曲线

根据上述方程，我们可以计算下沉盆地的各个参数，尤其是最大倾斜和最大曲率，然而，利用三角形影响曲线所得结果与由高斯曲线所得结果差别相当大。例如，如果工作面推进速度接近零，对于充分下沉盆地，由三角形影响曲线计算的最大曲率比由高斯曲线计算的最大曲率小 1.52 倍。

显然，瞬时下沉和瞬时曲率的大小取决于工作面的推进速度及上覆岩层的蠕变系数。如果 $\varepsilon=0.5/a$，$r=200\text{m}$，$v=300\text{m}/a$，此时最大曲率比工作面停止推进条件下充分下沉盆地的曲率小 3.5 倍，但对于 $v=600\text{m}/a$，最大曲率则要小 6.5 倍[31]。因此，在干燥岩石中，我们可以通过提高工作面推进速度来降低地表下沉盆地变形的大小。如果岩体中饱含水，则不存在这一有利影响，因为岩体的蠕变速度提高，以及岩体中部分液体的流失将造成下沉增加。对比干、湿岩体中下沉盆地的曲率可以看出，在湿岩体内，工作面推进速度的提高有时甚至会增加地表的变形。

让我们回到充分下沉盆地剖面方程。在式（4.12）中令 $x=0$，我们得到下沉盆地拐点（位于采空区边界上方）的位移。该处位移的大小等于最大下沉的一半。这一结果并未被现场实测证实。现场实测表明，下沉盆地的拐点向采空区方向偏移一定距离[31]。如果下沉剖面未曾随时间变化，其拐点也相对于平面 $x=0$ 偏移一定距离。Henryk[31] 进行的现场实测表明，当采空区宽度超过主要影响半径时，时间-下沉曲线与高斯曲线重合。主要影响半径 r_2 大于静态充分下沉盆地半径，拐点偏移量 d 为常数，位于采空

区上方。这意味着，当工作面以匀速推进时，一个外形稳定的下沉盆地将以同样的速度在地表移动。然而，对不充分下沉盆地并不是这样的，因为其形状将在工作面停止后改变。

由式（4.16），令其积分下限为 $-\infty$，并在形式上将积分变量 s 变为 x，可求出这一外形稳定下沉盆地的剖面方程。设下沉盆地的偏移量为 d，我们得

$$w(x,\ t)=v\int_{-\infty}^{t} f(v\xi-d-\lambda)\mathrm{d}\xi \tag{4.23}$$

由于稳定下沉盆地剖面形状与高斯积分曲线具有相似性，Henryk[31]将影响曲线写成以下形式：

$$f(v\xi-d-x)=\frac{w_{\max}}{r_2}\mathrm{e}^{-\pi(v\xi-d-x)^2/r_2^2} \tag{4.24}$$

这正是 Knothe 给出的影响曲线，只是做了修正以包含偏移量 d。增加的影响半径为

$$r_2=\frac{r}{c_o} \tag{4.25}$$

由 Henryk 的研究[31]，我们得

$$d=r_2-r=\frac{r}{c_o}(1-c_o) \tag{4.26}$$

其中，系数 c_o 由现场实测得出，其值小于 1。

将以上各值代入式（4.24），然后将结果代入式（4.26），我们得到外形稳定的下沉盆地的剖面方程：

$$w(x,\ t)=\frac{w_{\max}vc_o}{r}\int_{-x}^{l}\exp\left[-\frac{\pi[c_ov\xi-r(1-c_o)-c_ox]}{r^2}\right]\mathrm{d}\xi \tag{4.27}$$

在文献中，这一盆地的形成为一典型的运动学过程，所以“动态”一词并不能恰当地描述实际的物理现象。这就是本书将这一与速率有关的剖面称为“稳定”的原因。如果 x 为常量，则积分式（4.27）确定了盆地表面一点的时间-下沉曲线。

将剖面［式（4.27）］与流变岩体内形成的外形稳定的下沉盆地进行对比是很有意义的。将 $x=x'+vt$ 代入式（4.23），并对 $t\to\infty$ 取极限，我们得函数：

$$u_z(x,\ z,\ v)=-\frac{w_o}{\pi}\left\{\frac{\pi}{2}-\arctan\frac{x'}{z}-\mathrm{Re}\left[\left(\frac{1}{2(1-v)}\frac{\beta}{v}z-i\right)\mathrm{e}^{-\beta(x'-vt)/v}\times E_1\left(\frac{\beta}{v}(x'-iz)\right)\right]\right\} \tag{4.28}$$

其中，$x=x'-vt$ 为运动坐标系的坐标。上述函数描述了变化停止后岩体中下沉盆地的剖面形态。它满足的边界条件与积分式（4.27）的边界条件相同。对于 $z=H$，考虑到它与长壁面推进速度和岩体的蠕变特征有关，因此该函数也能描述地表下沉，在应用式（4.27）时我们需要知道系数 c，在开采速度一定时该系数为常量，还需知道系数 β。如前所述，c 与 β 的值相等，可通过盆地表面一点的时间-下沉曲线求出。拐点距 d 取决于主要影响参数的散度，参数 β 和代表岩体可压缩性的泊松比 ν 包含在式（4.27）中。

式（4.27）和式（4.28）使我们能够确定下沉盆地的特征参数，如其倾斜和曲率。利用式（4.27）有

$$T_v = \frac{\mathrm{d}w}{\mathrm{d}x} = -\frac{w_{\max} c_o}{r} \exp\left\{-\frac{\pi\left[c_o vt - (1-c_o)r - c_o x\right]^2}{r^2}\right\} \tag{4.29}$$

$$K_v = \frac{\mathrm{d}^2 w}{\mathrm{d}x^2} = -\frac{2\pi w_{\max} c_o^2}{r^3}\left[c_o vt - (1-c_o)r - c_o x\right] \times \exp\left\{-\frac{\pi\left[c_o vt - (1-c_o)r - c_o x\right]^2}{r^2}\right\} \tag{4.30}$$

由式（4.28)，得

$$T_v = \frac{\partial u_z}{\partial x} = \frac{w_o}{\pi}\left\{-\frac{\beta}{v} \frac{x'}{2(1-v)x'^2 + z^2} + \frac{\beta}{v}\mathrm{Re}\left[\left(\frac{1}{2(1-v)}\frac{\beta}{v}z - i\right)\mathrm{e}^{\beta(x'-iz)/r} E_1\left(\frac{\beta}{v}(x'-iz)\right)\right]\right\} \tag{4.31}$$

$$\varepsilon = 0.5/a$$

$$K_t = \frac{\partial^2 u_z}{\partial x^2} = \frac{w_o}{\pi}\left\{\frac{\beta}{v}\frac{z}{x'^2+z^2} - \frac{\beta^2}{2v^2(1-v)} - \frac{x'z}{x'^2+z^2} - \frac{\beta}{2v(1-v)} \times \frac{z(z^2-x'^2)}{(x'^2+z^2)^2} + \frac{\beta^2}{v^2}\mathrm{Re}\left[\left(\frac{1}{2(1-v)}\frac{\beta}{v}z - i\right)\mathrm{e}^{\beta(x'-iz)/v} E_1\left(\frac{\beta}{v}(x'-iz)\right)\right]\right\} \tag{4.32}$$

倾斜和曲率符号中的下标 v 表示这些值与长壁面推进速度有关。如果推进速度特别大，它们趋于零，这就意味着工作面推进速度越大，下沉盆地的变形越小。对于干燥、不易发生岩爆且埋深足够大（$H>150\mathrm{m}$）的岩体，这一结论是正确的。当比较式（4.31）和式（4.32）所得的结果与式（4.31）和式（4.32）所得的结果时，我们应记着 $w_{\max} = -w_o = -\bar{\eta} m$，$z = H$，且变量 x' 与 x 的关系为 $x = x' - vt$ 。图 4.23 是式（4.27)所得的下沉曲线与现场实测的剖面线之间的比较[31]。

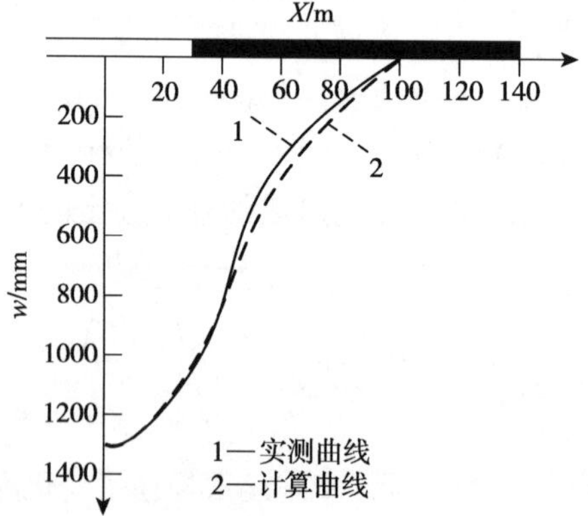

图 4.23 计算的下沉曲线与浅部工作面（H=70m）实测下沉曲线的对比

4.7 覆岩移动的数值分析

很多情况下，大采高综放工作面开采的煤层附近存在大量的断层和构造等，这时很难获得覆岩移动的理论解，通过数值模拟的方法是一种较为常见的方法。本节我们对王庄矿某工作面进行数值模拟分析，该工作面附近分布有四条断层，具有一定的代表性。

4.7.1　地质数值模型

王庄矿某工作面走向长为 1880m，平均埋深约为 316m，我们选取具有代表性的局部区域做模拟，根据地质资料将实际开采情况简化为沿巷道走向的二维平面应变块体模型，模型尺寸长为 1000m，高为 200m。模型底部和侧面采用固定约束。为模拟上覆岩层的自重作用，模型顶面 116m 岩层及表土层可近似为均布载荷作用，上覆岩层的近似平均容重取 $\rho=2.6\times10^3\mathrm{kg/m^3}$，即

$$\sigma=\rho gH=2.6\times10^3\times10\times116\ \mathrm{Pa}=3.02\mathrm{MPa}$$

其中，H 为模型顶面距地表的深度，单位为 m。所取典型岩层见综合柱状图。典型岩层的力学参数如表 4.6 所示。

表 4.6　典型岩层力学参数

岩层	容重/(g/cm³)	弹性模量/GPa	泊松比	内摩擦角/(°)	黏聚力/MPa
表土层	1.8	28	0.298	20	2
泥岩	2.65	32.62	0.297	36	4
中粒砂岩	2.65	79.52	0.298	36	11
3＃煤	1.44	2.80	0.463	31.8	2.09

为了模拟采动影响下上覆岩层的移动破坏及地表沉陷规律，本节选取了一个有特点的区域作为计算模型，包含四条断层，如图 4.24 和表 4.7 所示。

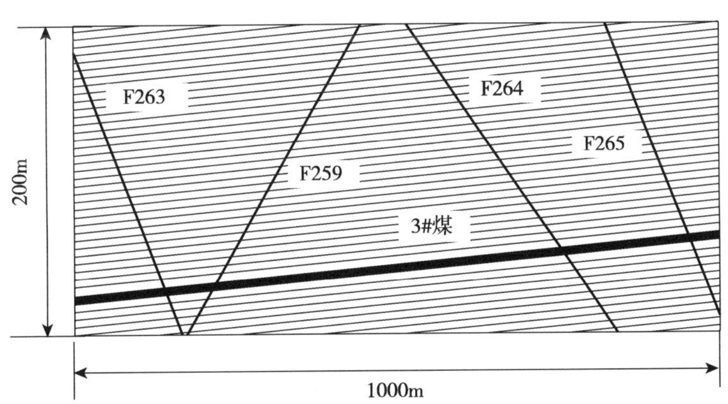

图 4.24　沿开采走向数值模拟示意图

表 4.7　工作面断层情况表

构造	走向/(°)	倾向/(°)	倾角/(°)	性质	落差/m	对回采影响
F263	48	138	70	正	0.7	有影响
F264	130	220	60	正	0.5	有影响

续表

构造	走向/(°)	倾向/(°)	倾角/(°)	性质	落差/m	对回采影响
F265	90	180	60	逆	0.6	有影响
F259	303	33	70	正	5.5	重开切眼

4.7.2 开采沉陷数值模拟分析与研究

根据现场工作面综放进度制订模拟方案，通过 DDA 获得大采高综放开采过程中上覆岩层的应力分布和变形移动规律，如图 4.25 和图 4.26[30] 所示。

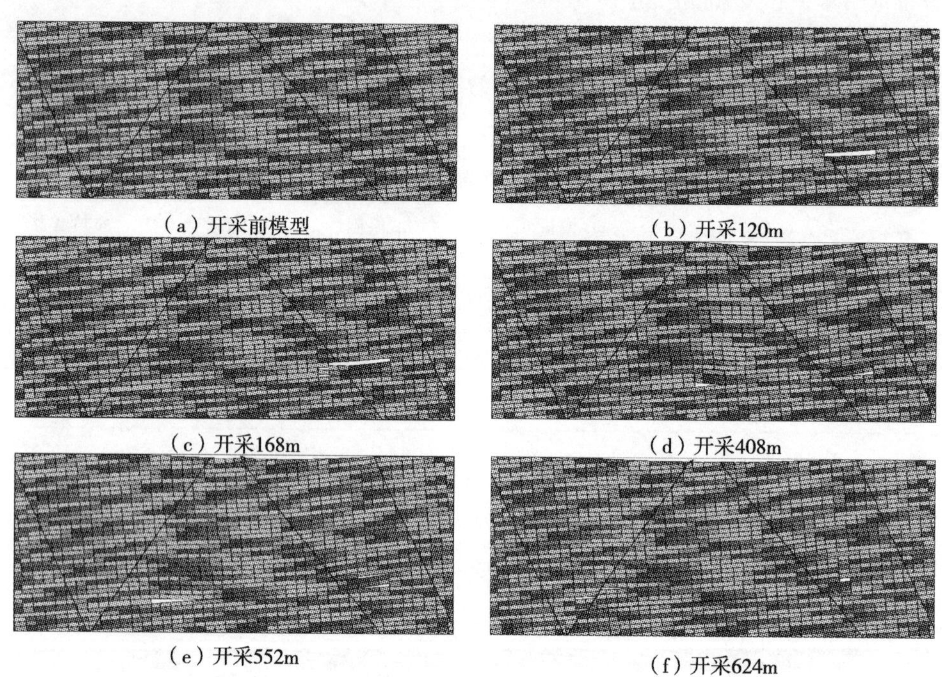

(a) 开采前模型　(b) 开采120m　(c) 开采168m　(d) 开采408m　(e) 开采552m　(f) 开采624m

图 4.25　开采过程中上覆岩层移动及地表沉陷规律

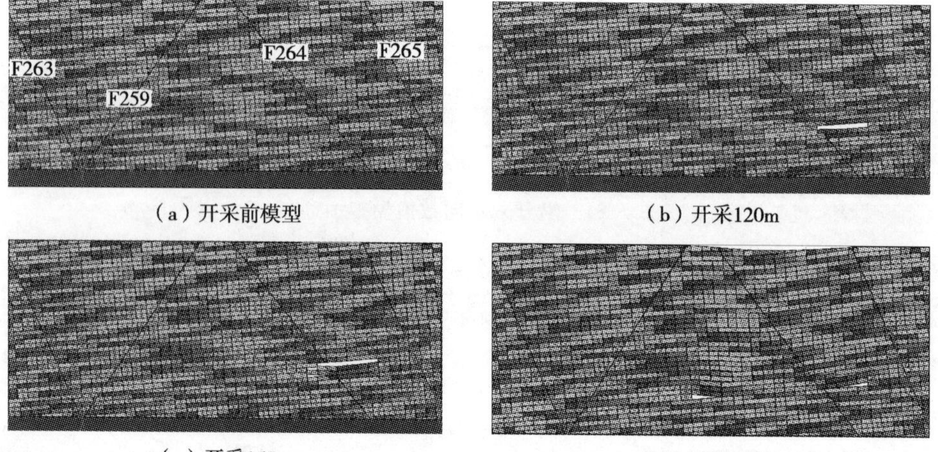

(a) 开采前模型　(b) 开采120m　(c) 开采168m　(d) 开采408m

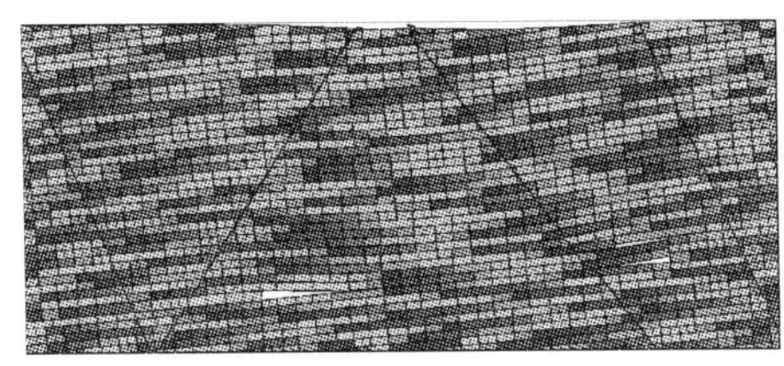
(e) 开采552m

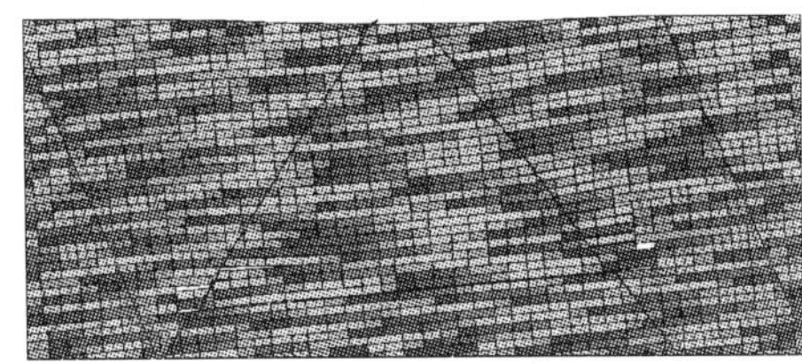
(f) 开采624m

图 4.26　开采过程中工作面上覆岩层的应力图

初始地质模型主要受到 3.02MPa 应力及各岩层自重影响，由于岩层平均倾角大约为 4.5°，因此模型内应力场仍然以垂直和水平应力为主，分布较均匀；但在断层处，主应力方向稍微发生变化，并在其附近形成应力集中区，如图 4.25（a）和图 4.26（a）所示。

当工作面回采 120m 时，由于采空区的出现，采空区上覆岩层将卸压，回采煤层先前承受的载荷转移到采空区上覆岩层及未回采的前后煤壁，直接顶起到“关键层”的作用，如同载荷作用在直接顶这个“简支梁”上。此时应力场为一较小的半椭圆形应力场，类似于“松动圈”。值得注意的是，在开采前方断层附近出现较大的应力集中区。由于此时采空区范围较小，在采空区厚度 1～2 倍处有垮落或离层现象，但沉陷并没有波及地表，如图 4.25（b）和图 4.26（b）所示。

当回采穿过断层 F264，达到 168m 时，计算显示断层附近积聚的集中应力有部分得到释放，并且断层附近局部区域垮落明显。上覆岩层已开始垮落，并出现离层现象，如图 4.25（c）所示。由于此时开采刚过断层，此时断层 F264 附近积聚的应力会转移，在前方断层出现更大的应力集中。由于受断层影响，采空区附近岩层强度不高，造成工作面前方易出现应力软化区。半椭圆形应力场在水平和垂直方向随着回采的推进也均匀扩展，而离层现象主要受垂直方向应力的影响，但由于刚过断层不远，离层范围并不大，大致为采厚的 2～3 倍。由于采空区加大，且受断层影响，地表开始发生局部沉陷，局部沉陷主要发生在断层 F265 的下盘露头处，如图 4.25（c）所示。

当工作面向前推进到 408m 时，回采通过断层 F264，断层附近大量积聚的能量在这个阶段会突然释放，由此引发岩层剧烈垮落，甚至造成冲击地压。在模拟中发现，在回采通过断层后，由于该区域的岩石强度低，造成大量岩层突然冒落，这些冒落岩层对底板造成很大的冲击反弹现象，冲击波对前方回采的岩石产生反复拉伸和压缩作用。因此在这一阶段，应提前防范，提高液压支架初撑力，加大支护强度，以免冲击地压发生。在上覆岩层垮落的过程中，停止作业，避免冲击作用下开采前面压缩的岩石突然反弹。此时，由于采空区上方大量岩石已冒落，大部分区域已卸压，半椭圆形的应力场也在扩大。采空区卸载的压力逐渐转移到前方的断层 F263 和断层 F259。但是在断层 F263 和断层 F259 的交叉处，应力集中现象明显加大，如图 4.25（d）和图 4.26（d）所示。此时采空区面积加大，导致地表沉陷较严重，此时地表沉陷主要发生在断层 F264 和断层 F265 露头的中间，且沉陷区呈类似抛物线的形状分布。

当工作面回采到 552m 时，迎头工作面应力集中现象很明显，这是前方断层 F259

所致，由于断层 F259 与断层 F263 很近，所以两断层交汇处应力集中明显。因此，在靠近断层时，需要提高液压支撑压力，防止发生冲击地压。由于此时采空区很大，并且主要采空区位于断层 F259 和断层 F264 之间，且呈八字排布，导致采空区塌陷区域较大。但传播到地表时，由于断层 F264 的影响，在地表沉陷处并不是规则的抛物线，如果以断层 F264 来区分，可近似认为在断层 F259 与断层 F264、断层 F264 与断层 F265 之间的上部，分别呈抛物线分布。两抛物线叠加后，在断层 F264 上方，反而有局部区域隆起，如图 4.25（e）和图 4.26（e）所示。

当工作面推进到 624m 时，在断层 F263 和断层 F259 交汇处形成的高应力集中区也得到释放。断层 F259 落差较大，局部区域达 5.5m，造成断层 F259 附近的岩层塌落严重，并且诱发严重的地表沉陷。此时半椭圆形应力场随着回采的推进，在水平方向继续扩大，但垂直方向基本上不变，如图 4.25（f）和图 4.26（f）所示。这也表明此时发生冲击地压的可能性不大，但塌陷却很严重。此时的半椭圆形应力场在垂直方向扩展已达最大。因此，在工作面回采通过该区域时，要防止大面积岩层的冒落，提前做好防范准备。或者为安全考虑，建议通过该区域时要考虑工作面搬家。

图 4.25 清楚显示，随着回采的推进，采空区的上方逐渐卸压，此时多数岩层的水平应力大于垂直应力，甚至有些岩层的垂直应力就没有了。当然在现场实际情况中，采空区由于上覆岩层的垮落，会对上覆岩层中部分岩块卸压，但不至于完全卸压。这还主要是 DDA 计算的问题，因为 DDA 在循环迭代计算过程中，一旦岩块受拉，这个岩块的受力就为 0。断层对沉陷的影响很大，图 4.25（c）～（e）清晰显示，在回采刚通过断层时，断层附近的应力场就出现较大变化，椭圆形应力场不是直接随着回采而扩大，在断层附近应力升高，积聚了大量的能量。随着回采的推进，断层附近积聚的能量释放，椭圆形应力场又随着开采的推进而继续扩展，变化趋于稳定。而这些积聚能的大面积释放，有可能导致地表发生大面积塌陷。

4.7.3 地表沉降量与回采的关系

通过 DDA 我们获得了随着回采的推进，地表发生沉陷的大致位置及沉降量，如图 4.27所示。可以看出，随着回采的推进，地表沉降量在逐渐增大，并且范围也在扩大。当达到充分回采时，最大沉降量约为 4.5m，相比实测最大沉降量（4.902m），模拟值偏小。其主要原因可能有：数值模型中只考虑了四条断层影响，没有考虑其他小断层和小构造的影响；每一层岩石和煤层的性质近似设置为相同属性，而在实际当中这些岩层和煤层的属性还是有所区别的；块体的划分是根据现场调查的周期性垮落步距而均匀设置的，而实际上当碰到破碎岩体、断层及小构造时，垮落步距会偏小，这使得实际上煤岩体的垮落会更容易。但 DDA 相比实际测试有个好处就是能够模拟出不同回采距离诱发的地表沉陷，并且是个连续量。而现场监测的结果受到测点布置的影响，特别是回采初期，沉降范围不大时，并且当测点没有布置在沉陷位置时，就测试不出沉降量；只有达到充分回采时，沉降范围扩大，此时沉降测试的结果才有意义。

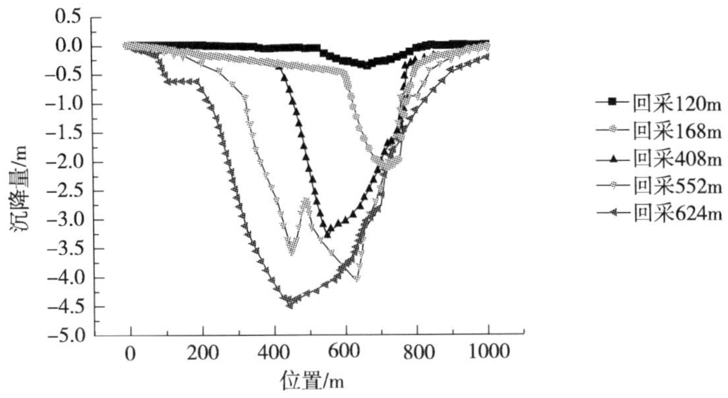

图 4.27　不同回采条件下地表沉降量与回采的关系曲线

4.7.4　有断层和无断层处的沉陷比较分析

数值模拟中一个重要的好处就是可以针对我们要研究的问题改变模型。我们对相同条件下无断层的模型也做了分析，发现有无断层的地表沉陷模式有很大差异。数值计算表明，无断层采空区上方地表沉陷区远小于有断层的地表沉陷区。无断层采空区上方地表沉陷区相比采空区而言是逐渐收缩的，而有断层采空区上方地表沉陷的范围相比采空区基本是同步的，也就是采空区多大，沉陷区也大致有多大，如图 4.28（a）两条线范围所示。有、无断层采空区上覆岩层上方形成一个半椭圆形的应力场，尽管靠近采空区上方岩层卸压很大，但远离采空区上方的覆岩的压力并没有减弱，这是由于地表的岩层塌陷下来，又造成了应力的累积，如图 4.28（a）所示。而对于有断层采空区上覆岩层，由于断层的存在，导致这四条断层内部的压力都卸压，并且卸载的压力转移到工作面前方去了，这导致在四条断层之间的上覆岩层应力很小，而地表沉降范围却很大，如图 4.28（b）所示[30]。

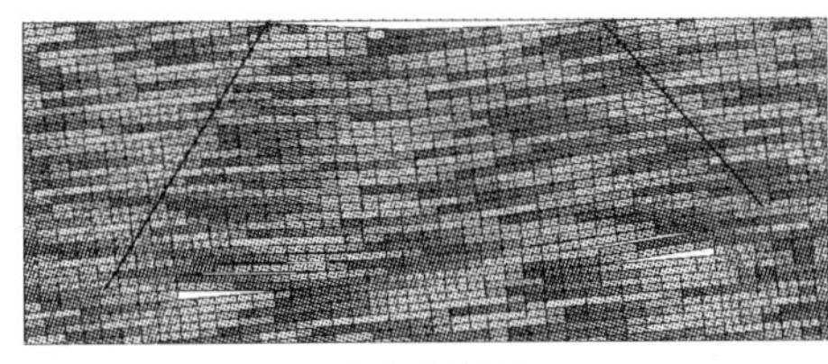

（a）无断层

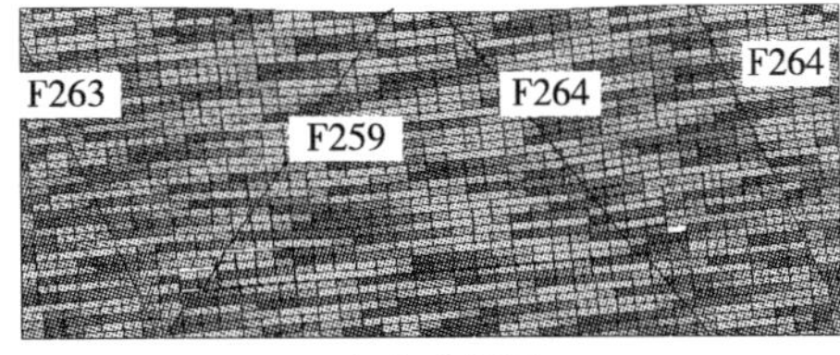

（b）有断层

图 4.28　回采过程中上覆岩层移动变形及应力场

本节采用 DDA 模拟了采动影响下大采高综放工作面覆岩移动规律。随着开采的推进，工作面的上方会形成半椭圆形的应力场，并在断层附近产生应力集中。随着回采的进行，水平和垂直应力场都会逐渐扩大；当开采推进到一定的距离之后，水平方向应力场继续扩大，但垂直应力场基本不变。由此，我们可预测采空区上覆岩层的离层范围。模拟结果表明，开采初期采空区上方的直接顶就是关键层，这是由于直接顶块体间相互咬合作用力使得块体不至于垮落；随着开采推进，采空区范围增大，采空区上方破裂块体增加，此时承载的关键层也随半椭圆形应力场在垂指方向向上移动。

参 考 文 献

[1] 康永华，孔凡铭，孙凯，等．覆岩破坏规律的综合研究技术体系［J］．煤炭科学技术，1997，25（11）：40-43.

[2] 刘天泉．矿山岩体采动影响与控制工程学及其应用［J］．煤炭学报，1995，20（1）：1-5.

[3] 王永红，孟昭廉，孙振鹏，等．井下仰孔探测软弱覆岩导水裂缝带的实验研究［J］．中国煤炭，1996，(1)：33-36.

[4] 朱德明．井下仰孔探测导水裂缝带技术方法试验［J］．煤炭科学技术，1991，10：4-8.

[5] 刘盛东，吴荣新，张平松，等．高密度电阻率法观测煤层上覆岩层破坏［J］．煤炭科学技术，2001，29（4）：18-19，22.

[6] 程学丰，刘盛东．煤层采后围岩破坏规律的声波 CT 探测［J］．煤炭学报，2001，26（2）：153-155.

[7] 于师建．大距离声波穿透法确定导水裂隙带范围［J］．山东矿业学院学报，1998，17（4）：32-35.

[8] 冯锐，林宣明，陶裕录，等．煤层开采覆岩破坏的层析成像研究［J］．地球物理学报，1996，39（1）：114-124.

[9] 申宝宏，茹瑞典，陈刚，等．弹性波测井探测采区覆岩破坏规律［J］．矿山测量，2000，(2)：17-18.

[10] Luo X，Hatherly P. Application of micro seismic monitoring to characterize geomechanics condition sin long wall mining［J］. Exploration Geophysics，1998，29：489-493.

[11] 尹增德．采动覆岩破坏特征及其应用研究［D］．青岛：山东科技大学博士学位论文，2007.

[12] 霍振奇．综采工作面利用矿压参数推算覆岩破坏高度的分析［J］．河北煤炭，1986，(2)：22-25.

[13] 于洋．深部大采高裂隙覆岩移动规律研究［D］．北京：中国矿业大学硕士学位论文，2011.

[14] 宋振骐．实用矿山压力控制［M］．徐州：中国矿业大学出版社，1988.

[15] 姜福兴．岩层质量指数及其应用［J］．岩石力学与工程学报，1994，13（3）：270-278.

[16] 姜福兴，宋振骐，宋扬．老顶的基本结构形式［J］．岩石力学与工程学报，1993，12（3）:366-379.

[17] 姜福兴．采场顶板控制设计及其专家系统［M］．徐州：中国矿业大学出版社，1995.

[18] 钱鸣高，缪协兴，许家林．岩层控制的关键层理论［M］．徐州：中国矿业大学出版社，2000.

[19] 钱鸣高，缪协兴，许家林．岩层控制中的关键层理论研究［J］．煤炭学报，1996，21（3）：225-230.

[20] 钱鸣高，张顶立，黎良杰，等．砌体梁的“S-R”稳定及其应用［J］．矿山压力与顶板管理，1994，(3)：6-11.

[21] 弓培林，靳钟铭．大采高综采采场顶板控制力学模型研究［J］．岩石力学与工程学报，2008，27（1）：193-198.

[22] 闫少宏．特厚煤层大采高综放开采支架外载的理论研究［J］．煤炭学报，2009，34（5）：590-593.

[23] 朱诗顺，李鸿昌，杨振复．放顶煤开采工作面上覆煤岩体的结构［J］．岩石力学与工程学报，1996，15（2）：150-154.

[24] 鞠金峰，许家林，王庆雄．大采高采场关键层“悬臂梁”结构运动型式及对矿压的影响［J］．煤炭学报，2011，36（12）：2115-2120.

[25] 梁运培．采场覆岩移动的组合岩梁理论［J］．地下空间，2001，21（5）：341-345.

[26] 王金庄，邢安仕，吴立新．矿山开采沉陷及其损害防治［M］．北京：煤炭工业出版社，1995.

[27] 国家煤炭工业局．建筑物、水体、铁路及主要井巷煤柱留设与压煤开采规程 [S]．北京：煤炭工业出版社，2000.
[28] 郝延锦，白志辉，阎跃观，等．峰峰矿区不同开采条件下地表沉陷规律 [J]．煤矿安全，2007，2：33-35.
[29] 滕永海，唐志新，郑志刚．综采放顶煤地表沉陷规律研究及应用 [M]．北京：煤炭工业出版社，2009.
[30] 杨建立，左建平，孙凯，等．大采高多断层工作面综放诱发地表沉陷观测及数值分析 [J]．岩石力学与工程学报，2011，30 (6)：1216-1224.
[31] Henryk G. 岩层力学理论 [M]．张玉卓译．北京：中国科学技术出版社，2001.

第5章 采矿 MDDA 的开发及其在采矿中的应用

由于许多工程问题具有复杂性，要想获得它们的解析解是较为困难的，而现场的监测结果也大多只能在有限范围内适用，采用数值模拟的办法来寻求工程问题在更多条件和更大范围的近似解是目前大家所通用的做法。近年来，迅猛发展的计算机技术，使得数值计算方法在采矿工程问题分析中得到了广泛的运用，极大地促进了采矿学科的发展。目前，常用的数值计算方法有有限差分法、有限元法、边界元法、加权余量法、半解析元法、刚体元法、非连续变形分析法、离散元法、无网格法和数值流行方法等[1~3]。这些方法中有限元法应用最为广泛，它最早应用于航空航天领域，用来求解线性结构问题。从20世纪60到70年代开始，国际上很多机构开始开发有限元算法的分析软件，如ADINA、ANSYS、ABAQUS、MSC等。但由于其不是专门为岩土和采矿工程而开发的，在解决某些岩土和采矿问题（如分析软岩巷道的大变形和采矿工程中顶板垮落等问题）时就略显不足。于是专门为岩土和采矿工程数值分析开发的软件应运而生，如FLAC、UDEC、RFPA等[3~5]。但是，这些软件均不能解决结构面破坏问题。虽然有假设所研究的对象是独立的块体单元，但是这些块体单元由于有形状的限制，其动力学分析也不是很完备。综合实际采矿工程问题，DDA或NMM（numerical manifold method，即流行法）能较好地解决以上方法的不足之处。目前，这两种方法尚未商业化，还在开发阶段，还需要进一步的工程验证。2维DDA发展相对比较完善，在水利水电、大坝、边坡都已成功应用[6~9]；也有部分应用在采矿工程中，如模拟顶板离层、围岩破坏、放顶煤、陷落柱、地表沉陷和支护等[10~14]。也有人用DDA模拟过煤层开采下的动力学响应，但是属于不够完备的开采动态模拟，还不能充分描述煤层开采下围岩力场的重分配状态，故还需进一步开发。

由于非连续变形方法自身显著的特点，从20世纪90年代开始到现在，有不少学者发展研究了该方法。非连续变形分析方法主要涉及块体运动学的接触碰撞及复杂的接触开闭等问题，使得该方法的研究进展比较缓慢。目前，众多学者都主要停留在研究二维非连续变形分析阶段。目前DDA方法的研究主要集中在理论研究及二次开发方面。基于连续介质力学研究的计算力学方法早就发展了实时开挖这一功能，如有限元、有限差分等。有限元实时开挖模拟代表软件ANSYS、有限差分法FLAC和实时开挖模拟的做法是将开挖前上一步除开挖块体外所有计算单元的所有信息传递到下一计算步，并没有考虑计算单元内部自身能量的释放，是简单的拿掉，没有对计算系统进行能量传递。离散元计算方法UDEC也没有考虑能量的释放问题。

本章我们将在充分考虑能量释放和能量传递的基础上，把实时开挖功能加入二维

DDA 程序中，开发采矿 MDDA 程序，成功实现采矿实时开挖模拟及能量问题的处理，并对多个工程实例进行模拟分析及应用。

5.1　不连续变形 DDA 基本理论

DDA 是石根华[1~3]博士提出的一种平行于有限单元方法。它解的是有限单元类型的网格，但所有的单元都是被事先存在的不连续缝或假定的预裂面隔离的块体。块体可以是凸块体或凹块体，甚至是带孔的多边形。自由度总数是所有块体的自由度之和，二维一阶 DDA 中每个块体有三个刚体位移和三个形变位移。刚度矩阵是根据能量最小二乘法原理求得的，满足严格的平衡要求和能量守恒原则。非连续变形分析是用来分析块体系统的力和位移的相互作用的，对各个块体，允许有位移和应变；对整个块体系统，允许块体滑动和块体界面的张开或闭合，但不允许块体互相嵌入。在每一个时步下，只要求解平衡方程，就可以知道该时步下的块体形变和位移，从而可以得到每一块体在该时步后的新坐标，在整个求解过程中，可以动态显示块体随时间的运动过程，DDA 模拟块体的大位移和大变形就是由每一时步的小位移和小变形累加起来得到的。

5.1.1　块体的变形及一阶位移模式

大位移、大变形是由小位移、小变形累加而成，假定每个荷载步或时步满足小位移、小变形条件。设每个块体具有常应力、常应变，块体中任意点 $(x,\ y)$ 的位移可用 6 个独立的唯一变量表示：

$$(u_0,\ v_0,\ \gamma_0,\ \varepsilon_x,\ \varepsilon_y,\ \tau_{xy}) \tag{5.1}$$

其中，$(u_0,\ v_0)$ 为块体质心 $(x_0,\ y_0)$ 的刚体平移；γ_0 为以 $(x_0,\ y_0)$ 为转动中心的块体转角；ε_x，ε_y，$\tau_x y$ 分别为块体的正应变和剪应变。

1. 平动位移

考虑块体只包含平行移动 $(x_0,\ y_0)$ 时，块体任意点 $(x,\ y)$ 的位移 $(\boldsymbol{u},\ \boldsymbol{v})$ 可表示为

$$\begin{pmatrix}\boldsymbol{u}\\ \boldsymbol{v}\end{pmatrix}=\begin{pmatrix}1 & 0\\ 0 & 1\end{pmatrix}\begin{pmatrix}\boldsymbol{u}_0\\ \boldsymbol{v}_0\end{pmatrix} \tag{5.2}$$

2. 转动位移

对于小位移，当块体只包含绕形心点 $(x_0,\ y_0)$ 转动的 γ_0 时，块体任意点 $(x,\ y)$ 的位移 $(\boldsymbol{u},\ \boldsymbol{v})$ 可表示为

$$\begin{pmatrix}\boldsymbol{u}\\ \boldsymbol{v}\end{pmatrix}=\begin{pmatrix}-(y-y_0)\\ (x-x_0)\end{pmatrix}(\gamma_0) \tag{5.3}$$

3. 法向应变位移

当块体只有法向应变 ε_x，ε_y 时，块体任意点 $(x,\ y)$ 的位移 $(\boldsymbol{u},\ \boldsymbol{v})$ 可表示为

$$\begin{pmatrix}\boldsymbol{u}\\ \boldsymbol{v}\end{pmatrix}=\begin{pmatrix}(x-x_0) & 0\\ 0 & (y-y_0)\end{pmatrix}\begin{pmatrix}\boldsymbol{\varepsilon}_x\\ \boldsymbol{\varepsilon}_y\end{pmatrix} \tag{5.4}$$

4. 切向应变位移

当块体只有剪切应变 τ_{xy} 时，块体任意点 (x, y) 的位移 $(\boldsymbol{u}, \boldsymbol{v})$ 可表示为

$$\begin{pmatrix}\boldsymbol{u}\\\boldsymbol{v}\end{pmatrix}=\begin{bmatrix}(y-y_0)/2\\(x-x_0)/2\end{bmatrix}(\tau_{xy}) \tag{5.5}$$

5. 总体应变位移

点 (x, y) 的位移 $(\boldsymbol{u}, \boldsymbol{v})$ 是由块体的 6 个变量（u_0，v_0，γ_0，ε_x，ε_y，τ_{xy}）产生的位移分量累加得到的。得到的总体位移矩阵如下

$$\begin{pmatrix}\boldsymbol{u}\\\boldsymbol{v}\end{pmatrix}=[\boldsymbol{T}_i][\boldsymbol{D}_i]\begin{bmatrix}t_{11}t_{12}t_{13}t_{14}t_{15}t_{16}\\t_{21}t_{22}t_{23}t_{24}t_{25}t_{26}\end{bmatrix}\begin{pmatrix}d_{1i}\\d_{2i}\\d_{3i}\\d_{4i}\\d_{5i}\\d_{6i}\end{pmatrix} \tag{5.6}$$

其中，下标 i 便是第 i 个块体。这个位移公式是全一阶近似，每一项都具有明显的物理意义。

5.1.2 总体平衡方程

通过块体之间的接触和作用在各块体上的位移、应力约束条件，把若干个单独的块体连接起来构成一个块体系统。总势能 Π 是所有势能的总和，即各种应力和力。每项力或应力的势能和它们的微分可分别计算如下：

$$\Pi=\frac{1}{2}(\boldsymbol{D}_1^{\mathrm{T}}\boldsymbol{D}_2^{\mathrm{T}}\boldsymbol{D}_3^{\mathrm{T}}\cdots\boldsymbol{D}_n^{\mathrm{T}})\begin{pmatrix}\boldsymbol{K}_{11}\boldsymbol{K}_{12}\boldsymbol{K}_{13}\cdots\boldsymbol{K}_{1n}\\\boldsymbol{K}_{21}\boldsymbol{K}_{22}\boldsymbol{K}_{23}\cdots\boldsymbol{K}_{2n}\\\vdots\quad\vdots\quad\vdots\quad\vdots\\\boldsymbol{K}_{n1}\boldsymbol{K}_{n2}\boldsymbol{K}_{n3}\cdots\boldsymbol{K}_{nn}\end{pmatrix}\begin{pmatrix}\boldsymbol{D}_1\\\boldsymbol{D}_2\\\boldsymbol{D}_3\\\vdots\\\boldsymbol{D}_{\mathrm{n}}\end{pmatrix}+(\boldsymbol{D}_1^{\mathrm{T}}\boldsymbol{D}_2^{\mathrm{T}}\boldsymbol{D}_3^{\mathrm{T}}\cdots\boldsymbol{D}_n^{\mathrm{T}})\begin{pmatrix}\boldsymbol{F}_1\\\boldsymbol{F}_2\\\boldsymbol{F}_3\\\vdots\\\boldsymbol{F}_{\mathrm{n}}\end{pmatrix}+C \tag{5.7}$$

系统最小总势能可以通过一阶偏导数获得

$$\frac{\partial \Pi}{\partial\, \mathrm{d}_{ir}}=0,\ r=1,\ 2,\ \cdots,\ 6 \tag{5.8}$$

其中，d_{ir} 为块体 i 的第 r 个形变量。

方程

$$\frac{\partial \Pi}{\partial \boldsymbol{u}_0}=0,\quad \frac{\partial \Pi}{\partial v_0}=0 \tag{5.9}$$

分别表示作用在块体 i 上所有的荷载和接触力沿 x，y 和 z 轴方向的平衡方程。

$$\frac{\partial \Pi}{\partial \alpha_0}=0 \tag{5.10}$$

式（5.10）表示作用在块体 i 上所有荷载和接触力绕 x，y 和 z 轴的弯矩平衡方程。

$$\frac{\partial \Pi}{\partial \varepsilon_x}=0,\quad \frac{\partial \Pi}{\partial \varepsilon_y}=0,\quad \frac{\partial \Pi}{\partial \gamma_{xy}}=0 \tag{5.11}$$

式（5.11）表示块体 i 的所有外力和应力沿 x，y 和 z 轴方向及剪切方向平衡。

$$\frac{\partial^2 \Pi}{\partial \mathrm{d}_{ri}\,\partial \mathrm{d}_{sj}}=0,\ s,\ r=1,\ 2,\ \cdots,\ 6 \tag{5.12}$$

式（5.12）为总体方程的系数矩阵，微分

$$\frac{\partial \Pi(0)}{\partial \mathrm{d}_{ir}}=0,\ r=1,\ 2,\ \cdots,\ 6 \tag{5.13}$$

式（5.13）是式（5.8）移动至右端的自由项，所以式（5.13）的各项构成 6×1 阶子矩阵，并将它加至子矩阵 $[\boldsymbol{F}_i]$ 上。

5.1.3 总体平衡方程求解

1. 三角分解法

石根华博士发展了一种新的方程组求解法——非零存储法，这种方法是以图论为基础，该方法具有存储要求低、计算量小等特点。

假设方程组如下：

$$\begin{pmatrix}\boldsymbol{A}_{11}\boldsymbol{A}_{12}\boldsymbol{A}_{13}\cdots\boldsymbol{A}_{1n}\\ \boldsymbol{A}_{21}\boldsymbol{A}_{22}\boldsymbol{A}_{23}\cdots\boldsymbol{A}_{2n}\\ \vdots\quad\vdots\quad\vdots\quad\quad\vdots\\ \boldsymbol{A}_{n1}\boldsymbol{A}_{n2}\boldsymbol{A}_{n3}\cdots\boldsymbol{A}_{nn}\end{pmatrix}\begin{pmatrix}\boldsymbol{X}_1\\ \boldsymbol{X}_2\\ \vdots\\ \boldsymbol{X}_n\end{pmatrix}=\begin{pmatrix}\boldsymbol{F}_1\\ \boldsymbol{F}_2\\ \vdots\\ \boldsymbol{F}_n\end{pmatrix} \tag{5.14}$$

其中，$\boldsymbol{A}$ 是一个 $n\times n$ 的系数矩阵；$\boldsymbol{X}$ 是一个 $n\times 1$ 的未知量系数矩阵；$\boldsymbol{F}$ 是一个 $n\times 1$ 的自由项矩阵。

方程式 $\boldsymbol{AX}=\boldsymbol{F}$ 可以转化为两个方程式：

$$\boldsymbol{LY}=\boldsymbol{F} \tag{5.15}$$

$$\boldsymbol{D}^{-1}\boldsymbol{LX}=\boldsymbol{F} \tag{5.16}$$

先计算 $\boldsymbol{Y}$，即：

$$\boldsymbol{Y}_i=\boldsymbol{L}_{ii}{}^{-1}\left(\boldsymbol{F}_i-\sum_{k=1}^{i-1}\boldsymbol{L}_{ik}\boldsymbol{Y}_k\right) \tag{5.17}$$

由此可以计算出：$\boldsymbol{Y}_1$，$\boldsymbol{Y}_2$，$\boldsymbol{Y}_3$，…，$\boldsymbol{Y}_{n-1}$，$\boldsymbol{Y}_n$。

计算出 $\boldsymbol{Y}$ 后，由 $\boldsymbol{Y}$ 可以计算出 $\boldsymbol{X}$：

$$\boldsymbol{X}_i=\boldsymbol{Y}_i-\sum_{k=i+1}^{n}\boldsymbol{L}_{ii}{}^{-1}\boldsymbol{L}_{ki}^{\mathrm{T}}\boldsymbol{X}_k \tag{5.18}$$

2. 超松弛迭代法

超松弛迭代法（successive over relaxation，SOR 法）是求解大型稀疏矩阵方程组的高效方法之一。SOR 矩阵行列式的形式为

$$\begin{pmatrix}\boldsymbol{X}_1^{(m+1)}\\ \boldsymbol{X}_2^{(m+1)}\\ \boldsymbol{X}_3^{(m+1)}\\ \vdots\\ \boldsymbol{X}_n^{(m+1)}\end{pmatrix}=(1-\omega)\begin{pmatrix}\boldsymbol{X}_1^{(m)}\\ \boldsymbol{X}_2^{(m)}\\ \boldsymbol{X}_3^{(m)}\\ \vdots\\ \boldsymbol{X}_n^{(m)}\end{pmatrix}+\omega\begin{pmatrix}\boldsymbol{G}_1\\ \boldsymbol{G}_2\\ \boldsymbol{G}_3\\ \vdots\\ \boldsymbol{G}_n\end{pmatrix}-\omega\begin{pmatrix}0&0&0&0&\cdots\\ \boldsymbol{B}_{21}&0&0&\cdots&0\\ \boldsymbol{B}_{31}&\boldsymbol{B}_{32}&0&\cdots&0\\ \vdots&\vdots&\vdots&&\vdots\\ \boldsymbol{B}_{n1}&\boldsymbol{B}_{n2}&\boldsymbol{B}_{n3}&\cdots&0\end{pmatrix}\begin{pmatrix}\boldsymbol{X}_1^{(m+1)}\\ \boldsymbol{X}_2^{(m+1)}\\ \boldsymbol{X}_3^{(m+1)}\\ \vdots\\ \boldsymbol{X}_n^{(m+1)}\end{pmatrix}$$

$$-\omega\begin{pmatrix}0 & \boldsymbol{B}_{12} & \boldsymbol{B}_{13} & \cdots & \boldsymbol{B}_{1n}\\ 0 & 0 & \boldsymbol{B}_{23} & \cdots & \boldsymbol{B}_{2n}\\ 0 & 0 & 0 & \cdots & \boldsymbol{B}_{3n}\\ \vdots & \vdots & \vdots & & \vdots\\ 0 & 0 & 0 & \cdots & 0\end{pmatrix}\begin{pmatrix}\boldsymbol{X}_1^{(m)}\\ \boldsymbol{X}_2^{(m)}\\ \boldsymbol{X}_3^{(m)}\\ \vdots\\ \boldsymbol{X}_n^{(m)}\end{pmatrix} \tag{5.19}$$

5.1.4 二维单一块体基本公式

1. 弹性子矩阵

单一块体 i 所具有的弹性应力产生的应变能 Π_e 是

$$\Pi_e=\iint\frac{1}{2}(\varepsilon_x\sigma_x+\varepsilon_y\sigma_y+\gamma_{xy}\tau_{xy})\,\mathrm{d}x\,\mathrm{d}y=\frac{S}{2}[\boldsymbol{D}_i]^{\mathrm{T}}[\boldsymbol{E}_i][\boldsymbol{D}_i] \tag{5.20}$$

这是对单一块体 i 的整个区域进行的积分。根据最小势能原理，为了求得应变能 Π_e 的最小值，需要对各位移求导：

$$k_{rs}=\frac{\partial^2\Pi_e}{\partial \mathrm{d}_{ri}\,\partial \mathrm{d}_{si}}=\frac{S}{2}\,\frac{\partial^2}{\partial \mathrm{d}_{ri}\,\partial \mathrm{d}_{si}}\left([\boldsymbol{D}_i]^{\mathrm{T}}[\boldsymbol{E}_i][\boldsymbol{D}_i]\right),\ s,\ r=1,\ 2,\ \cdots,\ 6 \tag{5.21}$$

式（5.2）中 k_{rs} 形成一个 6×6 的矩阵：

$$S[\boldsymbol{E}_i]\rightarrow[\boldsymbol{K}_{ii}] \tag{5.22}$$

式（5.21）中的矩阵将被加到总体刚度阵中对应 $[\boldsymbol{K}_{ii}]$ 的位置。

2. 初始应力子矩阵

初始状态下常应力的势能可以表示为

$$\Pi_\sigma=S[\boldsymbol{D}_i]^{\mathrm{T}}[\boldsymbol{\sigma}_0] \tag{5.23}$$

其中，S 为对块体 i 整个面积的积分。求导使 Π_σ 最小化：

$$f_r=-\frac{\partial\Pi_\sigma(0)}{\partial \mathrm{d}_{ri}}=-S\,\frac{\partial[\boldsymbol{D}_i]^{\mathrm{T}}[\boldsymbol{\sigma}_0]}{\partial \mathrm{d}_{ri}},\ s,\ r=1,\ 2,\ \cdots,\ 6 \tag{5.24}$$

f_r 形成一个 6×1 的子矩阵：

$$-S[\boldsymbol{\sigma}_0]\rightarrow[\boldsymbol{F}_i] \tag{5.25}$$

式（5.25）中的矩阵将被加到总体荷载矩阵中对应 $[\boldsymbol{F}_i]$ 的位置。

3. 点荷载子矩阵

任意一点荷载（$\boldsymbol{F}_x$，$\boldsymbol{F}_y$），作用在块体 i 上，作用点为（x，y），如图 5.1 所示。

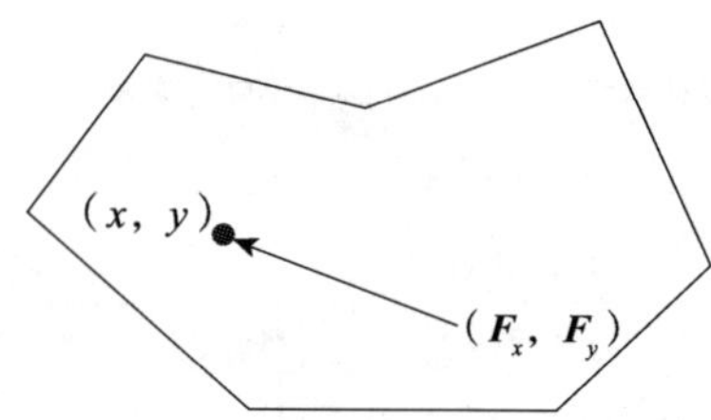

图 5.1　点荷载作用示意图

已知块体 i 形心点 6 个位移分量后，可以计算出块体 i 上的点（x，y）的位移($\boldsymbol{u}$，$\boldsymbol{v}$)：

$$\begin{pmatrix}\boldsymbol{u}\\ \boldsymbol{v}\end{pmatrix}=[\boldsymbol{T}_i][\boldsymbol{D}_i]=\begin{bmatrix}1 & 0 & -(y-y_0) & (x-x_0) & 0 & (y-y_0)/2\\ 0 & 1 & (x-x_0) & 0 & (y-y_0) & (x-x_0)/2\end{bmatrix}\begin{pmatrix}d_{1i}\\ d_{2i}\\ d_{3i}\\ d_{4i}\\ d_{5i}\\ d_{6i}\end{pmatrix} \tag{5.26}$$

由此，可以得出点荷载（$\boldsymbol{F}_x$，$\boldsymbol{F}_y$）的势能为

$$\Pi_{\mathrm{p}}=-[\boldsymbol{D}_i]^{\mathrm{T}}[\boldsymbol{T}_i(x,\ y)]^{\mathrm{T}}\begin{pmatrix}\boldsymbol{F}_x\\ \boldsymbol{F}_y\end{pmatrix} \tag{5.27}$$

计算 Π_{p} 的导数，使其最小化：

$$f_r=-\frac{\partial\pi_{\mathrm{p}}(0)}{\partial \mathrm{d}_{ri}}=S\frac{\partial}{\partial \mathrm{d}_{ri}}[\boldsymbol{D}_i]^{\mathrm{T}}[\boldsymbol{T}_i(x,\ y)]^{\mathrm{T}}\begin{pmatrix}\boldsymbol{F}_x\\ \boldsymbol{F}_y\end{pmatrix}=\boldsymbol{F}_x t_{1r}+\boldsymbol{F}_y t_{2r},\ r=1,\ 2,\ \cdots,\ 6 \tag{5.28}$$

由 f_r 形成一个 6×1 的子矩阵：

$$\begin{bmatrix}1 & 0 & -(y-y_0) & (x-x_0) & 0 & (y-y_0)/2\\ 0 & 1 & (x-x_0) & 0 & (y-y_0) & (x-x_0)/2\end{bmatrix}^{\mathrm{T}}\begin{pmatrix}\boldsymbol{F}_x\\ \boldsymbol{F}_y\end{pmatrix}\rightarrow[\boldsymbol{F}_i] \tag{5.29}$$

计算得到的 6×1 子矩阵加到总体荷载矩阵中对应［$\boldsymbol{F}_i$］的位置。

4. 体积荷载子矩阵

在任意位移（$\boldsymbol{u}$，$\boldsymbol{v}$）下，常体力荷载（f_x，f_y）的势能可以表示为

$$\Pi_v=-[\boldsymbol{D}_i]^{\mathrm{T}}\iint[\boldsymbol{T}_i]^{\mathrm{T}}\mathrm{d}x\mathrm{d}y\begin{pmatrix}f_x\\ f_y\end{pmatrix} \tag{5.30}$$

又因为

$$\iint[\boldsymbol{T}_i]^{\mathrm{T}}\mathrm{d}x\mathrm{d}y=\begin{bmatrix}S & 0\\ 0 & S\\ -S_y-y_0S & S_x-x_0S\\ S_x-x_0S & 0\\ 0 & S_y-y_0S\\ \dfrac{S_y-y_0S}{2} & \dfrac{S_x-x_0S}{2}\end{bmatrix}\begin{pmatrix}S & 0\\ 0 & S\\ 0 & 0\\ 0 & 0\\ 0 & 0\\ 0 & 0\end{pmatrix} \tag{5.31}$$

计算 Π_v 的导数，使其最小化：

$$f_r=-\frac{\partial\Pi_v(0)}{\partial \mathrm{d}_{ri}}=S\frac{\partial}{\partial \mathrm{d}_{ri}}\left[[\boldsymbol{D}_i]^{\mathrm{T}}\begin{pmatrix}f_xS\\ f_yS\\ 0\\ 0\\ 0\\ 0\end{pmatrix}\right],\ r=1,\ 2,\ \cdots,\ 6 \tag{5.32}$$

则由 f_r 形成一个 6×1 的子矩阵：

$$\begin{pmatrix} f_x S \\ f_y S \\ 0 \\ 0 \\ 0 \\ 0 \end{pmatrix} \to [\boldsymbol{F}_i] \tag{5.33}$$

将计算得到的 6×1 子矩阵加到总体荷载矩阵中对应 $[\boldsymbol{F}_i]$ 的位置。

5. 惯性力子矩阵

块体 i 对应的惯性力势能是

$$\Pi_i = -\iint (u(x,\ y,\ t)\, v(x,\ y,\ t)) \begin{pmatrix} f_x(x,\ y,\ t) \\ f_y(x,\ y,\ t) \end{pmatrix} \mathrm{d}x\mathrm{d}y \tag{5.34}$$

在时步最后：

$$\Pi_i = [\boldsymbol{D}_i]^{\mathrm{T}} \iint [\boldsymbol{T}_i(x,\ y)]^{\mathrm{T}} [\boldsymbol{T}_i(x,\ y)] \mathrm{d}x\mathrm{d}y \left(\frac{2M}{\Delta^2} [\boldsymbol{D}_i] - \frac{2M}{\Delta} [\boldsymbol{V}_i(0)] \right) \tag{5.35}$$

对于下一时步，其起始位移速度 $[\boldsymbol{V}_i(\Delta)]$ 应该是上一时步末的速度，有

$$[\boldsymbol{V}_i(\Delta)] = [\boldsymbol{V}_i(0)] + \Delta \frac{\partial^2 [\boldsymbol{D}_i(0)]}{\partial t^2} = \frac{2}{\Delta} [\boldsymbol{D}_i] - [\boldsymbol{V}_i(0)] \tag{5.36}$$

对于积分式：

$$\iint [\boldsymbol{T}_i(x,\ y)]^{\mathrm{T}} [\boldsymbol{T}_i(x,\ y)] \mathrm{d}x\mathrm{d}y \tag{5.37}$$

计算得

$$\iint [\boldsymbol{T}_i(x,\ y)]^{\mathrm{T}} [\boldsymbol{T}_i(x,\ y)] \mathrm{d}x\mathrm{d}y = \begin{bmatrix} S & 0 & 0 & 0 & 0 & 0 \\ 0 & S & 0 & 0 & 0 & 0 \\ 0 & 0 & S_1+S_2 & -S_3 & S_3 & \frac{S_1-S_2}{2} \\ 0 & 0 & -S_3 & S_1 & 0 & \frac{S_3}{2} \\ 0 & 0 & S_3 & 0 & S_2 & \frac{S_3}{2} \\ 0 & 0 & \frac{S_1-S_2}{2} & \frac{S_3}{2} & \frac{S_3}{2} & \frac{S_1+S_2}{2} \end{bmatrix} \tag{5.38}$$

6. 点位移设定子矩阵

弹簧所具有的应变能 Π_{m} 可以表示为

$$\Pi_{\mathrm{m}} = -\frac{p}{2} [\boldsymbol{D}_i]^{\mathrm{T}} [\boldsymbol{T}_i]^{\mathrm{T}} [\boldsymbol{T}_i] [\boldsymbol{D}_i] - p [\boldsymbol{D}_i]^{\mathrm{T}} [\boldsymbol{T}_i]^{\mathrm{T}} \begin{pmatrix} u_{\mathrm{m}} \\ v_{\mathrm{m}} \end{pmatrix} + \frac{p}{2} (u_{\mathrm{m}}\quad v_{\mathrm{m}}) \begin{pmatrix} u_{\mathrm{m}} \\ v_{\mathrm{m}} \end{pmatrix} \tag{5.39}$$

计算 Π_m 的导数，使其最小化，则有

$$k_{rs} = p(t_{1r}t_{1s} + t_{2r}t_{2s}), \quad r, s = 1, 2, \cdots, 6 \tag{5.40}$$

由 k_{rs} 形成一个 6×6 的子矩阵：

$$p[\boldsymbol{T}_i]^{\mathrm{T}}[\boldsymbol{T}_i] \rightarrow [\boldsymbol{K}_{ii}] \tag{5.41}$$

式（5.41）将被加到总体刚度矩阵对应的位置中去。

对于在 $[\boldsymbol{D}] = [0]$ 时，对 Π_m 求导数，使其最小化，则有

$$f_r = p(t_{1r}u_m + t_{2r}v_m), \quad r = 1, 2, \cdots, 6 \tag{5.42}$$

f_r 形成一个 6×1 的子矩阵：

$$p[\boldsymbol{T}_i]^{\mathrm{T}}\begin{pmatrix} u_m \\ v_m \end{pmatrix} \rightarrow [\boldsymbol{F}_i] \tag{5.43}$$

将计算得到的 6×1 子矩阵加到总体荷载矩阵中对应 $[\boldsymbol{F}_i]$ 的位置。

5.2　采矿实时开挖模拟分析软件（MDDA）开发

在煤层开采过程中，随着煤层工作面的回采推进，煤层上覆岩层的应力场一直在发生变化，包括其结构也在变化。能够实时地观测到煤层上覆岩体结构应力的变化规律以及结构的调整和变化的规律对现场采煤安全生产有着非常重大的意义。DDA 显著的特点是计算网格可以任意形状、任意大小，这使实际工程的数值建模更加精确，再加上它严密的理论推导，可以很好地评估裂隙岩体的稳定性、更准确地反映岩体结构的应力分布规律。但要想做到实时开采动态模拟煤层工作面推进的过程，需要让程序实现开挖模拟。本节重点研究现有开挖模拟理论，以及研究在静力学、动力学模拟中，其开挖模拟的差别和意义，使现有的二维 DDA 具有开挖模拟功能，并且获得的数值解能与理论解近似吻合。本软件旨在实现实时动态开挖模拟，同时动态显示模拟开挖过程中的破坏模式、应力应变云图、位移图和 Mises 应力云图等，获得模拟全过程图片，输出动态开挖数据结果。我们把其称为采矿实时开挖模拟分析软件（mining discontinuous deformation analysis，MDDA），主要在 DDA 程序中加入了实时开挖及后处理显示等功能，由于主要面向采矿（mining），所以我们简称为 MDDA。MDDA 兼顾了工程中开挖问题的不连续性、动态性和实时性，使得模拟结果更加真实可靠。同时，MDDA 可将开挖过程实时动态地反映出来，使模拟结果更加直观地呈现出来。因此，MDDA 和其他数值模拟方法相比具有一定的先进性和优势性，可以实现的功能有：①实现采矿等工程中的动态实时开挖模拟，分析采动影响；②反映实时开挖全过程中的破坏形式和应力应变关系等；③输出模拟过程和模拟数据。

5.2.1　开挖过程分析及基本假设

在实际工程中，如采矿、开挖隧道和地下洞室等，开挖施工是必不可少的。然而，开挖是动态施工过程，在数值计算中如何真实地模拟实际开挖过程是一个非常复杂的问题。要想实现煤层开采过程模拟，就要分析实际煤层是如何开采的，从而

简化研究难度以达到评估效果。开挖模拟可以分为静力学开挖模拟和动力学开挖模拟，静力学与动力学模拟的主要区别在于是否考虑速度的影响。静力学不考虑速度，即上一时步传递到下一时步的参数中速度项为零；动力学则需要考虑速度，即上一时步末计算得到的速度量传递给下一时步，作为下一时步计算的初始计算条件。

采矿工程中，顶板事故一直是煤矿五大事故之一。当工作面向前推进时，如何评估和预测顶板的冒落和上覆岩体应力变化规律将对安全开采有重大意义。煤层开采过程中，工作面的推进由割煤机、液压支架及输送带共同协作完成。当割煤机回采一刀后，液压支架就要向工作面方向前移一刀的距离，同时支护顶板。输送带也将向工作面方向前移一刀的距离，以保证可以回收割煤机割下来的煤块。液压支架后方是由煤层直接顶及老顶垮落堆积而成的堆砌体。煤层工作面结构见图 5.2。

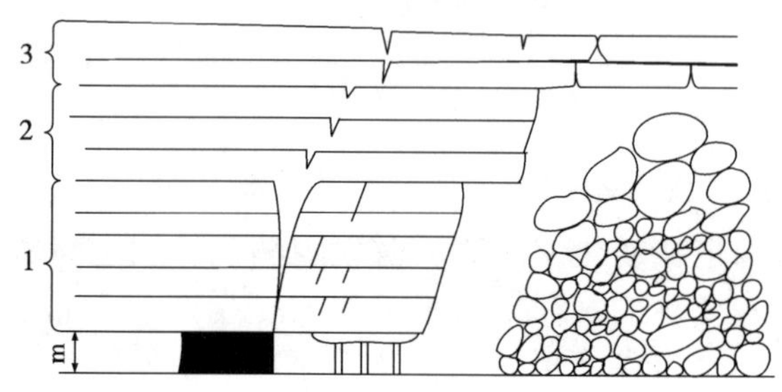

图 5.2　煤层工作面及顶板示意图

图 5.2 中，煤层高为 m 米，煤层上覆岩体标有 1、2 和 3，其分别是直接顶、老顶和覆岩。煤层工作面后方是液压支架，液压支架支护着已经快要完全垮落的直接顶及老顶。此时，煤层工作面端面及深部都有很高的应力。由于强大的构造应力，割煤机每割一刀，上覆岩体及老顶、直接顶的结构就会调整一次，从而导致液压支架的支护力发生变化，煤层工作面端面及深部应力也会相应的调整一次。图 5.2 中，假设开采煤层区域 A 面积的煤块（煤块 A）在开采之前是处于自由不受压的状态，开采之后，整个岩体系统的应力将不会发生变化，结构也将不会调整；如果煤块 A 在开采之前处于受压状态，开采之后，整个岩体系统的应力分布将有所变化，会导致整个岩体结构的位移变化，这是一个卸荷过程。假设煤块 A 原始处于受压状态，具有的应变能为 ω_i，因为煤层开采是一个动态过程，所以挖掉煤块 A 需要一定时间。在被挖掉的时间段内，由于煤块 A 的部分缺失，导致煤块自身应力分布的调整，在调整过程中，其整体应变能必然变化。开挖之前煤块 A 分担了需要支撑岩体稳定的一部分能量，开挖之后，岩体还处于原来的状态，说明煤块 A 的应变能 ω_i 有一部分间接地释放回整个岩体系统。实际上，煤块 A 被挖掉后，整个岩体系统应该有略微的变化，因此对于煤块 A 之前具有的应变能 ω_i 是否释放给了岩体系统，释放了多少，或者反而吸收整体系统能量然后再全部释放，需要进一步研究。为了实现实时开挖模拟，我们假设开挖是瞬间完成的，被开挖块体当时所具有的变形能也一并消失。

5.2.2　实时开挖在二维 DDA 中的实现

二维 DDA 实现开挖模拟，必须要知道其整体计算过程。DDA 在计算过程中有一个最为显著的特点就是它需要开闭迭代计算，即反复迭算来寻找锁定位置。它不像有限元及有限差分，不需要寻找接触位置或施加刚度，当然，目前的 ANSYS 软件也可以考虑接触问题，但是它的接触不是任意的，需要在计算前做定义。而 DDA 的接触问题非常复杂，因为其结构的非连续性，由此要锁定合理的接触位置，所以每一计算步内都要进行大量的迭代计算，从而使计算量大大增加。

1. 实时开挖二维 MDDA 软件开发设计

1）软件开发原则

要想保证采矿实时开挖分析模拟的实现，总体设计系统时须遵守以下各原则。

（1）实时性原则。指的是模拟者在前处理过程中，把个人意思传达给软件，软件会根据用户的意愿来对确切时间的指定步数进行开挖模拟。

（2）可靠性原则。指的是软件通过一定的方法进行开挖模拟时，必须保证模拟结果的准确性，使模拟结果真实可靠。

（3）交互性原则。指的是模拟者在前处理过程中，软件能根据他的需求进行输出。

（4）高效性原则。为了使用户能在配置中、低端的计算机上运行速度流程，需要在满足软件的交互性、可靠性与实时性三个基本原则的基础上提高图像的显示速度。

（5）先进性原则。

2）开发工具选择

本系统的开发工具主要是 Visual C＋＋。

3）软件总体架构

根据任务的侧重点不同，我们把整个软件分成三个部分，分别是开挖模拟、输出控制和实时显示。总体结构如图 5.3 所示。

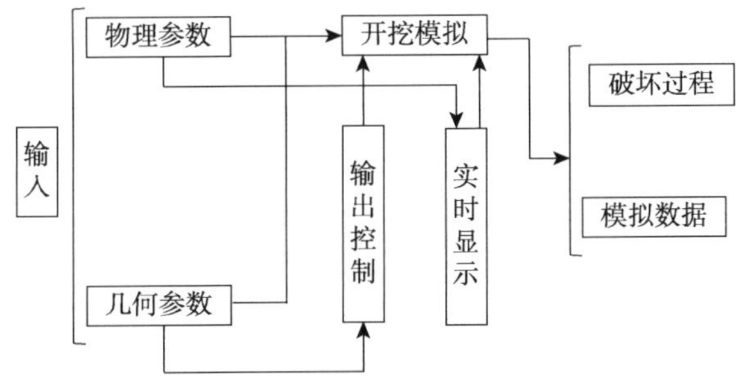

图 5.3　系统总体开发方案

2. 二维 DDA 的计算流程

计算开始，DDA 程序需要读入几何模型和计算参数。几何模型是由 dl 和 dc 程序完成的，计算参数需要写一个读入文件，文件内需要输入计算时步、位移容差、接触刚度、材料物理参数及节理参数等。读入完毕后，正式进入计算主程序。主程序中第一部分是确定时步长及计算单元各边的角度，接着分别根据平动位移和转角位移来判断接触，判断接触后将所有接触都转化为点面接触；第二部分是将弹性子矩阵、初始应力子矩阵、惯性子矩阵等进行计算，然后将接触进行计算，生成接触弹簧矩阵及接触力；第三部分是由单刚生成总刚，进行非零存储，进入求解器；第四部分是根据求解的结果判断开闭状况，如果有新的开闭出现则进行加减弹簧计算，然后重新计算，直到开闭状况与上一步迭代时没有发生变化，确定计算完毕；第五部分是对下一时步进行传递参数。二维 DDA 程序的主要计算子程序见表 5.1。

表 5.1 实验岩石试件初始参数

子程序名	子程序功能英文说明	子程序功能中文说明
df01 ()	input geometric data	输入几何参数
df02 ()	input physical data	输入物理参数
df03 ()	call step ()、angl ()	确定时步长和边的角度
df04 ()	contact finding by distance criteria	由距离标准找接触
df05 ()	contact finding by angle criteria	由角度标准找接触
df06 ()	contact transfer	接触转换
df07 ()	contact initialization	接触初始化
df08 ()	positions of non-zero storage	非零存储
df09 ()	time interpolation	时间插值
df10 ()	initiate coefficient and load matrix	初始化系数和荷载矩阵
df11 ()	submatrix of inertia	惯性子矩阵
df12 ()	submatrix of fixed points	固定点子矩阵
df13 ()	aubmatrix of stifness	弹性子矩阵
df14 ()	aubmatrix of initial stress	初始应力子矩阵
df15 ()	aubmatrix of point loading	集中荷载子矩阵
df16 ()	aubmatrix of volume force	体力子矩阵
df18 ()	add and subtract submatrix of contact	加、减接触子矩阵
df20 ()	triangle discomposition equation solver	三角分解求解器
df21 ()	backward and forward substitution	向前向后替换
df22 ()	contact judge after iteration	迭代后接触判断
df23 ()	iteration output	迭代信息输出
df24 ()	displacement ratio and iteration drawing	计算位移比和迭代步画图
df25 ()	compute step displacement	计算时步位移
df26 ()	draw deformed blocks	绘变形后块体
df27 ()	save results to file	将计算结果存入文件
dspl ()	block displacement matrix	计算块体位移矩阵
cons ()	set control constants	设置程序中的控制参数

续表

子程序名	子程序功能英文说明	子程序功能中文说明
dstn ()	compute stiffness of contact spring	计算接触弹簧的刚度
step ()	compute next time interval	计算下一时步的时间
area ()	compute s sx sy sxx syy sxy	单纯形积分
dist ()	distance of a segment to a node	计算点到线段的距离
proj ()	projection of a edge to other edge	计算边到边的投影
angl ()	direction angle of edge	计算边的角度
graf ()	graph mode	设置图形模式
fill ()	fill blocks with colors	块体填充颜色
fild ()	fill blocks with colors	块体填充颜色

3. 开挖分析及实现

开挖是瞬间完成的，并且块体所具有的能量也随之删除，这两个假定可以将实际工程中非常复杂的开挖问题得到简化，否则很难实现开挖模拟。上文主要说明了 DDA 主程序的计算过程。计算主程序时，开闭迭代主要是确定某个时步内接触和张开是否合理，如果合理就结束该时步的计算并传递计算结果参数，进入下一时步计算。开挖模拟就是在设定的时间点删掉某个计算单元，而原程序不会终止，可以继续计算。生死单元的做法在 FLAC 及 ANSYS 中被开发，其做法是将计算单元的材料属性弱化，如将材料的弹性模量降低，降到该单元的存在可以不影响邻近计算单元的受力，实际上并没有真正在计算过程中彻底删除计算单元。同样，DDA 也可采用这样的做法，或者可以瞬间将计算单元的体积设定很小，重量也减小，从而实现开挖模拟的效果。由于 DDA 计算单元离散性的特点，也可以将计算单元在计算过程中直接删掉，从而实现真正假设意义下的开挖模拟。

DDA 的计算单元是非连续的，即单元之间并不是共用节点，每个计算单元都有自己的节点。DDA 可计算单个块体自由落体运动，也可计算多个块体之间的自由碰撞，如各块体有的是固定的，有的则在做自由落体运动，某个时刻两个块体突然碰撞，DDA 方法可计算出两块体在碰撞中发生的变形及变形下对应的应力，也可精确计算出碰撞后各块体的运动位移。在计算过程中如果突然拿掉一个块体，假设接触传递没有发生错误，DDA 不会造成求解的奇异性，只不过总体刚度矩阵会缩减 6 维。以此为出发点，可以分析出实现删除计算单元的做法。

在计算主程序时，需要考虑接触的判断，如果突然减少计算单元，本不应该发生接触判断上的错误，但是由于在 df 主程序中计算单元的几何信息存储都是指示矩阵，故在删除对应块体时需要修改指示矩阵。程序中物理参数也是对应存储的，对应的也要修改物理参数存储矩阵；上一时步也会将接触位移传递到该时步，对应的修改存储信息，将和被删除单元有关的全部接触都删掉；上一时步传递到该时步的应力矩阵、位移矩阵和速度矩阵也将对应做修改，调整块体编号，删除要删除块体单元的记录信息。修改完毕后，再让程序进入接触判断。接触判断完毕后，再进行接触转化。完成到这里，整个程序的计算单元已经不再是 n 个，而是 $n-1$ 个或减掉更多。在该时步下，主程序将针对没有删除的计算单元进行计算，直到下一次需要删除计算单元后才进行新一步的改变。将这个过程写成一个单独子程序加到计算主程序的最前端，即可完成计算块体单元的删除，从而实现开挖模拟。

4. 开挖输出控制的实现

为了能够更好地输出计算结果，程序应该具备输出计算过程的图片和模拟数据。

计算过程图片的输出：程序采用的是对软件截屏的方法。确定截屏时间间隔后，在指定的时步循环间隔内，对软件进行截屏，可得到指定步数的截屏图。运用后处理软件可将这些图片制作为动画，直接将模拟全过程显示出来。图 5.4 为模拟结束后得到的截图图片，这些图片统一保存在计算程序根目录下的“动画”文件夹中。

文件(F) 编辑(E) 搜索(S) 查看(V) 比较(C) 宏(M) 工具(T) 窗口(W) 帮助(H)

插件 工具 宏

data

```
1680 1050
block          number 363
bolt           number 0
block   vertex number 2864
fixed    point number 172
loading  point number 0
measured point number 0
block number 363 iteration
截图间隔步数 10
###### average  block  area ###### 0.119223
###### minimum  edge length ###### 0.007491
###### minimum v-e distance ###### 0.007491
###### minimum block  angle ###### 17.371489
后处理类型为1
第一强度指标为0.000000
第二强度指标为0.000000
删除块体总数
5
删除块体次数
2
第1次删除块体的时间
0.001000
第1次删除块体的数目
2
第2次删除块体的时间
0.002000
第2次删除块体的数目
3
第1次删除块体的块体号
10
20
第2次删除块体的块体号
30
40
50
enter 0 or 1, 0-statics 1-dynamics
1.000000
enter number of time steps (1-100)
140
enter number of block materials
1
```

（a）输入数据输出

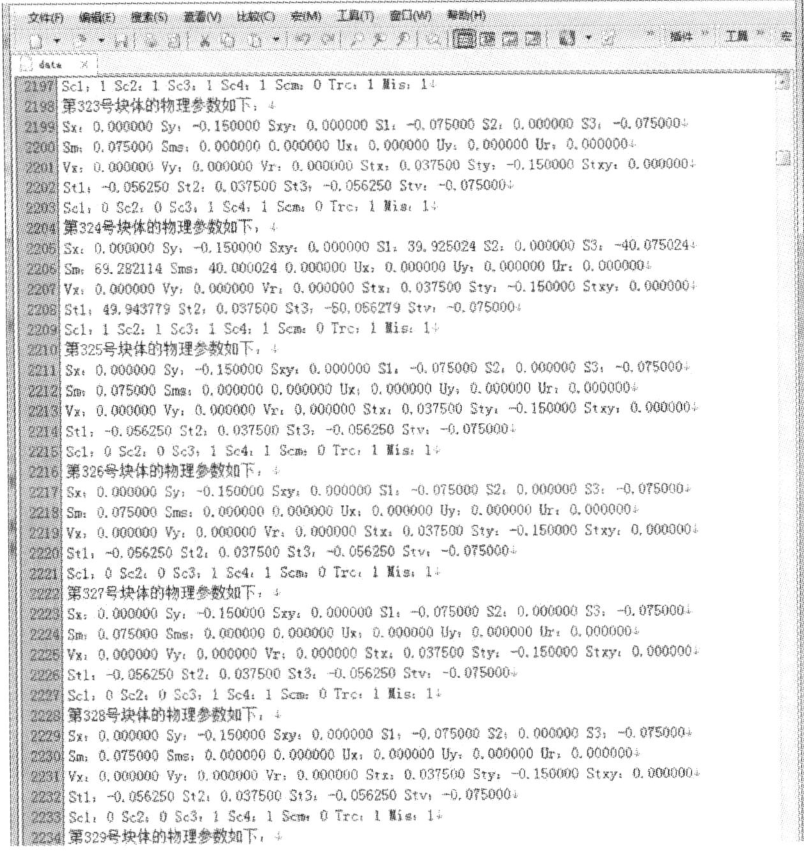

（b）物理参数输出

图 5.4　data 文件

模拟数据的输出：在模拟进行的过程中，会将有关的模拟结果存放在 data 文件中。每个循环步结束后，都会将该时间循环步中的运算结果保存到 data 文件，如图 5.4 所示。

5. 开挖实时应力应变场显示实现

实现方法采用红蓝渐变色的形式表示应力-应变场。先确定每个时间间隔步、所有块体应力或应变的最大值和最小值，同时最大值采用红色、最小值采用蓝色填充块体，然后将单一块体的应力值与最大、最小值进行比较，根据比较结果在红蓝色之间进行插值，根据差值红蓝渐变色结果对所有块体进行填充。

5.2.3　改进程序实现简单算例及其理论验证

为了验证 MDDA 程序修改的准确性，我们下面采用简单的算例来验证。所选取的算例应该具备两个基本条件：一是这样的算例可以找到理论解，从而可以把模拟计算结果与理论解进行对比；二是要保证第 5.2.2 节所做的论述结论，即包含多个计算单元之间的接触。

1. 算例模型建立及求解

根据两个基本条件，选取动力学算例：假设桌面上叠放有两个立方体块体，块体的边长为 5cm，如图 5.5 所示。将桌面简化为一个块体单元，算例中出现四处接触。为了观测三个块体位移分量的变化，分别在三个块体形心设置三个观测点，观测点的编号即为块体的编号。设定三个块体的稳定时间为 2s，2s 后突然拿掉块体观测点 2 对应的块体——2 号块体，这里理想的认为拿掉块体所用的时间为 0，即拿掉块体过程中并没有对其他两个块体有力的作用，没有摩擦力做功。

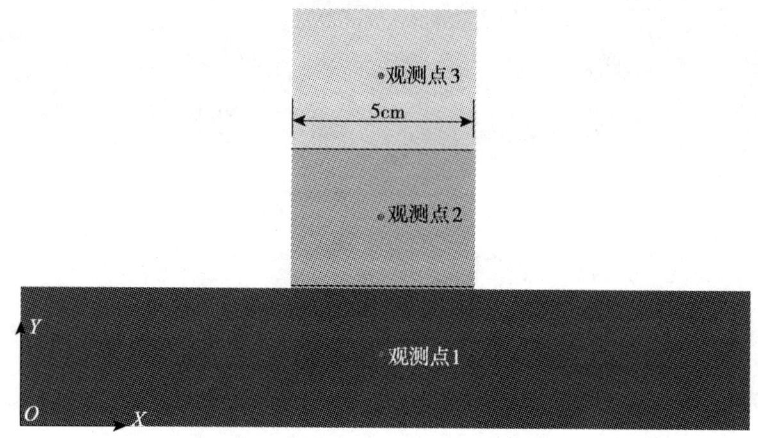

图 5.5 三块体叠放示意图

计算块体具体物理参数见表 5.2，相应的给出块体之间的接触参数，见表 5.3[15]。

表 5.2 物理参数

密度/(t/m^3)	重力加速度/(m/s^2)	弹性模量/(t/m^2)	泊松比
2.5	10	3000000	0.2

表 5.3 块体接触参数

摩擦角/(°)	黏结力/(t/m^2)	抗拉强度/(t/m^2)	接触刚度/(t/m^2)
5	0	0	1000000

观测点 1 所对应的块体下方两个直角位置设有固定约束，各块体的初始应力和初始速度均为零，加速度方向沿着 y 轴的负方向。应用修改后的 MDDA 程序计算，其计算结果按照时步间隔显示见图 5.6。

由于块体材料的弹性模量比较高，所以整个块体系统稳定时间很短。将 2 号块体突然删除掉以后，3 号块体失稳，开始做自由落体运动。当 3 号块体下落到－0.05m 位置时与 1 号块体发生接触碰撞，由于在接触位置设有法向弹簧，所以 2 号块体将获得一定动能，由相反方向开始运动。接触变换过程：初始计算过程有 4 对接触，当删除 2 号块体后，接触对数突然变为 0；当 3 号块体运动到 1 号块体表面时再次发生接触，有两对接触；当 3 号块体再次获得动能后离开 1 号块体表面，接触对数变为 0。由三个观测点的数据可以得到三个块体 y 轴方向位移随时间变化的曲线，见图 5.7 [15]。

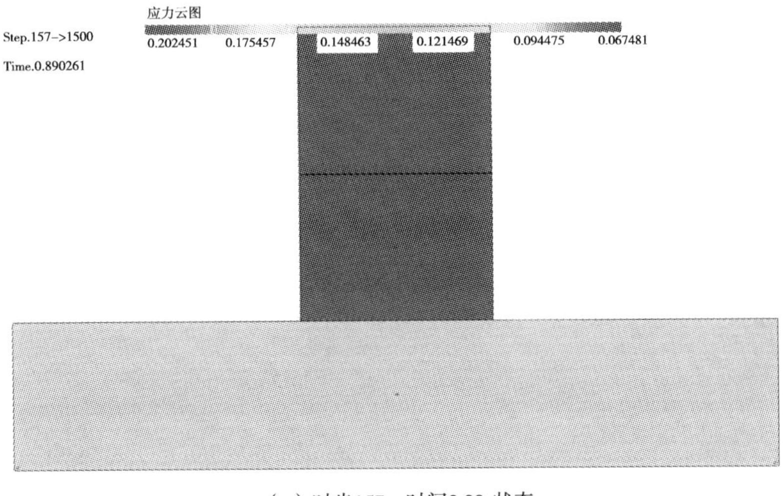

（a）时步157，时间0.89s状态

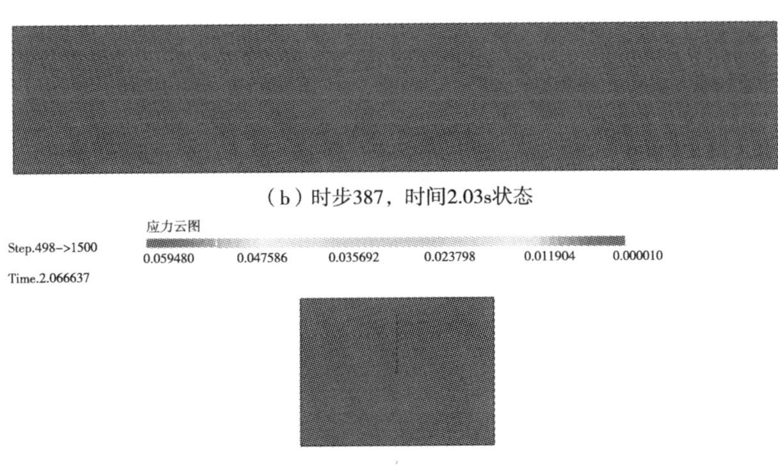

（b）时步387，时间2.03s状态

（c）时步498，时间2.06s状态

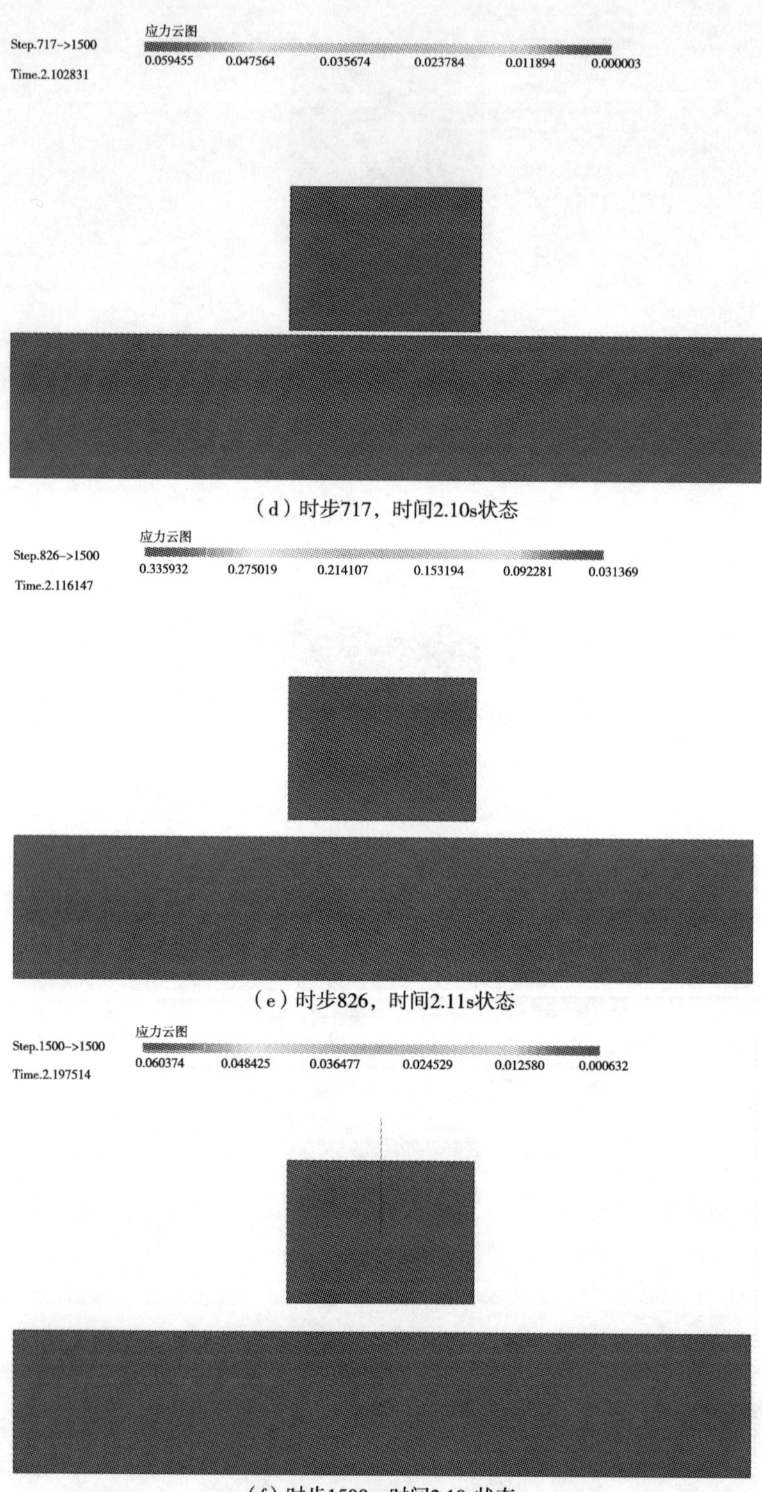

（d）时步717，时间2.10s状态

（e）时步826，时间2.11s状态

（f）时步1500，时间2.19s状态

图 5.6　块体计算过程示意图

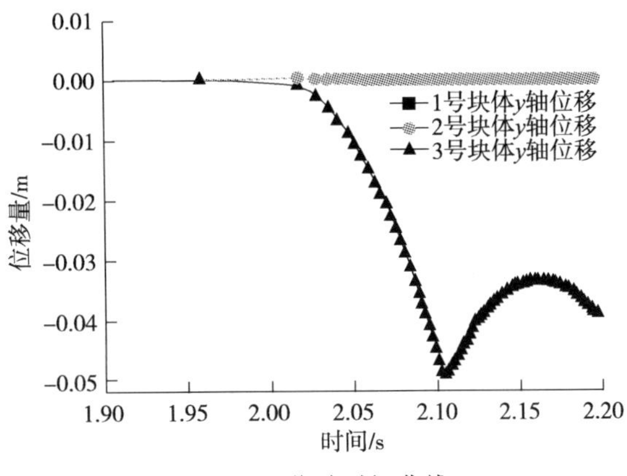

图 5.7　位移时间曲线

由于数据在 0～1.9s 之前没有任何变化，且为了能够清晰地看到删除块体后的块体系统位移变化规律，故时间轴取 1.9～2.2s 时段。观测点 1 对应的是 1 号块体，由位移时间曲线可以看出，在整个时间段中 1 号块体的 y 轴位移为 0。观测点 2 对应的是 2 号块体，在未删除该块体之前，块体的位移是 0；删除该块体之后，由于在计算程序中已经没有了 2 号块体计算单元，故该块体继续保持在删除瞬间前一时步末的位移。观测点 3 对应的块体是 3 号块体，在 2s 之前，该块体的位移为 0；当删除了 2 号块体后，该块体开始做自由落体运动，运动位移为－0.05m 后，块体开始做抛物线运动。

这里重点考察一下观测点 3 记录到的应力变化情况。观测点 3 对应的是 3 号块体，该块体的应力随时间变化的规律见图 5.8。由于观测点记录到的数据在 0.1～1.9s 没有任何变化，所以选取 1.9～2.2s 区间为主要研究时段。

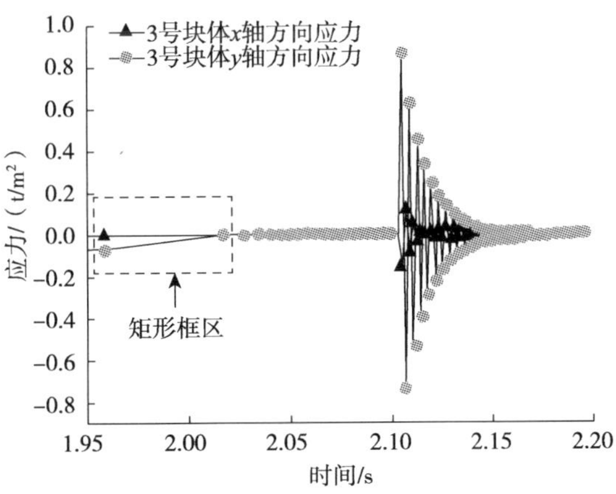

图 5.8　应力时间曲线

观测点数据在 0.1～1.9s 应力值一直没有变化，属于稳定阶段。其应力值并不为 0，与图 5.8 中矩形框左端数据显示一样，这个应力是 3 号块体自身重力所造成的。在矩形框内可以发现，矩形区域所代替的时间区域非常宽，但是就只有两个数据点，这是因为程序在对观测点取值时并没有按照每一个时步来提取，而是按照固定间隔提取的结果。例如，本程序设定计算时步共 1500 步，提取数据 100 次，每隔 15 步提取一次数据，所以矩形区域内应该还有15个应力变化值，而不应该是一条直线；另外一个原因是程序是自动设定每一步的时步长，当块体系统很稳定（稳定是指块体系统几乎不运动，应力几乎不变化的情况）时，每一个间隔时步长度取值就大，如果系统不稳定时，所选取的时间间隔就比较小，故可以看出，在相同的观测点提取数据间隔内，矩形区域左边和中间的数值个数要比矩形区域右边的数据稀疏一些。当3号块体接触到1号块体后，3号块体的应力值开始变化，由于摩擦力做功消耗系统能量，所以3号块体的应力值有明显的变化，起初是由小变大，接着再由大变小，在这个变化过程中，摩擦力始终在做功。当脱离接触后，块体本身还残余一部分应力，这部分应力并没有再被摩擦力消耗掉，由于块体本身为弹性体，块体在这部分残余应力的作用下，应力值发生振荡。

2. 开挖模拟理论验证

当块体系统计算稳定后，突然拿掉2号块体，3号块体应该做自由落体运动，自由落体运动位移计算公式是

$$u=\frac{1}{2}gt^2 \tag{5.44}$$

其中，u 为计算得到的位移；g 表示重力加速度；t 表示下落的时间。

程序计算过程中，当时步为353步末、2.004322s时开始删除2号块体，计算到732时步时3号块体与1号块体发生碰撞，将观测点3的 y 轴位移数据进行整理，结合理论解位移数据建立表5.4。求解理论解的坐标系同DDA数值建模坐标系。

表5.4 块体位移的理论解和数值解

系统计算时间/s	删除块体后计时时间/s	DDA方法数值解/m	理论解/m
2.004322	0	0	0
2.017160	0.012838	−0.000825	−0.000824
2.027910	0.023588	−0.002781	−0.002782
2.035410	0.031088	−0.004832	−0.004832
2.041260	0.036938	−0.006823	−0.006822
2.046660	0.042338	−0.008963	−0.008963
2.050800	0.046478	−0.010801	−0.010801
2.054940	0.050618	−0.012810	−0.012811
2.059080	0.054758	−0.014990	−0.014992
2.063130	0.058808	−0.017293	−0.017292
2.066050	0.061728	−0.019054	−0.019052
2.068970	0.064648	−0.020900	−0.020897
2.071900	0.067578	−0.022831	−0.022834
2.074820	0.070498	−0.024848	−0.024850
2.077740	0.073418	−0.026950	−0.026951
2.080660	0.076338	−0.029137	−0.029137
2.083580	0.079258	−0.031409	−0.031409
2.086500	0.082178	−0.033767	−0.033766
2.088790	0.084468	−0.035678	−0.035674

续表

系统计算时间/s	删除块体后计时时间/s	DDA 方法数值解/m	理论解/m
2.090860	0.086538	−0.037443	−0.037444
2.092920	0.088598	−0.039250	−0.039248
2.094990	0.090668	−0.041101	−0.041103
2.097050	0.092728	−0.042993	−0.042992
2.099110	0.094788	−0.044929	−0.044924
2.101180	0.096858	−0.046907	−0.046907
2.103240	0.098918	−0.048928	−0.048924

根据表 5.4 可以建立理论解和数值解的位移时间曲线，见图 5.9，可以看出数值解和理论解几乎就是重合的。

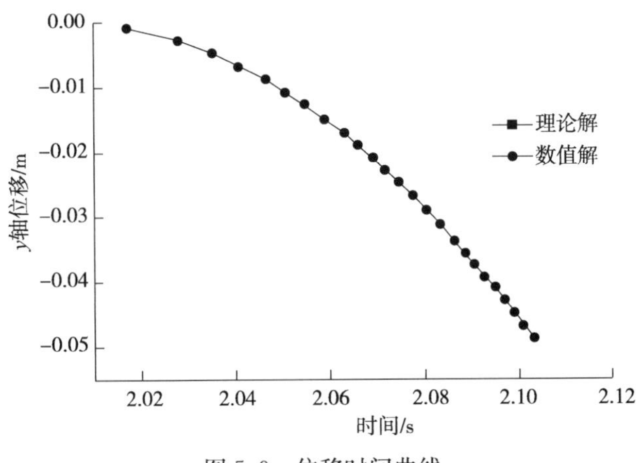

图 5.9　位移时间曲线

由表 5.4 和图 5.9 可知，在系统时间为 2.004322s 后，2 号块体被删除计算起，3 号块体 y 轴位移的理论解和数值解非常接近，误差在小数点后第 6 位。删除 2 号块体是瞬时的，在该时步下，块体计算单元的全部初始参量都由上一计算步末传递而来，没有出现缺漏，非常符合之前开挖模拟的论述。这证明有关开挖过程的模拟是相对准确的。

5.2.4　MDDA 软件使用说明

1. 硬件与软件配置要求

1）硬件环境建议配置（表 5.5）

表 5.5　硬件配置

硬件	配置
CPU	英特尔酷睿 i3 四核处理器以上
内存	大于 2GB
硬盘	大于 200GB

续表

硬件	配置
显卡	NVIDIA Quadro 5000
显示器	19 英寸 LED
机箱电源	功率不低于 500 瓦
网卡	百兆接口

2）软件环境

Windows XP、Windows 7 和 Windows 8，32 位操作系统及以上。

2. 软件使用说明

1）前处理操作

（1）根据实际情况，建立模型，通过“dl. exe”和“dc. exe”分别建立线模型和面模型，最终生成 blck 文件。

（2）运用“MDDAbf. exe”确定要删除的块体号。

2）数据输入

有关 MDDA 的数据输入，采用的是文件输入的方式，通过一个几何参数文件和一个物理参数文件来进行输入。

（1）打开“ff. c”文件，在第一行输入几何参数文件的文件名，在第二行输入物理参数文件的文件名。

（2）几何参数文件即为前处理得到的 blck 文件。打开 blck 文件，在该文件的末尾输入以下内容：

L…：nc；删除块体的总数；

L…：cno；按照顺序删除的每个块体的块体号，该块体号是前处理过程中通过“MDDAbf. exe”得到的，一共有 nc 行；

L…：jg；截图的时间循环间隔步数，即为每隔几个时步进行截图。

（3）物理参数文件按以下方法输入。

L1 ：xs；实时显示的数据类型。数值为 1 时为 x 方向正应力，2 时为 y 方向正应力，3 时为剪应力，4 时为最大主应力，5 时为中间主应力，6 时为最小主应力，7 时为米塞斯应力，8 时为最大剪应力，9 时为 x 方向位移，10 时为 y 方向位移，11 时为 r 方向位移，12 时为 x 方向速度，13 时为 y 方向速度，14 时为角速度，15 时为 x 方向正应变，16 时为 y 方向正应变，17 时为剪应变，18 时为最大主应变，19 时为中间主应变，20 时为最小主应变，21 时为体应变，22 时为第一强度理论，23 时为第二强度理论，24 时为第三强度理论，25 时为第四强度理论，26 时为摩尔库伦强度理论，27 时为屈斯卡塑性屈服，28 时为米塞斯塑性屈服。

L2 ：zb1；控制指标 1，当 xs 为 22，23，24，25，26，27，28 时为材料的抗压强度，其他 xs 取值为 0。

L2 ：zb2；控制指标 2，当 xs 为 26 时为材料的抗拉强度，其他 xs 取值为 0。

L3 ：ncc；块体删除次数。

L4 ：cti cni；cti＝第 i 次删除块体的时间；cni＝第 i 次删除块体的个数；一共有 ncc 行数据，代表删除块体的次数，同时 cni 的总和应该为删除块体的总个数 nc。

L5 ：k01；计算方式控制参数，当需要做静力分析时应置 0，置 1 时为动力学分析，若 k01 在 0 到 1 时，表示能量的衰减率。

L6 ：n5；计算时步数，一般静力分析时取 10 到 100 步，动力分析时取 10 到1000 步，当总变形或位移较大时，需要设更多的时步数。

L7 ：nb；块体材料号数如果没有设定材料线，就认为是一种材料，如果有材料线，那么由材料的条数和编号来确定块体材料号个数。

L8 ：nj；节理材料号数在每条线后都有对应的节理号，有几个标号就是几个节理材料号，在后设定参数时，将材料号由小到大依次输入即可。

L9 ：g2；假设的最大变形率（一般为 0.001 到 0.01）W 为计算域的 y 方向长度的一半，g2 乘以 W 即为假设的最大位移。实际计算中每一步中的最大位移都小于 g2× W，这样可以保证开—合迭代有较好的收敛性。

L10：g1；每一个时步中时间间隔的上限（0.001s），如果赋值为 0，程序会根据块体的平均自振频率计算一个值赋给 g1，g1 值的选取对计算影响很大，若 g1 取值太小，则需要太多的时步来使位移达到预定的数值，因此应该谨慎选取一个合适的 g1 值。每一个时步都会计算出一个时间间隔，这些信息输出在 data 文件中，用户可以先试算一下，再根据 data 文件中的信息调整 g1 值以达到最优值。

L11：g0；接触弹簧的刚度，如果赋值为 0，则程序会自行计算出一个合适的 g0 值，该值为块体的弹性模量与块体平均直径的乘积。

L12：K5（1），K5（2），K5（3），K5（4），K5（5），K5（6），…，K5（nfp＋n7）；K5(i)＝插值点数，每一个 K5（i）对应一个荷载点和插值点，L12 信息行的总数应该为荷载点的总数 nfp 与约束点的总数 n7 之和。如果使用约束线，该线上的约束点不能直接操作，程序可以从几何参数文件中读出它所生成的约束点及其顺序和坐标。这些插值点可以定义随时间变化的荷载点的荷载与约束点的位移。对于完全固定的约束点 i，在其相应的 K5（i）处赋 0 值即可，对于每一个随时间变化的约束点至少需要有两个插值点（即 K5（i）值应该大于 2）。一个插值点为一个 L9 行。

L13：t_i，x_i，y_i；t_i＝时间（单位应该是 s）；x_i＝在时间为 t_i 时 x 方向的位移或荷载；y_i＝在时间为 t_i 时 y 方向的位移或荷载。一个 L13 行对应一个插值点，若 K5（i）为 0，则没有相应的 L13 行，若 K5（i）为 n，则应有 n 个 L13 行。计算过程中某个约束点或荷载点在某计算时刻的位移或荷载的数值由该点相应的插值点对时间做线性插值求出。

L14：块体材料常数。L14a：m_a，w_x，w_y，e，u；m_a＝单位面积质量；w_x＝单位面积在 x 方向的质量；w_y＝单位面积在 y 方向的质量；e＝弹性模量(×10000Pa)；u＝泊松比。L14b：sl1，sl2，sl3；sl1＝x 方向的初始应力；sl2＝y 方向的初始应力；sl3＝垂直于 x 方向平面的初始剪应力。L14c：tl1，tl2，tl3 分别为三个应力的增量，在 96 版中没有使用，应该赋给 0 值。L14d：vx，vy，vr；vx＝x 方向的初始速度；vy＝y 方向的初始速度；vr＝初始角速度（逆时针为正）。

每一种块体材料都有一组 L14 信息行，一共应该有 nb（L7）组 L14。如果块体没有被材料线穿过，则该块体赋给第一种材料号。

L15：fa，co，ts；摩擦角黏滞力抗拉强度，每一种节理材料号对应一个 L15 信息行，一共应有 nj（L8）个 L15 行。

L16：qq；SOR 迭代方法中采用的超松弛系数。对于不大熟悉 SOR 迭代方法的用户，建议采用 1.4 值。

L17：0，0，0；计算静力问题。

L18：0，1，2；计算动力问题，（x，y 方向的地震加速度）。

3）模拟执行

所有数据输入几何参数文件和物理参数文件并保存之后，点击“MDDA. exe”进行模拟运算。为了保证模拟的顺利进行和计算结果的准确性，计算过程中最好不要运行其他程序。

4）后处理操作

当模拟计算结束以后，“MDDA. exe”会自动关闭，这时会在根目录下生成一个 data 文件和一个“动画”文件夹。

data 文件中的数据可以直接提取和分析。而“动画”文件夹中的图片可以运用图像处理软件，制作成动画，反映采矿开挖的全过程。

5.3 不同应力状态下采动覆岩移动规律及裂隙演化的 MDDA 模拟

5.3.1 采动岩层裂隙场模拟数值模型

1. 模型几何参数确定

相似模型实验中自底向上共设有 38 层模拟材料，有部分模拟层太厚被划分为多层，最终整理出的模拟层共有 49 层，每一层材质都是近似水平铺设。在铺设的过程中，都是用具有较大重量的钢板对铺设的砂土、石膏等混合材质进行夯实，故每一层铺设的厚度近似于起初设计的铺设厚度。

由于在相似模拟中，选用的材料是沙子、石膏、水泥和水等通过一定配比制成的材料，这种材料的强度值由其配比号而定。在做相似模拟试验中，主要根据模拟材料的相似比来估算材料的抗压强度，由抗压强度作为相似模拟的主要参数，并没有明确给出沙子、石膏等混合物材质在对应配比号下的抗拉强度、内聚力、摩擦角、弹性模量和泊松比等参数。因此，为了取得合理的物理参数来进行数值计算，将原有的相似比例 $\alpha_l=1:200$ 还原为 $\alpha_l=1:1$，采用原始地质岩体物理参数来进行模拟。

MDDA 数值模型中，每层的模型厚度均为实际岩层厚度的 1/200。共建立 49 层计算模型。模拟实际长度为 424m，高度为 246m。由于目前二维 MDDA 方法计算效率比较低，所模拟的计算单元不宜过多，故 DDA 数值模型由实际相似模拟模型右起取其长度为 2.12m。模拟边界为固定边界，用四个刚性块体包围，具体模型见图 5.10。

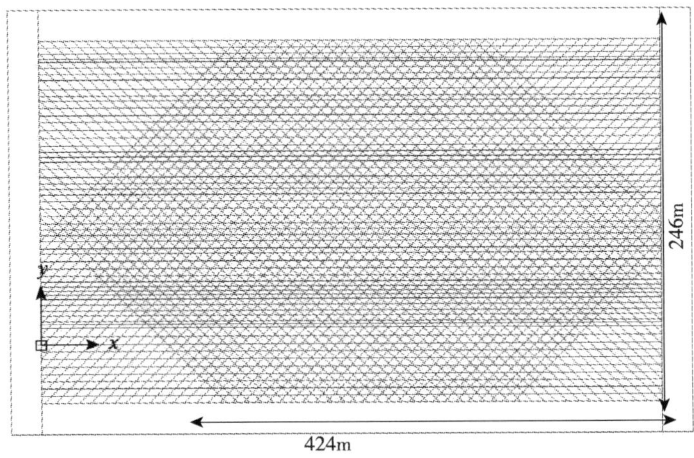

图 5.10　模型线框显示

图 5.10 为 CAD 建立的线框模型，模型边界由四个矩形刚性块体围成。模型中设有三组直接输入线。分别为水平、左倾 45°和右倾 45°线，其中，水平输入线为在相似模拟中，水平铺设模拟材料的分层分界线；左倾 45°和右倾 45°线为虚设结构面。由于目前 DDA 程序求解效率的问题，在网格没有明显影响计算精度的前提下，将左倾 45°和右倾 45°的直接输入线不均匀地布满整个模型，减少网格单元。

2. 模型物理参数及节理参数确定

相似模型中共设有 11 种不同相似模拟材料的配比号，对应实际岩体中 11 种岩石材料。在 MDDA 模型中，同样对应 11 种实际岩石材料，其物理参数取自矿区提供的岩石材料物理参数。为了使模拟边界不至于对整个模拟过程造成很大影响，设定边界材料为刚性材料，故整个模拟的物理材料共有 12 种。模型节理同样也设定为 12 种，层与层之间的节理采用弱化节理，即将节理的摩擦角、内聚力和抗拉强度降低，具体物理参数及节理参数见表 5.6。

表 5.6　材料物理参数及节理参数

材料名称	密度/(kg/m³)	弹性模量/GPa	泊松比	内摩擦角/(°)	内聚力/MPa	抗拉强度/MPa
刚体	2.60	4800.43	0.10	10.00	100.00	10.00
砂质泥岩	2.60	25.92	0.26	30.25	9.13	1.45
中砂岩	2.53	29.45	0.15	31.07	16.25	3.79
中细砂岩	2.61	34.30	0.18	34.50	20.00	3.00
黏土岩	2.49	34.59	0.20	33.00	15.00	3.70
粉砂岩	2.50	36.70	0.16	32.00	14.40	2.69
粗砂岩	2.59	53.57	0.19	43.00	11.00	3.31
中粗砂岩	2.60	27.52	0.10	37.90	14.50	3.08
砂泥岩互层	2.60	57.37	0.26	37.00	4.80	1.29
细砂岩	2.64	50.33	0.13	34.00	11.53	3.30
粉细砂岩	2.62	44.43	0.18	34.00	16.30	3.50
煤岩	1.40	4.99	0.20	31.81	2.09	0.75

弱化节理采用的是刚体对应的节理参数，煤层内部节理参数按照表 5.6 对应材料的节理参数设定。将 CAD 线框导出成 dl 程序的读入数据文件，然后再调用 dc 程序切割生成计算单元并赋单元材料编号及节理编号，最终生成模型见图 5.11[15]。

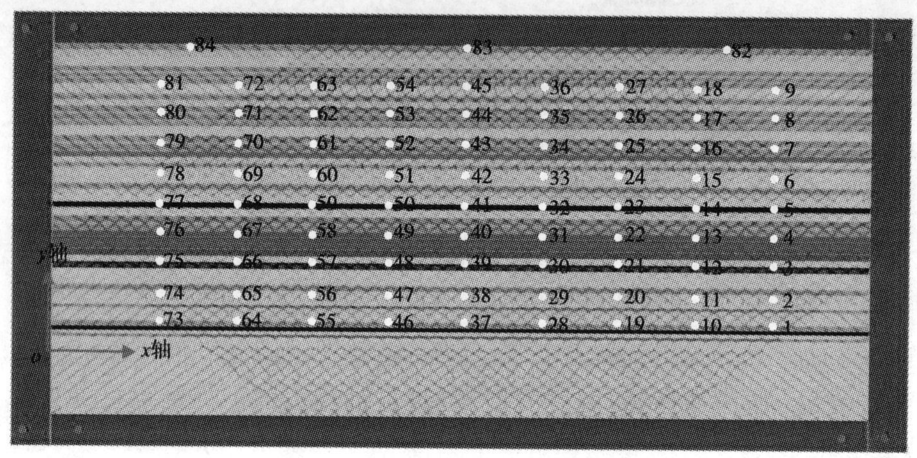

图 5.11　模型网格划分及观测点布置

图 5.11 中白色的点为观测点，共设立了 84 个观测点，对应编号在图 5.11 中已经标出。为了能够观测到岩层运动及对应块体的应力变化规律，将前 81 个观测点进行分组，第一组即为第一层，对应观测点编号为 1、10、19、28、37、46、55、64、73；第二组为第二层，对应观测点编号为 2、11、20、29、38、47、56、65、74；依次类推，将全部观测点分为 9 组，观测点 1～9 的编号也为 9 组对应的编号，可以称为 9 层。图 5.11中四个角上的 8 个点为固定点。黑色岩层为煤层。由于在生成网格时，设定的线长容许的最小长度为 0.009，因此对原有的 CAD 直接输入线做了微小的调整，其目的是使切割生成的最小块体在可控的容许长度内。

5.3.2　采动岩层数值模型边界条件及单元开挖

1. 初始重力场模拟

MDDA 方法计算开始需要设定初始条件，包括力和位移的初始条件或混合边界条件。在本节模拟中，既用到了位移边界条件又用到了力的边界条件。本节模拟中设定的刚性边界条件即为位移边界，即用四块刚度很大的块体将所有有效计算单元围绕起来。模拟范围较大，且开采工作面距离边界较远，因此可以忽略位移边界对整个模拟计算的影响。考虑到远场作用的影响范围有限，并且根据圣维南原理，这样的边界条件设定符合工程计算要求。力的边界条件在计算前施加比较困难，因为岩体结构的离散性和重力场的共同作用导致结构位移及应力发生新的变化。

在相似模拟试验中，模拟模型是由沙子、石膏、水泥和水按照一定的配比混合配制后再堆积而成的。在堆积过程中，每层模拟材料的内力是慢慢的增加，每在模型中添加一层材料铺设，该材料层对应的下部每层材料的应力就会增加一次。每层材料均匀堆置完毕后又用平板重物在其上进行重力击打，从而达到堆积材料密实的效果。当整个材料层都被堆积完毕后放置1～2天干燥，之后才可做相似模拟实验。这个过程可以发现，在重物击打每层材料层时，难免会使下部堆积好且已经密实了的材料层发生塑性变形或破坏，出现裂纹，此时模拟材料还没有因为石膏的作用而固结，当要开始固结的时候，已经不再对它敲击，由重物敲击产生的损伤再次被黏结。从整体看，相似模型的加工过程中，每层材料内部并不会发生破断或大的损伤，材料内应力的增加也不会突然增加到最大，而是逐渐增加的过程，其最终固结为一个整体，每层直接材料的变形及应力几乎相等。实际工程当中，工程测量得到的岩体都是在一定内压力作用下的结构体，因此所测量的岩体大小、形状等都是变形后的几何参数，因此如何反应实际的边界条件对工程的模拟计算具有非常重要的意义。

用有限元及有限差分对相似模拟试验进行模拟时，首先要模拟模型的初始沉降及应力，即在重力场及其他力场作用下模型所产生的位移及内部计算单元稳定后的应力。其次，在开挖前将位移置为零加上计算得到的应力进行开挖计算，或者直接开挖。最后，将计算开挖得到的位移减去初始位移沉降量即可得到新的位移量，这个新的位移量就是由于开挖而引起的位移沉降。在整个模拟过程中，需要关注的是第一步模拟初始沉降及应力分布，如果第一步模拟的初始沉降及应力最后完全可以符合计算实际边界条件，说明模拟是科学可行的。不少研究者对这一过程做了研究。在有限元及有限差分中，比较认同的模拟重力场初始边界条件的做法是，先将模型材料物理参数中的弹性模量设定为很高的值，然后进行计算，计算完毕后将所有计算单元的应力继承到新的计算设定条件下，并将沉降位移置为零，恢复材料弹性模量值。有研究表明通过这样的计算后，由初始条件引起的计算误差相对比较小，可以认为是合理的。

在连续介质条件下，计算单元并不会开裂，而且计算单元网格比较规则，在具有一定特征应力作用下，可以很好地构造出重力场作用下的初始应力边界条件。但是在非连续介质中这样的做法是很难行得通的，因为结构不再具有固定规律，而是完全离散的块体，而且块体的大小、形状都不规则。当以很大的初始应力加到非连续计算单元中时，由于均匀应力对非均质结构作用产生不稳定，因此需要计算达到稳定，而在稳定过程中就会造成结构面的开裂或块体形状及位置的调整，从而使系统结构达到稳定。所以，不同的应力路径下对应的结构将不同。在相似模型试验中，应该按照每层铺设的过程来施加初始应力，而不是突然施加很大的初始应力将整体结构稳定。本节中的重力场模拟是采用较小的应力突然施加于模型，然后在重力场作用下达到稳定，并没有分步施加初始应力而使重力场作用下的结构达到稳定，容许较大的误差，这是为了减少计算时间。通过不断地调试初始应力参数，选定22.833MPa作为初始构造应力，水平构造应力与垂直构造应力的比值为1。最终根据观测点82、观测点83和观测点84得到的稳定后的平均 σ_x 为－12MPa，σ_y 为－6MPa，应力比为2，相当于埋深为240m。JP

2. 开挖单元设计

开挖模拟在计算前需要设定计算中要开挖的块体单元，输入开挖时间点就可以实现开挖，当然也可以直接在计算中指定删除块体单元，实现删除块体单元的目的。程序目前还是采用先设定好开挖块体及对应开挖的时间点，以文件的形式输入。对应的开发了设定开挖单元的程序，见图 5.12。

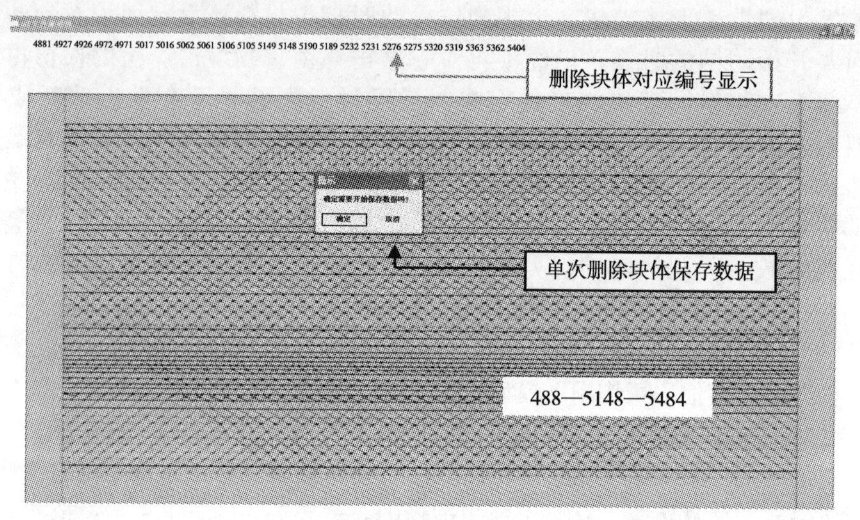

图 5.12　删除块体单元设定

开挖块体单元指定针对的是由 dc 程序切割生成的计算单元，本程序读取的就是 dc 处理完毕的结果文件。程序中每开挖一批次都要指定块体，对其设定一次参数，并保存数据。设定完毕后保存数据，生成新的 df 可以读入的模型文件。然后再在 df 计算参数读入文件中设定启动删除计算单元的时间及对应的批次。

3. 模拟初始边界条件

开挖块体单元的指定同静力学计算设定。在程序计算之前，需要设定计算参数。因为是动力学计算，且考虑很小的阻尼影响，取 0.99 为动力学计算传递系数，即将上一时步末传递到该时步的速度值乘以 0.99 后再做传递，并非全值传递到下一时步。计算时步设定为 10000 步。时步长置为 0，表示程序内部通过计算自行设定时步长。接触弹簧为 15.52GPa。选取不同水平应力与垂直应力比值作为模拟工况。工况 1：初始水平构造应力与垂直构造应力相同，取值为 22.833MPa，剪切构造应力为 0。按照该初始条件输入，重力场计算稳定后，模型整体水平应力与垂直应力比为 2∶1；依照稳定后的比值可以选取 1.5∶1、1∶1、0.5∶1、0∶1 作为模拟工况，共 5 种工况。计算迭代因子为 1.35。开挖前 1s 是应力场稳定时间，1s 后开挖。前 9s 内，每隔 2s 开挖 2 个块体，相当于实际开采 8m；9s 后每隔 1s 开挖 4 个块体，相当于实际开采 16m。在动力学计算中，每次时步长的累加为真实模拟时间。开采时间间隔可以设定为很长时间，出于计算效率的考虑，程序计算开采设定时间间隔为 1s，认为 1s 后块体系统近似再次达到稳定时，开始下一步开采计算。

5.3.3 水平垂直应力比为2∶1时采动应力场和位移场

动力学模拟考虑速度，即上一时步传递到下一时步的参数中速度项不为零。可以设定一个衰减系数，而不是完全传递。考虑速度的影响，惯性力就会使岩体应力增加，增加的这部分应力一部分被保存在岩体内，另一部分则被摩擦力做功消耗。

程序共计算10000时步，刚开始计算时由于加了初始构造应力，所以块体单元内部应力比较高。计算单元总共设定12种材料属性，煤层材料属性比较软，刚开始计算时，在煤层中出现的σ_y比较高，计算稳定后，应力分布均匀化，见图5.13。1s后开挖。

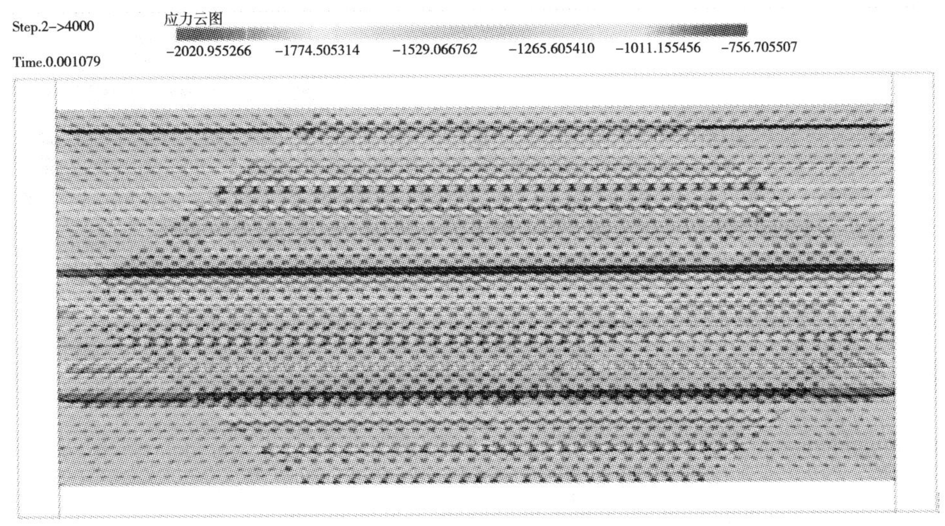

(a) 时步2，时间0.0010s

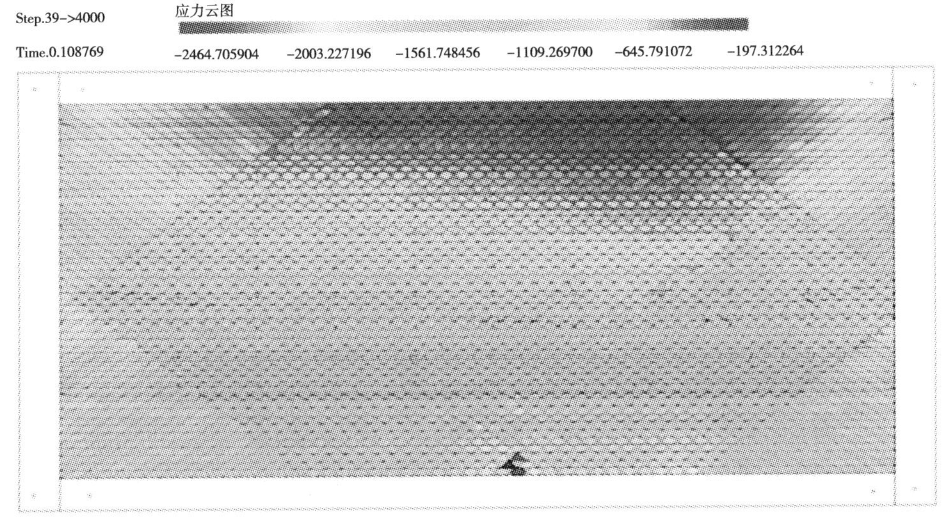

(b) 时步39，时间0.1087s

图5.13 初始应力施加及应力场变化

当计算时间点到达 1s 时开挖，对应煤层开采工作面的开切眼。起步开挖两个三角形块体，开挖实际长度为 8m。开挖后，在切眼顶板和底板 σ_y 应力有所释放，应力较低，切眼两帮应力有增加趋势，应力值变大，属于应力集中区域，见图 5.14。

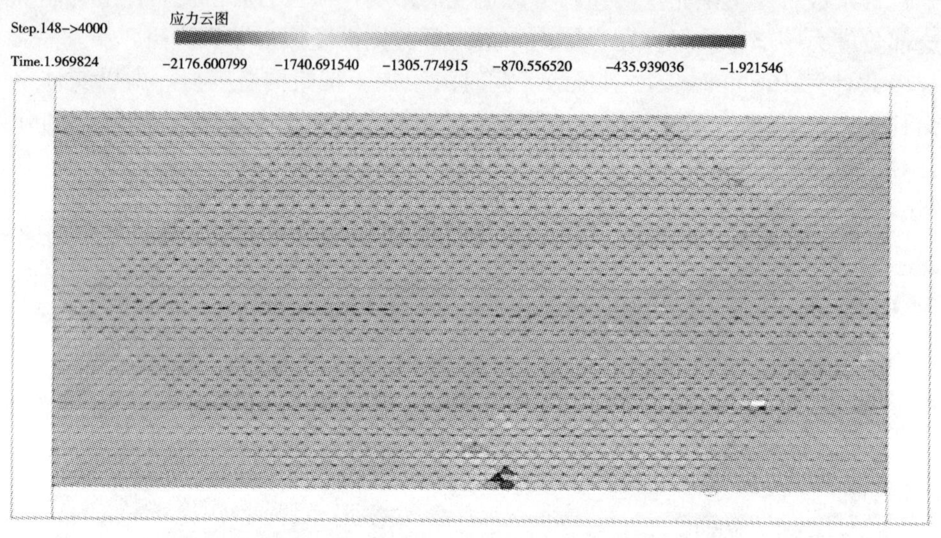

图 5.14 第 148 时步（时间 1.9698s）切眼 8m 应力场

离开切眼回采 8m 后，计算中设立的 9 排监测点监测到 y 轴方向的位移变化，见图 5.15。81 个监测点整体 y 轴方向位移都为负，即沿着 y 轴负方向。1～9 层观测点 y 轴位移逐渐增大，在 8m 切眼顶板正上方及邻近区域的观测点 y 轴位移较大。

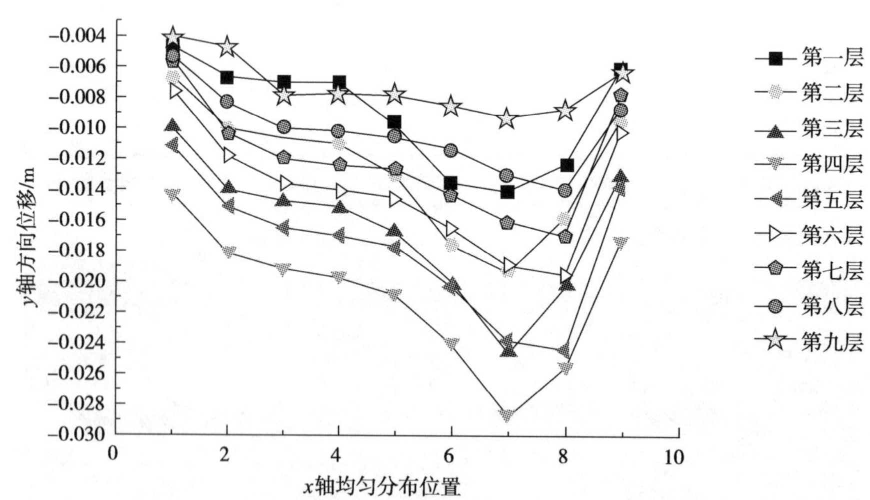

图 5.15 第 148 时步（时间 1.9698s）9 排监测点 y 轴方向位移

在开切眼 16m 计算开始，切眼顶板 y 轴应力大量释放，呈深色，两帮 y 轴应力集中。采宽 24m 计算末，顶板 y 轴应力大量释放区域进一步扩大，工作面两帮 y 轴应力集中更加明显。当采宽 32m 时，直接顶出现离层，y 轴应力释放区域进一步扩大，释放区域呈三角形状，两帮应力集中加剧，底板 y 轴应力释放区域扩大，释放区域呈倒立三角形。开挖 32m 时末，顶板第一层出现垮落，顶板应力释放区域也有所扩大，两帮应力集中加剧，在左侧帮部，应力集中区域有向帮部内部延伸的现象，而右侧帮部应力集中区域在靠近采空区的内侧。底板应力释放区域扩大，由于受到顶板垮落后的块体作用，y 轴应力有所增加，如图 5.16 所示。

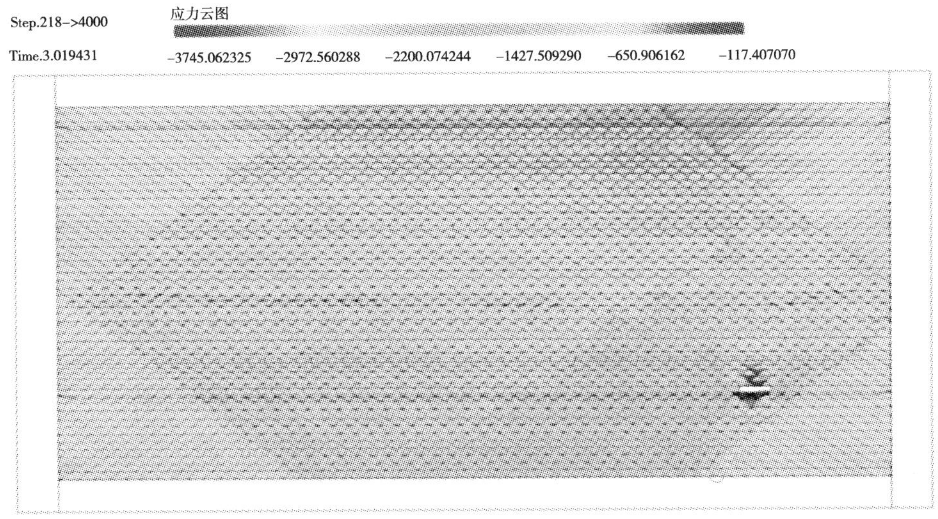

（a）时步218，时间3.0194s

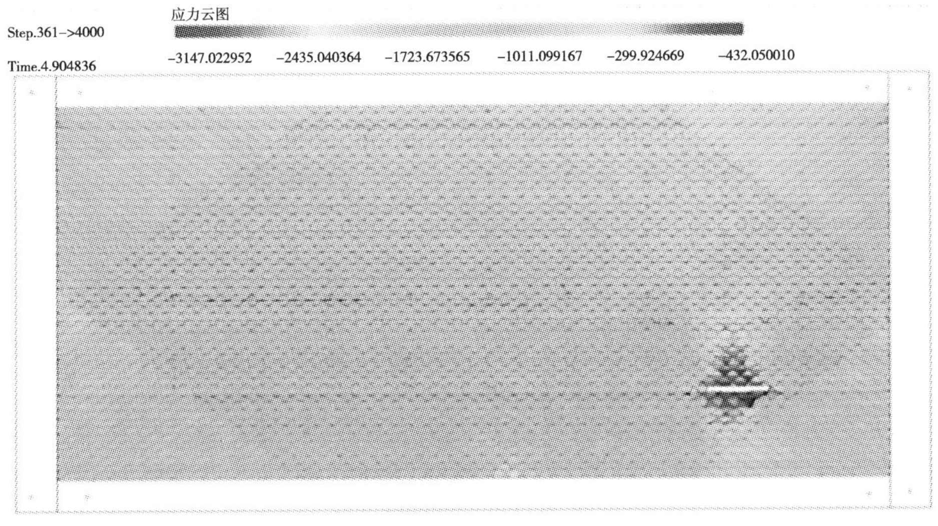

（b）时步361，时间4.9048s

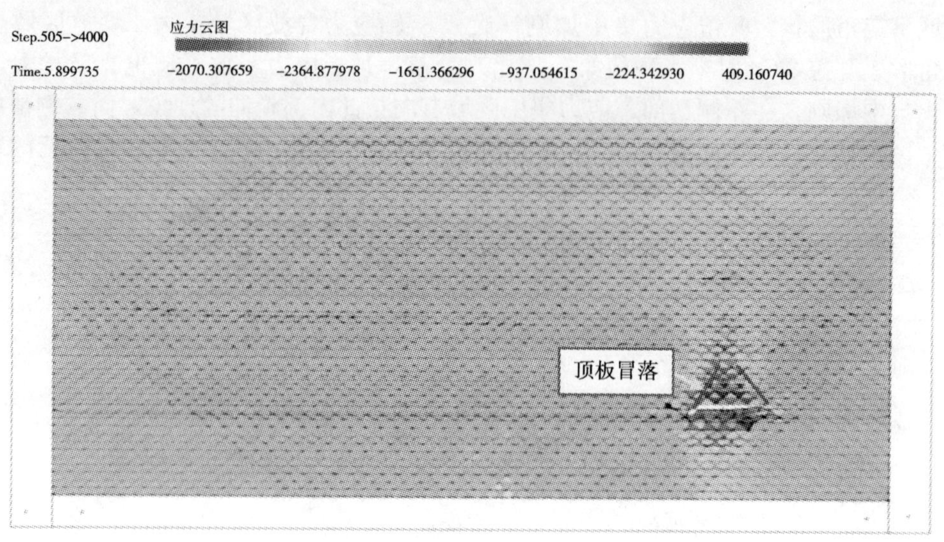

（c）时步505，时间5.8997s

图 5.16　切眼 16～32m 应力场

开采到 32m 后，顶板第一次出现冒落，第一层监测点的 10 号监测点 y 轴位移最大，近似达到－3.8m，该监测点处于工作面顶板正中央，与 10 号监测点在同一列且距离较近的观测点，y 轴位移都有明显的变化，且都大于邻近同层观测点的 y 轴位移，如图 5.17 所示。

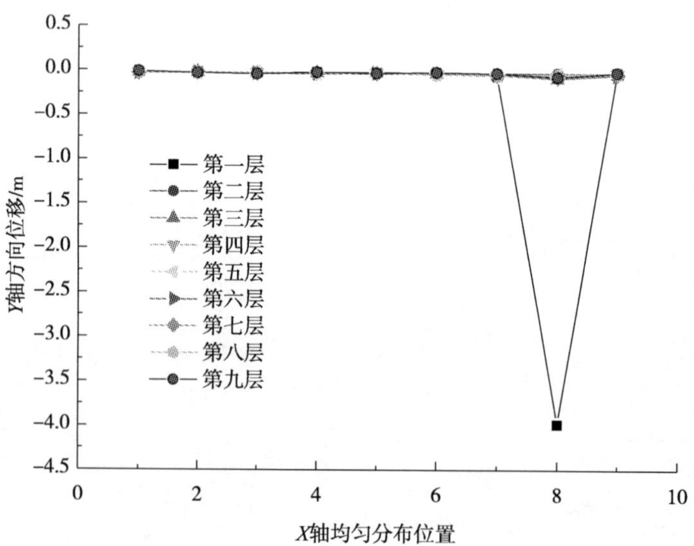

图 5.17　第 505 时步（时间 5.8997s）9 排监测点 y 轴方向位移

开采至 40m 时，工作面顶板只有直接顶有 8m 空间的块体掉落，顶板和底板的 y 轴应力释放区域进一步扩张，工作面两帮应力集中颜色加深。开挖至 56m 时，工作面直接顶又有 8m 空间的块体掉落，顶板和底板的 y 轴应力释放区域进一步扩张，工作面两帮应力集中进一步加剧。当开挖至 64m 时，工作面再次来压，老顶开始垮落，垮落深度达 13m。顶板应力释放区域再次扩大，两帮应力集中加剧，左帮应力集中区域向内延伸，大约延伸近 20m，右帮的应力集中区域还是在靠近工作面内侧，如图 5.18所示。

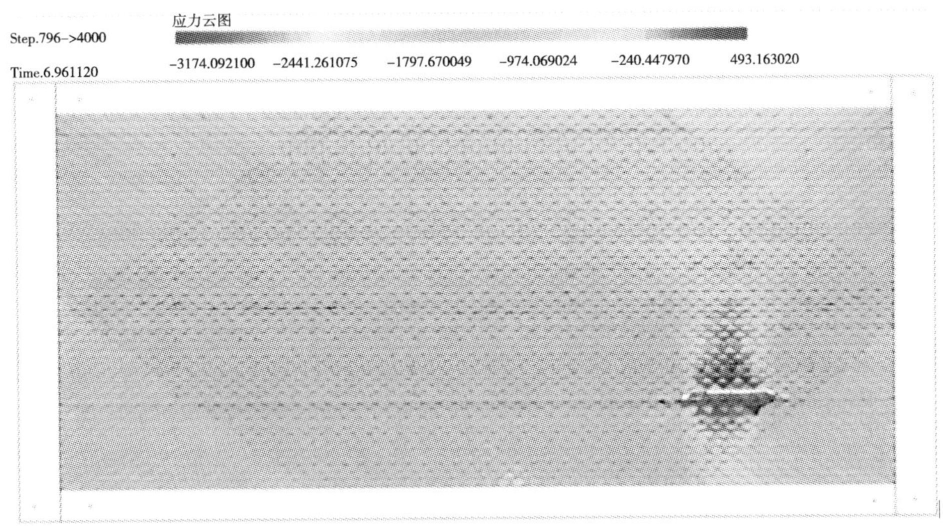

（a）时步796，时间6.9611s

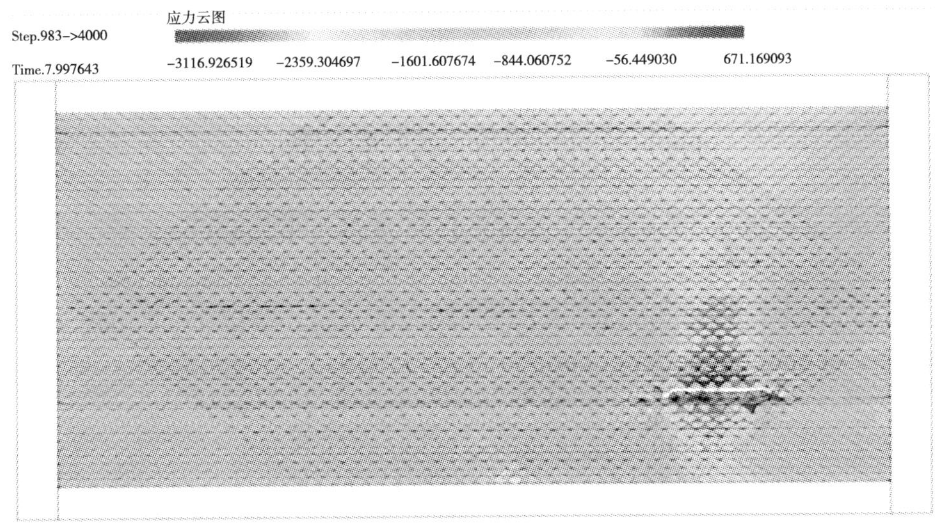

（b）时步983，时间7.9976s

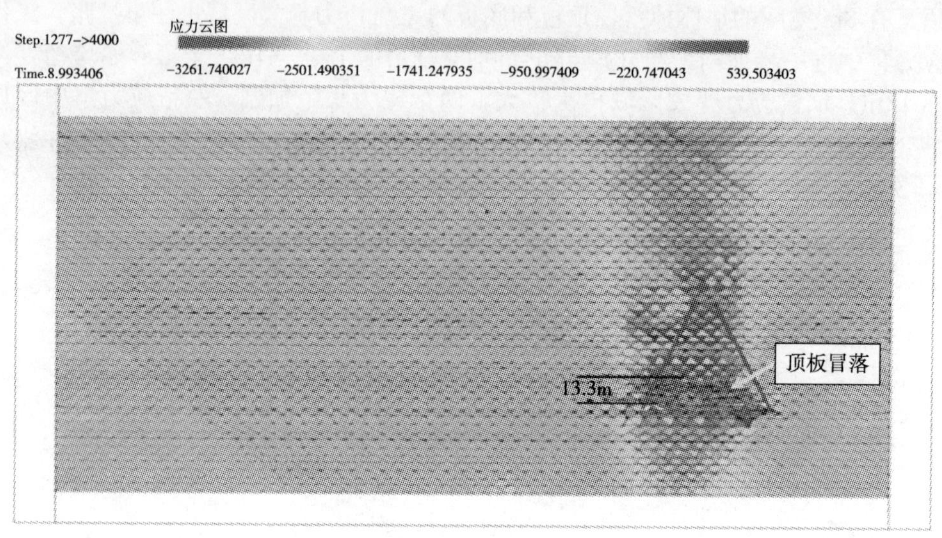

(c) 时步1277，时间8.9934s

图 5.18　开挖 32～56m 应力场

当工作面开挖至 64m 时，第一层监测点编号为 19 号的监测点对应的块体 y 轴位移已经是−0.7m，10 号观测点对应的块体已经完全掉落在底板上，冒落深度达 13m，第二层及第三层监测点 y 轴位移加大，出现离层，第四层也出现了小的离层。每层监测点之间的距离为 18m，可见离层深度已经达到 54m，如图 5.19 所示。

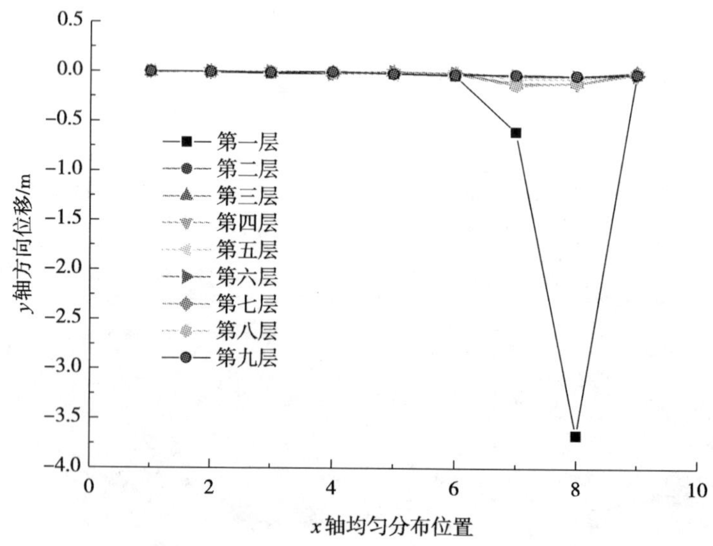

图 5.19　第 1276 时步（时间 8.9910s）9 排监测点 y 轴方向位移

在开采第 9 时步开始，开挖工作面由原来的 8m 改为 16m，因此开采第 9 时步初，开采工作面宽度已经达到 80m。此时，在工作面左帮有块体冒落，冒落深度同开采第 8 时步冒落的深度。开采到第 10 时步后，采宽变为 96m，在该稳定时段内，裂隙在冒落带上部频繁发育，由底向上延伸，y 轴应力释放区域沿 y 轴方向扩展到模型顶部。工作面两帮应力都延伸至岩体深部，大约距离工作面有 8～16m，如图 5.20所示。

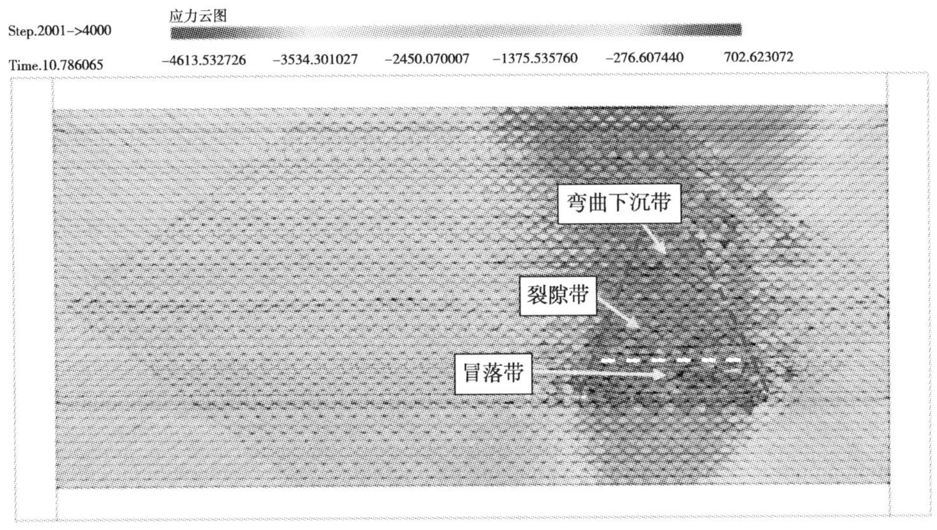

图 5.20　采宽 96m（时间 10.7860s）三带分布示意图

采宽为 96m 时，第四列监测点对应的块体 y 轴位移加大，第五层监测点对应的块体开始出现离层，第一层监测点 y 轴方向位移最大达−3.7m，如图 5.21 所示。

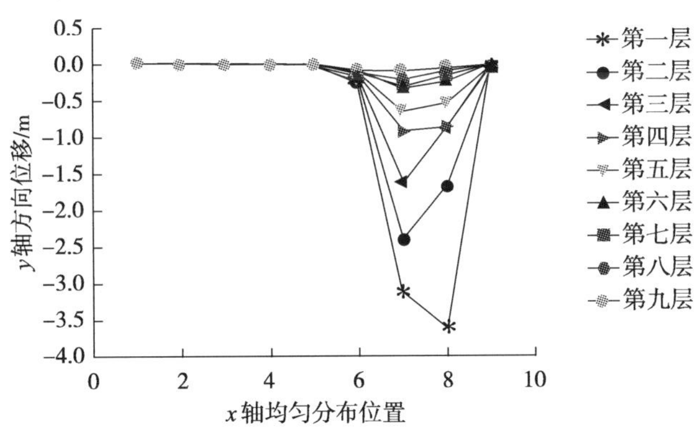

图 5.21　第 2000 时步（时间 10.7860s）9 排监测点 y 轴方向位移

在开采第 11 时步开始，开挖工作面宽度由原来的 96m 扩展到 112m，裂隙带继续向上延伸，并且向两侧扩展。开采由第 11 时步变化到第 14 时步后，采宽达到 160m。弯曲下沉带延伸到模型的上边界，裂隙带范围扩大，断裂线与水平线的夹角增大，如图 5.22所示。

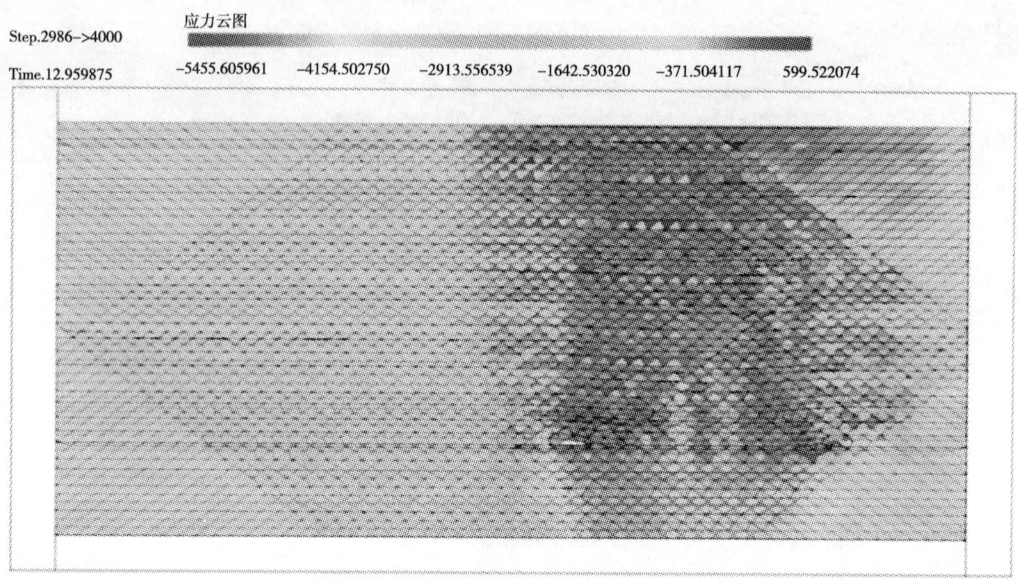

（a）时步2986，时间12.9598s

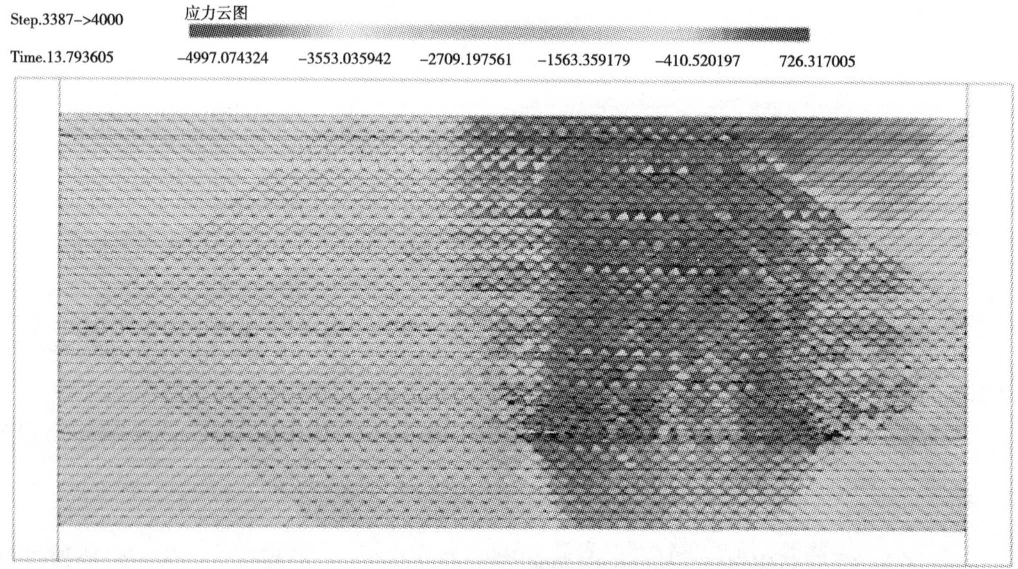

（b）时步3387，时间13.7936s

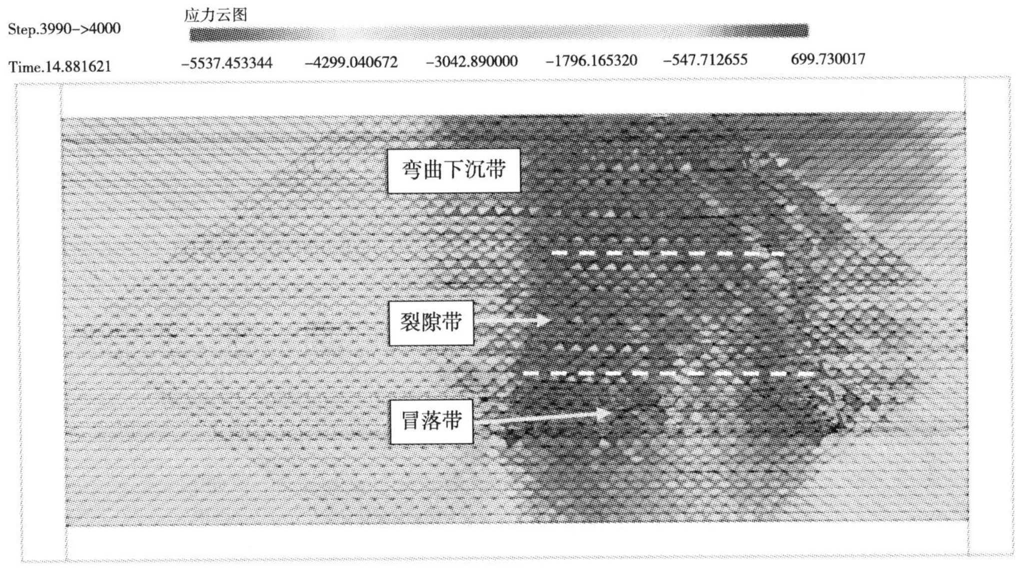

(c) 时步3990，时间14.8816s

图 5.22　采宽 112～160m 应力场及三带分布

在开采第 11 时步开始，第五列监测点 y 轴位移开始增大，第一和第二层监测点对应的块体位移最大，第三、第四、第五、第六、第七、第八和第九层对应的第五列监测点分别下沉，处于弯曲下沉带。监测点整体趋势为每层监测点自右向左对应监测点 y 轴位移依次增大。图 5.23 给出了由开采第 11 时步到开采第 14 时步的监测点位移变化曲线。

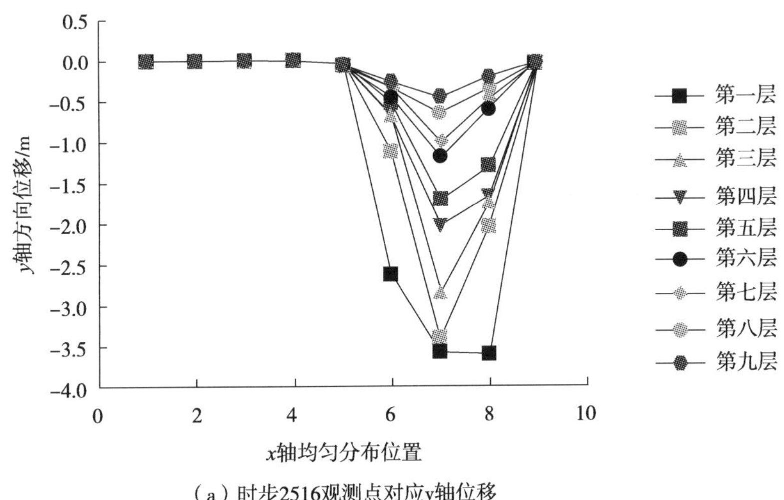

(a) 时步2516观测点对应y轴位移

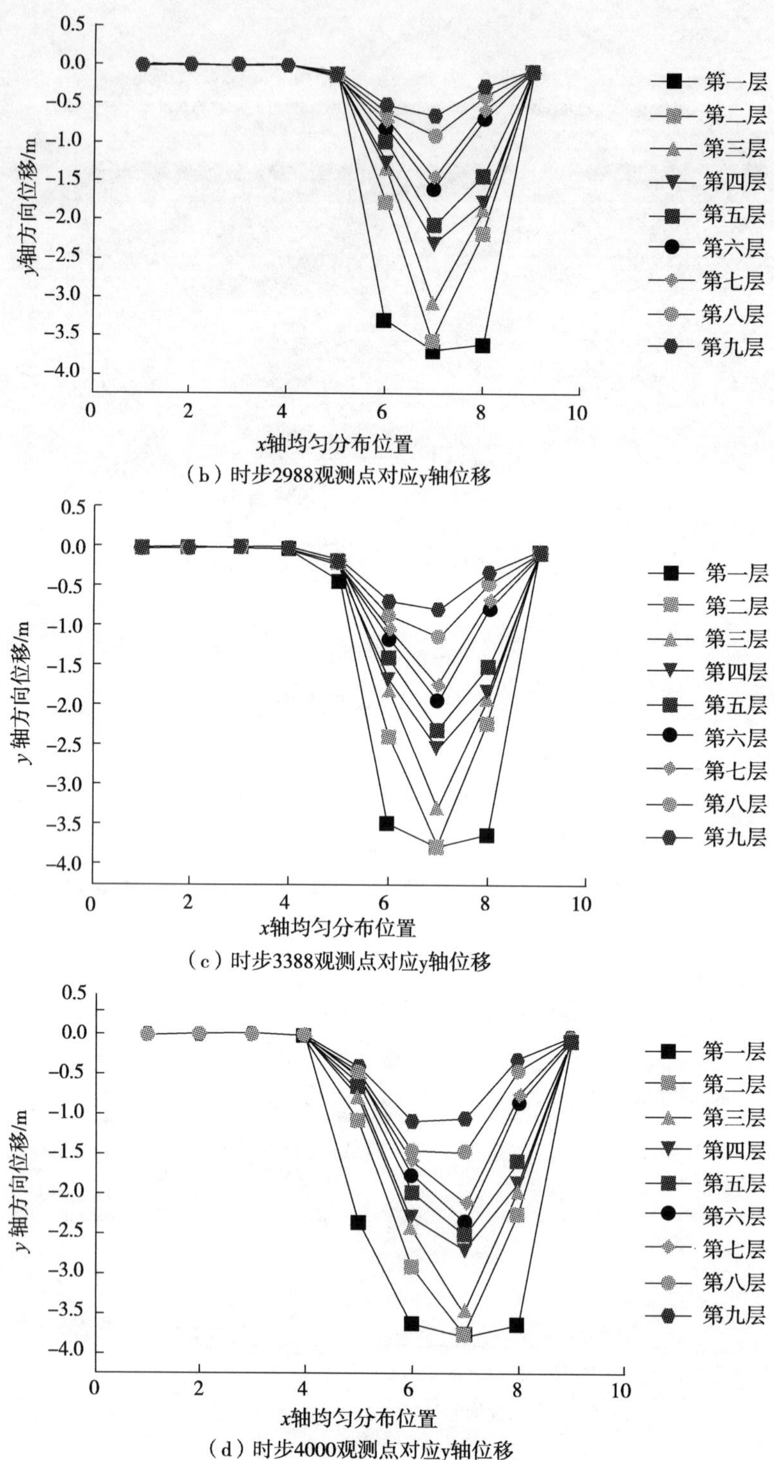

（b）时步2988观测点对应y轴位移

（c）时步3388观测点对应y轴位移

（d）时步4000观测点对应y轴位移

图 5.23　开采第 11 时步到第 14 时步 9 排监测点 y 轴方向位移

在开采第 16 时步开始，开挖工作面宽度由原来的 112m 扩展到 192m，裂隙带继续向上延伸，并且向两侧扩展。弯曲下沉带延伸到模型的顶端，因此形成一条弧线的空隙。采空区中部顶板区域冒落的块体稳定后再次被压密，在工作面两端顶板附近裂隙发育较为明显。弯曲下沉带延伸到模型的上边界，裂隙带范围扩大，断裂线与水平线的夹角增大，如图 5.24 所示。在开采第 16 时步后，将应力显示的区域颜色对换，此时图像上部左端区域为压应力最大处，图像上部右端区域为拉应力最大处。

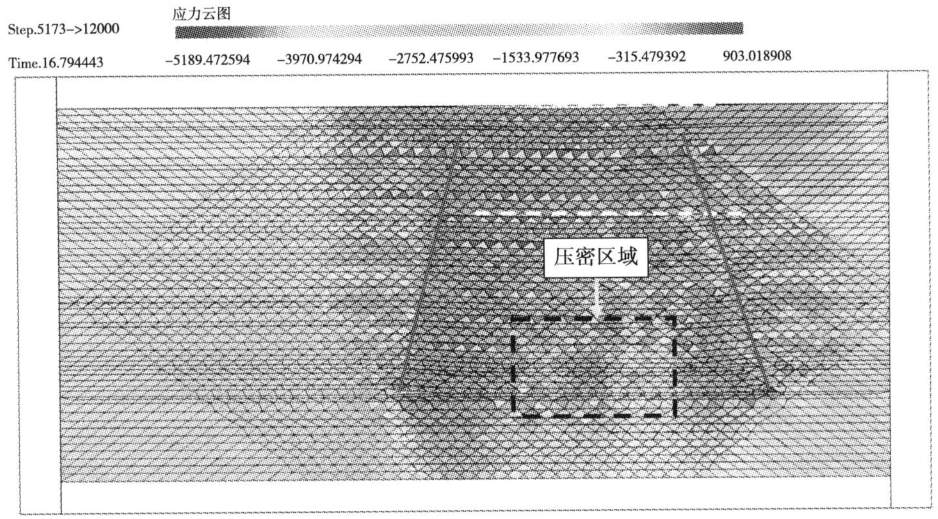

图 5.24 采宽 192m（时步 5173，时间 16.7944s）应力场

在开采第 16 时步开始，第六列观测点 y 轴位移开始增大，第一和第二层监测点对应的块体位移最大。第四列观测点对应的位移量都大于 2m，表明弯曲下沉带已经延伸到计算模型顶部。监测点整体趋势是每层监测点自右向左对应的监测点 y 轴位移先增大后减小。图 5.25 给出了开采第 16 时步后的监测点位移变化曲线。

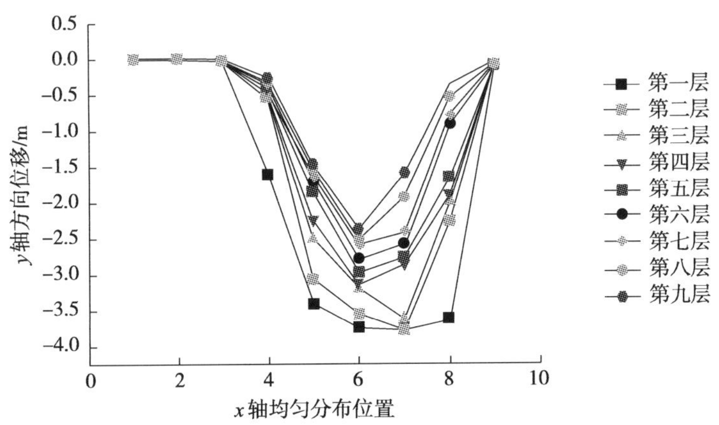

图 5.25 开采第 16 时步 9 排监测点 y 轴方向位移

在开采第 18 时步开始，开挖工作面宽度由原来的 192m 扩展到 224m。弯曲下沉带延伸到模型的顶端，因此形成一条弧线的空隙，这条空隙在向两侧扩展。采空区中部顶板区域冒落的块体稳定后再次被压密，冒落带局部区域出现应力集中。在

工作面两端顶板附近裂隙发育较为明显，裂隙带主要向左侧延伸并且范围扩大，如图 5.26所示。

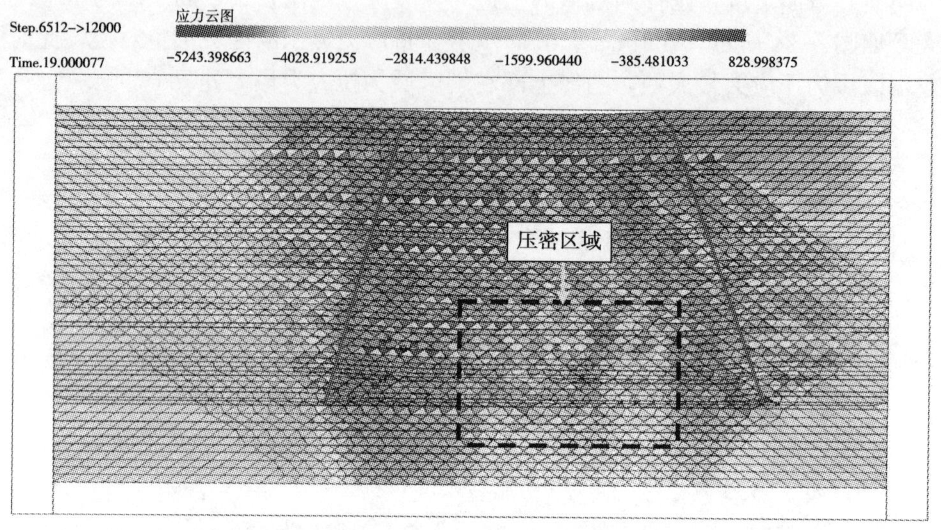

图 5.26 采宽 224m（时步 6512，时间 19.0000s）应力场

在开采第 18 时步开始，第六列观测点 y 轴位移继续增大，该列对应的第九层监测点位移达到 1.5m，表明该层已经下沉，模型顶部弯曲下沉带宽度扩展到第六列观测点对应的位置。第四和第五列观测点对应的位移量都大于 2.5m。监测点整体趋势是每层监测点自右向左对应的监测点 y 轴位移先增大后减小。图 5.27 给出了开采第 18 时步后的监测点位移变化曲线。

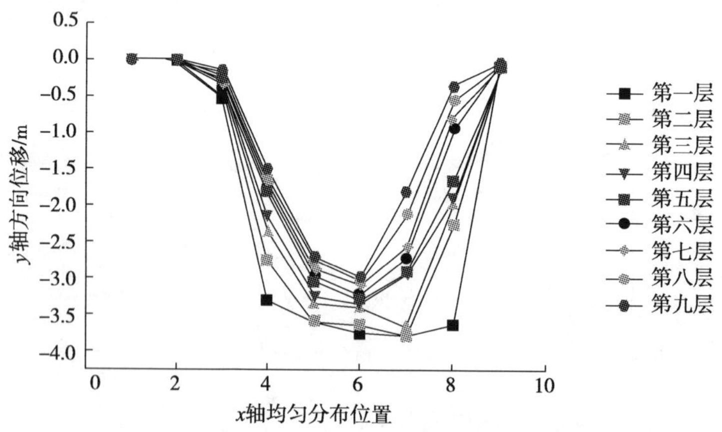

图 5.27 开采第 18 时步 9 排监测点 y 轴方向位移

在开采第 20 时步开始，开挖工作面宽度由原来的 224m 扩展到 240m。弯曲下沉带延伸到模型的顶端，因此形成一条弧线的空隙，这条空隙在向两侧扩展。采空区中部顶板区域冒落的块体稳定后再次被压密，冒落带局部区域出现应力集中。在工作面两端顶板附近裂隙发育较为明显，裂隙带主要向左侧延伸并且范围扩大，如图 5.28所示。

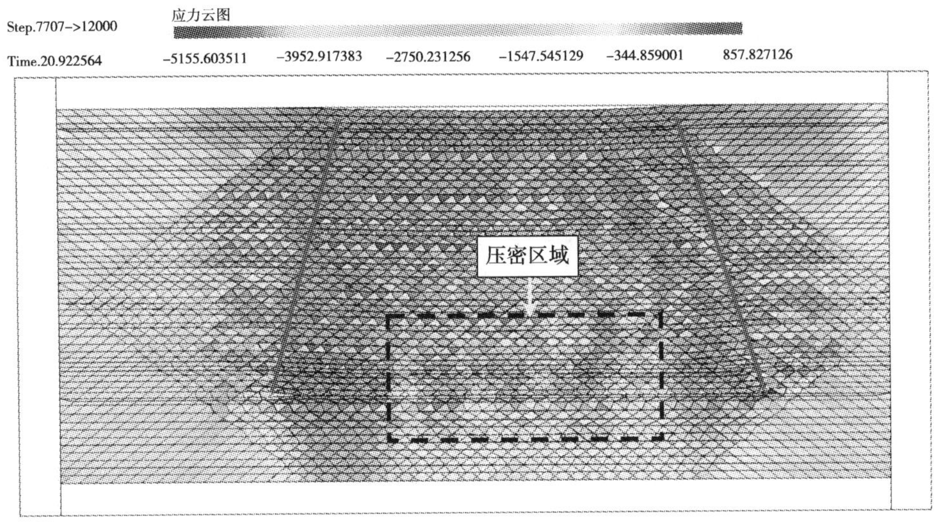

图 5.28 采宽 240m（时步 7707，时间 20.9225s）应力场

在开采第 20 时步开始，第七列观测点 y 轴位移继续增大，该列对应的第九层监测点位移达到 1.0m，表明该层已经下沉，模型顶部弯曲下沉带宽度扩展到第七列观测点对应的位置。第四、第五和第六列观测点对应的位移量都大于 2.5m。监测点整体趋势为每层监测点自右向左对应的监测点 y 轴位移先增大后减小。图 5.29 给出了开采第 20 时步后的监测点位移变化曲线。

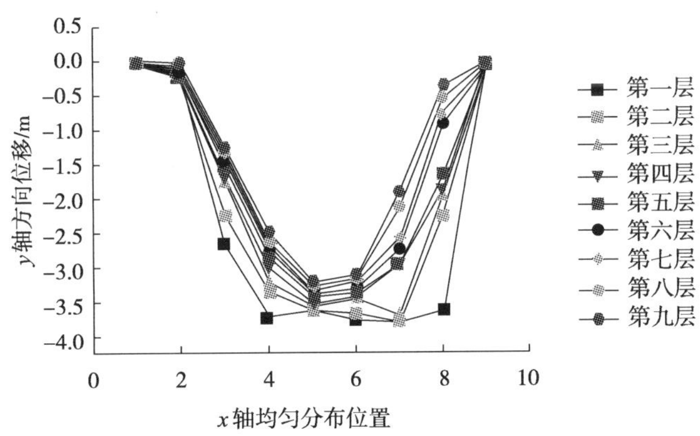

图 5.29 开采第 20 时步 9 排监测点 y 轴方向位移

在开采第 22 时步开始，开挖工作面宽度由原来的 240m 扩展到 272m。弯曲下沉带延伸到模型的顶端，因此形成一条弧线的空隙，这条空隙在向两侧扩展。采空区中部顶板区域冒落的块体稳定后再次被压密，冒落带局部区域出现应力集中。在工作面两端顶板附近裂隙发育较为明显，裂隙带主要向左侧延伸并且范围扩大，如图 5.30所示。

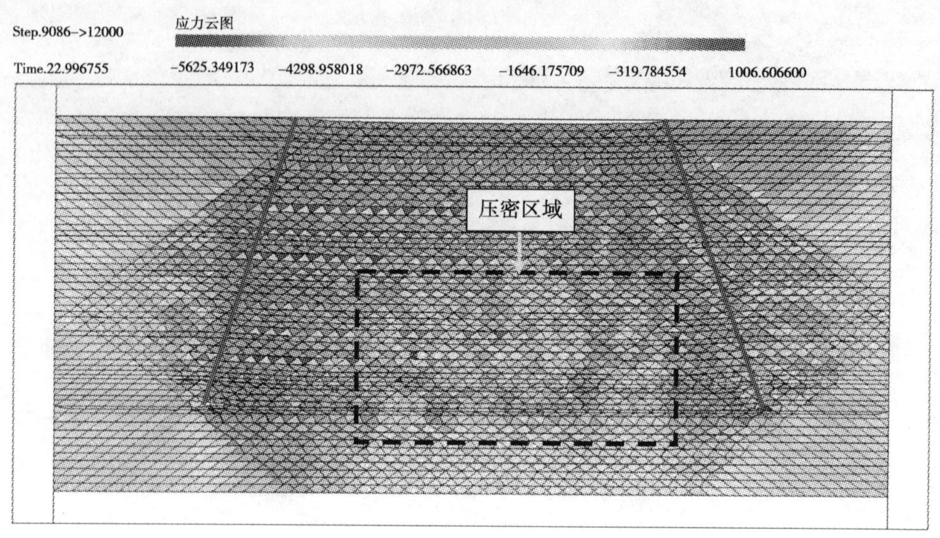

图 5.30 采宽 272m（时步 9086，时间 22.9967）应力场

在开采第 22 时步开始，第八列观测点 y 轴位移继续增大，该列对应的第八层监测点位移达到 0.5m，模型顶部弯曲下沉带宽度扩展到第七列观测点对应的位置。第四、第五、第六和第七列观测点对应的位移量都大于 2.0m。监测点整体趋势为每层监测点自右向左对应的监测点 y 轴位移先增大后减小。图 5.31 给出了开采第 22 时步后的监测点位移变化曲线。

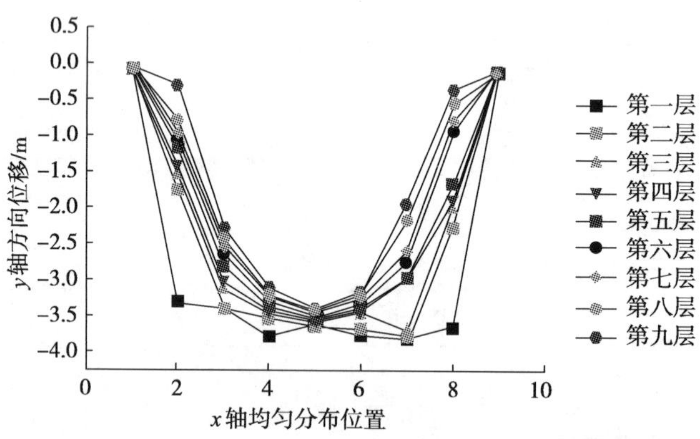

图 5.31 开采第 22 时步 9 排监测点 y 轴方向位移

5.3.4 水平垂直应力比为 1.5∶1 时采动应力场和位移场

该计算模型物理参数同上述模型，只是当重力场稳定后，水平应力与垂直应力比为 1.5∶1，垂直应力为−6MPa。图 5.32 给出了该工况下典型开采步对应的 σ_y 应力云图。

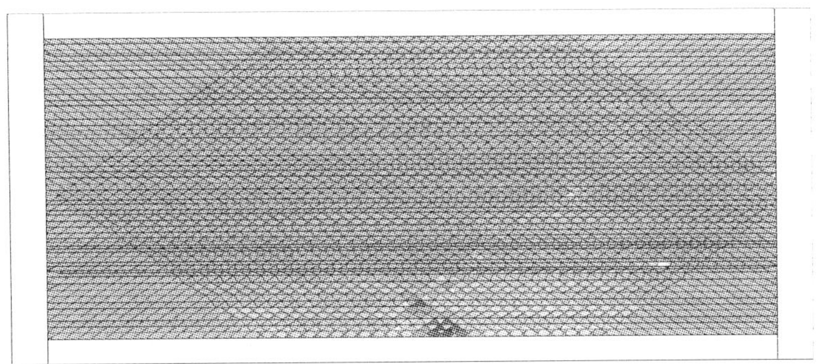

（a）时步132，时间1.9985s

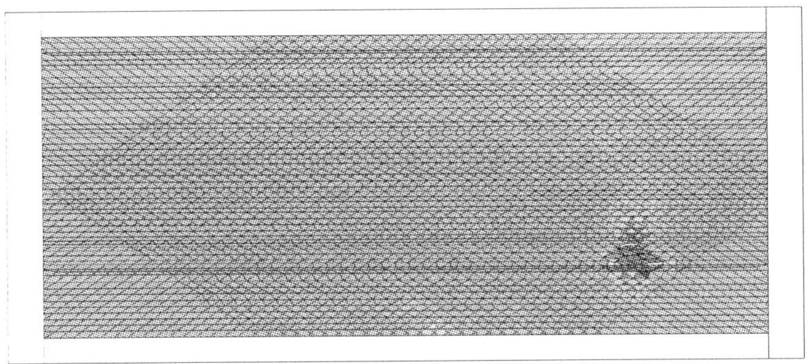

（b）时步465，时间4.8709s

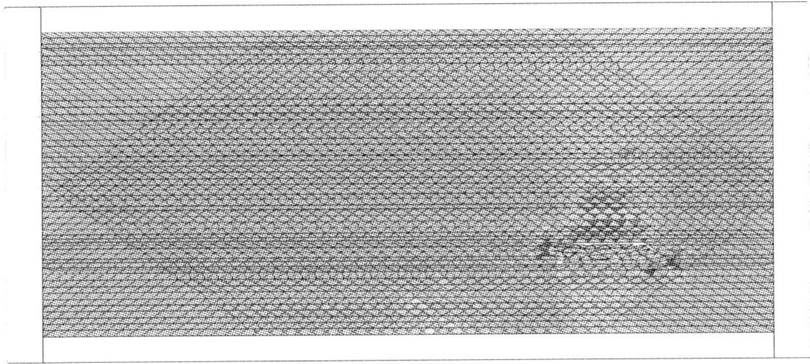

（c）时步1569，时间8.9169s

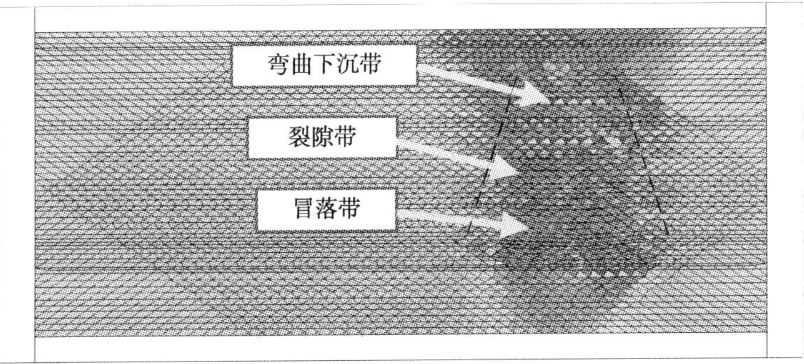

（d）时步2349，时间10.9048s

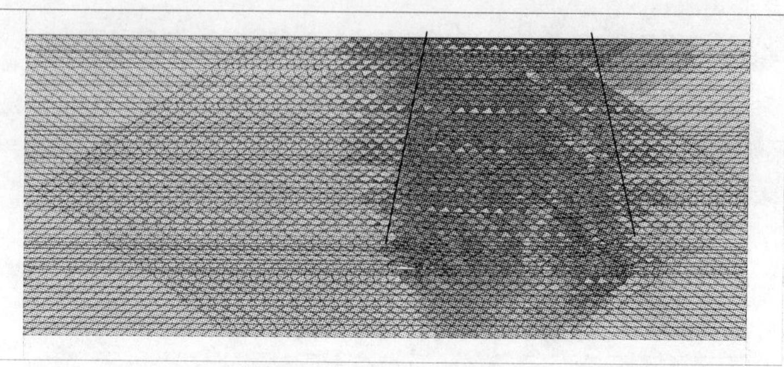

（e）时步3720，时间13.9122s

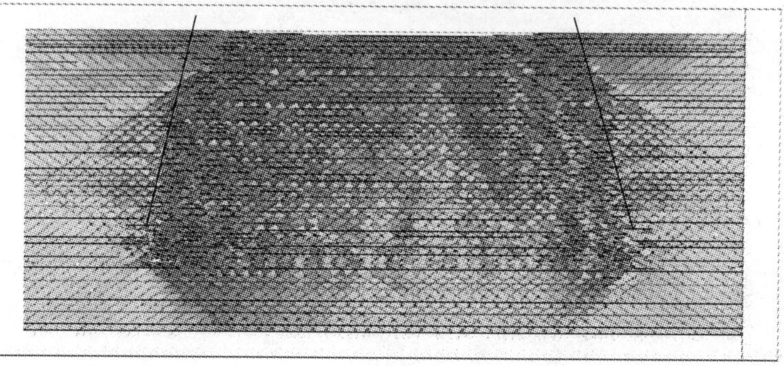

（f）时步9762，时间22.9454s

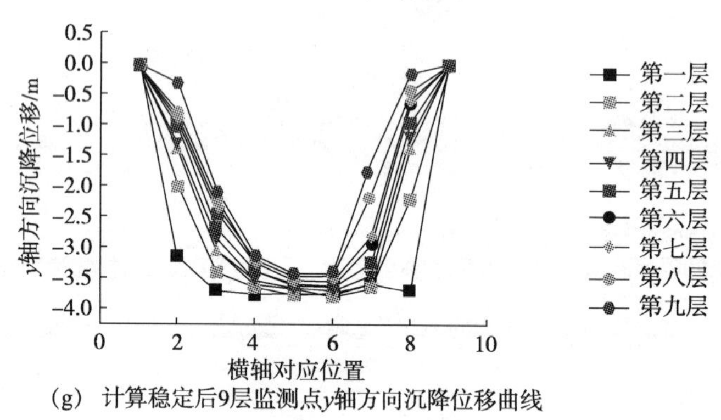

(g) 计算稳定后9层监测点y轴方向沉降位移曲线

图 5.32　不同采宽下对应的 σ_y 应力云图

在开切眼位置，采空区 σ_y 应力释放并不明显，但两帮有应力集中。开采第 4 时步时，顶板第一次出现垮落，垮落的宽度为 32m，最大冒落深度约为 13m，图 5.32 (b)给出了直接顶具体垮落的形状及应力分布。当开采宽度达到 64m 时，最大冒落深度依旧维持在 13m 左右，但是垮落宽度变化到了 64m。此时工作面两帮应力集中加剧，顶板的应力释放区域扩大，释放区域形状呈下凹型抛物线。采宽达到 96m 时，冒落深度再次增加，此次三带分布较为明显，其中最为明显的是裂隙带的分布，见图 5.32 (d)。采宽为 154m 时，弯曲下沉带延伸到计算模型的最顶端，工作面两帮应力集中，集中区域向帮内延伸 2～4m。随着开采宽度的加大，模型顶部弯曲下沉带范围扩大，裂隙区域在两条断裂线、顶板及底板所围成的梯形范围内，

图 5. 32（f)和图 5. 32（g）给出了最终块体系统 σ_y 应力分布云图及 9 层监测点 y 轴方向位移沉降曲线。

5. 3. 5　水平垂直应力比为 1∶1 时采动应力场和位移场

该计算模型物理参数同上述模型，只是当重力场稳定后，水平应力与垂直应力比为 1∶1，垂直应力约为－6MPa。图 5. 33 给出了该工况下典型开采步对应的 σ_y 应力云图。

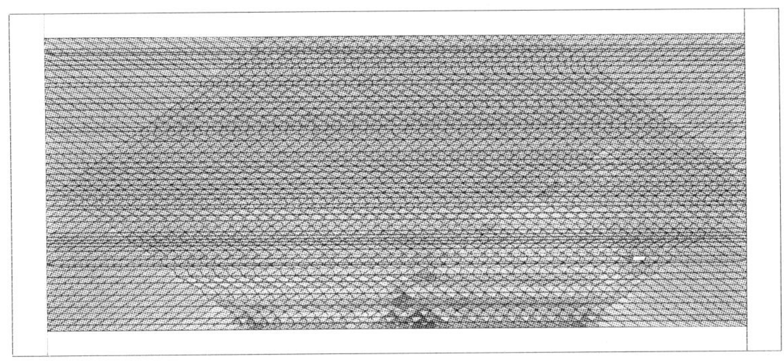

（a）时步120，时间1.9393s

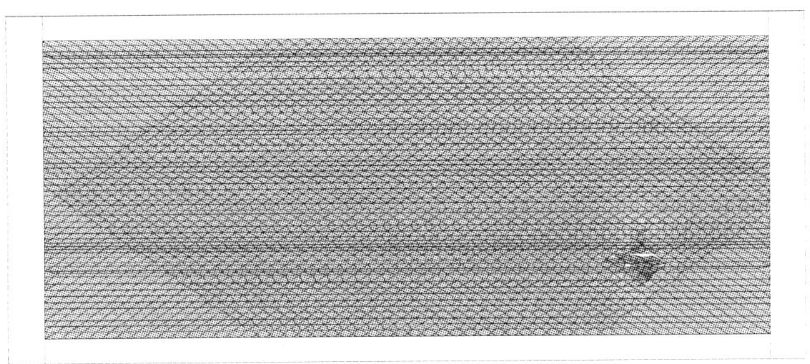

（b）时步336，时间3.9942s

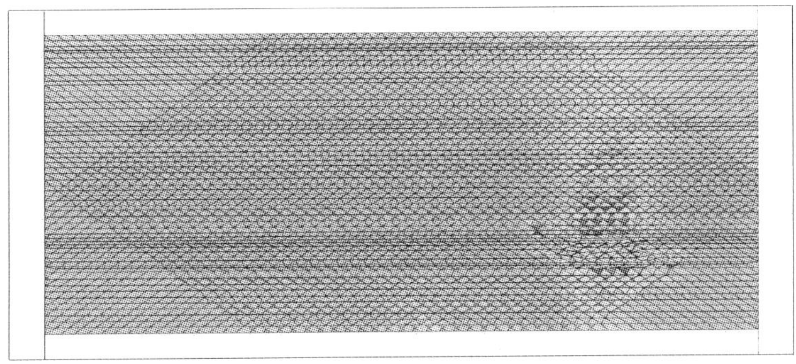

（c）时步1146，时间7.9919s

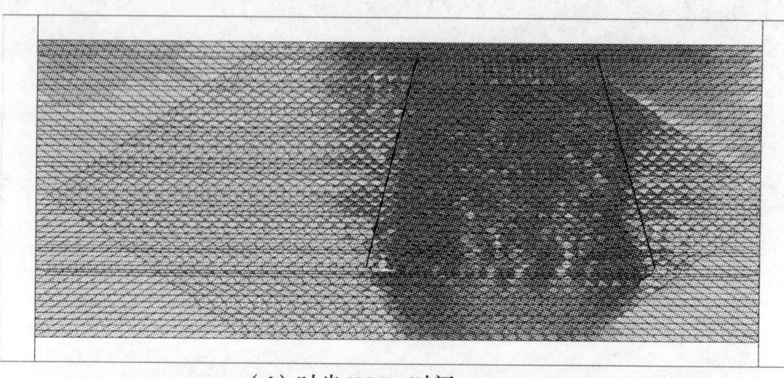

(d) 时步4095，时间14.9433s

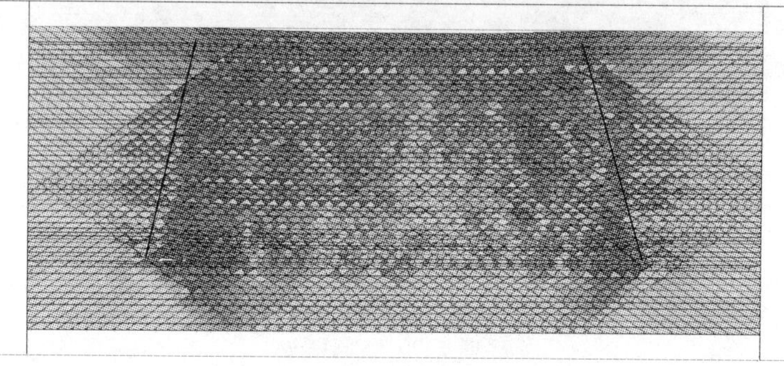

(e) 时步9423，时间22.9666s

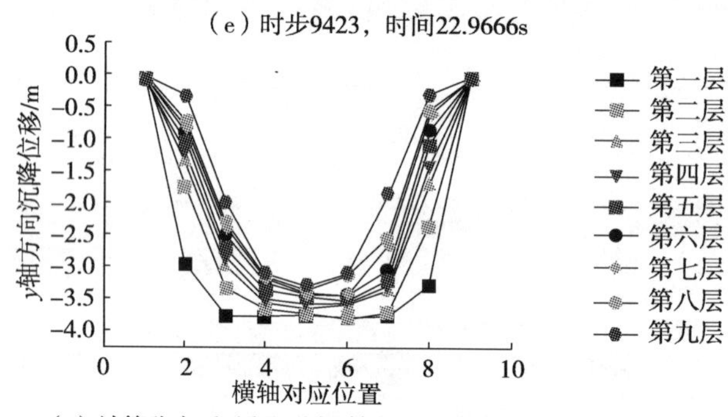

(f) 计算稳定后9层监测点y轴方向沉降位移曲线

图 5.33　不同采宽下对应的 σ_y 应力云图

在开切眼位置，采空区 σ_y 应力释放并不明显，但两帮有应力集中。开采第 3 时步时，顶板第一次出现垮落，垮落的宽度为 24m，最大冒落深度约为 8m，图 5.33 (b) 给出了直接顶具体垮落的形状及应力分布。当开采宽度达到 56m 时，最大冒落深度为 13m 左右，垮落宽度变化到 56m。此时工作面两帮应力集中加剧，顶板的应力释放区域扩大。采宽为 154m 时，弯曲下沉带延伸到计算模型的最顶端，工作面两帮应力集中，集中区域向帮内延伸 6～8m。随着开采宽度的加大，模型顶部弯曲下沉带范围扩大，裂隙区域在两条断裂线、顶板及底板所围成的梯形范围内，图 5.33 (e) 和图 5.33 (f)给出了最终块体系统 σ_y 应力分布云图及 9 层监测点 y 轴方向位移沉降曲线。

5.3.6　水平垂直应力比为 0.5∶1 时采动应力场和位移场

该计算模型物理参数同上述模型，只是当重力场稳定后，水平应力与垂直应力比为

0.5：1，垂直应力约为−6MPa。图 5.34 给出了该工况下典型开采步对应的σ_y应力云图。

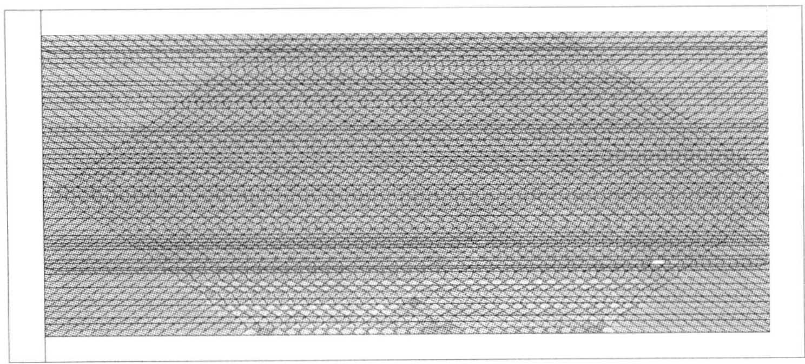

（a）时步114，时间1.9713s

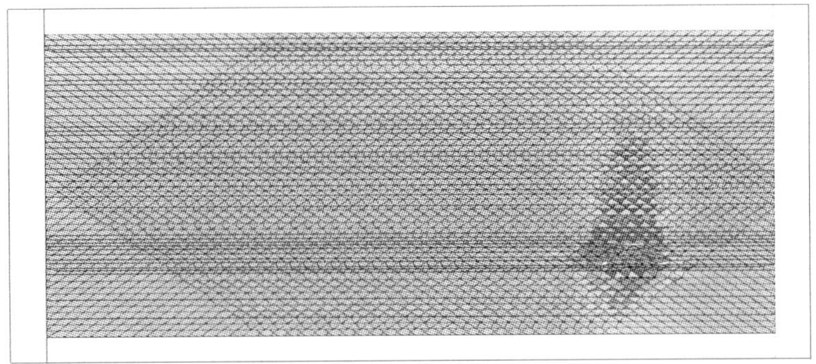

（b）时步576，时间5.9427s

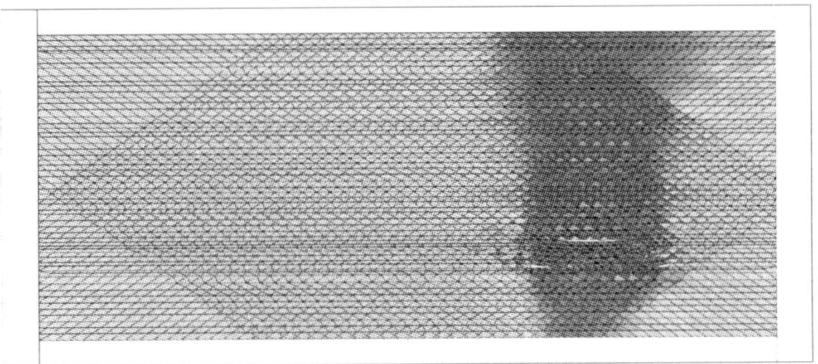

（c）时步1653，时间9.9568s

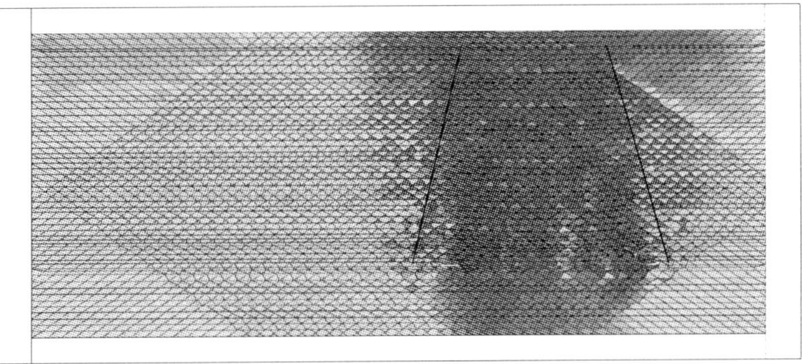

（d）时步2994，时步12.9614s

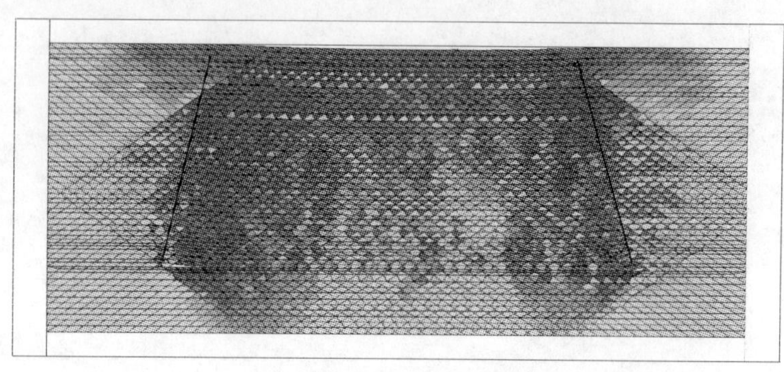

（e）时步9585，时间22.9671s

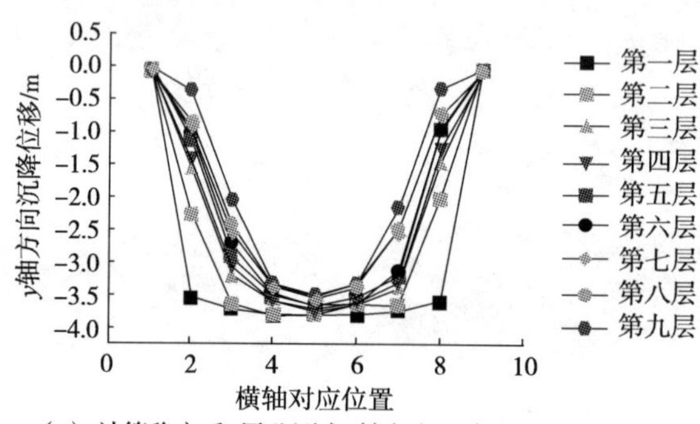

（f）计算稳定后9层监测点y轴方向沉降位移曲线

图 5.34　不同采宽下对应的 σ_y 应力云图

在开切眼位置，采空区 σ_y 应力释放并不明显，但两帮有应力集中。开采第 5 时间步时，顶板第一次出现垮落，垮落的宽度为 40m，最大冒落深度约为 13m，图 5.34（b)给出了直接顶具体垮落的形状及应力分布。当开采宽度达到 81m 时，最大冒落深度依旧维持在 13m 左右，但是垮落宽度变化到 81m，顶板出现明显离层裂隙。此时工作面两帮应力集中加剧，顶板的应力释放区域扩大，释放区域形状呈下凹型抛物线。采宽为 128m 时，弯曲下沉带延伸到计算模型的最顶端，工作面两帮应力集中，集中区域向帮内延伸 8～12m。随着开采宽度的加大，模型顶部弯曲下沉带范围扩大，裂隙区域在两条断裂线、顶板及底板所围成的梯形范围内，图 5.34（e）和图 5.34（f）给出了最终块体系统 σ_y 应力分布云图及 9 层监测点 y 轴方向位移沉降曲线。

5.3.7　水平垂直应力比为 0∶1 时采动应力场和位移场

计算开始将水平应力值置为 0，此时水平应力与垂直应力比为 0∶1，当重力场稳定后，垂直应力约为－6MPa。图 5.35 给出了该工况下典型开采步对应的 σ_y 应力云图。

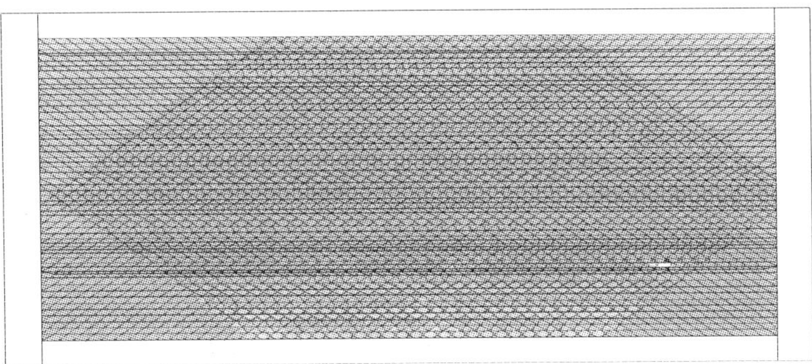

（a）时步108，时间1.9721s

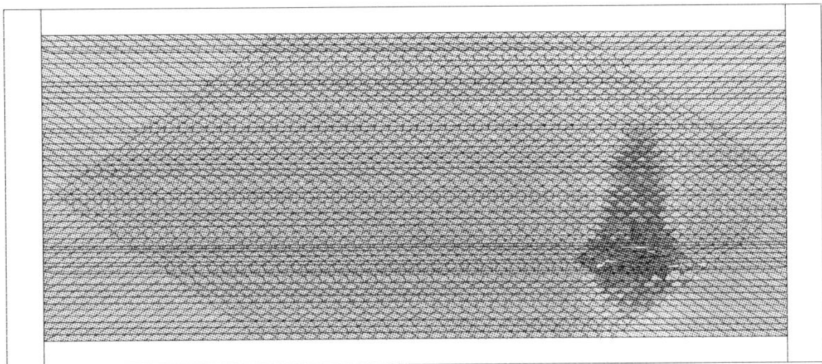

（b）时步723，时间6.9664s

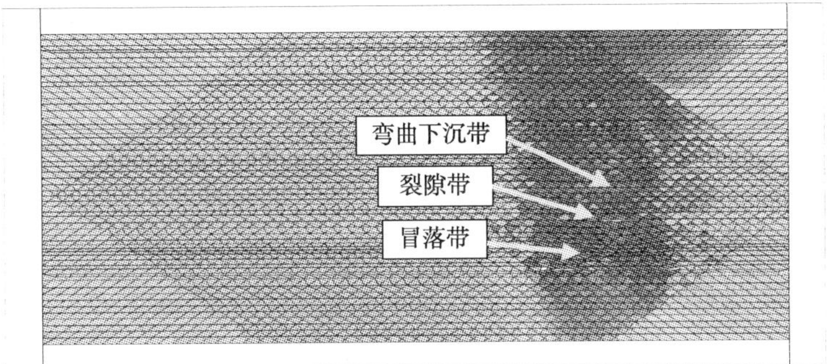

（c）时步1746，时间9.9649s

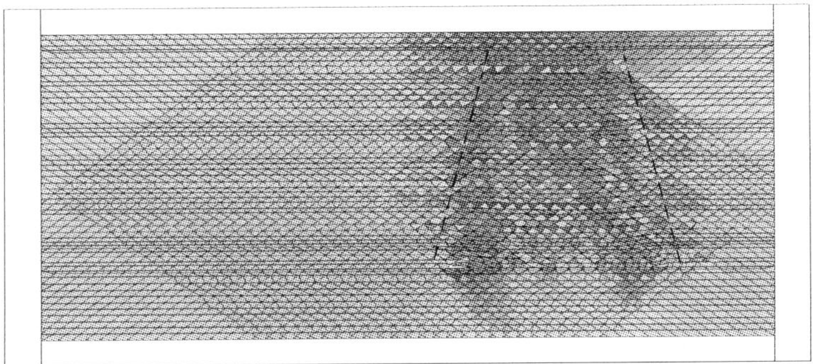

（d）时步3096，时间12.9683s

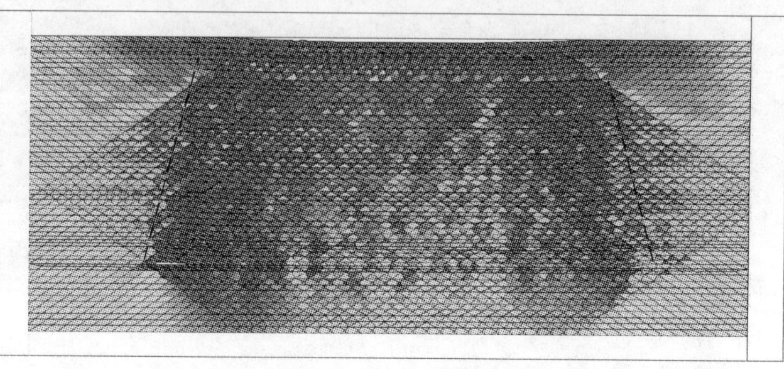

（e）时步9765，时间23.0000s

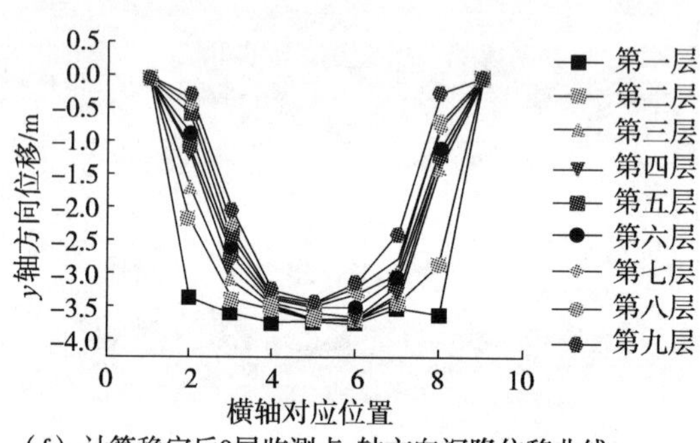

（f）计算稳定后9层监测点y轴方向沉降位移曲线

图 5.35　不同采宽下对应的 σ_y 应力云图

在开切眼位置，采空区 σ_y 应力释放并不明显，但两帮有应力集中。开采第 6 时步时，顶板第一次出现垮落，垮落的宽度为 48m，最大冒落深度约为 13m，图 5.35（b）给出了直接顶具体垮落的形状及应力分布。采宽达到 81m 时，冒落深度增加，此次三带分布较为明显，其中最为明显的是裂隙带的分布，见图 5.35（c）。采宽为 128m 时，弯曲下沉带延伸到计算模型的最顶端，工作面两帮应力集中。随着开采宽度的加大，模型顶部弯曲下沉带范围扩大，裂隙区域在两条断裂线、顶板及底板所围成的梯形范围内，图 5.35（e)和图 5.35（f）给出了最终块体系统 σ_y 应力分布云图及 9 层监测点 y 轴方向位移沉降曲线。

5.3.8　典型的采动裂隙场的分布规律

工作面上覆岩体由于开采扰动及结构变化而引起岩体结构调整，促使上覆岩体出现大量宏观裂隙，图 5.36 给出了水平应力与垂直应力比为 2：1 时的采动应力场宏观裂隙随开采宽度的分布规律。

开采计算前 7 步，工作面上覆岩体看不到宏观裂隙，只有冒落的块体。开采第 9 时步，覆岩开始出现裂隙，随着采宽增加，裂隙范围扩大，主要范围在两条垮落线、顶板和底板所围成的梯形区域范围内。在采宽大于 90m 后，右侧垮落线附近裂隙分布较多，密度较大；左侧垮落线附近裂隙分布较少，在工作面端部裂隙分布较多；采宽中部，由于垮落体被压密，裂隙分布较稀少。

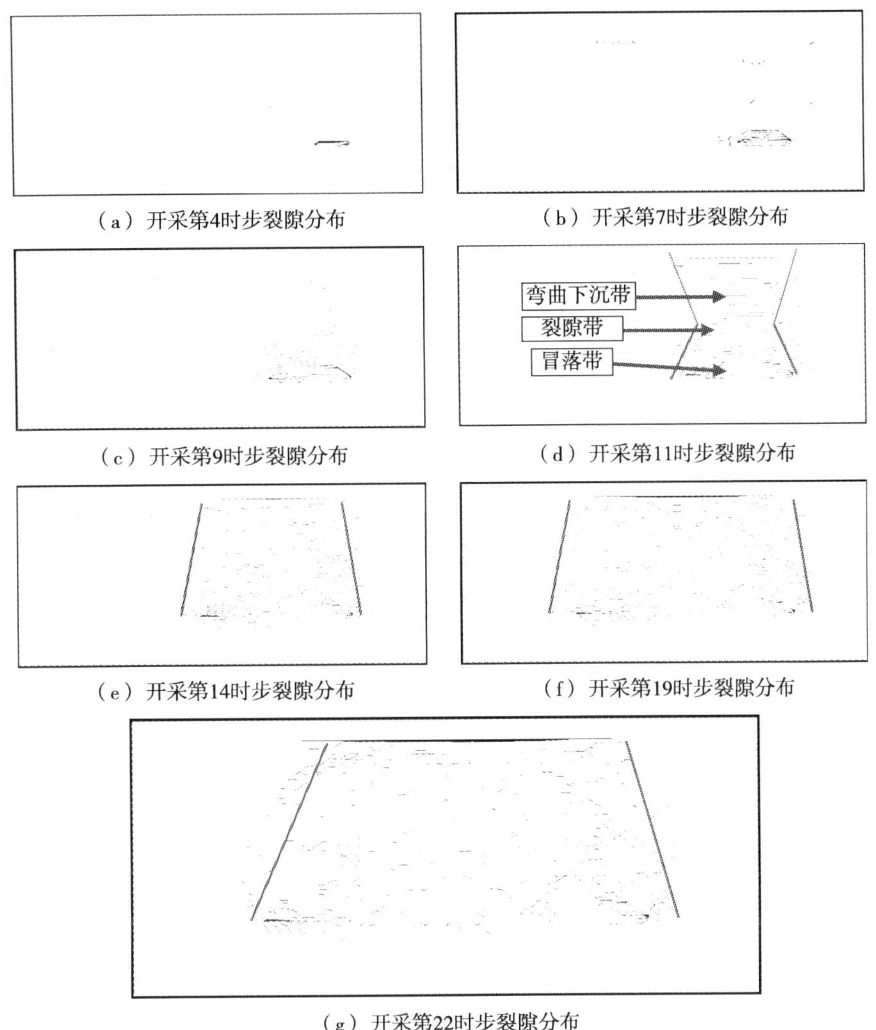

（a）开采第4时步裂隙分布　（b）开采第7时步裂隙分布
（c）开采第9时步裂隙分布　（d）开采第11时步裂隙分布
（e）开采第14时步裂隙分布　（f）开采第19时步裂隙分布
（g）开采第22时步裂隙分布

图 5.36　裂隙随采宽变化示意图

5.3.9　不同应力状态下采动覆岩移动及裂隙演化分析与讨论

计算第一步，重力场的稳定，其稳定后整体 81 个监测点的 y 轴位移左侧值小于右侧值，这是因为模型受初始水平构造应力的影响，左侧水平应力偏高于右侧水平应力。随着采空区的增加，监测点的 y 轴位移曲线呈“倒梯形”。开挖过程中，第一次垮落发生在工作面采空区长度达到 32m 处。在此垮落后，其后连续开挖 16m 都是直接顶在垮落，上覆岩体深部有离层现象出现。当工作面宽度扩展为 64m 时，顶板第二次大面积垮落，垮落深度达 13m。其后随着工作面的推进，上覆岩体的裂隙带及弯曲下沉带开始分布明显，开挖至 112m 后，弯曲下沉带延伸到模型顶部。

离层裂隙随工作面推进逐渐向前和向上发展，采空区近煤层顶板的覆岩离层裂隙逐渐闭合，离层裂隙的发生、扩展和闭合都受关键岩层的影响和控制。根据上覆岩层中的主关键层及相邻亚关键层的破断情况，可以把离层裂隙沿倾向分布分为两大阶段、两个层位及三个区域。两阶段是指主关键层接触垮落矸石的前后阶段，两个层位是指出现初次垮落的关键层的上下两个层位，三个区域则是工作面、切眼附近与采空区中部三个区域。在主关键层发生弯曲或垮落前，发生初次垮落的亚关键层的上方与未垮落的上位相邻关键层之间裂隙较为发育；其下方在切眼及工作面附近覆岩裂隙较为发育，采空区中部裂隙被压实，沿煤层走向及倾向剖面的裂隙带从外形上看呈梯形，但内外梯形高度不同；主关键层发生弯曲或垮落后，主关键层下的采空区中部被压实，采空区四周裂隙较发育，沿煤层走向及倾向剖面的裂隙带从外形上看仍呈梯形，此时内外梯形高度相同。

覆岩破断裂隙三区域式的发育特征：采空区中部裂隙趋于压实，而在采空区两侧裂隙发育充分。离层裂隙一般是先于破断裂隙而发育，而且裂隙自下而上的发展并不是匀速的，但也有同步发育的可能，表现为覆岩在没有明显离层的位置上发生破断垮落。由此可见，并不是在每一个综放循环中覆岩都有离层的发育，而是在经过若干循环后覆岩才表现为有离层发育。在关键层发生破断垮落时，离层扩展的变化表现得最明显。在离层发展到主关键层后，离层位置不再升高。

从上述的研究和分析可以看出，我们开发的采矿 MDDA 能实时模拟开挖过程，并且获得上覆岩体的三带分布规律，揭示采动裂隙场—应力场—位移场—能量场的动态演化规律，通过与实际回采过程的现场及相似模拟试验对比，这在一定程度上证明了我们开发的数值模型是有效的。

5.4 大采高综放工作面支架-围岩相互作用 MDDA 模拟

5.4.1 6203 工作面地质概况及计算模型

支架和围岩的相互作用一直是采矿工程关注的话题。很多研究对液压支架的支撑压力进行过监测，但支架上覆岩层的压力却一直无法通过实测获得，通过数值模拟的方法来模拟支架和围岩的相互作用或许是一条可行的道路。以王庄煤矿 6203 大采高工作面为研究对象，6203 工作面 630 水平，地面标高为 925～932m，工作面标高为 600～620m，所采煤层是 3＃煤层，煤层总厚为 6.2～6.8m，平均值为 6.5m，煤层倾角为 1°～5°，平均值为 3°。3＃煤层赋存于二叠系山西组地层中下部，为陆相湖泊型沉积。煤层上部是伪顶和直接顶，厚约 4.5m。老顶是细砂岩，厚度为 6m。直接底为泥岩，厚度为 3m。该掘进段处于奥灰水承压开采范围内。掘进头正常涌水量为 1～3m^3/h，最大值为 6m^3/h；最大涌水量为 0.02～0.05m^3/min，正常涌水量为 0.1m^3/min。由于水-岩相互作用的影响，导致附近岩层的强度较弱。

选取典型的区域来模拟顶煤及顶板覆岩的冒落规律，根据王庄矿区煤层赋存状况，模拟水平方向长为 75m，垂直方向高为 20m，模型示意图如图 5.37 所示。原岩应力主要为自重应力场，构造应力较小，除局部层段外，区内地应力较小。因此，取上覆岩层的近似平均容重为 $\rho=2.5\times10^3\text{kg/m}^3$，为了模拟上覆岩层自重作用，模型顶面可近似为均布载荷作用，即

$$\sigma=\rho gH=2.5\times10^3\times10\times300\text{Pa}=7.5\times10^6\text{Pa}=7.5\text{MPa}$$

其中，H 为模型顶面距地表的深度，单位为 m，这里取 300m。各层煤岩体的物理力学参数如表 5.7 所示。

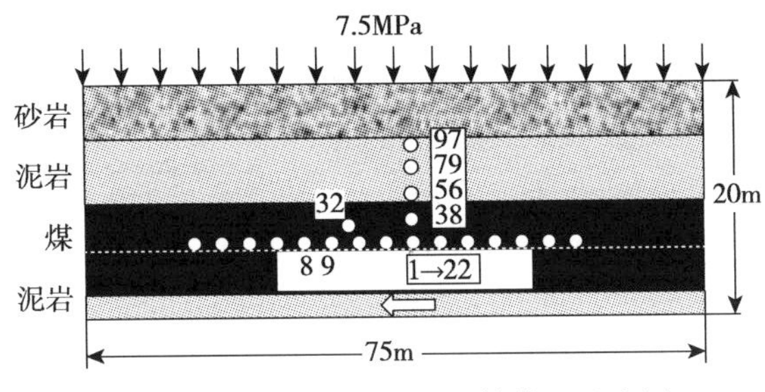

图 5.37　大采高放顶煤计算模型示意图

表 5.7　大采高工作煤岩体力学参数

编号	岩性	容重/(g/cm³)	弹性模量/GPa	泊松比	内摩擦角/(°)	黏聚力/MPa	厚度/m
4	砂岩	2.68	59.5	0.29	34	6.3	6
3	泥岩	2.65	40.7	0.29	36	3.9	4.5
2	煤	1.44	2.8	0.43	31	2.0	6.5
1	泥岩	2.65	33.6	0.29	35	3.5	3

5.4.2　覆岩移动的运移规律模拟

为了获得王庄大采高放顶煤工作面顶煤的冒放和覆岩移动规律，我们通过采动不连续变形数值分析软件 MDDA，以王庄矿大采高工作面 6203 为模型，模拟不同回采阶段的大采高工作覆岩移动规律[12,13]。

当工作面回采 14m 时，顶煤基本垮落，由于回采范围不大，顶板还未垮落；液压支架顶部为弧形，所以顶煤移动具有抛物线特征，如图 5.38 所示。顶煤冒落后应力得到充分释放；而释放的应力会转移到直接顶和老顶，如顶板出现明显的应力集中，如图 5.39 所示，从而形成一个形似圆形的应力场。

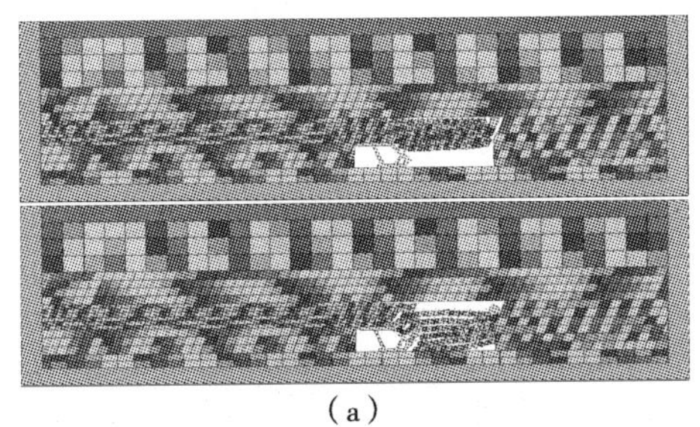

(a)

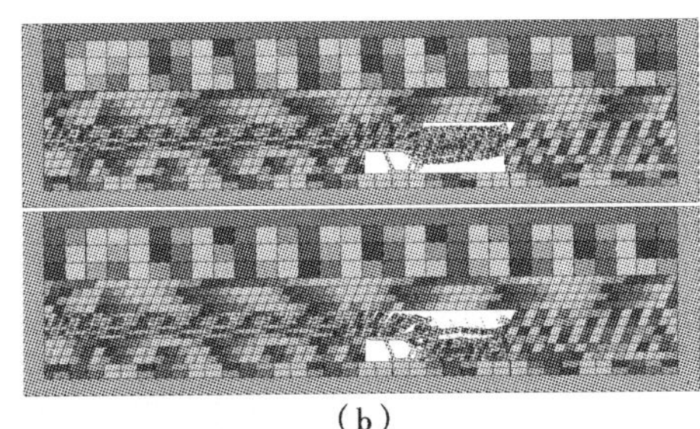

(b)

图 5.38　回采 14m 时大采高工作面顶煤的运移规律

当工作面回采 21m 时，随着回采范围逐渐扩展，直接顶基本垮落，部分老顶也开始垮落，如图 5.40 所示。顶煤和直接顶冒落后，应力得到充分释放，而释放的应力将转移到顶板及工作面前方，由此形成一个椭圆形的应力场，如图 5.41 (a) 所示。而由

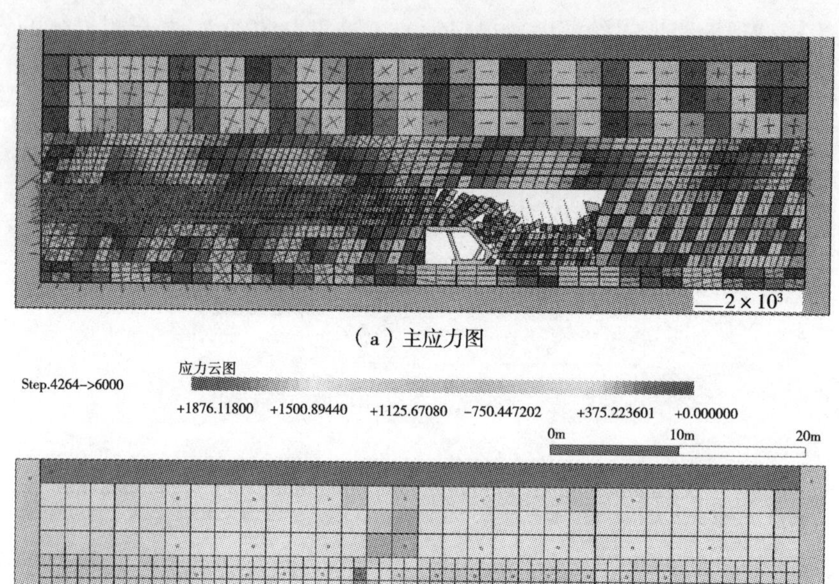

（a）主应力图

（b）应力云图

图 5.39　回采 14m 时大采高工作面的主应力及应力云图

于超前应力的影响，前方煤体的应力集中也逐渐增加，如图 5.41（b）所示。

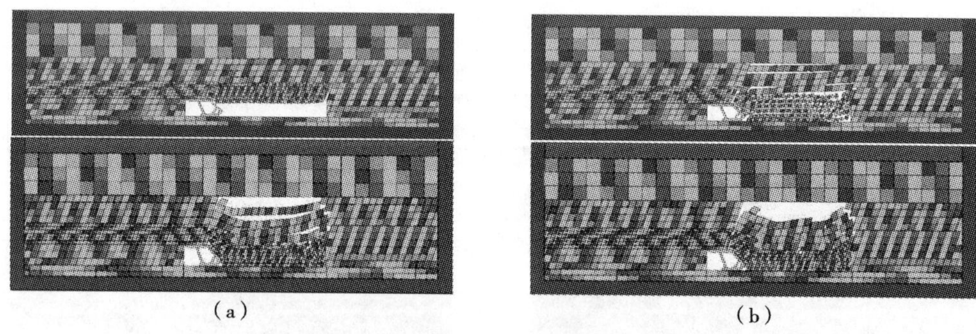

（a）　　（b）

图 5.40　回采 21m 时大采高工作面顶煤的运移规律

（a）主应力图

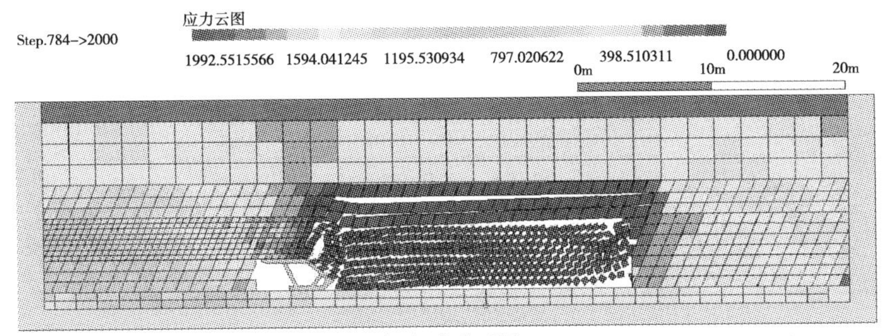

（b）应力云图

图 5.41　回采 21m 时大采高工作面的主应力及应力云图

当工作面回采 28m 时，直接顶垮落，部分老顶也开始垮落。离液压支架较近的煤体和岩体移动具有抛物线特征，而较远的矸石和煤体逐渐被压实，如图 5.42 所示。由于大面积煤岩体的垮落，前方煤体受到超前应力的影响，部分煤体内存在很高的应力，并且高应力导致煤壁片帮，如图 5.43 所示。

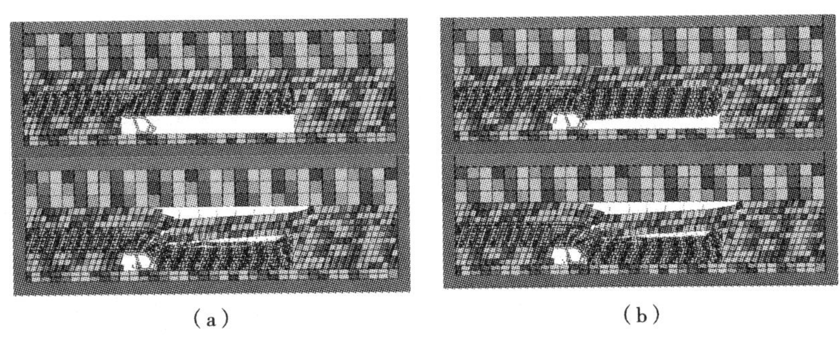

（a）　　　　（b）

图 5.42　回采 28m 时大采高工作面顶煤的运移规律

5.4.3　覆岩应力场变化规律

尽管不同回采阶段的覆岩移动规律有所不同，但其应力分布规律却有一些共同点。回采后最终的应力区分为明显的三个区，深色部分为应力释放区，浅色区为应力升高区，即应力超前影响区，中间灰色部分为应力过渡区，如图 5.43（b）所示。随着回采的推进，在远离工作面处，采空区冒落的矸石被逐渐压实。因此，应力增加并逐渐恢复或接近原岩应力值。

由于煤岩体都是抗压能力远远大于抗拉能力，因此煤体或岩体的拉应力区可视为最容易发生破坏的区域。就煤壁而言，其也是最容易发生片帮的区域，对工作面上方的顶板而言，拉应力区是最容易发生冒顶而形成抽冒的区域。因此，为了保证安全生产，必须对围岩拉应力区的范围进行预测，以便采取相应的措施。

由图 5.39、图 5.41 和图 5.43 可得出，工作面顶板上的垂直拉应力具有如下变化规律：大采高工作面拉应力区主要集中在靠近工作面的煤壁处，且采高越大，该位置越靠上。因此，在综采过程中，如果端面距过大，对顶板支护不利，很容易造

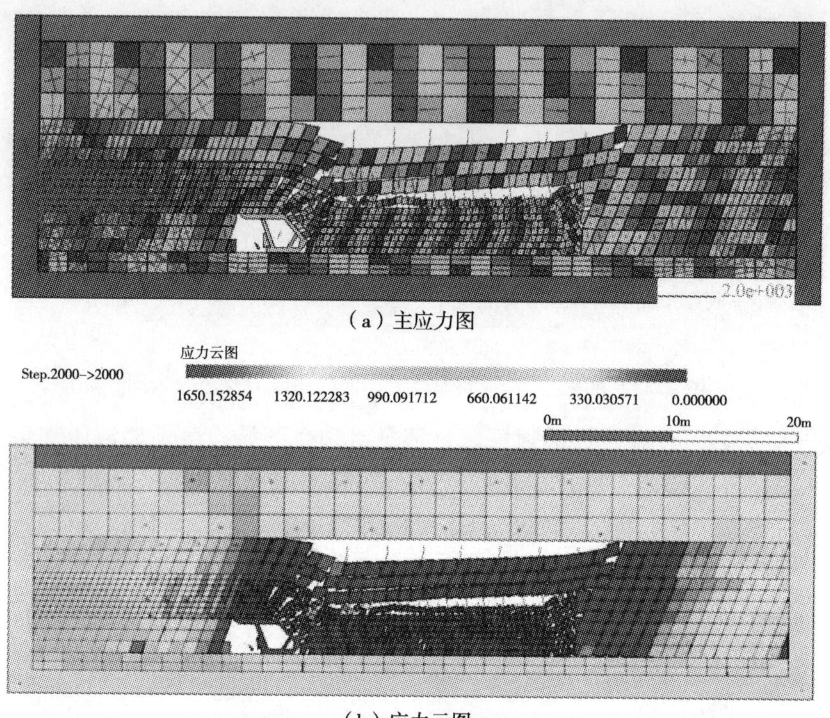

（a）主应力图

（b）应力云图

图 5.43　回采 28m 时大采高工作面的主应力及应力云图

成冒顶事故。垂直方向的最大拉应力一般位于支架顶梁的最前端，如果直接顶沿此处被拉断，支架很容易发生纵向倾倒而失稳。垂直拉应力的最大值随着采高的增加而增大。水平拉应力具有如下特征：煤壁上的拉应力区一般位于煤壁的上部和下部，常常呈对称分布，采高较小时，上下两个区域有时会连接在一起；煤体上拉应力的最大值随着采高的增大而呈非线性增加，拉应力的最大值一般位于煤体的边界上。因此，煤体的自由面最先遭到破坏，煤体上拉应力区深度的最大值也随着采高的增加而增大。

5.4.4　覆岩和顶煤移动规律

为了获得回采工作面顶板及顶煤的运移规律，设置监测点，如图 5.44（a）所示。提取液压支架上覆 8＃、9＃和 32＃监测点的数据。可以看出，8＃测点在液压支架弧板的顶点，由于煤块垮落过程中受到弧板的支撑，因此下沉量较小，并且下沉时有两个明显的过程，即开始时垂直下落较快，但水平位移较小；当碰到弧板时，垂直和水平位移都较小。而对于 9＃测点，由于正好位于液压支架弧板右侧边缘，几乎不受弧板影响，所以垂直和水平位移均较大，并且当下落到底部时，由于液压支架的结构留有空间，局部煤块还有可能往回移动。32＃测点主要受到下层煤体影响，在碰到下层煤之前和之后也经历了两个下沉阶段。顶煤 22 个测点的水平和垂直运移规律如图 5.44（b）所示。由图 5.44（b）左图可知，总体而言，水平位移相比垂直位移都较小，由于 1～7＃点受到液压支架支撑，所以它们几乎没有或有很小的水平位移；其他的水平位移有的呈线性变化，也有的呈非线性变化，但随着时间的推移，后面基本保持稳定。由图 5.44（b）右图可，1～7＃测点垂直位移几乎为零，8＃测点位于弧板上方，下沉 1m 后受到弧板的支撑保持恒定；而其他测点基本随着时间的变化开始是线性增加，而后保持稳定在 3m 左右。采空区中间测点的移动规律如图 5.44（c）所示，可以看出 14＃、38＃和 56＃测点完全垮落，79＃测点发生了部分垮落，而 93＃测点稍微弯曲下沉，据此我们可以近似将覆岩移动划分为冒落带（14＃、38＃和 56＃）、裂隙带（79＃）及弯曲下沉带（93＃）。图 5.45 是与参考文献［16］的相似模型实验结果，可以看出，我们的计算基本与此吻合，这在一定程度上说明不连续变形分析方法能够模拟大采高放顶煤动态运移规律。

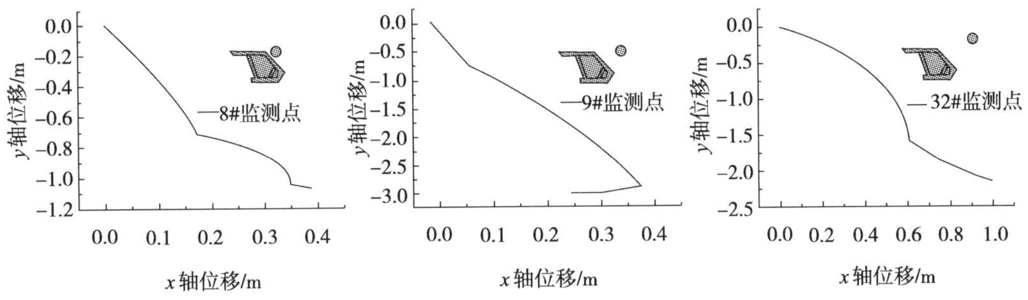

（a）液压支架上方三个典型测点的移动规律

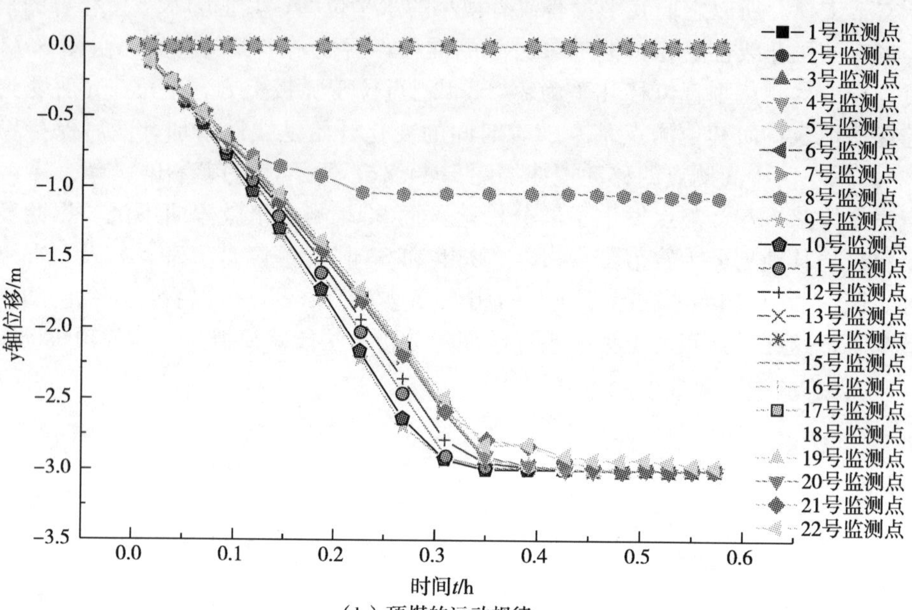

（b）顶煤的运动规律

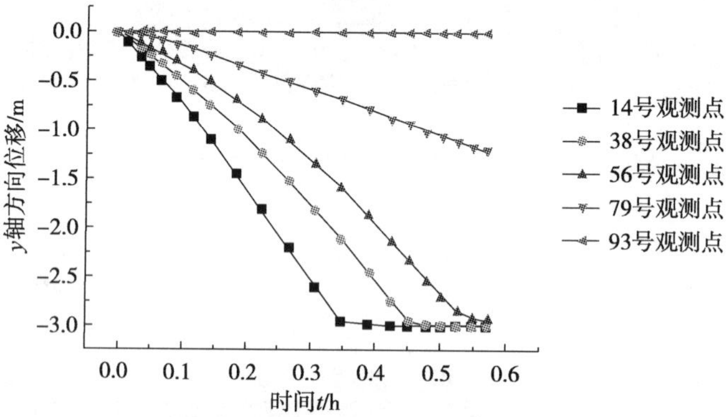

（c）采空区顶板中间测点的运动规律

图 5.44 回采 28m 时大采高工作面覆岩和顶煤的运移规律

图 5.45 放煤初始和停止边界线[16]

本节基于 MDDA 实现了不同回采条件下的大采高放顶煤过程实时模拟研究，对不同回采条件下的大采高放顶煤实时采动进行了模拟研究。系统研究了不同回采阶段大采高综放开采工作面的应力场及煤岩体运移规律。随着回采的进行，工作面附近会逐步形成圆形逐渐向椭圆形转变的应力场，且具有明显的三个区，即应力释放区、应力升高区及两者之间的过渡区。揭示了大采高工作面覆岩和顶煤移动规律，水平位移随时间变化较为复杂，而垂直位移变化具有一定的规律，通过垂直位移的变化可大致定性地划分为三带。模拟结果与文献［16］的相似模型实验结果较为吻合，证实了该方法的有效性。

5.5 王庄矿陷落柱塌陷机理的非连续变形模拟研究

5.5.1 陷落柱数值模型建立及参数选择

为实现王庄煤矿深部安全高产高效开采，对3＃煤层的陷落柱进行调查，主要钻孔揭露陷落柱如下。

(1) 1069 号孔陷落柱。位于崔绍村附近，144 队施工的 1069 号孔，直径以 3＃煤底板计算为 150m，长轴方向近东西向。

(2) 0401 号孔陷落柱。位于崔绍村附近，0401 号孔预计在 496.60m 见 3＃煤层，结果在 262.60m 见到陷落柱，直径以 3＃煤底板计为 150m，推断长轴方向为近东西向。

(3) 0302 号陷落柱。位于东崔村北、0302 号孔在 519.60～642.5m，见陷落柱。而从 3＃煤底板深 509.60m 至奥灰岩 649.60 m，间距为 140 m，与层间距相当，0302 号孔位于陷落柱边缘，擦边而过，以 3＃煤底板为准，推断陷落柱长轴方向为 N15°E，直径为 230m。

选取具有代表性的局部区域做模拟，根据地质资料我们将实际开采情况简化为沿巷道走向的二维平面应变块体模型，模型尺寸长 1000m，高 400m。模型底面和侧面均固定约束，取上覆岩层的近似平均容重 $\rho=2.6\times10^3\text{kg/m}^3$，为模拟上覆岩层自重作用，模型顶面可近似为均布载荷作用，即

$$\sigma=\rho gH=2.6\times10^3\times10\times160\text{Pa}=4.16\text{MPa}$$

其中，H 为模型顶面距地表的深度，单位为 m。典型煤岩体的物理力学参数如表 5.8 所示。

表 5.8 王庄煤矿 DDA 数值模拟典型岩层力学参数

岩性	陷落柱柱外岩石力学参数				
	容重/(g/cm)^3	弹性模量/GPa	泊松比	内摩擦角/(°)	黏聚力/MPa
表土层	1.8	28.00	0.298	20.00	2.00
泥岩	2.65	32.62	0.297	36.00	4.00
中粒砂岩	2.65	79.52	0.298	36.00	11.00
3＃煤	1.44	2.80	0.463	31.81	2.09
岩性	陷落柱柱内岩石力学参数				
	容重/(g/cm)^3	弹性模量/GPa	泊松比	内摩擦角/(°)	黏聚力/MPa
表土层	1.7	14.00	0.3	20.00	1.00

续表

岩性	陷落柱柱内岩石力学参数				
	容重/(g/cm)^3	弹性模量/GPa	泊松比	内摩擦角/(°)	黏聚力/MPa
泥岩	2.54	16.31	0.3	36.00	2.00
中粒砂岩	2.54	39.76	0.3	36.00	5.00
3#煤	1.22	1.40	0.463	31.81	1.04

王庄井田揭露的陷落柱，从3#煤层顶底板揭露的情况看，大多为漏斗形，个别为倒漏斗形；陷落柱的水平切面大多为椭圆形，个别为近圆形。陷落柱的柱面极不规则，它的垂直剖面是两条曲折线，靠3#煤层处柱面，有许多岩块嵌入煤体内。因此，我们对漏斗型、柱型和倒漏斗型陷落柱分别做模拟，陷落柱模拟模型如图5.46所示[17]。

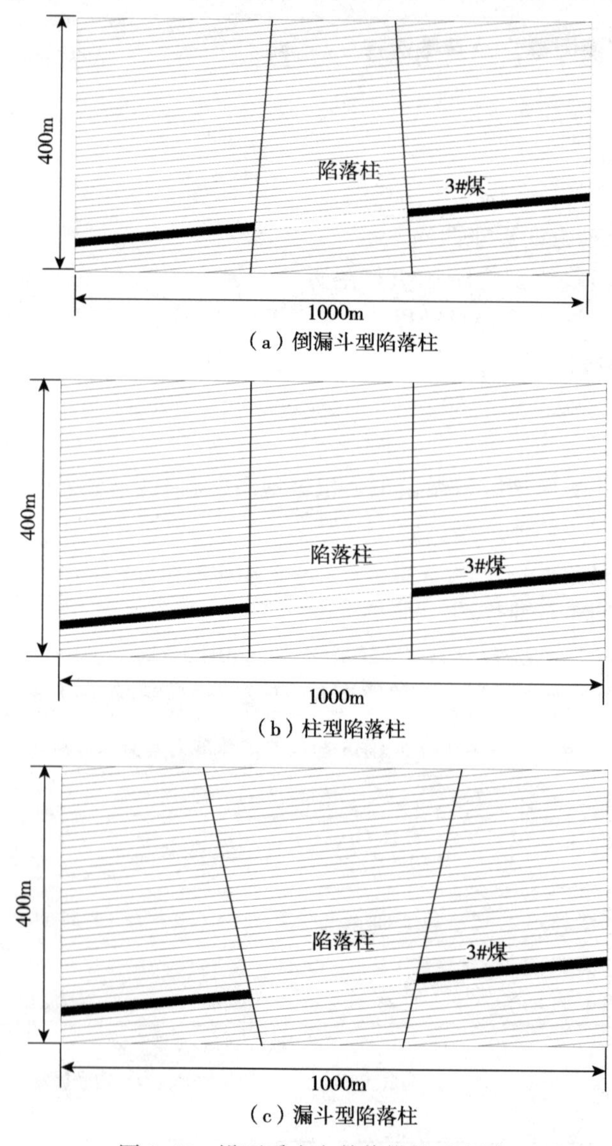

（a）倒漏斗型陷落柱

（b）柱型陷落柱

（c）漏斗型陷落柱

图5.46 沿开采走向数值模拟示意图

5.5.2 倒漏斗型陷落柱的塌陷机理分析

DDA 模拟倒漏斗型陷落柱的数值模型见图 5.47。图 5.47 中陷落柱内外不同颜色表示岩体材料的属性参数不同，空白处为模型中挖空的空旷区域。为了更好地监测块体运动和应力状态变化规律，模型中共设置了 15 层均匀分布的观测点，观测点编号自左到右、自下到上依次增大，如图 5.47 所示。模型周边是固定位移边界条件，该工况下的两个断层倾角为 72°。

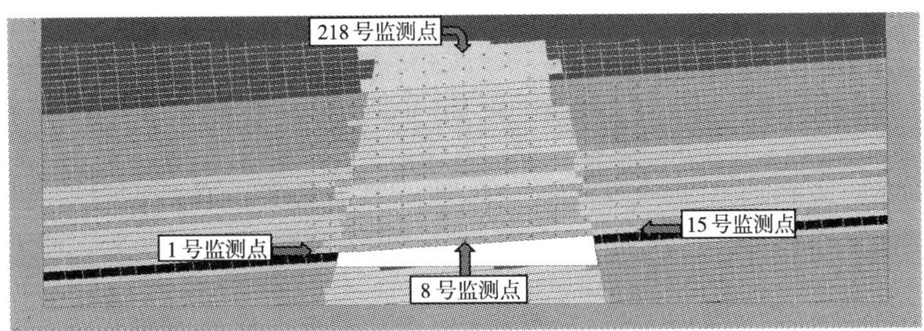

图 5.47 倒漏斗型 2-DDA 数值模拟模型

在该工况下，计算时步为 4000 步，容许的最大变形率为 0.001。模拟陷落柱塌陷过程如图 5.48 所示。从图 5.48 中可以看出，主要是陷落柱内的块体发生失稳垮落，部分陷落柱附近边缘的块体也有掉落，且陷落柱左侧垮落块体较右侧多一些，整体垮落有向左倾斜的趋势，这可能是受随机节理角度 86°的影响。当运行小于 2400 时步时，陷落柱内的岩层下沉量基本保持不变；当运行到 2400 时步时，陷落柱内的岩层开始垮落，上方岩层开始出现“离层”现象，如图 5.48（d）所示；当运行到 3200 时步时，陷落柱内的岩层“离层”进一步加剧，如图 5.48（e）所示。

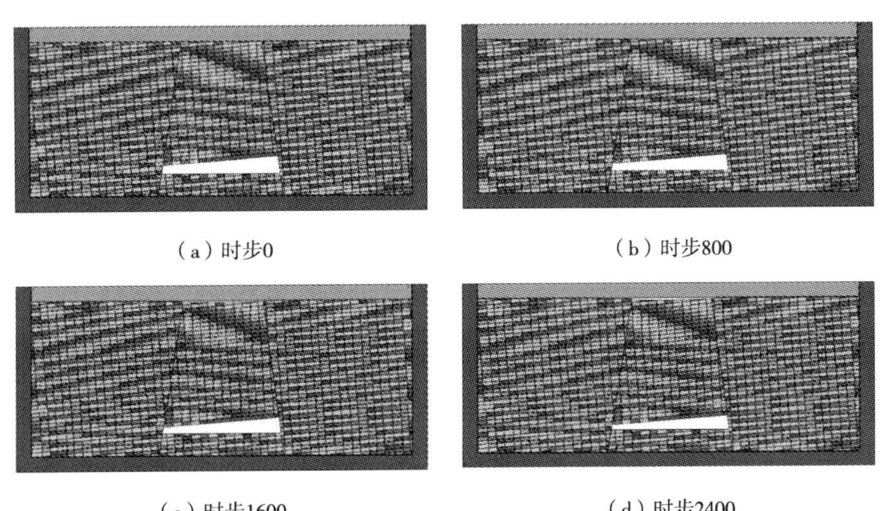

（a）时步0　（b）时步800

（c）时步1600　（d）时步2400

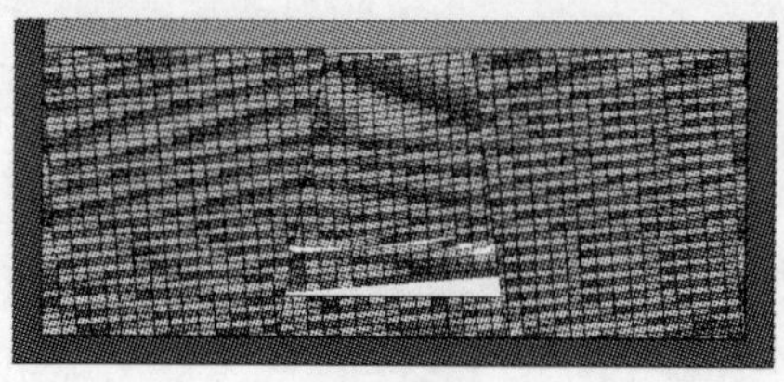
(e) 时步3200

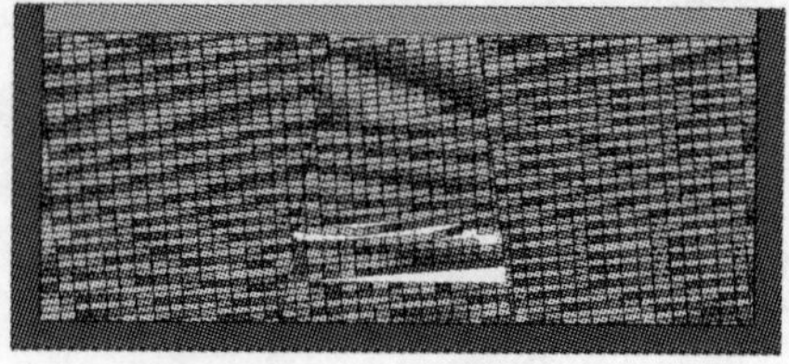
(f) 时步4000

图 5.48 不同时步倒漏斗型陷落柱塌陷状态

图 5.49 给出了倒漏斗型陷落柱数值模型运行最终的主应力场，其红色线的长短表示主应力的大小。由图 5.49 可以看出，陷落柱底部垮落岩块左端的应力集中程度明显大于右侧，且垮落的岩块垂直应力明显大于水平应力，垮落带的上方水平应力明显大于垂直应力，形成半椭圆形应力拱，其上部的岩块不发生垮落，块体趋于稳定。此外，外部远离陷落柱和陷落柱内部上方的岩块应力场分布比较均匀。

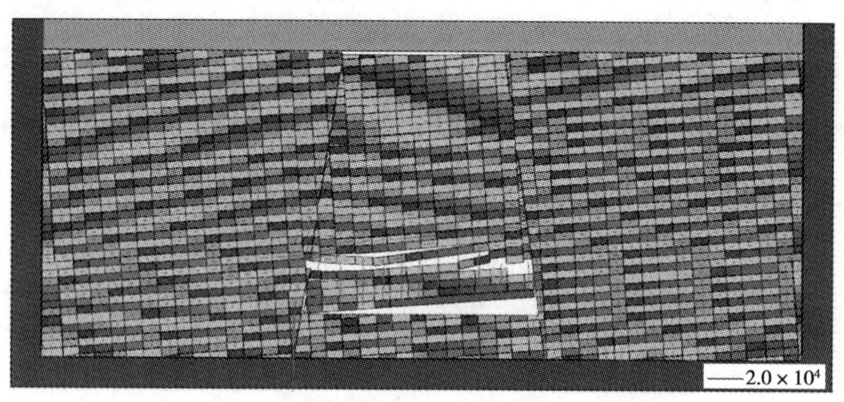

图 5.49 倒漏斗型陷落柱塌陷的最终主应力线图

图 5.50 和图 5.51 给出了倒漏斗型陷落柱数值模型内部分监测点的位移-时间变化曲线。其中，图 5.50 为模型中陷落柱中央一列点的位移-时间曲线，从图 5.50 可以看出，只有 8 号、23 号、38 号三个监测点的位移较大，说明该测点岩体发生垮落；在 38 号监测点及其以上的岩体也发生一定量的下沉，但由于下部垮落岩体上方形成的半椭圆形应力拱的影响，上覆岩体在发生一定程度下沉后趋于稳定。图 5.51 为最底层一排监测点的位移-时间曲线，从图 5.51 可以看出，位于陷落柱外的 1 号、2 号、14 号和 15 号监测点基本没有发生移动，陷落柱内的监测点都发生垮落。

5.5.3 柱型陷落柱的塌陷机理分析

DDA 模拟柱型陷落柱的数值模型见图 5.52。图 5.52 中陷落柱内外不同颜色表示岩体材料的属性参数不同，空白处为模型中挖空的空旷区域。为更好地监测块体运动和应力状态变化规律，模型中共设置了 15 层均匀分布的观测点，观测点编号自左到右、

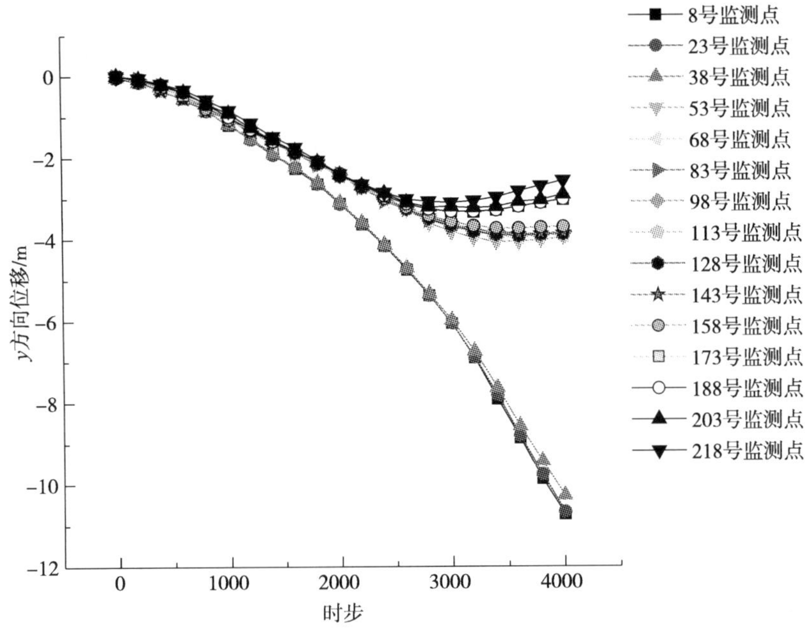

图 5.50　倒漏斗型陷落柱中央垂直监测点的位移图

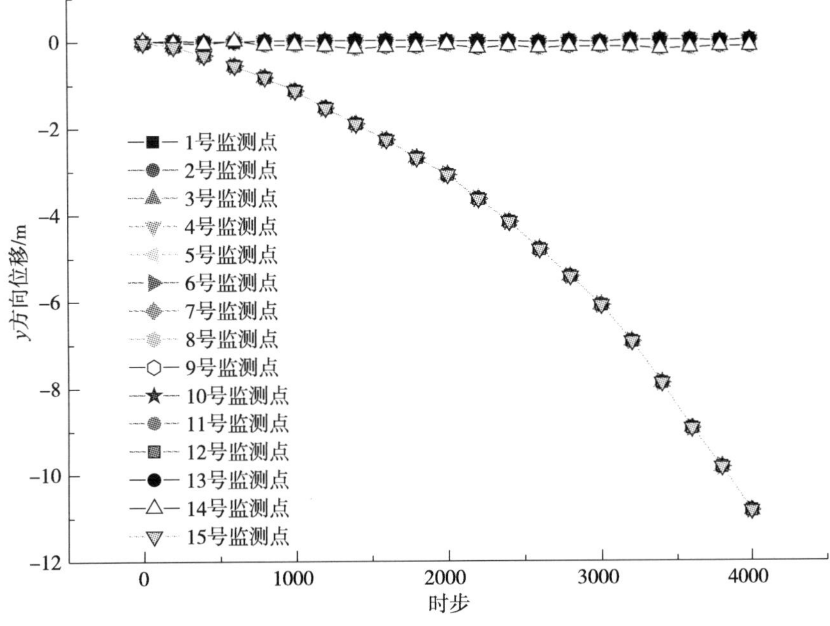

图 5.51　倒漏斗型陷落柱 1～15 号测点的位移图

自下到上依次增大，如图 5.52 所示。模型周边是固定位移边界条件，该工况下的两个断层倾角为 90°。

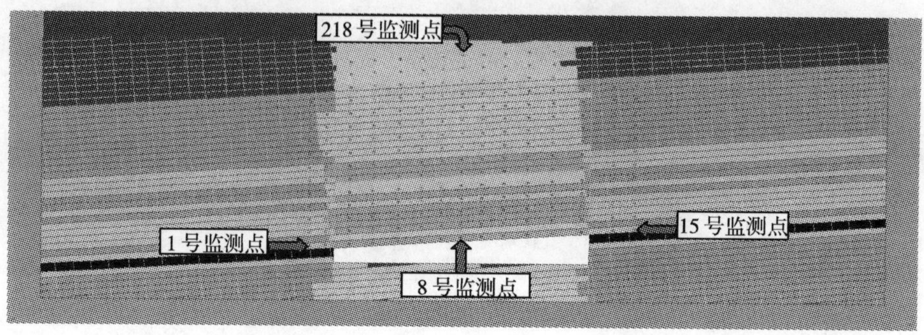

图 5.52 柱型 2-DDA 数值模拟模型

在该工况下，计算时步为 4000 步，容许的最大变形率为 0.001。模拟陷落柱塌陷过程如图 5.53 所示。从图 5.53 可以看出，陷落柱内下部块体发生失稳垮落，且中央区域触及底板，而两侧形成悬空的铰接结构，岩块整体基本呈对称趋势。当运行小于1600 时步时，陷落柱内的岩层下沉量基本保持不变；当运行到 1600 时步时，陷落柱内的岩层开始下沉，如图 5.53 (c) 所示；当运行到 2400 时步时，陷落柱内下方岩层开始出现“离层”现象，如图 5.53 (d) 所示；当运行到 3200 时步时，陷落柱内的岩层“离层”进一步加剧，如图 5.53 (e) 所示；最终陷落柱内岩层达到稳定，如图 5.53 (f) 所示。

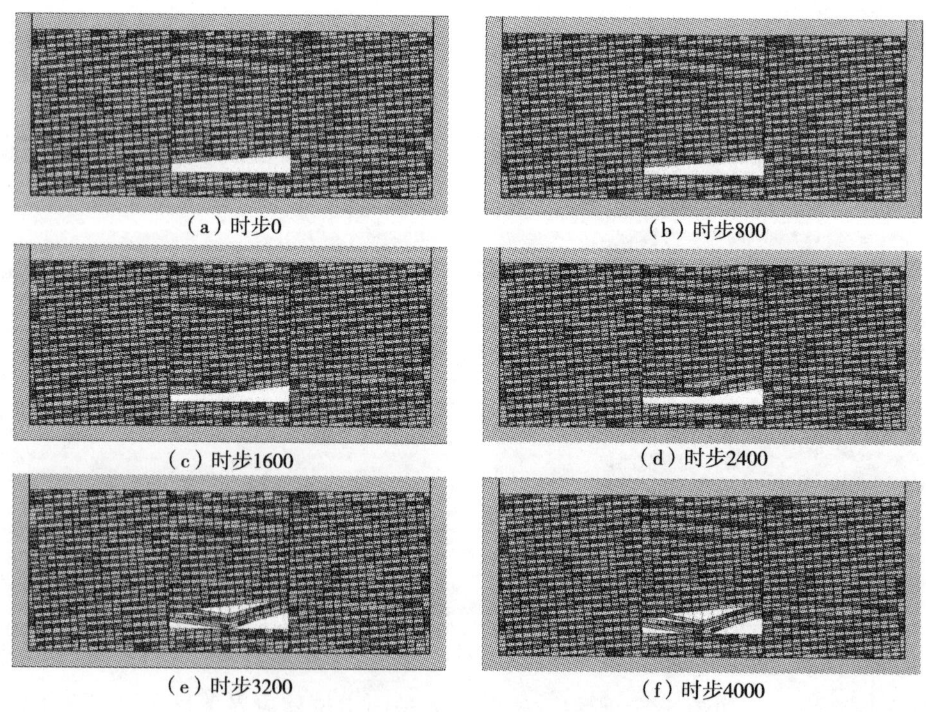

图 5.53 不同时步柱型陷落柱塌陷状态

由图 5.53 可以看出空洞顶部左、右端的应力集中非常明显。在垮落带的上方形成拱形应力圈，其上部的岩块不会发生垮落，块体开始趋于稳定。

图 5.54 给出了柱型陷落柱数值模型运行最终的主应力场，其灰色线的长短表示主应力的大小。由图 5.54 可以看出，陷落柱底部垮落带两侧应力集中非常明显，且垮落的岩块垂直应力明显大于水平应力，垮落带的上方水平应力明显大于垂直应力，形成半椭圆形应力场，其上部的岩块不发生垮落，块体趋于稳定。此外，外部远离陷落柱和陷落柱内部上方的岩块应力场分布比较均匀。

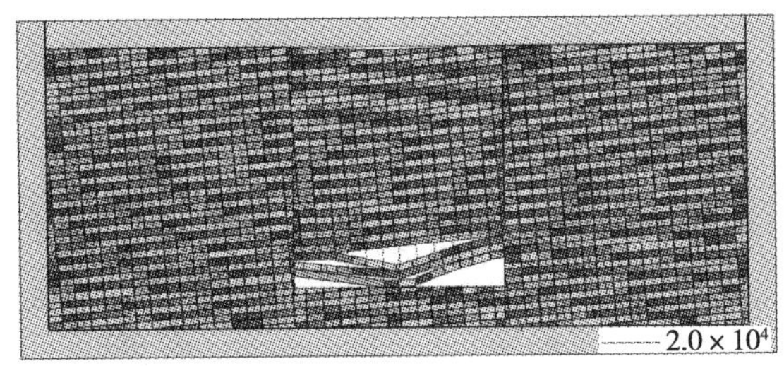

图 5.54　柱型陷落柱 2-DDA 模拟计算最终主应力线图

图 5.55 和图 5.56 给出了柱型陷落柱数值模型内部分监测点的位移-时间变化曲线。其中，图 5.55 为模型中陷落柱中央一列点的位移-时间曲线，从图 5.55 中可以看出，只有 8 号和 23 号两个监测点的位移较大，说明该测点岩体发生垮落；在 23 号监测点及其以上的岩体也发生一定量的下沉，但由于下部垮落岩体上方形成的半椭圆形应力拱的影响，上覆岩体在发生一定程度下沉后趋于稳定。图 5.56 中为最底层一排监测点的位移-时间曲线，从图 5.56 中可以看出，位于陷落柱外的 1 号、2 号、14 号和 15 号监测点基本没有发生移动，陷落柱内的监测点越往中间，发生的下沉量越大，最终下沉量近似呈现出“正抛物线”分布特征。

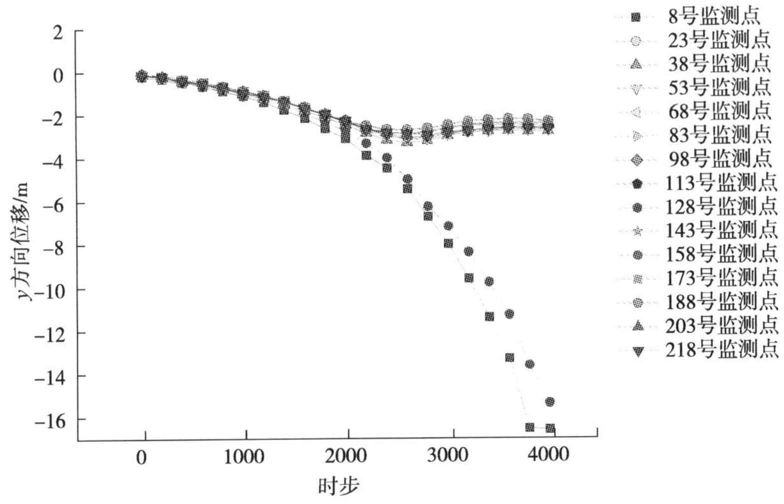

图 5.55　柱型陷落柱中间垂直监测点的位移图

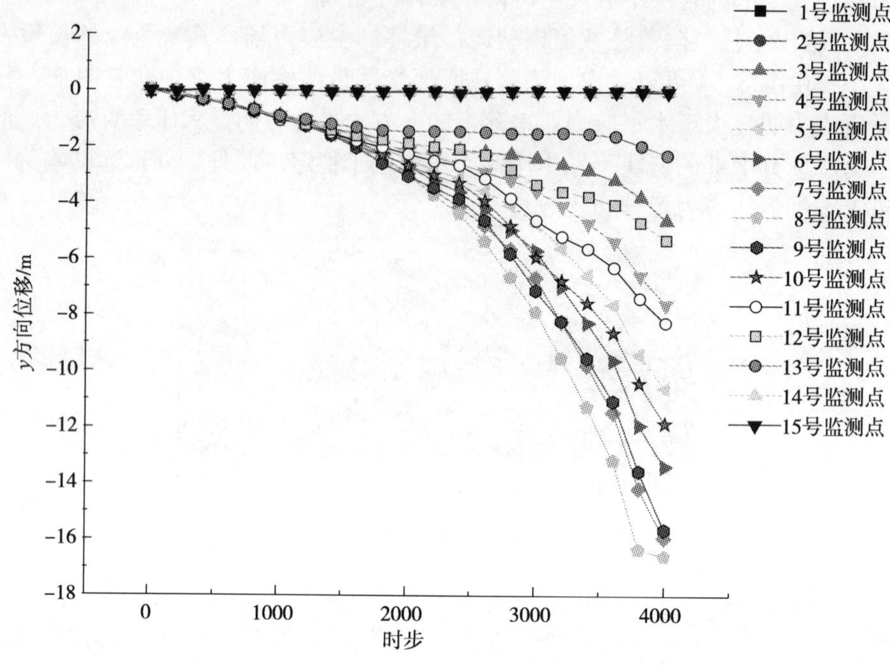

图 5.56 柱型陷落柱 1～15 号测点的位移图

5.5.4 漏斗型陷落柱的塌陷机理分析

DDA 模拟漏斗型陷落柱的数值模型见图 5.57。图 5.57 中陷落柱内外不同深浅颜色表示岩体材料的属性参数不同，空白处为模型中挖空的空旷区域。为了更好地监测块体运动和应力状态变化规律，模型中共设置 15 层均匀分布的观测点，观测点编号自左到右、自下到上依次增大，如图 5.57 所示。模型周边是固定位移边界条件，该工况下的两个断层倾角为 70°。

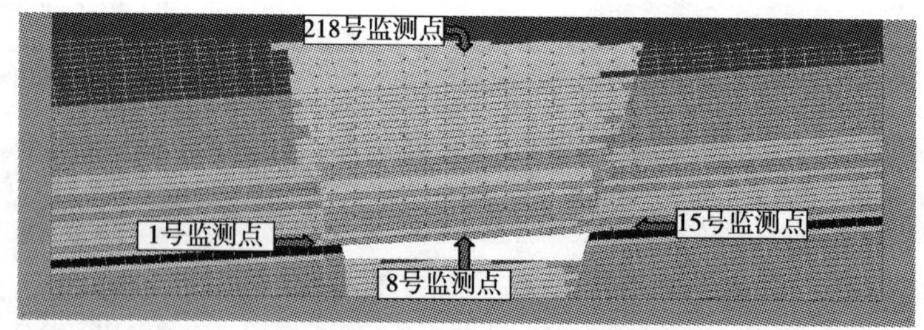

图 5.57 漏斗型 2-DDA 数值模拟模型

在该工况下，计算时步为 4000 步，容许的最大变形率为 0.001。模拟陷落柱塌陷过程如图 5.58 所示。从图 5.58 中可以看出，陷落柱内的块体基本没有发生失稳垮落，只是在空洞上部的岩体有小量的位移，有向下弯曲的趋势，陷落柱内岩层也没有出现“离层”现象。

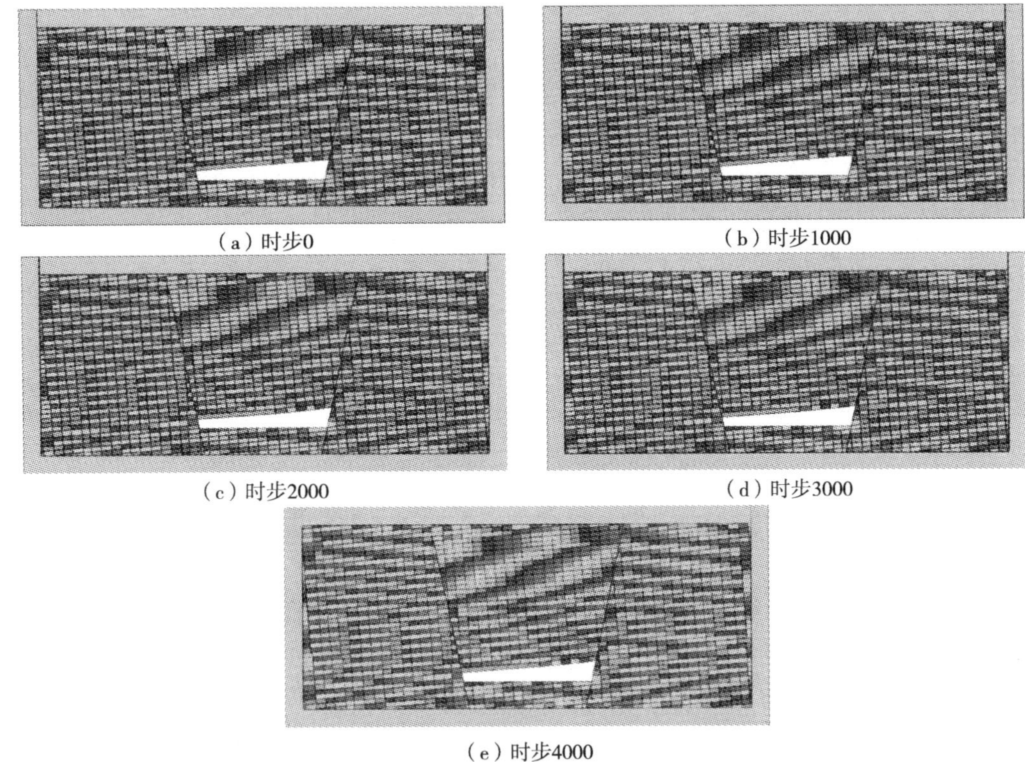

(a) 时步0　(b) 时步1000　(c) 时步2000　(d) 时步3000　(e) 时步4000

图 5.58　不同时步漏斗型陷落柱塌陷状态

图 5.59 给出了漏斗型陷落柱数值模型运行最终的主应力场，其浅色线的长短表示主应力的大小。由图 5.59 可以看出，陷落柱内下部两侧断层附近应力集中程度非常明显，且下部弯曲带的水平应力明显大于垂直应力，形成半椭圆形应力拱，其上部块体基本保持稳定。陷落柱外中间岩层也出现明显的应力集中现象，且水平应力明显大于垂直应力，这可能是由于陷落柱内形成的应力拱将陷落柱内岩块的大部分载荷传递给两侧岩层。

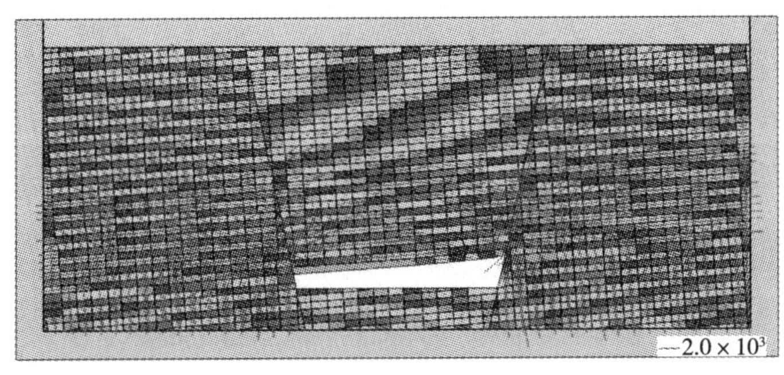

图 5.59　漏斗型 2-DDA 模拟计算最终主应力线图

图 5.60 和图 5.61 给出了漏斗型陷落柱数值模型内部分监测点的位移-时间变化曲

线。其中，图 5.60 为模型中陷落柱中央一列点的位移-时间曲线，从图 5.60 中可以看出，所有测点的位移都非常小，其中下部的 8 号监测点发生位移相对较大，在 23 号监测点及其以上的岩体也发生了一定量的下沉，但均相对较小。图 5.61 为最底层一排监测点的位移-时间曲线，从图 5.61 可以看出，位于陷落柱外的 1 号、2 号、14 号和 15 号监测点基本没有发生移动，陷落柱内的中间监测点的位移量相对两侧较大，这主要是由于陷落柱内下部岩层发生弯曲下沉。

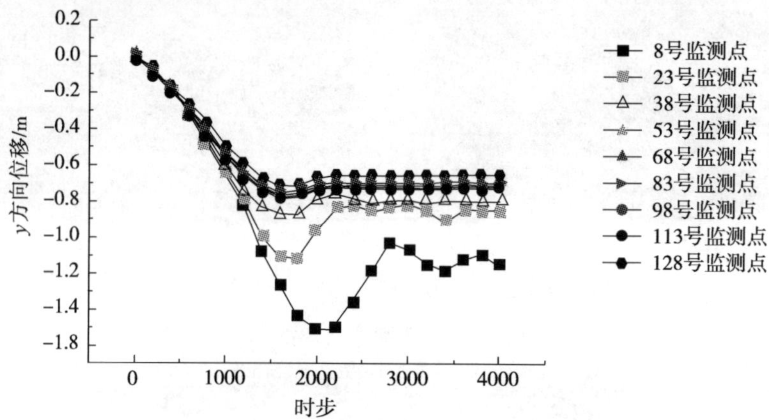

图 5.60　漏斗型陷落柱中间垂直监测点的位移图

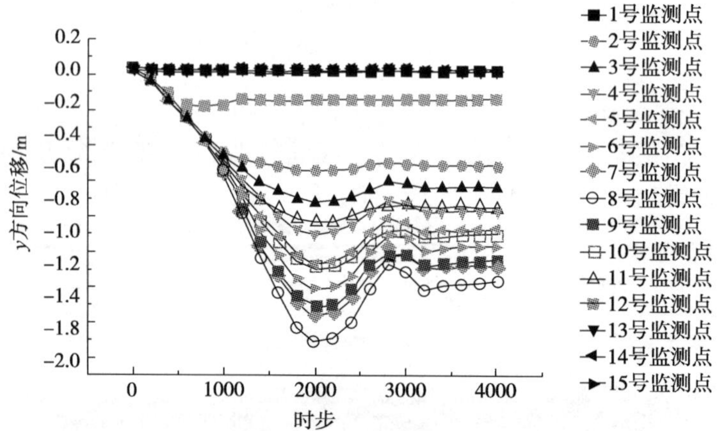

图 5.61　漏斗型陷落柱 1～15 号测点的位移图

本节基于 MDDA 模拟了不同形状陷落柱的塌陷过程，获得了陷落柱不同的垮落形态及其应力场，这对揭示陷落柱的塌陷机理具有重要意义。

参 考 文 献

[1] Shi G H. Discontinues deformation analysis：a new numerical model for the statics and dynamics of block systems [D] . San Francisco：University of California Doctorate Dissertations，1988.

[2] Shi G H. Manifold method of material analysis [A] //Shi G H. Transactions of the Ninth Army Conference on Applied Mathematics and Computing [C] . Minneapolis：Minncsoda，1992：51-76.

[3] 石根华．数值流形方法与非连续变形分析［M］．裴觉民译．北京：清华大学出版社，1997.
[4] 王涛．FLAC3D 数值模拟方法及工程应用［M］．北京：中国建筑工业出版社，2015.
[5] 岳滨，郭忠林．数值模拟在采矿工程中的应用［J］．矿业工程，2008，6（6）：5-7.
[6] 邬爱清，丁秀丽，卢波，等．DDA 方法块体稳定性验证及其在岩质边坡稳定性分析中的应用［J］．岩石力学及工程学报，2008，27（4）：664-672.
[7] 张秀丽，焦玉勇，刘泉声，等．节理对爆炸波传播影响的数值研究［J］．岩土力学，2008，29（3）：717-721.
[8] 王书法，李树忱，李术才，等．节理岩质边坡变形的 DDA 模拟［J］．岩土力学，2002，23（3）：352-354.
[9] 张国新，武晓峰．裂隙渗流对岩石边坡稳定性的影响——渗流、变形耦合作用的 DDA 法［J］．岩石力学与工程学报，2003，22（8）：1269-1275.
[10] Zuo J P，Peng S P，Li Y J，et al. Investigation of karst collapse based on 3-D seismic technique and DDA method at Xieqiao coal mine，China［J］. International Journal of Coal geology，2009，78（4）：276-287.
[11] Zuo J P，Wang R K，Wu A M，et al. Optimization support controlling large deformation of tunnel in deep mine based on discontinuous deformation analysis［J］. Procedia Environmental Sciences，2012，12：1045-1054.
[12] 左建平，赵洪宝，杨建立，等．大采高放顶煤冒落规律模拟研究［J］．煤炭科学技术，2013，41（1）：56-59.
[13] 杨建立，左建平，孙凯，等．大采高多断层工作面综放诱发地表沉陷观测及数值分析［J］．岩石力学与工程学报，2011，30（6）：1216-1224.
[14] 鞠杨，左建平，宋振铎，等．煤矿开采中的岩层应力分布与变形移动的 DDA 模拟［J］．岩土工程学报，2007，29（2）：268-273.
[15] 李岳春．实时采动模拟在二维 DDA 的开发及其在采矿工程中的应用［D］．北京：中国矿业大学硕士学位论文，2012.
[16] 王家臣，李志刚，陈亚军，等．综放开采顶煤放出散体介质流理论的试验研究［J］．煤炭学报，2004，29（3）：260-263.
[17] 左建平，李岳春．《王庄煤矿陷落柱成因分析及其活化稳定性评价》项目报告［R］．北京：中国矿业大学，2010.

第 6 章　大采高综放工作面回采巷道底臌机理及模型研究

随着开采深度的不断增加，巷道围岩所处的应力环境发生明显变化，巷道上覆岩层的自重应力和地壳构造运动产生的构造应力急剧增大。当巷道围岩应力集中达到一定程度时，巷道底板就会发生破坏，表现为不同形式的底臌。巷道底臌是深部大断面巷道围岩常见的变形破坏形态之一[1]，底臌会改变巷道断面原有形状进而影响巷道正常的使用功能，如对于采场附近的回风巷道，底臌会导致巷道断面面积缩小，影响实际通风效果。而对于采场附近的运输巷道，底臌将导致巷道底板不平整，破坏轨道设施，影响运输效率和行人安全，甚至可能导致整条巷道报废[2]。

巷道围岩是由顶板、底板及两帮组成的复合承载结构，因此不同部位的稳定性之间具有密切关联。相关研究表明，对于高应力作用下两帮为软弱煤体的回采巷道，巷道底臌和两帮的破坏具有一致性。当回采巷道两帮破坏较小时，巷道的底臌也较小，反之底臌较大[3]。同时，受到顶板强度的影响，回采巷道底板的塑性区范围发生变化，进一步影响巷道底臌[4]。由于巷道围岩存在这种“顶板—两帮—底板”的耦合关系，巷道底臌现象是影响巷道稳定性的重要因素[5]。

本章通过对潞安五阳大采高综放工作面巷道进行现场调研，建立了相关力学模型来分析巷道底臌机理，通过数值模拟方法探讨了不同支护条件下的巷道底臌变形机理，提出适用于五阳煤矿回风巷底臌控制的具体控制措施。

6.1　巷道底臌机理分析

6.1.1　巷道变形破坏特征

大采高综放工作面巷道开挖以后，由于开挖空间较大，巷道围岩的原岩应力得到充分释放，巷道附近一定范围内的围岩产生应力重分布，进而引起巷道的变形和破坏。一般情况下，在考虑应力重分布引起巷道变形和破坏时，假设巷道开挖是在瞬间完成的，并不考虑巷道形成过程对这一破坏的影响，即忽略岩体的黏聚性特征来研究其围岩应力调整及向巷道内的弹性收敛变形的影响。

对于已完成开挖的巷道来说，只要其围岩应力重分布后的应力峰值不超过导致巷道破坏的极限强度，则巷道开挖后围岩将仍处于弹性状态，巷道围岩无须支护即可保持稳定状态。一旦应力重分布后围岩内应力峰值超过巷道的极限破坏强度，则巷道围岩将处于塑性状态。对于距离巷道壁一定深度内的岩体来说，其主应力差最大，所以这一部分岩体将先发生屈服和塑性变形。这部分产生塑性变形的岩体，在巷道周边附近形成巷道围岩的塑性区。而塑性区范围外的深部岩体则仍存处于弹性状态，构成巷道围岩的弹性区。

巷道围岩的原岩应力区、弹性区和塑性区的划分主要受围岩的应力状态和应力分布的影响，如图 6.1 所示。切向应力 σ_θ 数值的大小至关重要，其直接决定了塑性区的划分。由于切向应力 σ_θ 的大小是由原岩应力 P 决定的，因此 σ_θ 随深度的增大而增大。巷道开挖导致巷道周边的部分岩体裂隙发育，这部分岩体的强度和内聚力极大地降低。在水和空气的风化作用的影响下，这部分岩体向巷道内部产生塑性松动并将原来由巷道围岩承受的部分应力转移给附近岩体，导致附近岩体也产生塑性变形，进而使这种塑性松动变形逐步向围岩深部扩展。由于该区域岩体的切向应力 σ_θ 小于原岩应力 P，因此这部分区域被称为应力降低区，即塑性松动区。在松动区外仍处于塑性变形状态的部分岩体，其承载力高于松动区内的岩体。这部分岩体的切向应力 σ_θ 的大小高于原岩应力 P，处于塑性状态向弹性状态强化的阶段，故这部分区域称为应力升高区。应力升高区外处于弹性变形状态的岩体，其切向应力 σ_θ 的大小在原岩应力 P 与屈服极限 σ_s 之间，这部分区域也称为弹性变形区。弹性区外的岩体基本没有受到巷道开挖的影响，仍处于原岩应力状态，因此这部分区域被称为原岩应力区[6]。

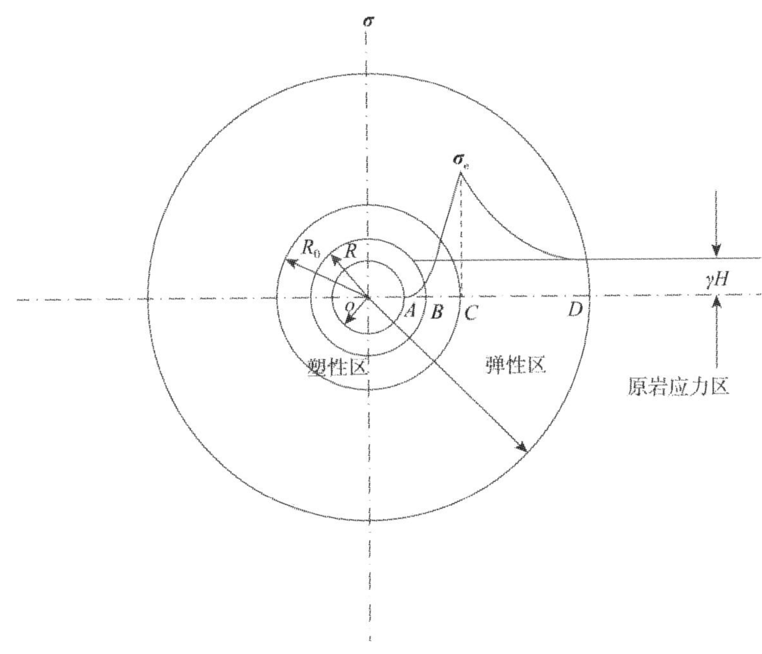

图 6.1　巷道围岩弹塑性区分布图[6]

巷道开挖以后，一方面是围岩应力状态的改变和不断调整导致巷道围岩产生变形；另一方面，这种巷道围岩的变形使岩体结构面扩张、裂隙发育、岩体强度降低，又进一步导致围岩应力状态的调整。这种对巷道稳定性非常不利的相互作用造成塑性区影响范围逐步向围岩深处扩大，导致巷道产生更严重的破坏行为。

6.1.2　巷道挤压流动底臌机理

1. 7603 工作面回风巷现存问题分析

五阳煤矿目前开采的3#煤层（7605、7601工作面等）厚度为5.15～6.81m，倾角为3°～5°，采用“二采一准”作业方式，即两班采煤、一班检修进行高强度开采。其中，位于五阳煤矿3#煤层+600水平，隶属于76采区的7603工作面属于孤岛工作面，其上方的7601工作面和下方的7605工作面均已完成回采，形成采空区（图6.2）。煤层受高强度开采和多次动压的影响，在采空区超前支承压力的作用下，7603工作面附近巷道围岩变形破坏较为严重，某些区域甚至出现了与普通开采不同的一些非线性动力破坏现象，如围岩破碎严重、大变形、片帮、冒顶、周期来压、大地压、地表沉陷和煤柱破坏严重等现象。7603工作面回风巷目前的主要作用是为7603工作面运输人员、设备和材料。因此，该巷道的稳定性对于7603工作面回采工作的顺利进行起到至关重要的作用。现场调研结果显示，该巷道目前顶板和两帮在现有支护体系下比较稳定，但巷道底臌非常严重，局部底臌量甚至超过0.5m，已严重影响该巷道运输系统的正常运行。

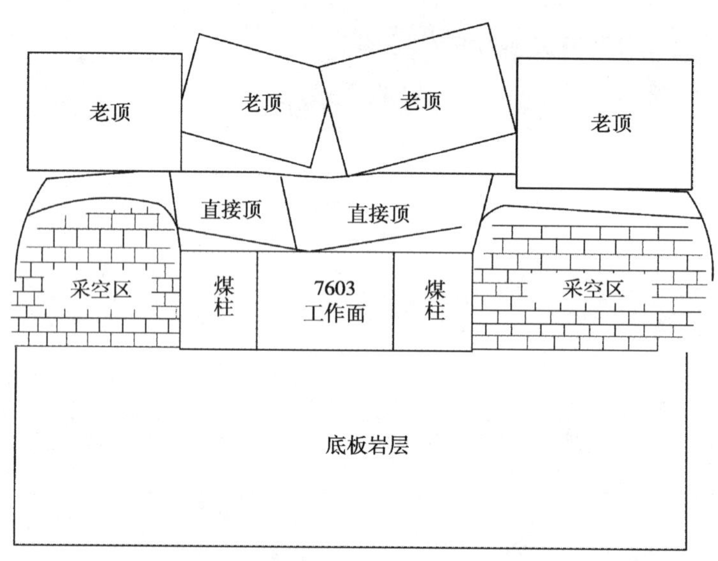

图6.2　五阳煤矿7603工作面示意图

根据7603工作面现场调研及相关矿山工程资料分析，造成该巷道严重底臌的主要原因如下。

（1）底板岩性的影响：该巷道底板由低强度破碎煤岩体构成。巷道开挖引起的围岩应力重分布及7603工作面回采工作的动压影响都会使低强度破碎的底板岩体产生进一步破坏，向巷道空间收敛变形，这是导致7603工作面回风巷产生底臌的本质原因。

（2）采动压力的影响：7603工作面作为孤岛工作面，一方面受到两侧采空区动压的影响；另一方面还要受到自身工作面采动的影响，与普通巷道相比更有可能发生强烈底臌、围岩破碎严重和围岩大变形难以控制等灾害现象。

（3）支护结构的影响：7603工作面回风巷现有支护方案仅对巷道顶板和两帮采取

锚杆＋锚索的联合支护，而对巷道底板未采取任何支护措施，这也是目前导致巷道严重底臌的重要原因之一。

2. 五阳煤矿 7603 工作面回风巷底臌机理分析

根据已有文献资料可知[7]，巷道底臌主要分为四种类型，即挤压流动底臌、挠曲褶皱底臌、剪切错动底臌和遇水膨胀底臌。挤压流动底臌是这四种底臌类型中最常见的一种形式。

发生挤压流动底臌的巷道，一般底板多为低强度破碎岩层（如黏土岩层或煤层等），而顶板和两帮岩体的强度要远远大于底板岩体的强度。特别是在顶板和两帮已经进行充分支护而巷道底板没有采取任何控制手段的巷道中，发生的底臌多为挤压流动底臌。构成巷道两帮的岩柱作用在巷道底板岩层上，在巷道底板岩层产生压膜效应和远场应力，使得在一定范围内低强度的破碎底板岩体产生塑性滑动。当塑性滑动在底板岩层产生的压剪应力超过底板岩层的极限破坏强度时，低强度破碎的底板岩体发生破坏，被挤压流动到巷道内部。

现结合五阳煤矿 7603 工作面及其回风巷的特点对其底臌机理进行具体分析：在原岩应力作用下，底板岩体是相对连续且相互平衡的结构，巷道开挖使其在竖直方向上失去约束力，应力状态由原来的三向受力状态变为二向受力状态。在底板处的集中应力向无约束区（巷道空间）释放，释放期间伴随着底板岩层的“一次变形”。在底板应力集中程度不大的情况下，浅部底板的应力一部分向巷道内部快速释放，另一部分向深部岩体逐渐转移，直到重新达到应力平衡状态。但是对于存在无约束区的底板岩体来说，这种重新形成的应力平衡状态并不稳定。因为作为 7603 孤岛工作面的回风巷，这种底板岩体重新形成的应力平衡状态要受到两侧采空区和 7603 工作面回采工作产生的动压影响。在上述因素的影响下，巷道底板岩体又会打破已有的应力平衡状态，产生“二次变形”。在多次动压影响下，底板岩层会进一步破碎，强度逐渐降低，其自身原有的节理和裂隙也会更加明显、贯通。塑性破坏区一方面逐渐向深部岩体转移，影响范围也将进一步扩大；另一方面，向无约束区（巷道空间）产生滑动，成为诱发巷道底臌的先决条件。

在巷道未开挖的时候，7603 作为孤岛工作面，位于其两侧的 7601 和 7605 工作面形成的采空区产生的支撑压力已对工作面附近岩体的稳定性和整体性产生不利影响。在巷道开挖初期，位于底板处的低强度破碎岩体，一方面在水平方向会受到高地应力的影响；另一方面，随着巷道开挖的进行，在竖直方向会受到巷道两帮岩柱形成的不断增大的压力的影响。在这两者的共同作用下，巷道底板的低强度破碎岩体不断变形、膨胀和破碎。巷道开挖完成后，7603 工作面回风巷的顶板和两帮岩体在高强锚杆和锚索的联合支护下已基本稳定，而底板并未采取任何加固措施。两帮岩柱处的集中应力垂直作用在巷道底板，加上原岩水平应力的影响，本已松散破碎的底板岩体进一步被破坏，最终在两者的作用下被挤压进入巷道内部，形成挤压流动底臌，如图 6.3 所示。

6.1.3　应力滑移线场模型及分析

1. 建立巷道底臌力学模型的基本假设

巷道底臌力学模型的建立，一方面要符合实际工程中的巷道底臌机理，能通过力学

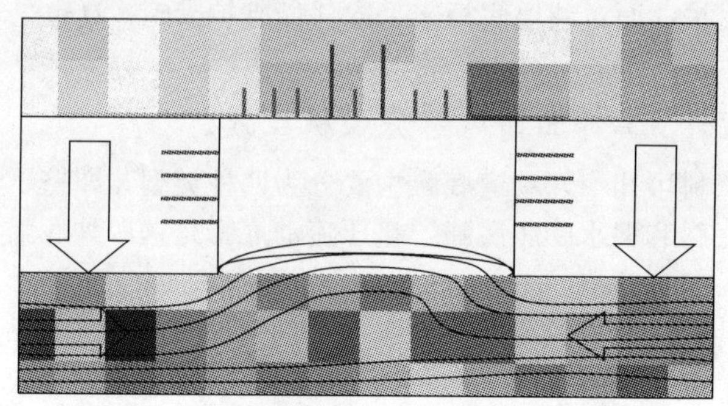

图 6.3 五阳煤矿 7603 回风巷底臌机理示意图

模型从理论的角度对巷道底臌机理进行定量分析；另一方面，巷道底臌的力学模型又要具有可操作性，即所建模型在真实反映底臌机理的基础上便于计算求解。

从力学角度来说，挤压流动底臌是底板破碎岩体的各组成部分在两帮岩柱高应力的作用下产生相对滑动、转动、自身破碎和岩石膨胀等一系列复杂变形破坏行为所诱发的非线性力学问题。因此，根据五阳 7603 工作面回风巷的具体工程条件并考虑所建立的力学模型的实用性，在建立力学模型前，我们对该巷道底板岩体进行如下假设，使其可以被等效成具有相同岩石力学参数的连续介质[7]。

(1) 等时性：由于挤压流动底臌是随时间推移而逐步产生的，其并不同于顶板冒顶或两帮片帮等瞬时性岩体破坏，因此可认为挤压流动性底臌在破坏过程中具有“等时性”。

(2) 等质性：由于发生挤压流动底臌的巷道底板岩体多为低强度破碎岩体，其岩体颗粒细碎，节理、裂隙等不连续面数量多且分布密集。因此，可将其看做具有相同力学参数的连续体。

(3) 实用性：在发生挤压流动底臌时，巷道底板的低强度破碎岩体数量多且力学行为非常复杂。若逐一确定其性状、几何及物理参数建立精确的力学模型，对于矿山工程来说过于复杂且没有实用性。

2. 基于广义滑移线场理论的巷道底臌模型的建立

五阳煤矿 7603 工作面的相关地质资料表明，其底板岩层的直接底是砂质泥岩，平均厚度为 1.5m 左右，老底为粉砂岩，平均厚度在 10m 左右。为了便于模型的建立和求解，根据岩土塑性力学相关假设，可认为其直接底和老底均为均质的莫尔-库伦材料；同时相比于巷道开挖的应力重分布，我们可忽略底板岩层自重的影响；并认为可以忽略一定厚度以下底板岩层底面的水平摩擦力的影响。根据巷道开挖后其应力重分布作用的相关规律，巷道开挖后其周围一定范围内存在“塑性松动圈”，并依次存在松动区、塑性强化区和弹性区。考虑求解方法和可行性的影响因素，可以假设由两帮围岩作用在底板上的荷载为均布荷载。与两帮围岩对底板压力相比，原岩水平应力对底板滑移线场的影响并不明显，因此在建立模型时忽略水平方向应力的影响，认为两帮岩体作用范围内的水平方向均为固定端约束，见图 6.4。

根据塑性力学中滑移线场相关理论[8]，当均布荷载 p 作用下的巷道底板岩层中的某一部分岩体的应力状态达到岩体的极限强度时，这一部分的岩体将会发生塑性滑动，

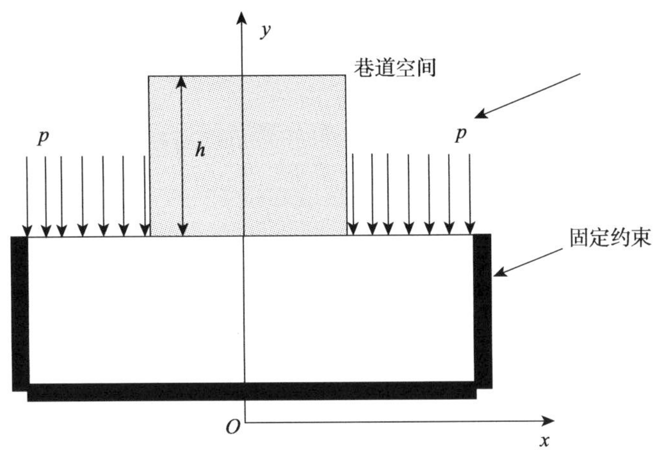

图 6.4　巷道底臌力学模型示意图

见图 6.5。由于在底板岩层中间部分开挖巷道形成无约束自由面，底板岩层中产生塑性滑动部分的岩体对这一部分自由面有向上的压力作用，当这一压力超过底板岩层极限承载力时，这一部分底板岩层将会发生破坏被压入巷道，形成底臌。

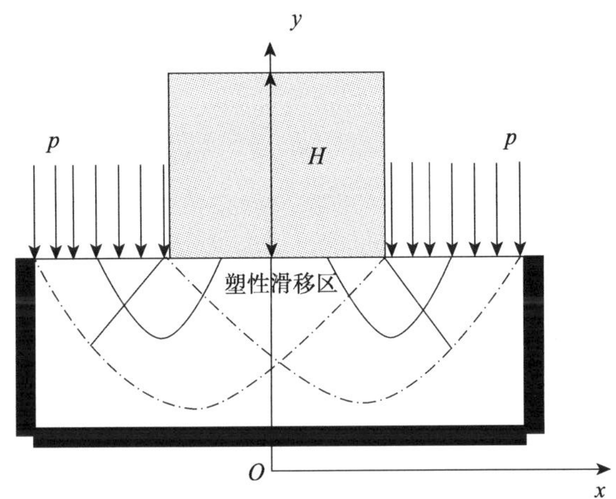

图 6.5　巷道底板岩体塑性滑移区示意图

3. 巷道底臌模型应力滑移线场的求解[8]

由上述分析可知，该力学模型可以按照广义塑性力学中的平面应变问题求解。在广义塑性力学中，底板岩层在均布荷载作用下的滑移线场可看做由均布应力状态滑移线场和对数螺线滑移线场构成的复合滑移线场。对于该复合应力场，我们可以根据广义塑性力学中的 Prandtl 解来进行确定。

由广义塑性力学滑移线场的相关理论可知，对于符合莫尔-库伦准则的岩土材料，其极限平衡方程为

$$\frac{\partial p}{\partial y}(1+\sin\varphi\cos2\theta)+\frac{\partial p}{\partial x}\sin\varphi\sin2\theta+2R\left(-\frac{\partial\theta}{\partial y}\sin2\theta+\frac{\partial\theta}{\partial x}\cos2\theta\right)=\gamma \qquad (6.1)$$

$$\frac{\partial p}{\partial y}\sin\varphi\sin2\theta+\frac{\partial p}{\partial x}(1-\sin\varphi\cos2\theta)+2R\left(-\frac{\partial\theta}{\partial y}\cos2\theta+\frac{\partial\theta}{\partial x}\sin2\theta\right)=0 \tag{6.2}$$

其中，R 为半径。

这是双曲线型的一阶拟线性方程组，与其相伴的特征线方程组为

$$\begin{cases}\dfrac{\mathrm{d}y}{\mathrm{d}x}=\tan(\theta-\mu)\\[2ex]\dfrac{\mathrm{d}y}{\mathrm{d}x}=\tan(\theta+\mu)\end{cases} \tag{6.3}$$

其中，$\mu=\dfrac{\pi}{4}-\dfrac{\varphi}{2}$。

利用相关数学方法可以推导出 p 和最大主应力 σ_1 与 y 轴的夹角 θ 之间的差分方程：

$$\begin{cases}\mathrm{d}p-2(p+\sigma_c)\tan\varphi\mathrm{d}\theta=\dfrac{\gamma\sin(\theta+\mu)\mathrm{d}y}{\cos\varphi\cos(\theta-\mu)}\\[2ex]\mathrm{d}p+2(p+\sigma_c)\tan\varphi\mathrm{d}\theta=-\dfrac{\gamma\sin(\theta-\mu)\mathrm{d}y}{\cos\varphi\cos(\theta+\mu)}\end{cases} \tag{6.4}$$

其中，σ_c 为单轴抗压强度。

利用差分法和已知边界条件就可求出符合莫尔-库伦准则的岩土材料滑移线场的分布及相应的极限强度。

在不计自重的情况下由式（6.4）可得

$$\begin{cases}p=C_\alpha\mathrm{e}^{2\theta\tan\varphi}-\sigma_\alpha\\ p=C_\beta\mathrm{e}^{-2\theta\tan\varphi}-\sigma_\beta\end{cases} \tag{6.5}$$

对于应力滑移线场方程应该满足式（6.3），即

$$\frac{\mathrm{d}x}{\mathrm{d}y}=\tan(\theta\mp\mu)=\tan\left[\theta\mp\left(\frac{\pi}{4}-\frac{\varphi}{2}\right)\right] \tag{6.6}$$

由于假设巷道两帮对底板的作用力是对称分布的，取右半部分作为研究对象，其应力滑移线场示意图见图 6.6。

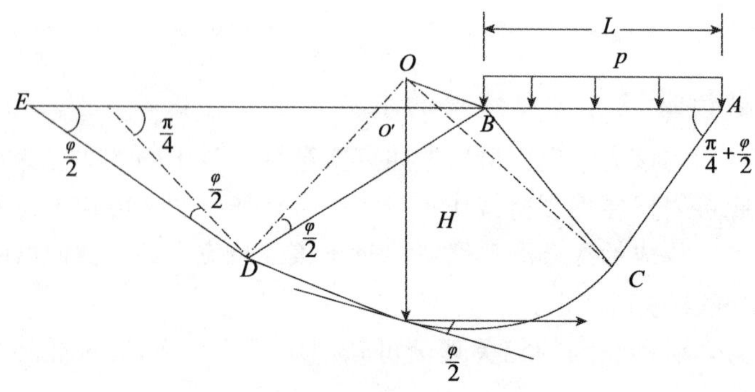

图 6.6　巷道底板应力滑移线场

根据巷道底板岩层的受力情况及产生塑性滑动的滑动趋势，可以将底板岩层发生塑

性滑动的部分分成三个区域。其中，ABC 区域为主动受压滑动区；BCD 区域为塑性滑动过渡区；BDE 区域为被动滑动破坏区。

对于主动受压滑动区 ABC，其 AB 边界受到均布荷载 p 的作用，边界条件为 $\sigma_n = p$（σ_{n} 为滑面正应力），$\tau_n = 0$，$\varepsilon = \pi$。由于 $\theta = 0$ 和 $\sigma_n = p$ 均为常量，故其塑性滑移线是直线，其滑移线场为均布应力状态的滑移线场。其滑移线方程如下：

$$y = \cot\left[\left(\frac{\pi}{4} - \frac{\varphi}{2}\right)\right]x + C \tag{6.7}$$

将边界条件 $\sigma_n = p$，$\tau_n = 0$，$\varepsilon = \pi$，$\theta = 0$ 代入式（6.4）可求得 $\theta = \theta(x, y)$ 和 $p = p(x, y)$，进而通过式（6.5）可求得 α 和 β 族滑移线上的积分常数为

$$C_\alpha = C_\beta = \frac{q + \sigma_{\mathrm{c}}}{1 + \sin\varphi} \tag{6.8}$$

对于塑性滑动过渡区 BCD，由于该区域的 θ 值为变量且变化范围在 0 到 $\varphi/2$，因此该区域的应力滑移线场为对数螺旋型应力滑移线场，其中 $\angle CBD$ 为直角。在极坐标下设对数螺旋线的应力滑移线方程为

$$r = r_0 \mathrm{e}^{(\theta - \frac{\pi}{4})\tan\frac{\varphi}{2}} \tag{6.9}$$

其中，θ 为对数螺旋线的张角。由应力滑移线方程来确定极点 O 的位置。

在三角形 ABC 中，由于 $AB = L$，根据几何关系可知：

$$BC = \frac{L}{2\cos\left(\frac{\pi}{4} + \frac{\varphi}{2}\right)} \tag{6.10}$$

$$CO' = \frac{L}{2\cos\left(\frac{\pi}{4} + \frac{\varphi}{2}\right)\cos\frac{\varphi}{2}} \tag{6.11}$$

$$OO' = OD\tan\frac{\varphi}{2} \tag{6.12}$$

由于 $\theta = 0$ 时，

$$OC = r_1 = r_0 \mathrm{e}^{\left(\theta - \frac{\pi}{4}\tan\frac{\varphi}{2}\right)} = r_0 \mathrm{e}^{-\frac{\pi}{4}\tan\frac{\varphi}{2}} \tag{6.13}$$

$\theta = \dfrac{\pi}{2}$ 时，

$$OD = r_2 = r_0 \mathrm{e}^{\frac{\pi}{4}\tan\frac{\varphi}{2}} \tag{6.14}$$

可求得

$$OC = \frac{L\mathrm{e}^{-\frac{\pi}{2}\tan\frac{\varphi}{2}}}{2\left(\mathrm{e}^{-\frac{\pi}{2}\tan\frac{\varphi}{2}} - \tan\frac{\varphi}{2}\right)\cos\frac{\varphi}{2}\cos\left(\frac{\pi}{4} + \frac{\varphi}{2}\right)} \tag{6.15}$$

对于被动滑动破坏区 BDE，其 BE 边界未受荷载作用，边界条件为 $\sigma_n = 0$，$\tau_n = 0$，$\varepsilon = \pi$。由于 $\theta = \pi/2$ 和 $\sigma_n = 0$ 均为常量，故其塑性滑移线是直线，其滑移线场为均布应力状态的滑移线场。其滑移线方程如下：

$$y=\cot\left(\frac{\pi}{4}-\frac{\varphi}{2}\right)x+C \tag{6.16}$$

将边界条件 $\sigma_n=p$，$\tau_n=0$，$\varepsilon=\pi$，$\theta=0$ 代入式（5.4）可求得 $\theta=\theta(x,y)$ 和 $p=p(x,y)$，进而通过式（6.5）可求得 α 和 β 族滑移线上的积分常数为

$$C_\alpha=C_\beta=\sigma_c\frac{e^{\pi\tan\varphi}}{1+\sin\varphi} \tag{6.17}$$

由上述分析确定软岩巷道底板整体的应力滑移线场。

由于主动受压滑动区 ABC 和被动滑动破坏区 BDE 的滑移线场是同族滑移线，根据滑移线积分常数相等可知式（6.8）和式（6.17）相等，由此可求得巷道底板的极限强度 S_0：

$$S_0=p=c\left[\tan^2\left(\frac{\pi}{4}+\frac{\varphi}{2}\right)e^{\pi\tan\varphi}-1\right]\cot\varphi \tag{6.18}$$

4. 巷道底板塑性滑移区的确定

五阳煤矿 7603 工作面的老底岩层是由砂质泥岩和粉砂岩构成的。而岩土类材料在塑性滑动时其滑移线场是基于非关联流动法则的，滑移线场并不是底板岩层真正产生塑性滑动破坏的区域。基于广义塑性力学的相关理论，已经证明岩土类材料的莫尔-库伦屈服面和塑性势面之间存在夹角[8]。因此，底板岩层真正塑性滑动破坏的方向是应力场滑移线中的 α 线的切线方向，即速度矢量的方向，它与应力滑移线场的夹角是 $\varphi/2$。而巷道底板发生塑性滑动的区域就是其速度滑移线场，见图 6.6[9]。

在主动受压滑动区 ABC，其 AB 边界受到均布荷载 p 的作用有向下压缩的趋势，因此在 AB 边界上存在速度 $V_y=V$。同时，这一区域内的最大主应力方向和 y 轴方向重合，即 $\theta=0$，因此 ABC 区域的速度滑移线场也是均匀速度场。由于 ABC 区域的应力滑移线是两条直线 α 线和 β 线，故速度滑移线场也是由两条直线 α' 线和 β' 线构成，且与应力滑移线场的两条直线的夹角为 $\varphi/2$。

对于直线形速度滑移线场，应满足：

$$\begin{cases}dV_{\alpha'}-V_{\beta'}d\theta=0\\dV_{\beta'}+V_{\alpha'}d\theta=0\end{cases} \tag{6.19}$$

故主动受压滑移区 ABC 区中的 α 线和 β 线的速度为

$$V_{\alpha_1'}=V_{\beta_1'}=V\sin\frac{\pi}{4}=\frac{\sqrt{2}}{2}V \tag{6.20}$$

对于塑性滑动过渡区 BCD，根据上述分析可知其应力滑移线场为简单应力场，故其速度滑移线场也是简单速度场。由于其应力滑移线场和速度滑移线场存在 $\varphi/2$ 的夹角，因此其速度极点并不是点 O，根据相关几何关系，可以确定其速度极点的位置，其距点 C 的距离为

$$r_0'=\frac{l e^{-\frac{\pi}{2}\tan\frac{\varphi}{2}}}{2\cos\left(\frac{\pi}{4}+\frac{\varphi}{2}\right)\cos\frac{\varphi}{2}\left(e^{-\frac{\pi}{2}\tan\frac{\varphi}{2}-\tan\frac{\varphi}{2}}\right)} \tag{6.21}$$

塑性滑动过渡区 BCD 滑动区域端点之间的迹线方程为

$$r' = r_0' \mathrm{e}^{\bar{\alpha}\tan\frac{\varphi}{2}} \tag{6.22}$$

其中，$\bar{\alpha}$ 为 BCD 区域速度滑移线场对数螺旋线的展开角。

进而可以求得塑性滑动过渡区 BCD 中的 α 线和 β 线的速度为

$$V_{\alpha_2'} = -V_{\beta_2'}\tan\frac{\varphi}{2} \tag{6.23}$$

$$V_{\beta_2'} = V_{\beta'C}\mathrm{e}^{\bar{\alpha}\tan\frac{\varphi}{2}} = \frac{\sqrt{2}}{2}V\mathrm{e}^{\bar{\alpha}\tan\frac{\varphi}{2}} \tag{6.24}$$

对于被动滑动破坏区 BDE 来说，其应力场和速度场都是均匀场，故其滑动速度为常数。其中 α 线和 β 线的速度分别为

$$V_{\alpha_3'} = \frac{\sqrt{2}}{2}V\mathrm{e}^{\frac{\pi}{2}\tan\frac{\varphi}{2}} \tag{6.25}$$

$$V_{\beta_3'} = V_{\beta'C}\mathrm{e}^{\frac{\pi}{2}\tan\frac{\varphi}{2}} = \frac{\sqrt{2}}{2}V\mathrm{e}^{\frac{\pi}{2}\tan\frac{\varphi}{2}} \tag{6.26}$$

由上述分析确定软岩巷道底板整体的速度滑移线场，这也就是巷道底板岩层发生塑性滑动的破坏区域。

5. 基于广义塑性滑移线场理论的底角锚杆作用机理

根据文献［10］，基于经典塑性力学滑移线场理论，当底板岩体所受的围岩应力大于自身极限破坏强度时将产生塑性流动。而所施加底角锚杆的刚度远大于底板岩体，因此起到类似抗滑桩的作用，阻碍岩体沿着垂直于底角锚杆方向的运动趋势，见图 6.7。

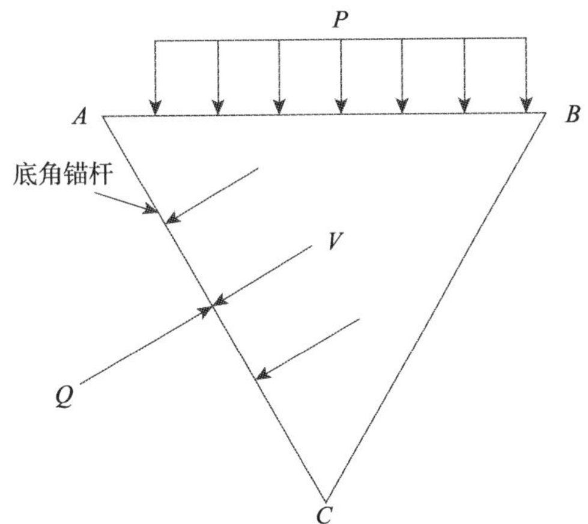

图 6.7　基于经典塑性力学的底角锚杆作用机理示意图

图 6.7 中 ABC 区域表示位于巷道右侧两帮下方的底板岩体，P 为导致巷道发生塑性流动的作用力。根据文献［10］，ABC 区域整体速度方向为 V，沿着垂直于 ABC 区域速度方向的 AC 边处打设底角锚杆，则底角锚杆在抵抗 ABC 滑移的过程中将会产生剪切变形，也必将对 ABC 区域产生一个反作用力 Q。因此，底角锚杆设在底板塑性滑移线中速度间断线的位置（AC 段），其作用类似于抗滑桩，切断底板岩层不同塑性区

域的速度滑移线，达到控制巷道底臌的效果。

上述底角锚杆作用机理分析是基于经典塑性力学理论进行的，其本质是认为底板岩体的应力滑移线场就是底板岩层发生塑性破坏的区域。

但在广义塑性力学的相关理论中，已经证明岩土类材料的莫尔-库伦屈服面和塑性势面之间存在夹角[8]，因此我们认为非关联流动法更能真实地反映巷道底板岩体的塑性滑移场的特点，底板岩层真正产生塑性滑动破坏的方向是应力场滑移线中 α 线的切线方向（即速度矢量的方向），它与应力滑移线场的夹角是 $\varphi/2$[9]。

下面我们基于广义塑性力学理论对底角锚杆的作用机理进行分析，见图 6.8。

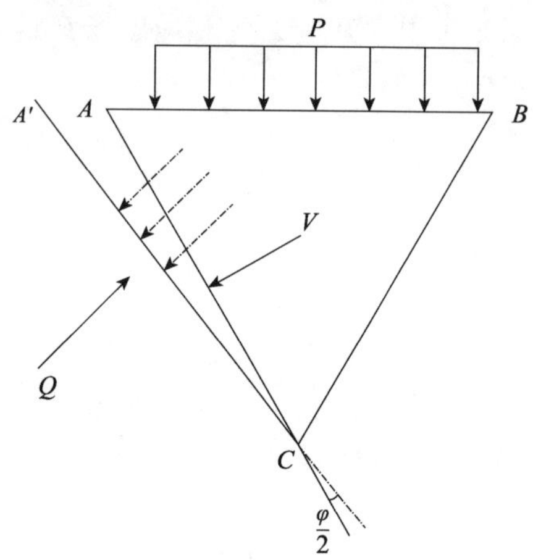

图 6.8 基于广义塑性力学的底角锚杆作用机理示意图

图 6.8 中 ABC 区域表示位于巷道右侧两帮下方的底板岩体，P 为导致巷道发生塑性流动的作用力。根据广义塑性力学滑移线场理论，真正塑性滑动破坏的方向应该是其速度矢量方向，即与经典塑性力学应力滑移线场存在 $\varphi/2$ 的夹角。因此，根据广义塑性力学滑移线场理论，底角锚杆的施做角度应沿 A′C，起到速度间断线的作用，切断底板岩层不同塑性区域的速度滑移线，达到控制巷道底臌的效果[9]。

本节基于五阳煤矿 7603 工作面回风巷变形破坏特征及开采方式，揭示了大采高综放工作面巷道底臌的原因；利用矿山压力，围岩控制理论，结合巷道开挖前、巷道开挖初期和巷道开挖完成后三个阶段，研究巷道底臌的形成机理，确定大采高综放工作面巷道底臌属于挤压流动型底臌。从“等时性”、“等质性”和“实用性”三条假设出发，假设底板岩体可以等效成具有相同岩石力学参数的连续介质，建立巷道底臌滑移线力学模型，并认为切断底板煤岩滑移线是控制底臌的一种有效手段。根据广义塑性力学滑移线场理论，计算分析该巷道的底板应力滑移线场和塑性滑动破坏区的范围，并给出底板岩层的极限强度的求解方法。

6.2 底臌滑移线场控制效果数值模拟分析

本节运用 FLAC^{3D}数值模拟软件，针对五阳煤矿 7603 工作面回风顺槽开掘后在矿山压力作用下底臌严重的问题，在顶板和两帮现有锚杆加锚索联合支护的基础上，增设不同角度的底角锚杆，以达到控制底臌的效果。根据数值模拟结果，统计分析增设不同角度底角锚杆后巷道的稳定性，结合滑移线理论[10]确定在此工程背景下底角锚杆的最佳施做角度。最终通过合理的锚杆支护体系布置，减小巷道底臌变形量，提高巷道围岩稳定性，延长巷道有效使用时间。

6.2.1　7603 工作面回风巷模型建立

1. 7603 工作面回风巷工程概况

五阳煤矿 7603 工作面为两侧采空孤岛工作面，位于五阳煤矿 3＃煤层＋600 水平，隶属 76 采区，地面标高 892～918m，工作面标高 415～490m，工作面沿走向长1950m，面长 150m，总面积达 2925000m^2，见图 6.9。

7603 回风巷设计长度为 2150m，巷道为矩形断面巷道，高 3.5m，宽 5m（最窄处 4m），最大坡度为 10°。7603 工作面回风巷现有支护方案为对顶板和两帮采用锚杆锚索联合支护，如图 6.10～图 6.12 所示。

1）锚杆布置及参数

巷道顶板和两帮设置的锚杆排间距均为 900mm×900mm，其中巷道顶板打设 6 个锚杆，巷道两帮打设 4 个锚杆。巷道顶板和两帮锚杆均垂直巷道断面，锚杆全长 2.4m，采用树脂加长锚固方式，锚固深度为 1.3m，锚固力为 200kN。为了加强顶板和两帮支护的整体稳定性，采用 W 钢带和钢筋托梁。

2）锚索布置及参数

顶板锚索的布置方式为每两排锚杆打设两根锚索，垂直巷道顶板。锚索全长为 7.3m，打设间距为 1800mm，预应力为 200kN，托盘承载力不小于 50t。

7603 工作面回风巷经过维修，顶板与两帮基本稳定，但底板未采取加强支护措施。随着时间的增长，矿山压力进一步显现，底臌量可能会进一步增大并导致巷道返修，所以应对巷道底板进行稳定性评价，并在评价结果的基础上制订巷道底臌的控制方案。

2. 模型建立的基本假设

建立模型的过程中，一方面要尽可能令模型真实地反映实际工程情况，另一方面又要考虑计算机的运行速度，尽量使模型便于运算和分析。因此，在建立模型前，进行如下假设[11]。

（1）假设巷道围岩为均质岩体，物理力学性质均一，不考虑岩体内部微观差异性及微观构造对岩体物理力学性质所产生的影响。

（2）假设巷道周围岩体为完整岩体，不考虑断层、褶曲和陷落柱等岩体宏观构造的影响。

（3）不考虑现场施工波动差异性对锚杆及岩体产生的影响，忽略钻孔等施工过程对岩体力学性质的影响。

（4）巷道在开挖前，覆岩在自重应力作用下已达到初始平衡，未开挖岩体不再因自重产生应力变化。

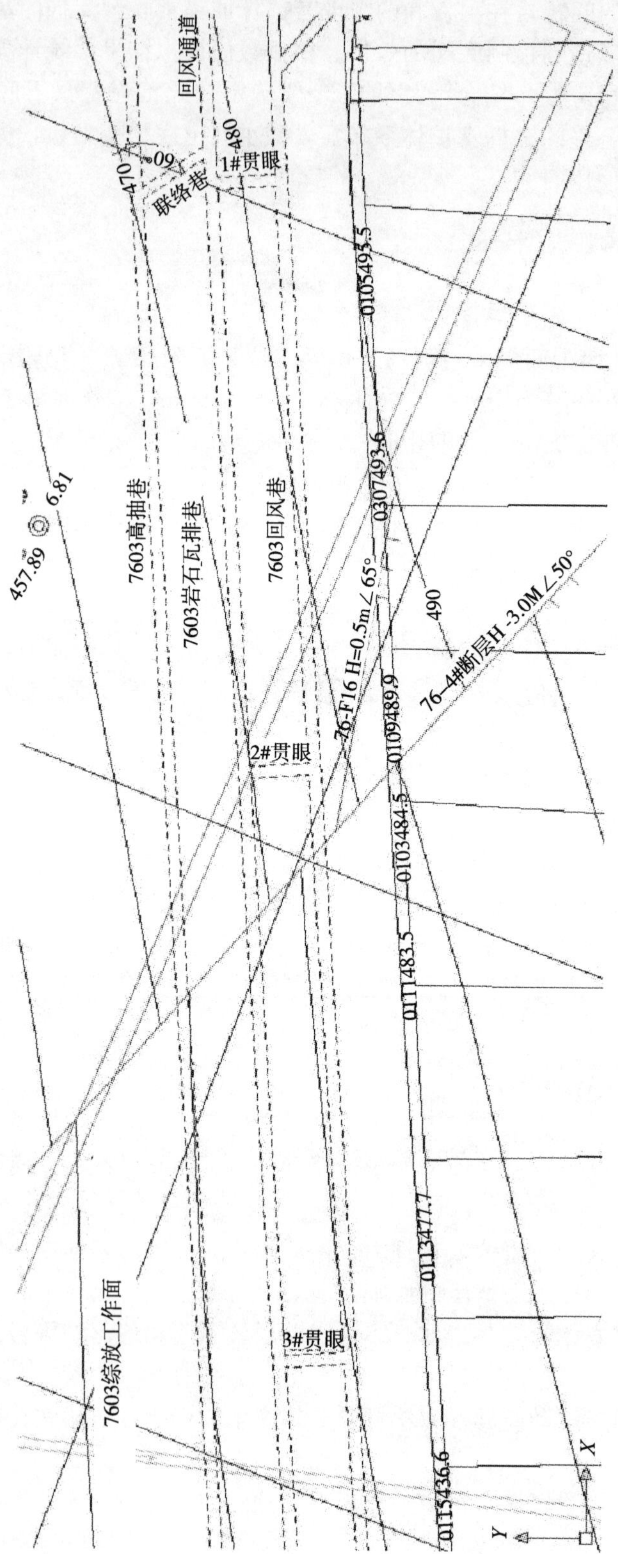

图6.9 7603工作面回风巷位置示意图

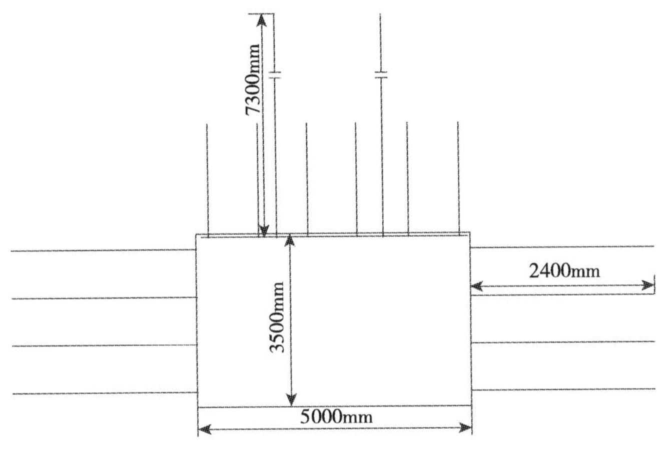

图 6.10　现有支护方案布置

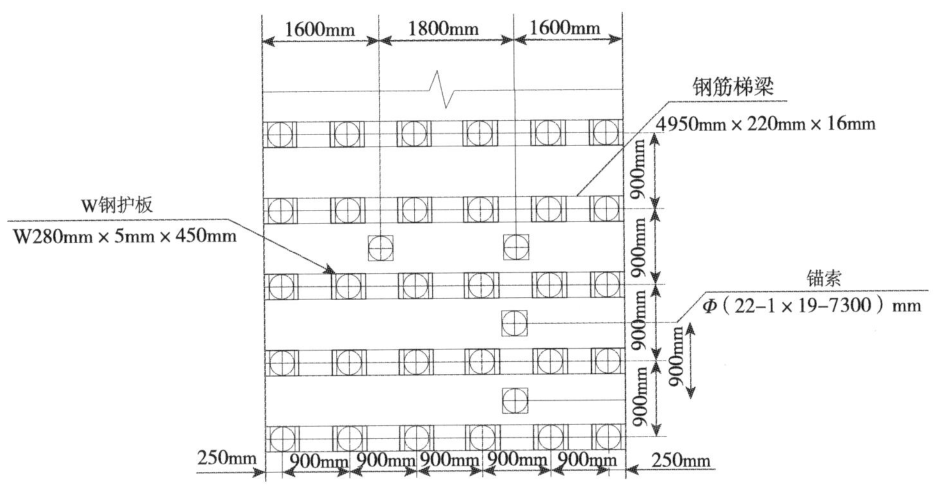

图 6.11　顶板锚杆＋锚索布置图

(5) 上覆岩层的自重应力以等效应力实现，不考虑巷道开挖对上覆岩层自重应力重新分布的影响。

(6) 将实际的半无限体岩体等效为设定合理边界条件的有限岩体模型，且应力边界受到均匀不变应力、位移边界严格限定位移和边界条件不受开挖等因素的影响。

(7) 模型为对称结构，即以巷道断面垂直中心线为对称界限，巷道两侧岩体物理力学性质、锚固参数和边界约束等绝对对称。

(8) 巷道开挖与锚杆、锚索支护同时实现，即在开挖计算时已布置支护体系，忽略先开挖后支护的时间差。

3. 底臌控制模拟方案

首先，分别模拟无支护和有支护两种工况下的巷道底臌程度，对比检验巷道底板的稳定性及治理的必要性。其次，在对比分析结果的基础上，采用设置底板底角锚杆的支护手段，从阻断滑移线角度实现对巷道底臌变形的治理。底板底角锚杆安装角有 15°、

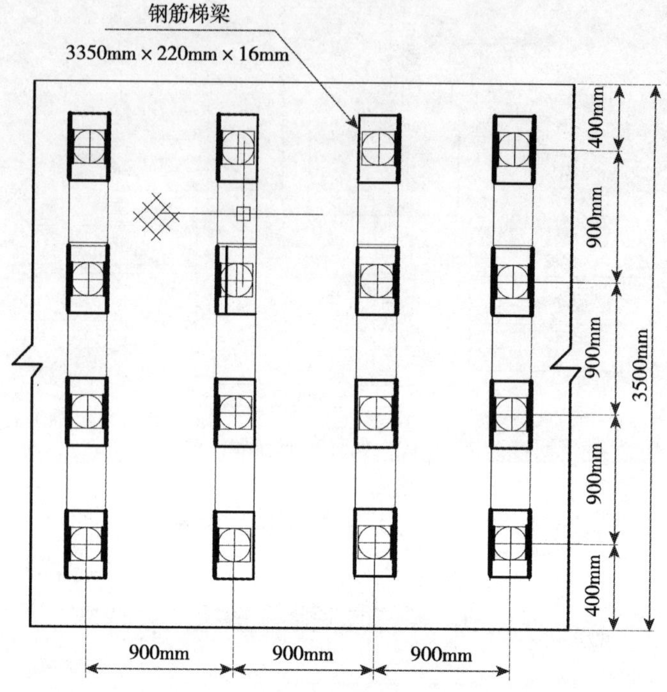

图 6.12　巷道两帮锚杆布置图

30°、45°、60°和 75°五种方案（图 6.13），在 FLAC3D数值模拟中分析锚杆安装角不同时巷道底臌量的差异，从而得到最优锚杆安装角，实现对巷道底臌的治理[9]。

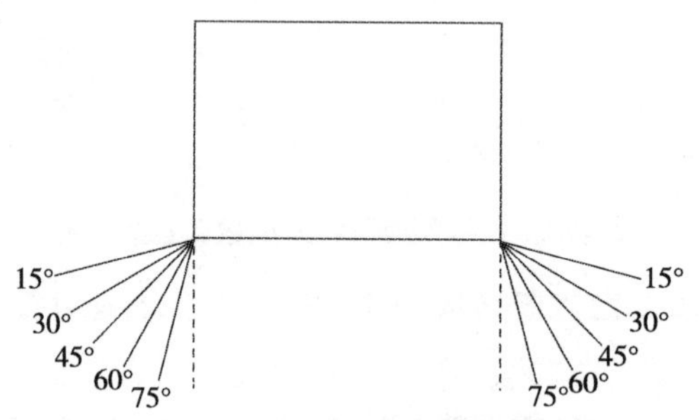

图 6.13　多角度底角锚杆布置示意图

4. 边界条件

在实际工程中，所研究对象的边界往往很大，可假设为半无限体，因此在进行数值模拟建模时需要确定模型合理的尺寸及边界条件，使所建模型既不因尺寸过小而无法反映真实应力影响范围，也不因尺寸过大而导致计算量增加。

本节数值模拟中，模型两侧边界（x 方向边界）、底部边界（z 方向边界）及巷道长度方向边界（y 方向边界）都是以固定位移方式进行边界条件约束，以此来模拟无限岩体对巷道围岩的约束作用。由于巷道埋深较大，若建立上至地表的模型，由于其尺寸过大降低了运算速度，因而将上覆岩层的自重应力以等效应力的方式施加于模型上部边界（z 方向边界）。

5. 模型岩层参数

模型中将老顶以上覆岩及土层的自重应力以等效应力的方式施加于模型上边界，老底以下岩层对上覆岩层的作用以底部边界固定位移方式实现，不考虑老顶以上岩层及老底以下岩层，建模所采用的岩层物理力学参数如表 6.1 所示。

表 6.1　岩层物理力学参数表

顶底板名称	岩石名称	厚度/m	弹性模量/GPa	泊松比	内聚力/MPa	内摩擦角/(°)	抗拉强度/MPa	密度/(kg/m^3)
老顶	细粒石英砂岩	9.72	26.3	0.22	5.61	31.2	3.42	1970
直接顶	泥岩	1.58	24.2	0.21	2.17	23.7	2.92	2587
伪顶	炭质泥岩	0.26	26.7	0.26	2.37	24.5	2.76	2390
煤层	煤	5.15	3.2	0.32	0.76	22	0.52	1660
直接底	砂质泥岩	1.55	18	0.37	2.05	23.5	2.98	2440
老底	粉砂岩	10.87	26.3	0.22	5.04	32.1	3.67	2047

6. 模型开挖

根据巷道开挖造成的应力重分布影响范围，建立的模型尺寸为 40m×15m×30m，巷道周围建立较为密集的网格，以提高计算精度，模型共划分为 19300 个网格，模型建好并给定边界条件后，模型先进行初始平衡计算（此过程模拟地质历史中岩体自重的沉降），达到预设收敛参数后计算停止，此时模型内部应力即为初始地应力。将模型平衡过程中的位移场及速度场清零并建立支护单元后，实施开挖。其中，现有支护方案中顶板及两帮处锚杆、锚索的支护均采用 FLAC^{3D}内置的锚索单元（cable）实现。为避免先开挖后支护造成的巷道变形量增大，因而采用开挖支护同步进行计算模式，开挖通过定义空单元（null）来实现，所建模型如图 6.14 所示。

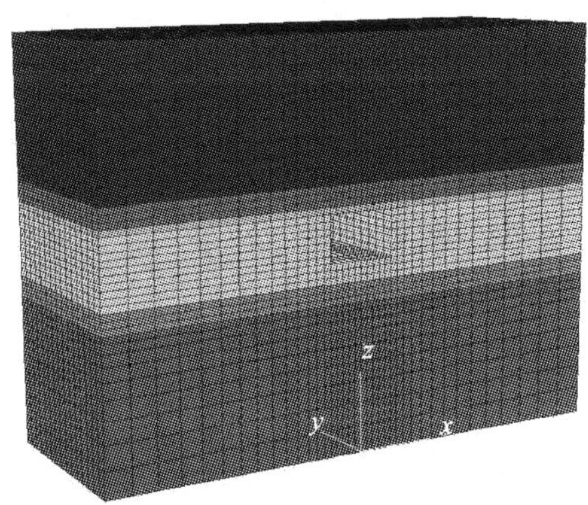

图 6.14　巷道开挖模型

6.2.2　底角锚杆对底臌滑移线场的控制效果分析

先根据现有支护方案建立巷道模型，对巷道底板在无支护条件下底臌变形情况进行模拟计算，并根据结果分析判断是否应对巷道底板进行支护加固。在需要支护的情况下，模拟不同角度底角锚杆的支护效果，得到最优方案。

1. 巷道现有支护方案的实现及分析

巷道现有支护方案如第 6.2.1 节所述，顶板和两帮采用锚杆+锚索联合支护，而底板未进行支护（图 6.15 和图 6.16）。在数值模拟的过程中，顶板及两帮的锚杆、锚索均采用 cable 单元，布置方式如第 6.1.1 节所述，通过 fish 语言编写命令流实现锚杆的循环打设。

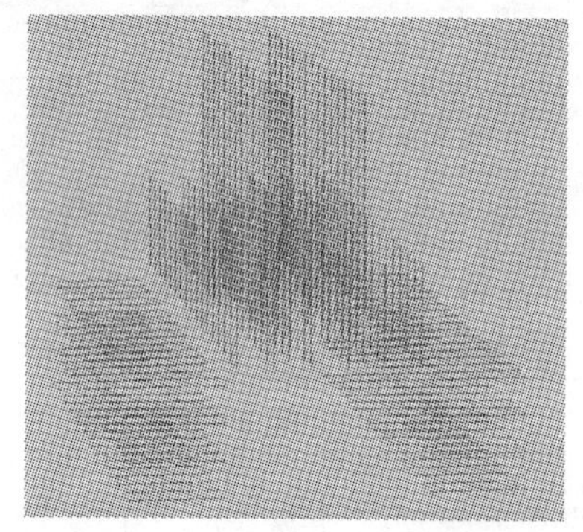

图 6.15　现有支护方案数值模型

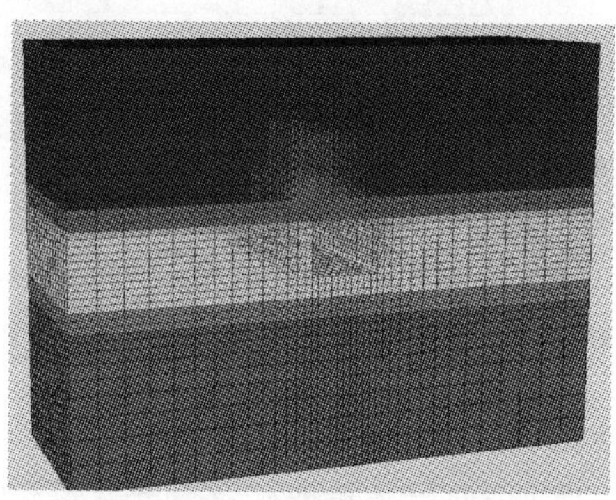

图 6.16　安装支护体的效果图

模型计算收敛后巷道的位移矢量图如图 6.17 所示。

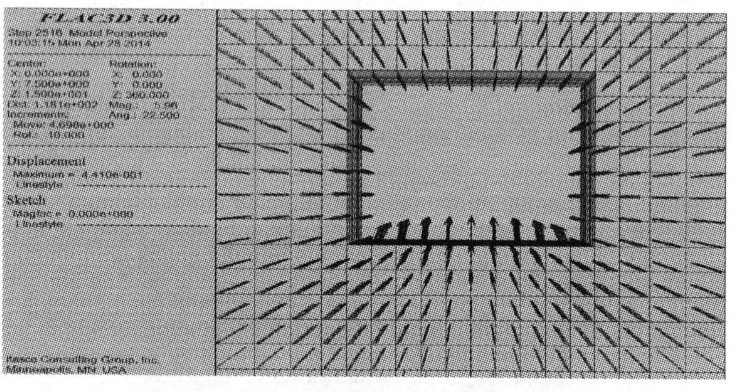

图 6.17　现有支护方案巷道位移矢量图

图 6.17 显示的是现有支护方案下巷道位移矢量分布情况。巷道开挖后，围岩在应力作用下产生向巷道内部的变形，并且距离巷道越近，这种变形越明显。其中，顶板和两帮在现有支护系统的作用下，其变形量很小。巷道底板由于没有采取任何支护措施，岩体向巷道内部表现出非常明显的变形，最大位移量达到 44cm（图 6.18）。巷道底板下方岩体位移随着深度的增加逐渐减小，巷道底板以下超过 1.5m 的部分位移量非常小，接近稳定状态（图 6.19）。由此可见，巷道底臌基本上是由巷道底部煤体变形破坏引起的，煤层底板岩体基本处于稳定状态。

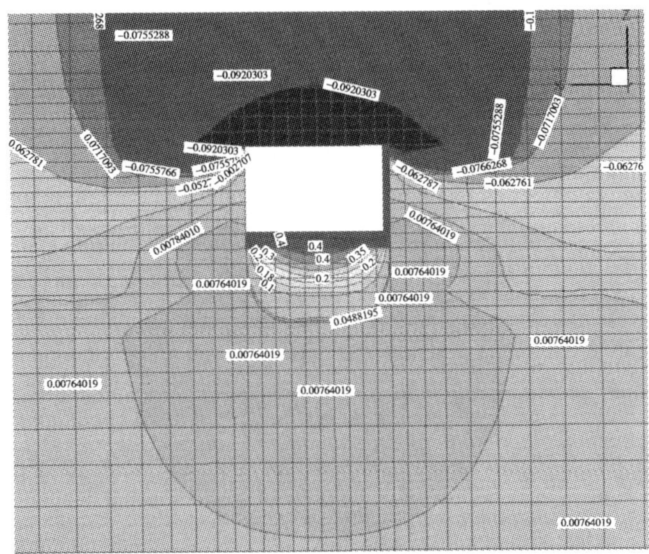

图 6.18　现有支护方案垂直位移等值线图

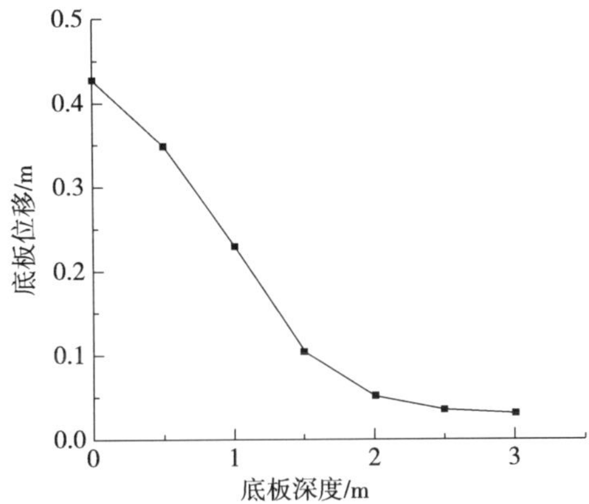

图 6.19　现有支护方案垂直位移变化曲线

通过上述模拟结果可知，巷道在现有支护条件下，顶板和两帮较为稳定，底板出现较大底臌变形。若底板不采取支护措施，巷道底板将因两侧采空区造成的应力集中及工作面推进造成的超前支承压力等因素进一步变形破坏，最终将会无法正常使用。

通过现场实际调研及数值模拟情况综合分析，拟采用设置底板底角锚杆支护方案对该巷道底臌情况进行控制。根据文献［12］和文献［13］的相关结论，在数值模拟过程中考虑到底角锚杆对巷道底板岩体起到类似抗滑桩抵抗滑移变形的作用，因此底角锚杆采用pile单元进行模拟。一方面pile单元自身的抗剪特性可以起到控制底板岩体滑移线场的效果，有效地抵抗底板岩体滑移变形；另一方面由于pile单元具有锚杆单元cable的锚固特性，因此可以对底板低强度破碎岩体的进一步破碎、膨胀和节理裂隙的发育起到一定的抑制效果。

根据相关文献［11］，从切断应力滑移线场的角度来说，底角锚杆的最佳打设角度为

45°。但由于 7603 工作面回风巷所处工程地质条件复杂，仅凭借相关理论计算或工程经验所确定的底板锚杆打设角度往往并非最优的底角锚杆打设角度。因此，可以采用数值模拟方法，在现有支护体系的基础上，针对五阳 7603 工作面，增设不同角度的底角锚杆后，根据巷道底板的变形情况进行对比研究，最终确定底角锚杆的最佳打设角度[9]。

2. 垂直应力场分析

图 6.20 显示，巷道在不同支护条件下，垂直应力主要在巷帮围岩深部产生压应力集中，而底板岩体拉应力较小。与原有支护情况相比，增设底角锚杆缓解了巷道围岩的应力集中情况，特别是两帮部位的应力集中得到了明显改善，由两帮传递至底板岩层的压应力减小，巷道底板处的应力集中情况也有一定程度的改善。其中，打设 45°和 60°底角锚杆后，巷道底板下方应力集中程度有一定程度的减小，两帮应力集中范围也明显减小，可以认为其效果最佳。

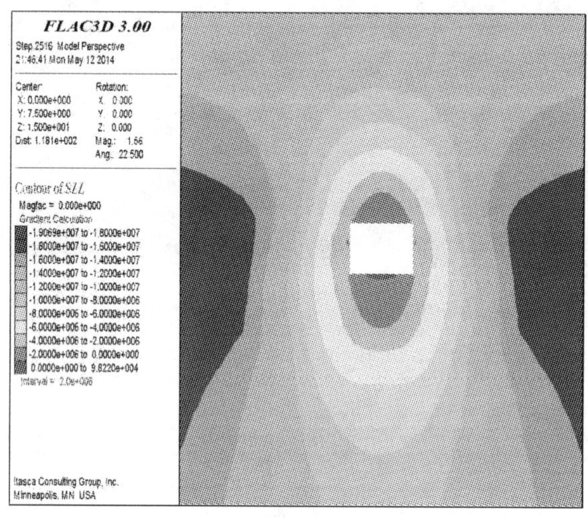

（a）底板无支护情况

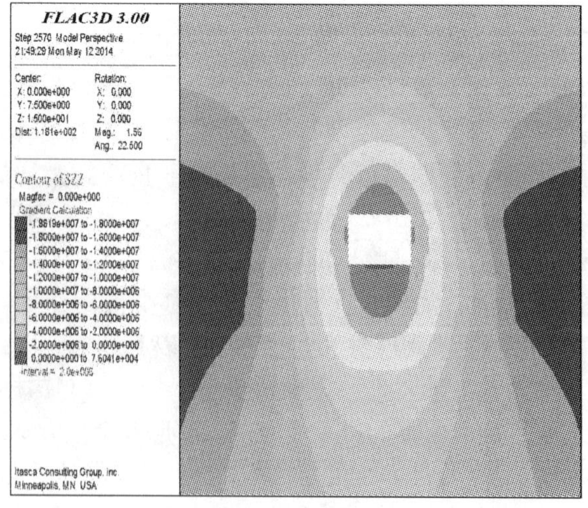

（b）15° 底角锚杆情况

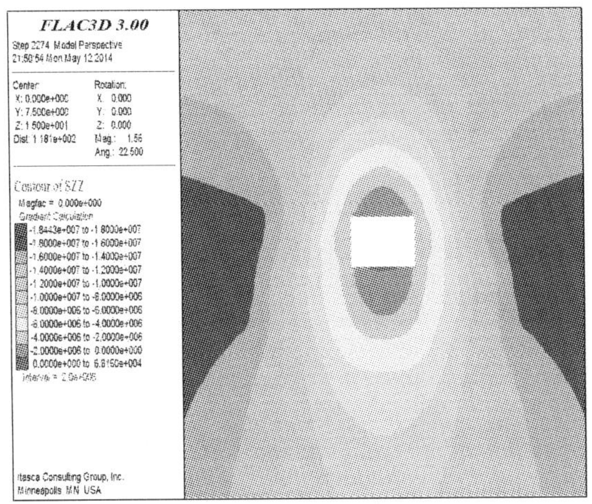

（c）30° 底角锚杆情况

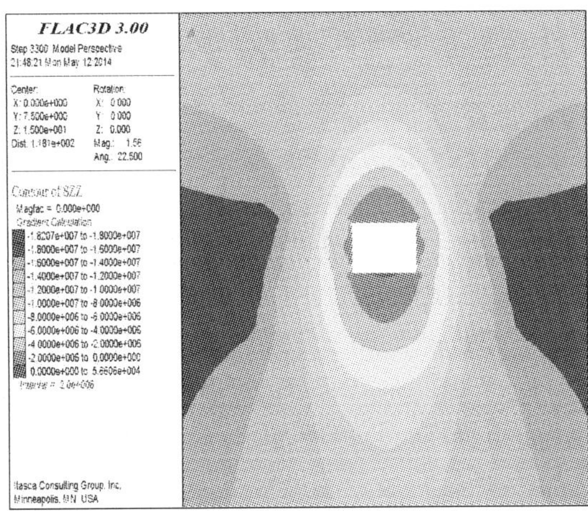

（d）45° 底角锚杆情况

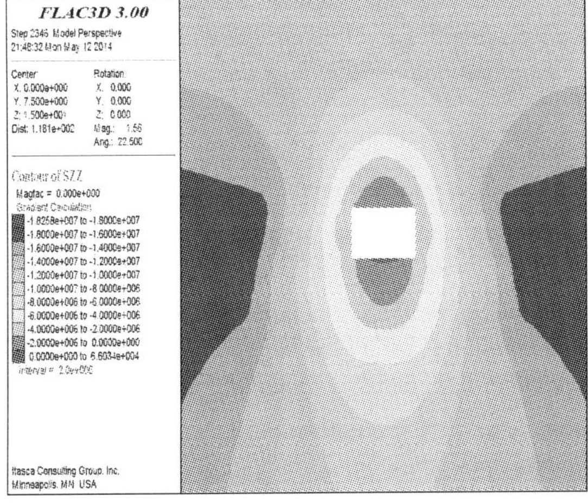

（e）60° 底角锚杆情况

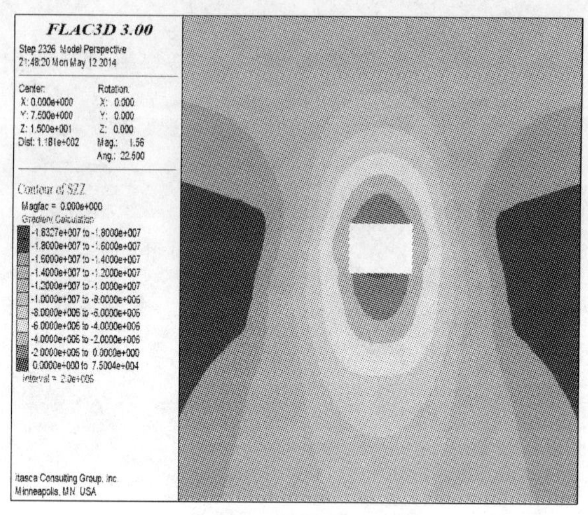

(f) 75° 底角锚杆情况

图 6.20　不同角度底角锚杆垂直应力图

3. 水平应力场分析

随着地层深度的不断增加，巷帮传递至底板的支承应力随之增加。通过模拟设置不同角度底角锚杆的巷道围岩水平应力，可求得底角锚杆的最优安装角。设置不同角度底角锚杆时，巷道水平应力分布情况及应力大小如图 6.21 所示。

在现有支护条件下，巷道底板中心位置水平应力集中程度较高并且和两帮处的水平应力集中区连成一片，在巷道形成“环形”高应力集中区，这一“环形高应力区”的存在使巷道两帮的水平集中应力传递至底板，在水平方向对底板岩体起到挤压作用，进而导致底臌的产生。在采用底角锚杆对底板进行支护后，巷道的水平应力状态发生不同程度的改变。其中，打设 15°底角锚杆后，巷道水平应力集中情况基本没有变化。而打设 45°底角锚杆后，巷道底板处水平应力集中范围明显减小，“环形”高应力集中区在两帮与底板交界处出现间断，对巷道两帮传递至底板的水平集中应力起到了很好的控制作用，与底板无支护的情况相比，底板应力集中情况有了明显改善。

4. 垂直位移场分析

通过观察巷道垂直位移，可以直观地了解在不同支护情况下巷道顶板下沉及底臌情况，垂直及水平应力对巷道的作用也可通过巷道围岩位移量直观反映出来，通过底板竖直位移量可以分析得到底臌量最小时采用的底角锚杆打设角度。在打设不同角度的底角锚杆时，巷道竖直位移分布情况如图 6.22 所示。

如图 6.22 所示，在采用不同支护方案的情况下，巷道顶板位移量均处于较小水平，最大位移量仅为 1.2cm，巷道顶板稳定。当采用底角锚杆支护后巷道底板位移量出现不同程度的减小，巷道在无支护条件下底板位移量为 44cm，底角锚杆为 15°时位移量为 39.4cm，底角锚杆为 30°时位移量为 37.6cm，底角锚杆为 45°时位移量为 29.5cm，底角锚杆为 60°时位移量为 35.1cm，底角锚杆为 75°时位移量为 36.0cm。由此可见，打设 45°的底角锚杆对底臌量的控制效果最好。

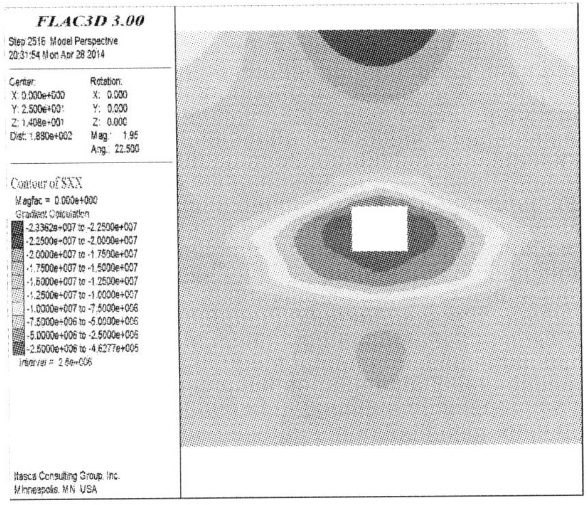

（a）底板无支护情况

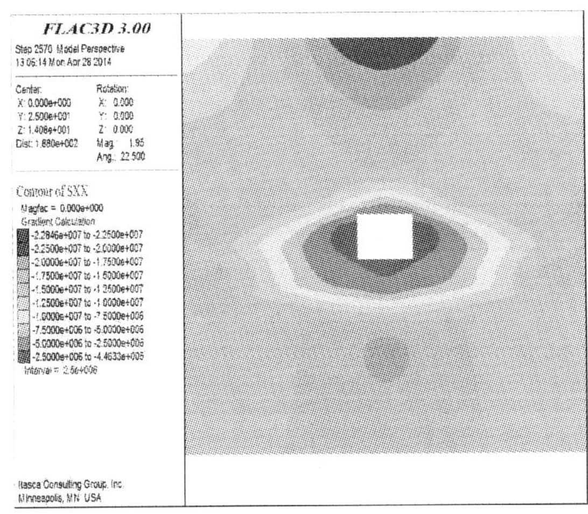

（b）15° 底角锚杆情况

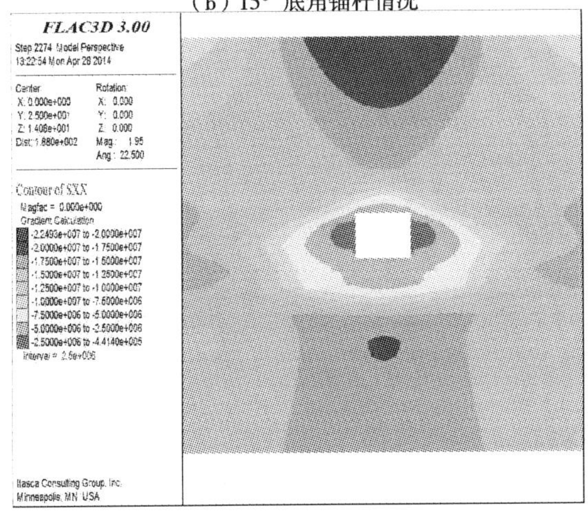

（c）30° 底角锚杆情况

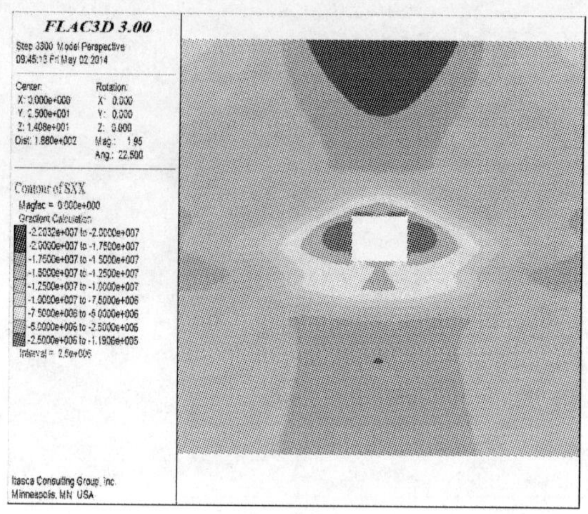

（d）45° 底角锚杆情况

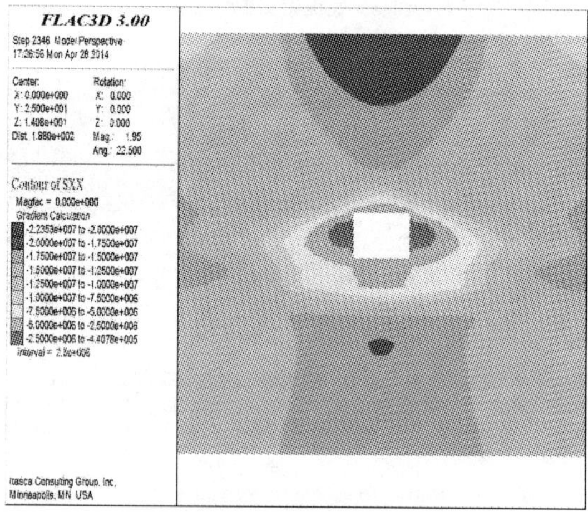

（e）60° 底角锚杆情况

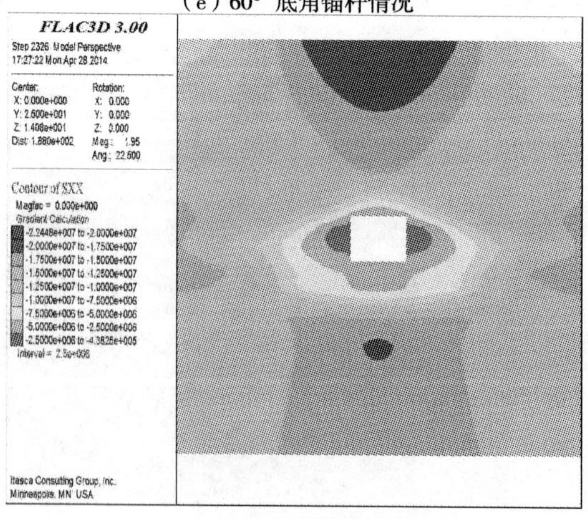

（f）75° 底角锚杆情况

图 6.21　不同角度底角锚杆水平应力图

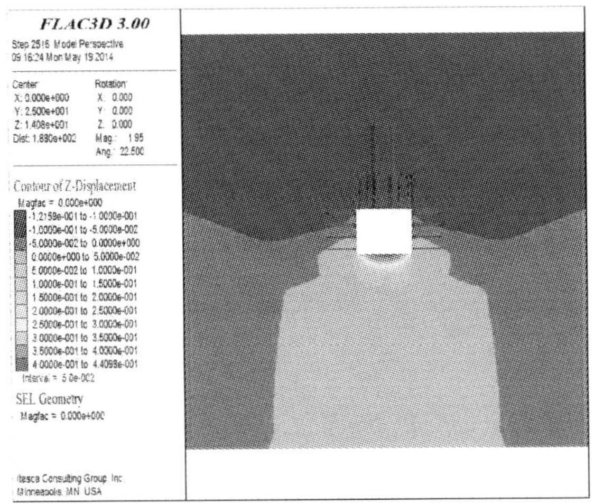

（a）底板无支护情况

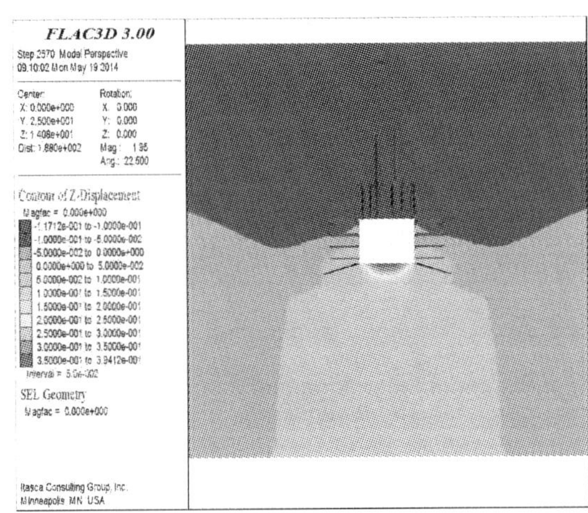

（b）15° 底角锚杆情况

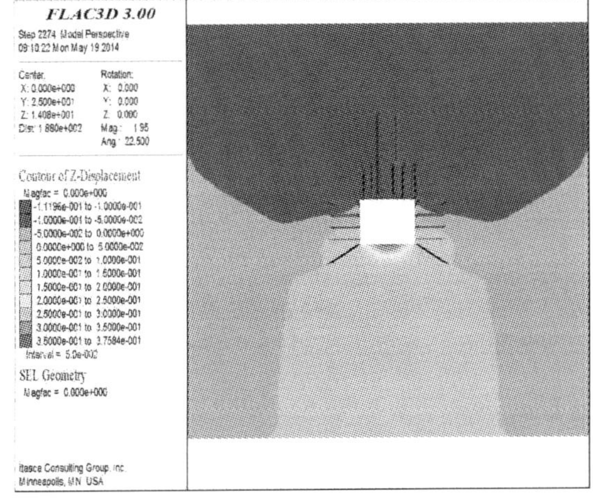

（c）30° 底角锚杆情况

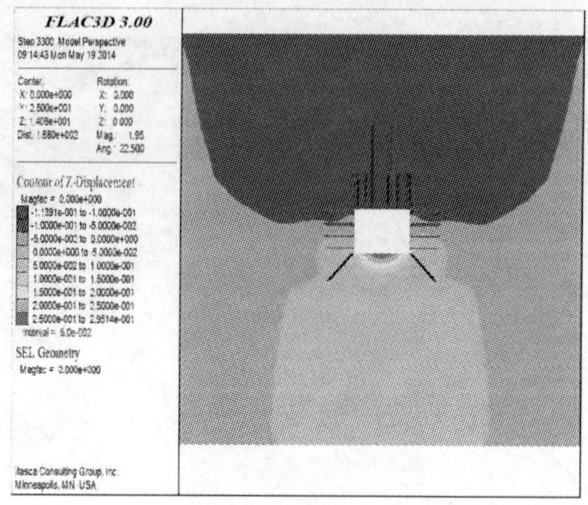

（d）45° 底角锚杆情况

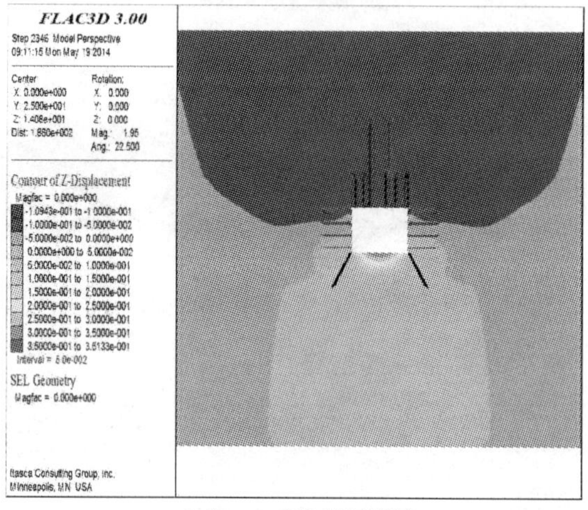

（e）60° 底角锚杆情况

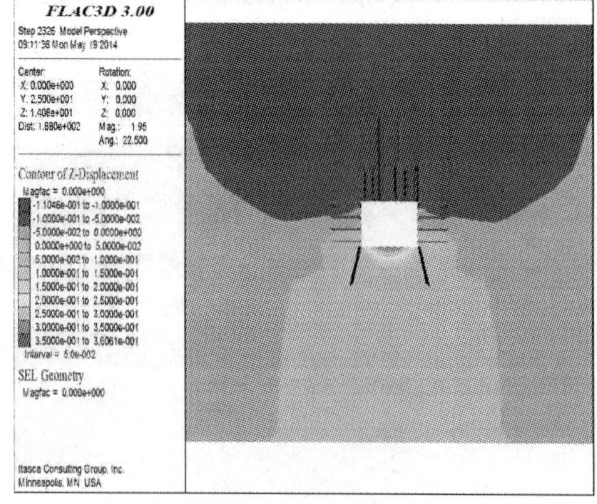

（f）75° 底角锚杆情况

图 6.22　不同角度底角锚杆垂直位移图

数值模拟中，在巷道底板不同深度处布置监测点监测巷道底板垂直方向的位移，以便更详细地分析巷道底臌的变化规律。其中，底板下方共布置 7 层水平测线，测线间的垂直距离为 0.5m，每层测线上共布置 15 个监测点。打设不同角度底角锚杆后，其巷道底板位移监测曲线如图 6.23 所示。

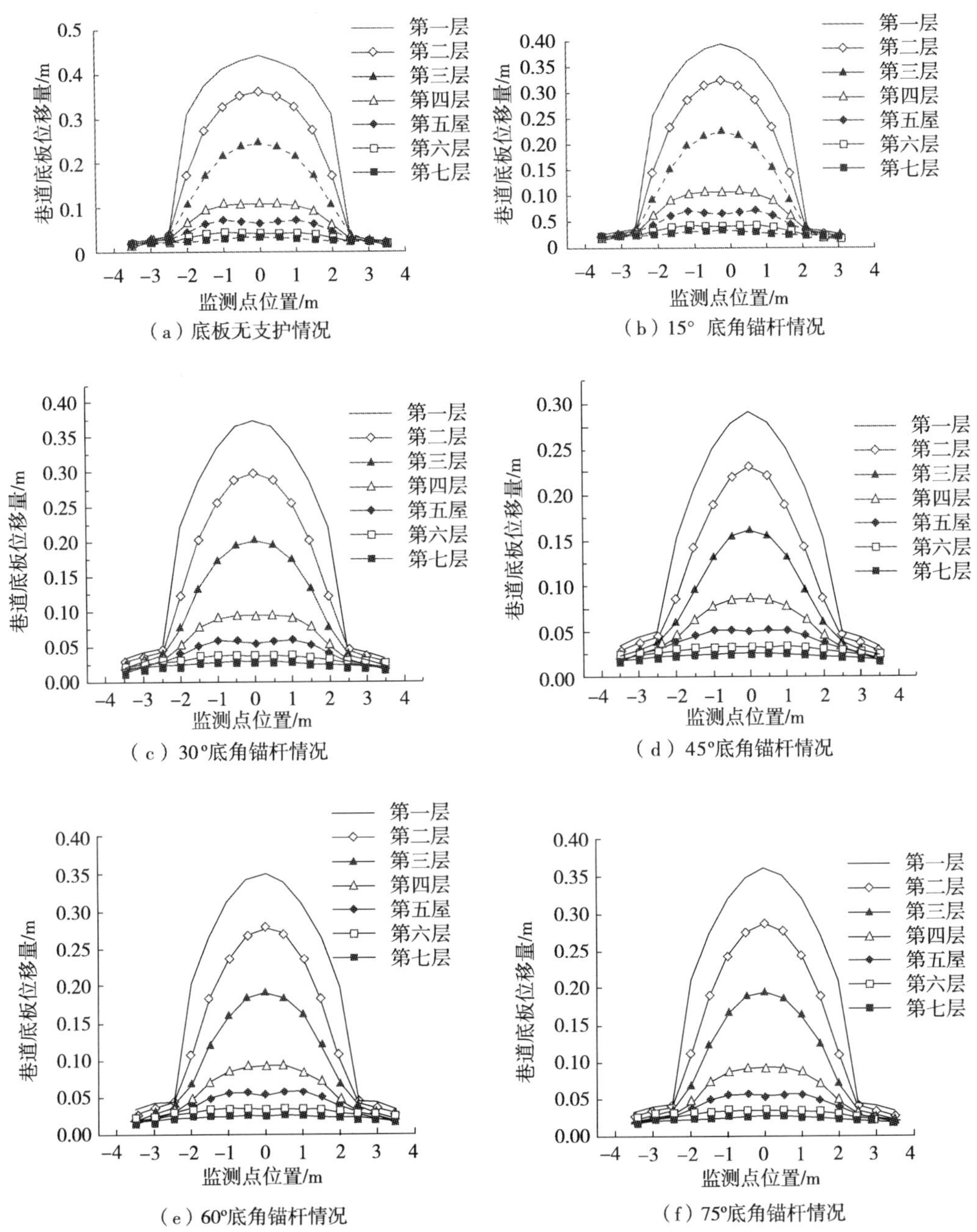

（a）底板无支护情况

（b）15° 底角锚杆情况

（c）30°底角锚杆情况

（d）45°底角锚杆情况

（e）60°底角锚杆情况

（f）75°底角锚杆情况

图 6.23　不同角度底角锚杆垂直监测点折线图

由上述监测曲线可知，巷道在现有支护方案下底板第一层监测点最大竖向位移约为45cm，前三层测线深度范围内，底板位移量均有明显变化，而在第三层测线以下，底板位移量急剧降低，至第七层测线时，位移量已经接近于0。据此可以判断出在底板下方1.5m厚的煤体是发生底臌的主要区域，而煤层下方的岩体可以认为基本处于稳定状态。打设不同角度的底角锚杆后，巷道底板位移量均有不同程度的减小，其中打设45°底角锚杆后，监测点的最大竖向位移量降低至30cm以下，相比现有支护方案，降低率超过30%，对巷道底臌起到一定的控制作用。但增设底角锚杆后，巷道底板的位移趋势并没有明显改变，底板位移依旧主要发生在前三层测线深度范围内。这说明打设底角锚杆可以对巷道底臌起到一定的控制作用，但是并没有从根本上改变巷道底板低强度破碎的岩体特性。

5. 水平位移场分析

围岩水平位移的差异是围岩变形速度差异造成的。在底板滑移线处存在速度间断，通过水平位移的差异可以间接分析速度间断区域的分布情况。打设底角锚杆后可以通过分析水平位移场的变化确定底角锚杆阻碍底板水平位移的程度，进而确定底角锚杆的最佳打设角度。打设不同角度的底角锚杆巷道水平位移分布情况及位移大小如图6.24所示。

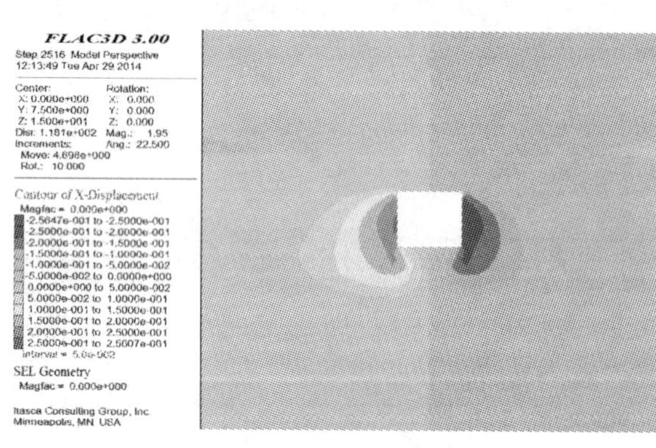

（a）底板无支护情况

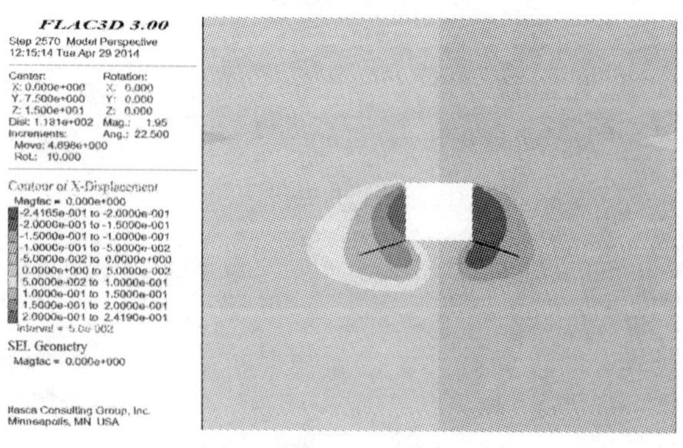

（b）15° 底角锚杆情况

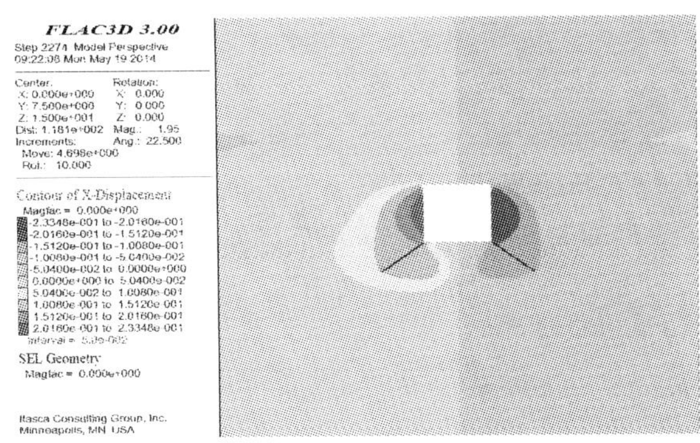

（c）30° 底角锚杆情况

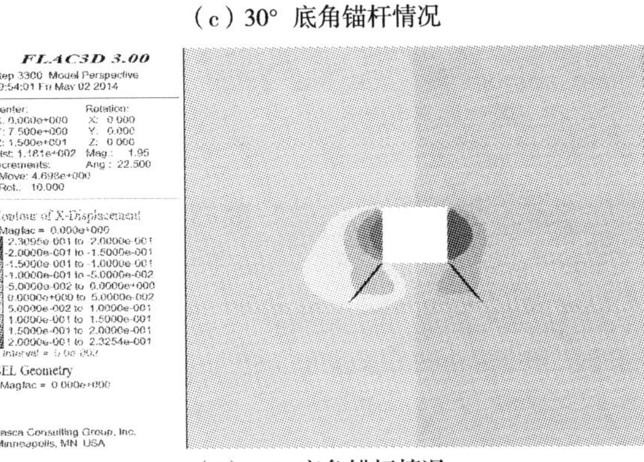

（d）45° 底角锚杆情况

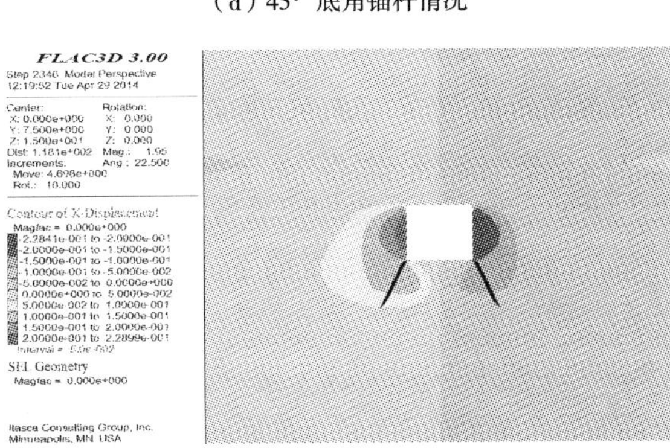

（e）60° 底角锚杆情况

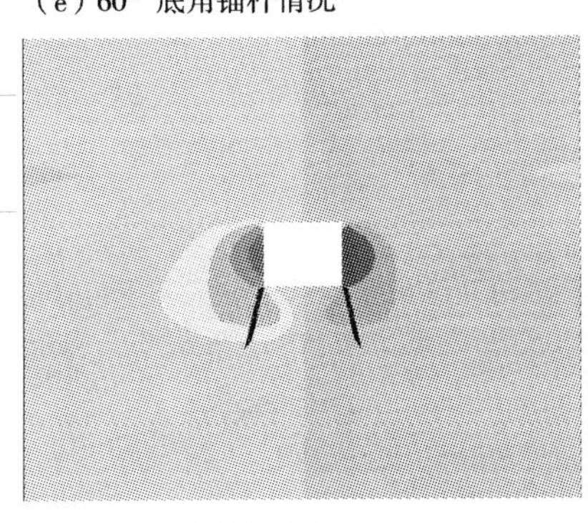

（f）75° 底角锚杆情况

图 6.24　不同角度底角锚杆水平位移图

由图 6.24 可知，在现有支护作用下，巷道水平位移集中于两帮一直延伸至两帮与底板相连接的部位，最大位移量在 25cm 左右。两帮对底板煤体的作用使得底角部位产生位移量集中现象，以致延伸至底板造成挤压最终向巷道内发生破坏。水平方向的位移量在增设底角锚杆后变化并不明显，图 6.24 中打设 45°底角锚杆后，水平位移量减小至 21cm 左右，位移集中范围有较明显的减小。而且锚杆体贯穿多个不同水平位移的区域，对该部分煤体的水平位移有一定的抵抗作用。从对水平位移的控制效果方面考虑，45°底角锚杆的控制效果最佳。

6. 剪应变增量分析

当岩体内部某一面上剪应力超过其所能承受的剪应力极限时，岩体将发生破坏，同时也必然伴随一定程度的剪切变形，因此可以将剪应变最大增量的位置作为确定底板滑移破坏面的依据[14]。打设不同角度的底角锚杆巷道剪应变增量的大小及分布情况如图 6.25所示。

剪应变增量代表剪应变的发展趋势，也是判断滑移破坏面的依据。从图 6.25 可以看出，巷道剪应变增量的分布区域集中在两帮和底板部位，其中底板下方剪应变增量成环带状分布，与底板滑移线场基本相符。与底板无支护的情况相比，打设不同角度底角锚杆后，巷道底板剪应变增量均有不同程度的减小。其中，打设 45°底角锚杆后，巷道底板位置剪应变增量与无支护情况相比降低了近 30%，控制了底板下方岩体发生剪切滑移破坏的趋势。

7. 底角锚杆作用机理分析

上文对增设不同角度的底角锚杆后，巷道围岩垂直应力、水平应力、垂直方向位移、水平方向位移及剪应变增量的变化情况进行了分析，认为 45°左右的底角锚杆对巷道底臌的控制效果最好。下面进一步分析模拟中底角锚杆的力学作用机理。当以底角锚杆作为研究对象时，根据 pile 结构单元的局部坐标系对锚杆的受力进行分解，见图 6.26。

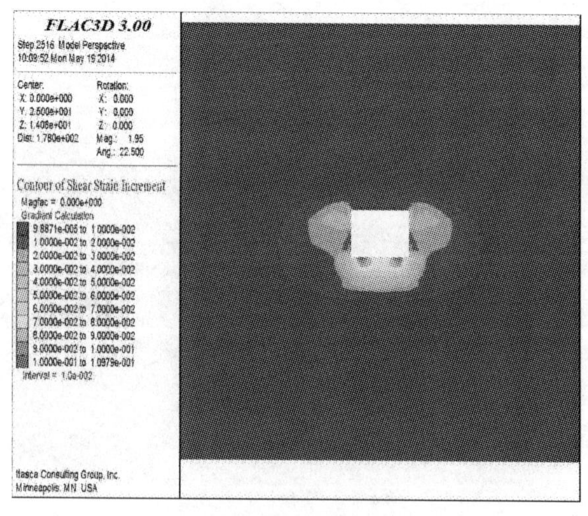

(a) 底板无支护情况

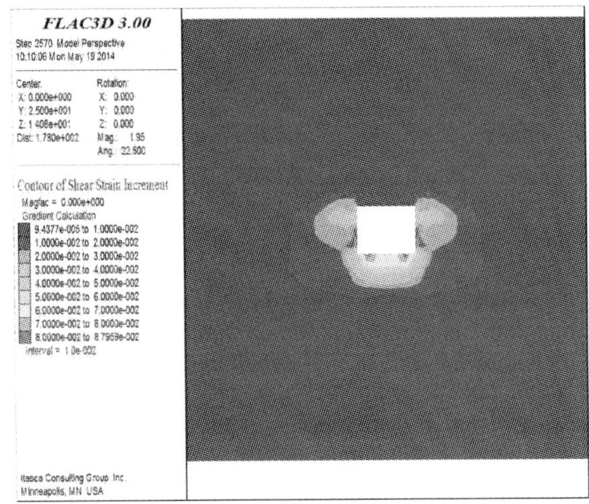

（b）15° 底角锚杆情况

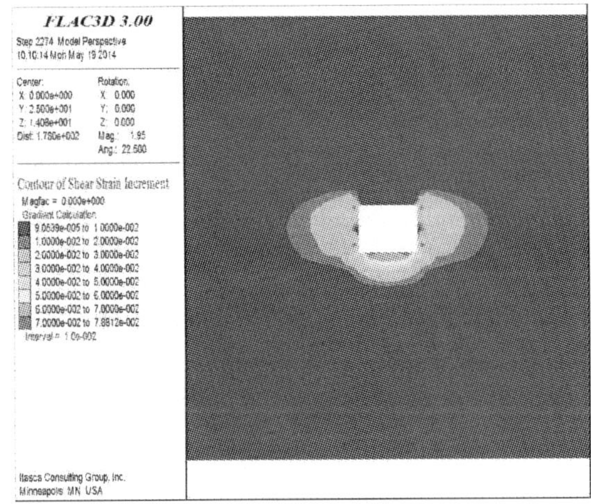

（c）30° 底角锚杆情况

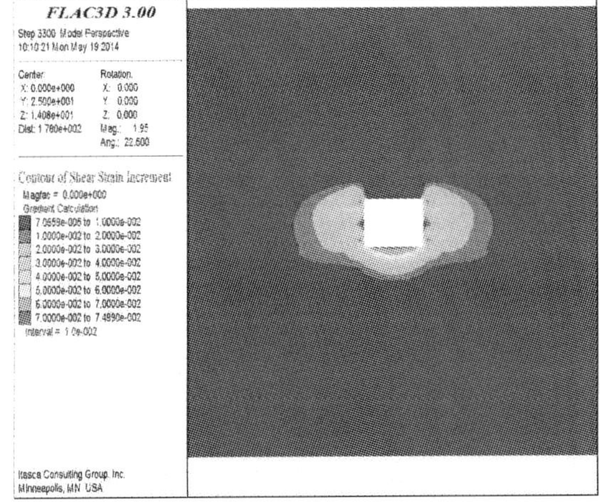

（d）45° 底角锚杆情况

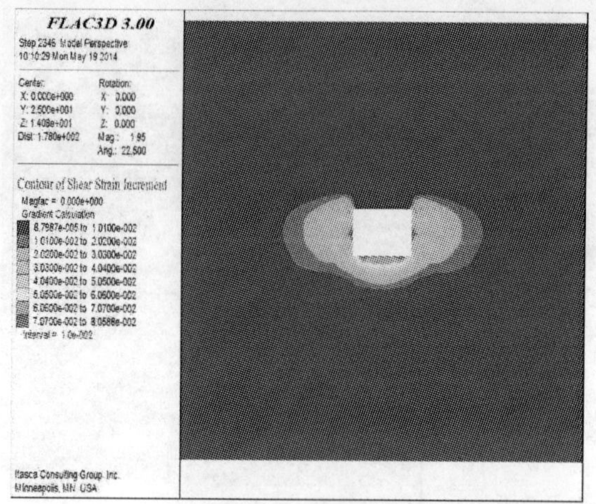

（e）60° 底角锚杆情况

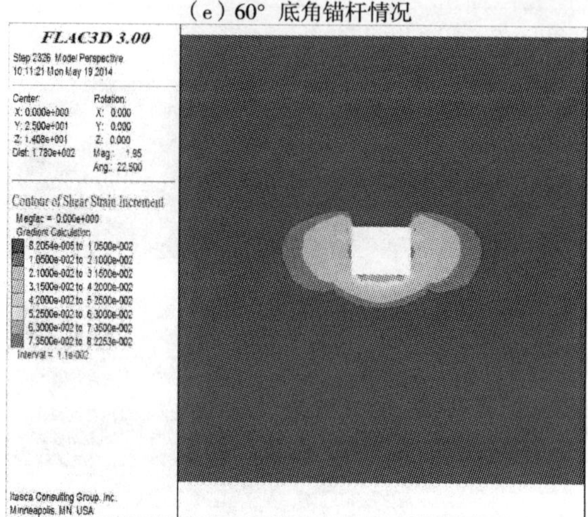

（f）75° 底角锚杆情况

图 6.25　不同角度底角锚杆剪应变增量云图

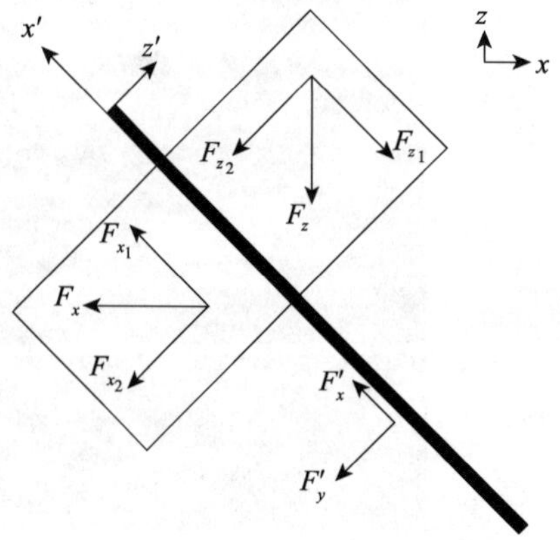

图 6.26　底角锚杆作用机理示意图

图6.26中的F_z表示的是巷道两帮围岩传递至巷道底板两侧的荷载，而F_x表示的是深部围岩岩体的地应力影响。这两个力通过底板岩体作用在底角锚杆上，可将二者均分解为沿锚杆轴向的作用力和垂直于锚杆轴向的作用力，底角锚杆所承受的轴力主要是竖向荷载与水平应力在杆体方向的分力之和。其中，沿锚杆轴向的两个分力作用方向相反，而垂直锚杆轴向的两个分力作用方向相同。因此，当巷道底板岩体发生一定程度的变形破坏后，受深部高水平应力及两帮传递至底板的荷载的作用，底角锚杆必须具备一定的抗弯性能。

通过上述分析，充分说明在对底角锚杆的模拟过程中采用不同于两帮及顶板锚杆的pile单元更符合底角锚杆的实际作用机理。底角锚杆在对底板的控制过程中除了要承受一定的轴向荷载以外，还要充分发挥其抗弯力学性能。pile单元自身结构的抗剪特性可以有效地将来自两帮岩体的竖向应力和水平构造应力沿着锚杆轴向和法向进行分解，减弱二者对底板稳定性的影响。成排的底角锚杆所形成的支护体系改变了巷道开挖后应力重分布区域的形状和大小，在实现锚固作用的同时，也起到切断底板底角部位塑性滑移线的作用。

6.3　底臌滑移线场的优化数值模拟分析

第6.2节对打设不同角度底角锚杆的巷道底板稳定性进行数值模拟研究，通过分析得出底角锚杆的最佳打设角度为45°左右。除了底角锚杆打设角度的影响外，锚杆的锚固长度和所施加预应力的大小也对底角锚杆的控制效果具有很大影响。在确保锚杆支护体系安全稳定的基础上，通过合理的锚杆参数选取，将巷道底臌控制在最小范围内，最终达到对巷道底臌变形的治理。

6.3.1　底臌滑移数值模型建立

1. 参数选取

本节重点对预应力大小及锚固长度两个参数对底角锚杆的控制效果进行研究讨论。根据锚杆参数理论计算及现场经验确定锚杆预应力大小取80～150kN，锚杆锚固段长度取2.1～3.0m，具体锚杆参数取值见表6.2。

表6.2　锚杆参数取值

打设角度/(°)	锚杆长度/m	预应力/kN	锚固长度/m
45	3.0	80	2.1
45	3.0	100	2.4
45	3.0	120	2.7
45	3.0	150	3.0

在本节模拟中，底角锚杆打设角度均为45°，锚杆长度为3m，具体支护方案如图6.27所示。

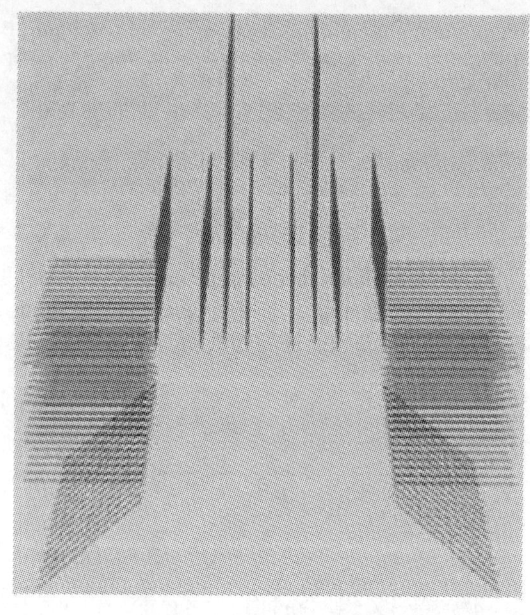

图 6.27　巷道支护方案

2. 模拟方案

先在上文所采用的 150kN 预应力锚杆的基础上，对不同锚固长度锚杆的支护效果进行数值模拟，并根据模拟结果确定最佳锚固长度，再根据所得到的最佳锚固长度，对不同预应力情况下的锚杆支护效果进行模拟，得到锚杆最佳预应力值，模拟方案流程见图 6.28。底角锚杆施加预应力示意图如图 6. 29 所示。

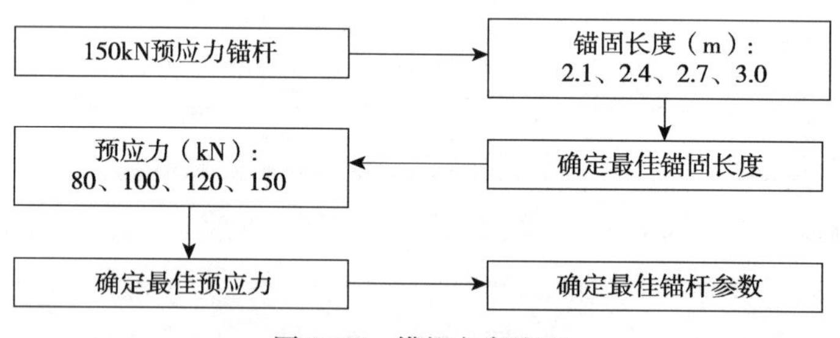

图 6.28　模拟方案流程

3. 底角锚杆 pile 单元预应力实现方法

由于 pile 单元无法像 cable 单元一样采用 sel cable pretension 的命令直接施加预应力，因此本节对用 pile 单元模拟的底角锚杆采用“间接后张法”实现预应力的施加。

pile 单元用 sel pile prop rockbolt on 的命令激活其岩石锚杆的属性，在切分亚结构单元并进行相关赋值后，在端点处采用 sel node apply force 命令施加预拉力后，锚杆处于受拉状态。在通过增大黏聚力和黏结刚度的方式近似模拟托盘后，采用 sel node apply remove 命令释放 pile 单元端部的节点力。端部节点力解除后，受拉状态的锚杆要恢复原形状，通过托盘及黏结段砂浆将作用力传递给围岩。

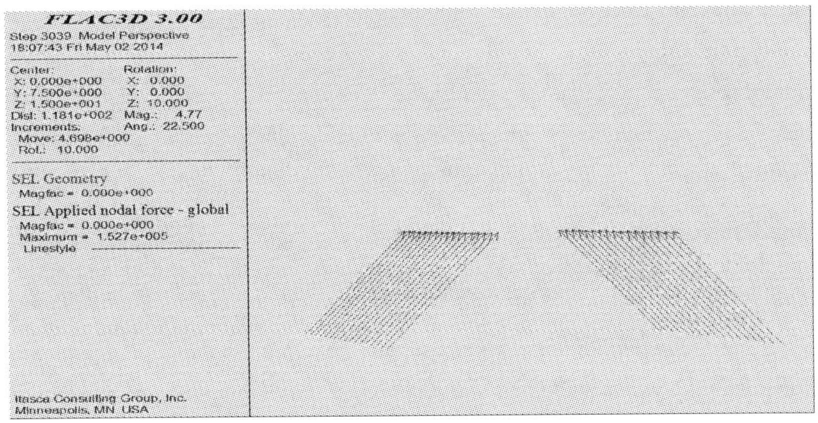

图 6.29　底角锚杆施加预应力示意图

以锚固段长度为 2.7m 施加 150kN 预应力为例，其实现过程的关键命令流如下[9]。

```
;安装底角锚杆 45°
def dijiaomaogan
loop n (1, 17)
  y1=0.3+ (n-1) *0.9
  command
    sel pile id 2 begin -2.5 y1 14 end -4.62 y1 11.88 nseg 10
    sel pile id 2 begin 2.5 y1 14 end 4.62 y1 11.88 nseg 10
  end command
end loop
end
dijiaomaogan; pile 黏结长度为 2.7m
def nianjiechangdu
loop n (271, 304)
  kk1=2701+ (n-1) *10
  mm1=2702+ (n-1) *10
  bb1=2710+ (n-1) *10
  command
;激活 pile 单元锚杆属性
sel pile prop rockbolt on; 设置锚杆黏结段参数黏结段长度为 2.7m
sel pile id 2 prop emod 210e9 nu 0.2 xcarea 3.8e-4 xciy 1.1e-8 xciz 1.1e-8 xcj 2.2e-8 cs_scoh 6e4 cs_sfric 30 cs_ncoh 2e8 cs_nfric 30 cs_sk 1e9 cs_nk 1e9 tyield 2.5e5 slide on  range cid mm1, bb1; 设置锚杆自由端参数 (切向方向黏聚力摩擦角都取为 0 来模拟)
sel pile id 2 prop emod 210e9 nu 0.2 xcarea 3.8e-4 xciy 1.1e-8 xciz 1.1e-8 xcj 2.2e-8 cs_scoh 0 cs_sfric 0 cs_ncoh 2e8 cs_nfric 30 cs_sk 1e9 cs_nk 1e9  ty
```

```
ield 2.5e5 slide on range cid kk1，kk1
    end command
    end loop
    end
    nianjiechangdu；底角 pile 施加拉力
    def shijiali
    loop m (271，287)
      kk=2971+ (m-271) *22
      aa=2982+ (m-271) *22
      command；左侧底角锚杆设置拉力
      sel node apply force 108e3 0 108e3 system global range id kk；右侧底角锚杆
设置拉力
      sel node apply force-108e3 0 108e3 system global range id aa
      end command
    end loop
    end
    Shijiali
    step 100；对 pile 施加的节点力释放，并设置 pile 端头锚垫板（近似模拟）
    def shijialishifang
    loop m (271，304)；端部节点编号 ID
      kk=2971+ (m-271) *11；端部单元编号 ID
      aa=2701+ (m-271) *11
      command；设置锚杆端头参数（通过增大黏聚力和黏结刚度的方式）
    sel pile id 2 prop emod 210e9 nu 0.2 xcarea 3.8e-4 xciy 1.1e-8 xciz 1.1e-8 xcj
2.2e-8 cs _ scoh 1e9 cs _ sfric 30 cs _ ncoh 2e8 cs _ nfric 30 cs _ sk 1e9 cs _ nk
1e9 tyield 2.5e5 slide on ran
    ge cid aa；释放 pile 端部施加的荷载
    sel node apply remove force   range id kk
    end command
    end loop
    end
    Shijialishifang
    Step 100
```

6.3.2 不同锚固长度对底臌滑移线场控制模拟分析

1. 垂直应力分析

巷道采用 45°打设角度、150kN 预应力的不同锚固长度底角锚杆支护后，围岩垂直应力分布如图 6.30 所示。

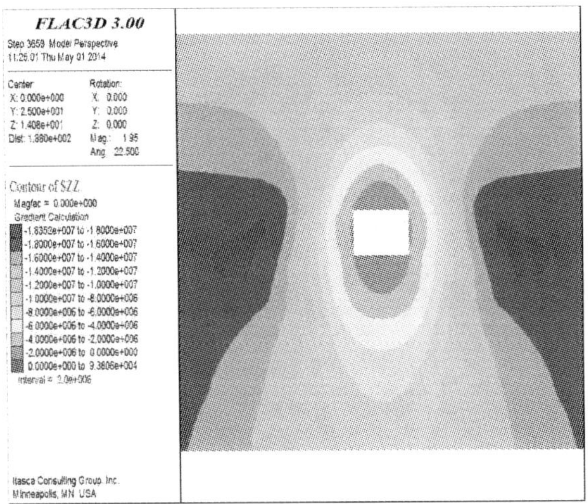

（a）锚固长度2.1m

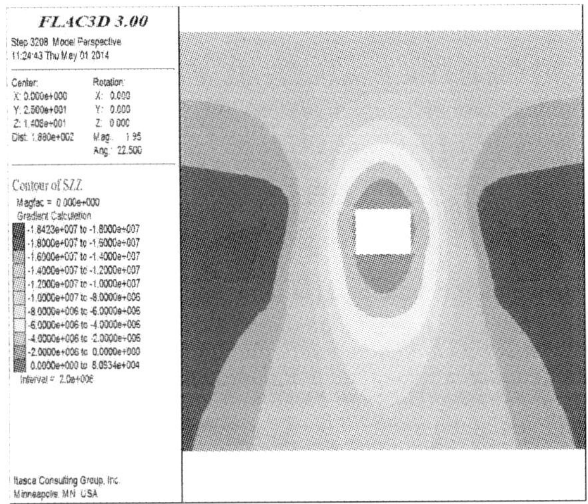

（b）锚固长度2.4m

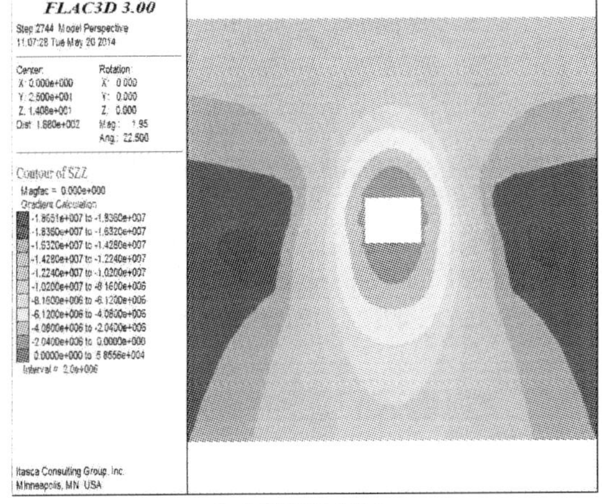

（c）锚固长度2.7m

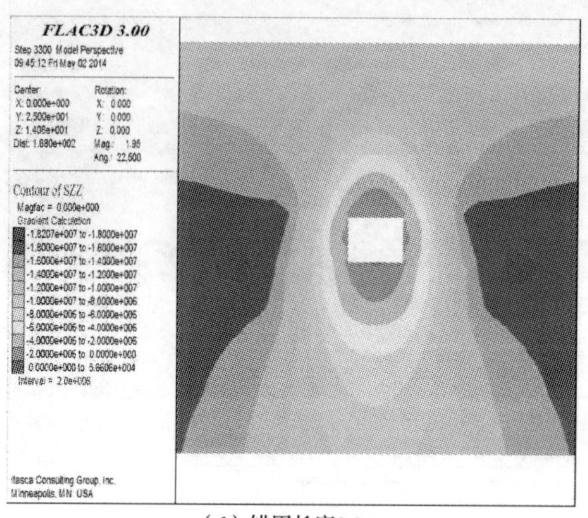

（d）锚固长度3.0m

图 6.30　不同锚固长度巷道垂直应力云图

由图 6.30 可知，不同锚固长度下，巷道垂直应力分布情况基本相同。垂直应力在底板处为呈倒圆拱形分布的拉应力。从巷道底板处起，应力值随深度增加呈逐渐增大趋势。与底板底臌变形直接相关的是底板下方的应力情况，从图 6.30 中分析可以发现，底板下方应力集中区的应力值随着锚固长度的增长而减小，但是变化幅度并不明显。采用全长锚固的时候，巷道两帮部位的应力集中得到明显改善。因此，从垂直应力分布情况分析，锚固长度为 3m，即全长锚固时效果最佳值。

2. 垂直位移分析

通过巷道底板围岩垂直位移情况可以直观地观察到巷道底臌变形程度，并可以依据底臌量的大小对支护结构的优劣进行最直接的判断。采用 45°打设角度、120kN 预应力的不同锚固长度底角锚杆后，巷道底板岩体垂直位移分布如图 6.31 所示。

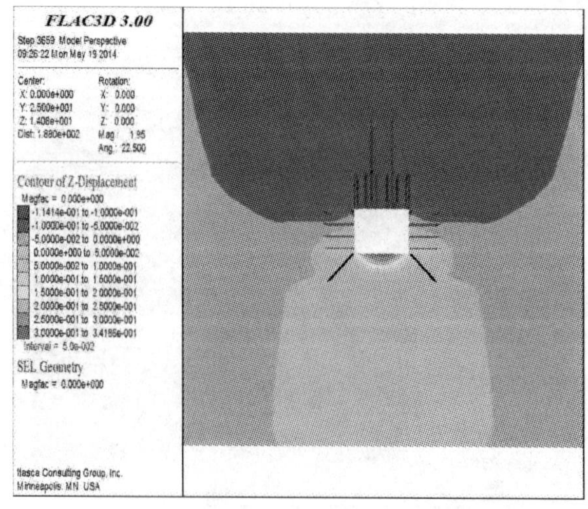

（a）锚固长度2.1m

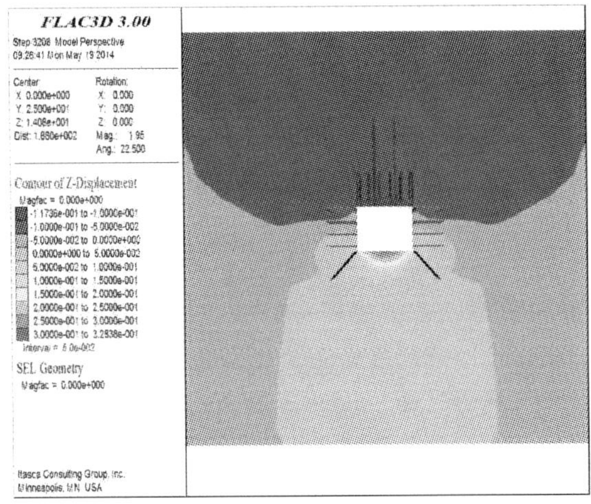

（b）锚固长度2.4m

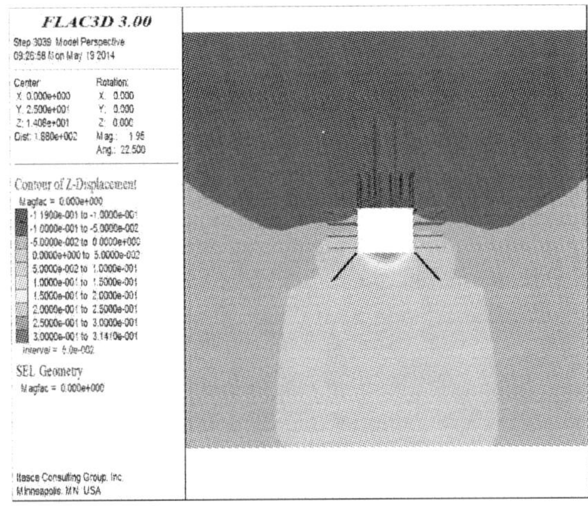

（c）锚固长度2.7m

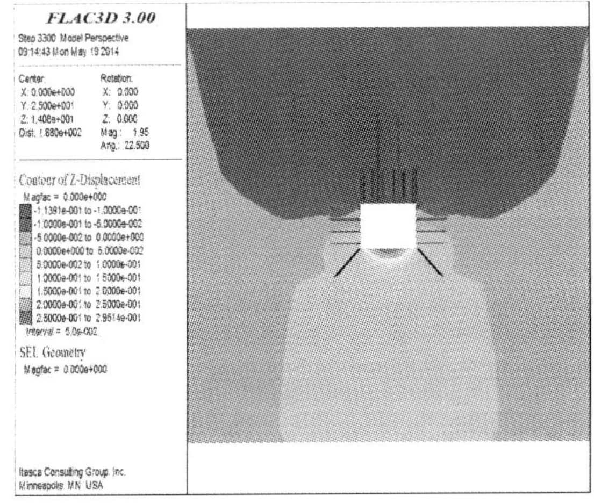

（d）锚固长度3.0m

图 6.31　不同锚固长度巷道垂直位移云图

从图 6.31 可以看出，随着底角锚杆锚固长度的增加，底板垂直方向位移量逐渐减小。其中，采用全长锚固时巷道底臌量可以控制在 29.5cm 左右，锚固长度为 2.1m 时，巷道底臌量为 34.1cm 左右，通过改变锚固长度对底臌的控制量相差不到 5cm。因此，可以认为，改变底角锚杆锚固段长度对巷道底臌控制效果并不明显。

在巷道底板不同深度位置布置监测点，监测巷道底板垂直方向位移，以便更详细地研究巷道底臌的变化规律。其中，底板下方共布置 7 层测线，测线之间垂直距离为 0.5m，每层测线上共布置 15 个监测点。具体监测结果如图 6.32 所示。

由图 6.32 可知，改变底角锚杆锚固长度后，巷道底板的位移趋势并没有明显改变，底板位移依旧主要发生在前三层测线深度范围内。上述不同长度的锚固段均穿透底板下方的煤层，锚固在强度较高的岩体中，因此可以判断出增加底角锚杆锚固端长度对控制巷道底臌有一定作用。但由于并没有从根本上改变巷道底板岩体破碎、强度低的特性，因此对底臌的控制效果并不明显。

3. 模拟结果综合分析

上文模拟了打设角度为 45°，预应力为 150kN 的情况下，四种不同锚固长度底角锚杆的支护效果，通过分析垂直应力及垂直位移得到如下结论：随着底角锚杆锚固长度的增大，底板岩体垂直应力集中情况及剪应变增量略有改善，但改变并不明显；底板变形

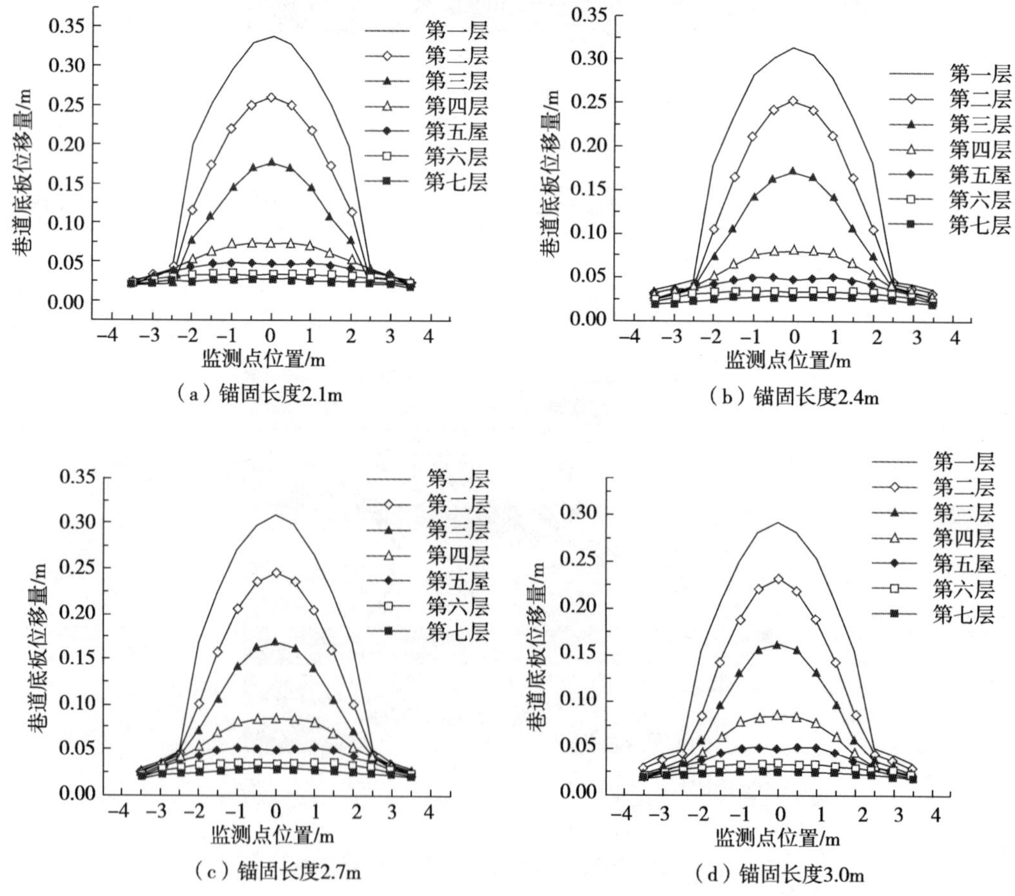

（a）锚固长度2.1m　（b）锚固长度2.4m

（c）锚固长度2.7m　（d）锚固长度3.0m

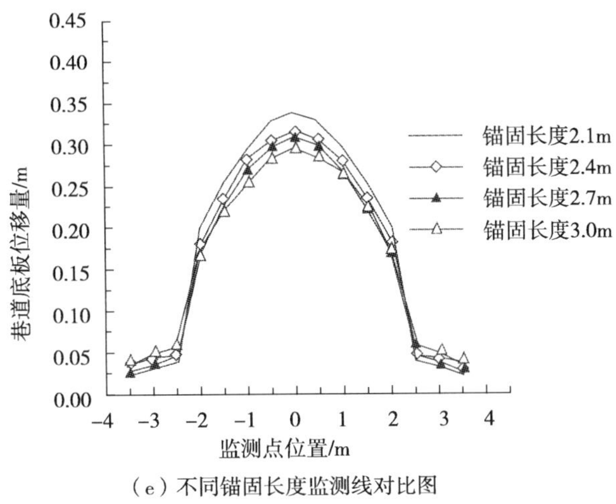

（e）不同锚固长度监测线对比图

图 6.32　不同锚固长度巷道底板位移监测点折线图

量越来越小，说明改变锚杆锚固长度对底臌变形量有一定影响。全长锚固状态下，底板变形量最小，底臌可控制在 30cm 左右，与无支护情况相比降低约 30%，因此可以认为，锚固长度在 2.1～3.0m 时，3.0m 为最佳锚固长度，此时锚杆处于全长锚固状态。

6.3.3　不同预应力对底臌滑移线场控制模拟分析

1. 垂直应力分析

施加不同预应力的 45°全长锚固底角锚杆后，巷道围岩垂直应力分布如图 6.33 所示。

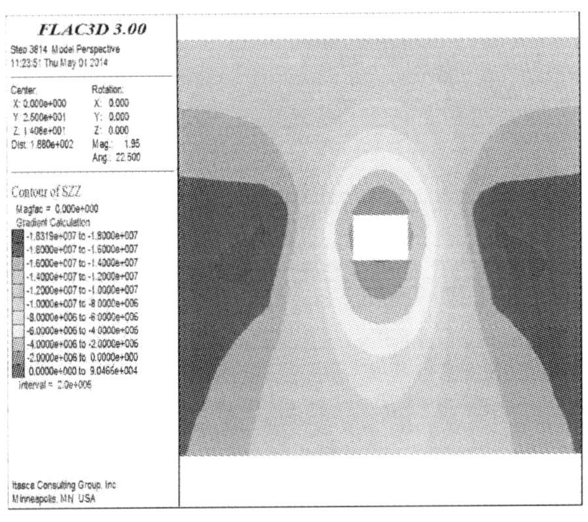

（a）预应力80kN

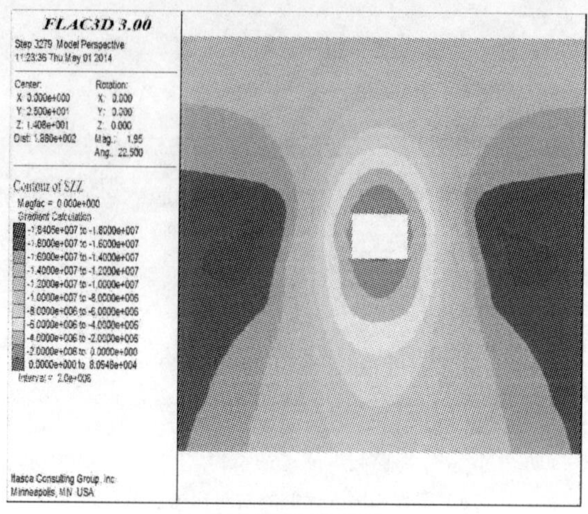

（b）预应力100kN

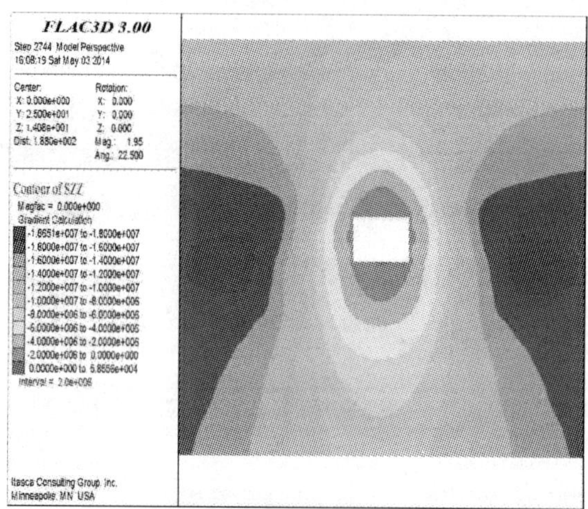

（c）预应力120kN

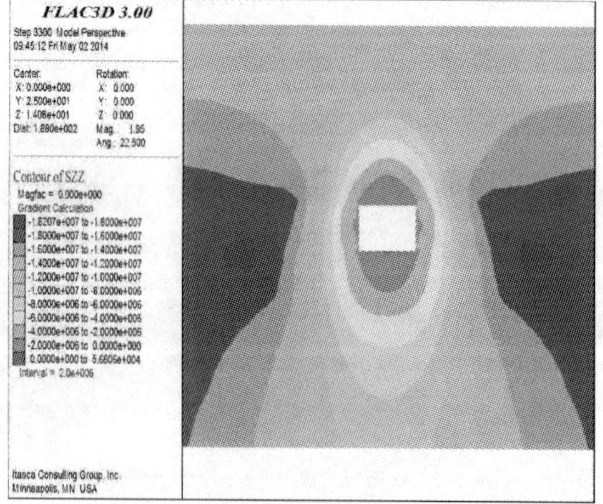

（d）预应力150kN

图 6.33　不同预应力巷道垂直应力云图

由图 6.33 可知，在对锚杆施加不同预应力的情况下，巷道垂直应力在底板岩体处为呈倒圆拱形分布的较小的拉应力，巷道两帮处为压应力集中区。巷道中央下方应力集中区域，随着预应力的增大逐渐减小，施加 150kN 预应力情况下应力值最小，且与 120kN 情况下相差不大。因此，对锚杆施加预应力值在 120～150kN 时，巷道垂直应力分布状态最佳。

2. 垂直位移分析

巷道底板围岩垂直位移可以直观地反映出底臌程度，可以采用该指标评价不同预应力底角锚杆的支护效果。底角锚杆采用 45°打设角度、3m 全长锚固，施加不同预应力后巷道底板岩体垂直位移分布如图 6.34 所示。

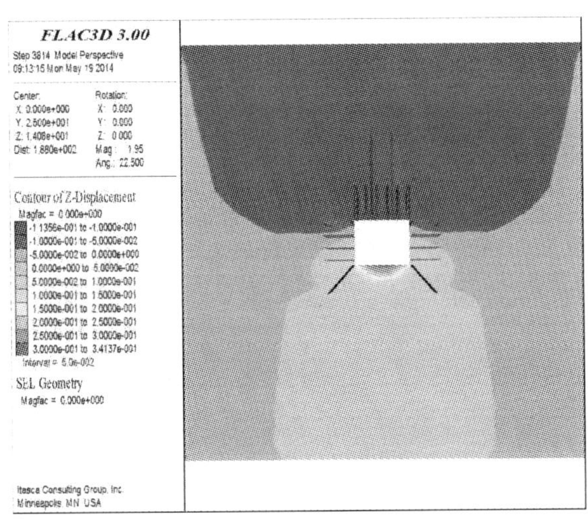

(a) 预应力80kN

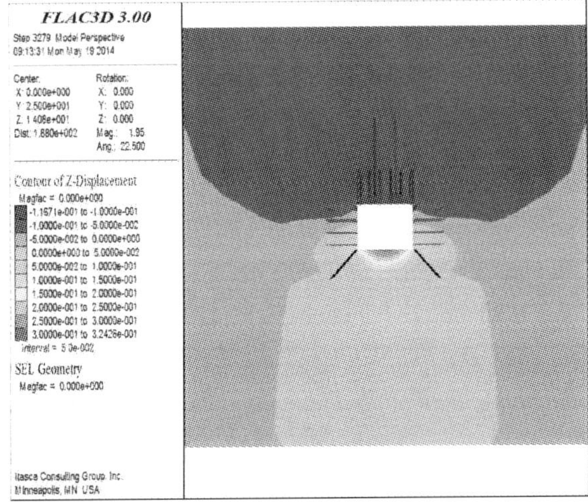

(b) 预应力100kN

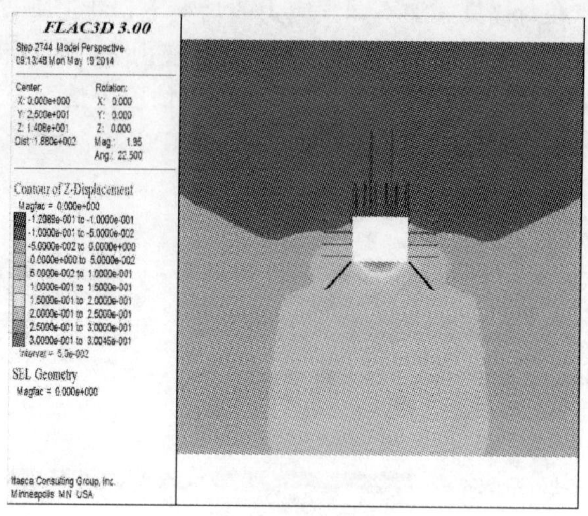

（c）预应力120kN

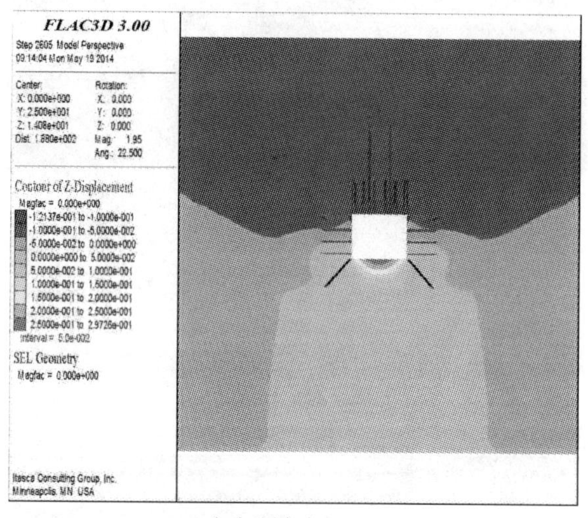

（d）预应力150kN

图 6.34 不同预应力巷道垂直位移云图

在巷道底板不同深度位置布置监测点，监测巷道底板垂直方向位移，以便更详细地研究巷道底臌的变化规律。底板下方共布置 7 层测线，测线之间的垂直距离为 0.5m，每层测线上布置 15 个监测点。具体监测结果如图 6.35 所示。

如图 6.35 所示，在对锚杆施加不同预应力的情况下，巷道的垂直位移分布形态比较相似。底板垂直方向位移随着预应力的提高不断降低，但降幅有限，最大降幅约为 5cm。施加 120kN 预应力与施加 150kN 预应力的情况相比，底板位移量仅减小了不到 1cm。由此可见，虽然预应力锚杆对加固围岩有一定的作用，但预应力增加到一定程度后，加固效果趋于稳定。从底臌变形量的角度评价，120～150kN 预应力为最佳预应力值。

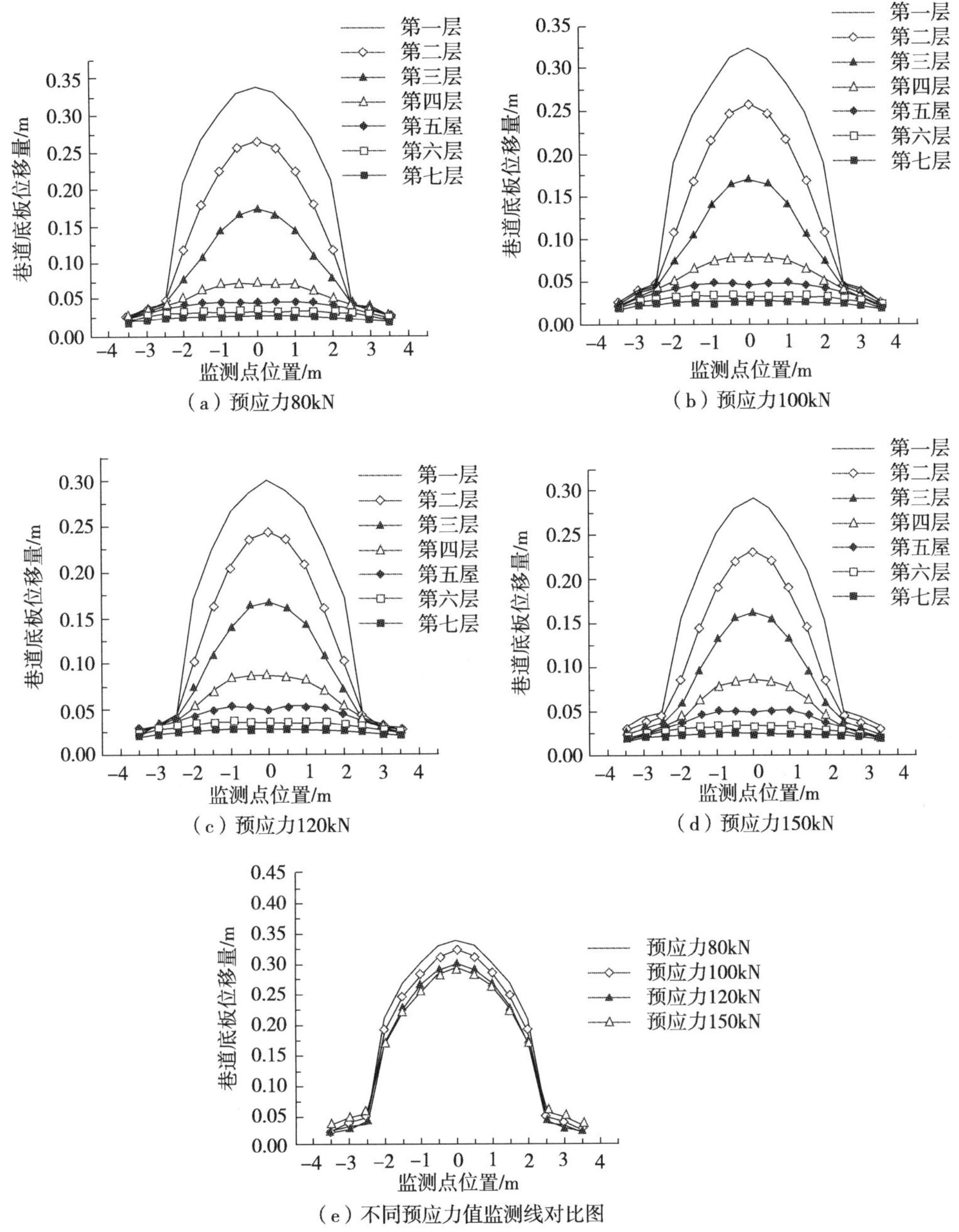

图 6.35　不同预应力巷道垂直位移监测点折线图

3. 模拟结果综合分析

上文模拟了打设角度为 45°，全长锚固情况下，四种不同预应力底角锚杆的支护效果，通过分析垂直应力及垂直位移得到如下结论：巷道底臌变形量随锚杆预应力的增大而减小；当预应力为 80～120kN 时，巷道垂直应力集中区及集中区的应力值有一定程度的减小，同时巷道垂直方向底臌变形量明显降低，但在 120～150kN 预应力情况下，以上观测指标变化不明显，因此可以认为预应力超过 120kN 后，支护效果趋于稳定。

本节利用 FLAC^{3D}分别模拟了大采高综放工作面巷道增加打设 15°、30°、45°、60°和 75°五种不同角度的底角预应力锚杆后围岩的稳定情况。通过分析不同底角锚杆打设角度对巷道底板应力场、位移场、塑性区及剪应变增量等参数的影响，最终确定符合五阳煤矿 7603 工作面回风巷的最佳底角锚杆打设角度在 45°左右。在确定最佳底角锚杆打设角度的基础上，进一步讨论了锚固段长度和预应力大小对底角锚杆控制效果的影响。通过改变底角锚杆所加的预应力值及锚固长度可以在一定程度上改善对巷道的底臌控制程度，但是这种改善并不明显。这主要是由于巷道开挖完成后应力已经基本释放，增加打设底角锚杆并没有从根本上改变巷道底板软弱破碎的岩体性质，因此仅通过改变锚杆参数所能达到的底臌控制效果比较有限。当底角锚杆打设角度为 45°，预应力大小为 120kN，底角锚杆全长锚固时，相比于其他情况，巷道底板处垂直应力分布集中范围最小、最大应力值最小、底臌变形量最小、支护效果最好、巷道最稳定。

6.4 临近陷落柱巷道加固模型及分析

潞安矿区很多区域存在断层及陷落柱。由于受到陷落柱的影响，一些邻近陷落柱的巷道也通常表现出大变形及底臌明显现象。本节以潞安常村煤矿 470 南翼辅助运输巷为工程背景，根据三维地震勘探结果显示：该巷距 470 正头联络巷南帮 72m 位置可能揭露 KX56 陷落柱；该巷距 470 正头联络巷南帮 651.3～696.6m、距该巷东帮 130m 位置，发育有 KX50 陷落柱；该巷距 470 正头联络巷南帮 952m 位置、距该巷西帮 92m 位置，发育有 KX46 陷落柱，施工接近陷落柱时，可能造成煤层酥软、顶板破碎。本节建立陷落柱形成的力学模型，运用板壳理论与能量释放率理论来判定陷落柱形成的条件。通过其形成时的特点建立陷落柱导水的力学模型，分析受陷落柱影响区域的大小，确定临近陷落柱施工巷道施工段的加固长度[15]。

6.4.1 陷落柱形成的简化模型分析

在溶蚀作用发生形成溶洞后，溶洞顶板将会发生破坏，由于陷落柱平面多为圆形或椭圆形，可以将溶洞顶板看做一个受到均布荷载 ρgH 的周边固支的薄板（图 6.36），ρ 为柱体岩石的密度，H 为陷落柱的高度。

根据相关理论，得到圆形薄板的各主要应力表达式[16]：

$$\sigma_{rr}=\frac{3\rho gHz}{4h^3}\left[r_0^2(1+\nu)-r^2(3+\nu)\right] \tag{6.27}$$

$$\sigma_{\theta\theta}=\frac{3\rho gHz}{4h^3}\left[r_0^2(1+\nu)-r^2(1+3\nu)\right] \tag{6.28}$$

$$\tau_{rz}=\frac{3qr}{4h^3}\left(z^2-\frac{h^2}{4}\right) \tag{6.29}$$

其中，σ_{rr} 为径向应力；$\sigma_{\theta\theta}$ 为切向应力；τ_{rz} 为剪应力；h 为薄板厚度；r_0 为薄板直径；r 为分析点至圆心的距离；z 为分析点至中面的距离；ν 为泊松比。

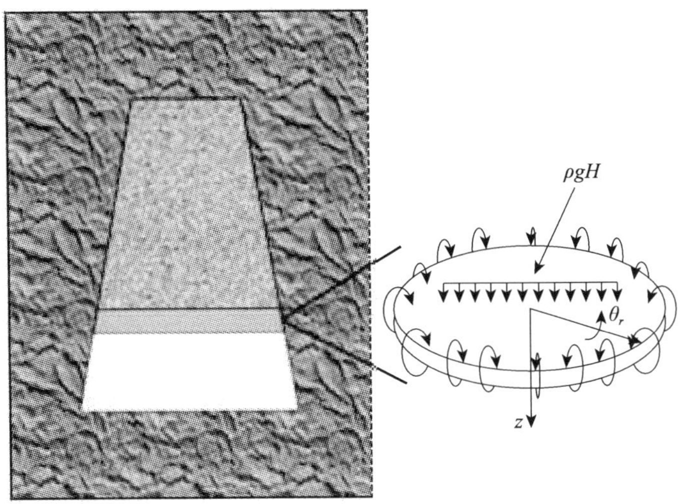

图 6.36　溶洞顶板破坏力学模型

可见，r 越大则 τ_{rz} 越大，当 $r=r_0$ 时，也就是薄板边缘位置，剪应力为最大值；当 r 逐渐增大时，径向应力 σ_{rr} 和切向应力 $\sigma_{\theta\theta}$ 逐渐减小，由受压转为受拉，在 $r=r_0$ 时，也就是薄板边缘位置，拉应力为最大值。故可以看出，无论是利用最大剪应力准则还是利用最大拉应力准则分析薄板的破坏，破坏都是从薄板的边缘开始的。

陷落柱大多存在于构造应力集中的区域，而这些区域正是节理较发育的区域，故在分析溶洞顶板破坏时，必须考虑节理的影响，节理发育的圆形薄板可以用断裂力学的方法进行分析。在圆形薄板最容易破坏的地方，也就是薄板的边缘，沿圆周切线方向的裂纹受到的径向应力 σ_{rr} 最大，可以设该裂纹受到均匀的拉应力 σ_{rr}，裂纹的长度为 $2a$，可以算出该裂纹的能量释放率为

$$G_{\mathrm{I}}=2\gamma=\frac{\sigma_{rr}^{2}\pi a}{E'}=\frac{9r_0^4\rho^2g^2H^2z^2\pi a}{8E'h^6} \tag{6.30}$$

其中，

$$E'=\begin{cases}E/(1-\upsilon^2), & \text{平面应变问题}\\ E, & \text{平面应力问题}\end{cases}$$

当岩石的能量释放率大于临界能量释放率时，即

$$\frac{9r_0{}^4\rho^2g^2H^2z^2\pi a}{8E'h^6}\geqslant G_{\mathrm{IC}} \tag{6.31}$$

此时裂纹开始扩展，即溶洞的顶板开始破坏，可以看出溶洞顶板的直径 d 越大、厚度 h 越小，顶板边缘裂纹越容易扩展。

6.4.2　临近陷落柱巷道加固段长度的理论模型

在陷落柱的形成过程中，由于重力塌陷作用，会在陷落柱与陷落柱岩体之间产生一个垂直贯通的裂隙带。而在陷落柱的周边，由于陷落柱形成过程中会在陷落柱柱体处形成一个低应力区，进而会在陷落柱的周边形成许多的微小裂隙和节理，这些微小裂隙和

节理发育贯通会形成一个良好的导水通道，这些贯通节理形成的导水通道和陷落柱柱体与周边围岩之间的垂直贯通裂隙带，会在陷落柱周围形成一个优势导水区。根据实际经验，陷落柱周边的优势导水带相对于陷落柱柱体，是地下水流动的主要通道，是陷落柱导水的主要因素。对于临近陷落柱开挖的巷道，一般采取增加临近开挖段巷道锚杆锚索的数量、长度，以及增加刚性支护等加固措施。那么关于加固段长度的确定就显得尤为重要，加固段过短，会导致巷道变形超标；加固段过长，又会产生不必要的经济浪费。为了确定临近陷落柱巷道加固段的长度，下面对其进行力学分析。

目前发现的导水陷落柱绝大部分为顶空型陷落柱，对于顶空型陷落柱，柱顶岩石不向陷落柱传递重力，又由于陷落柱的形状大部分呈椭圆形或圆形，故这里把顶空型陷落柱看做一个只受自重影响的圆柱体，如图 6.37 所示。在距离陷落柱顶 Δh 的位置，柱体的应力为

$$\sigma_\theta = \sigma_r = \lambda \rho g \Delta h \tag{6.32}$$

$$\sigma_z = \rho g \Delta h \tag{6.33}$$

其中，σ_r、σ_θ、σ_z 分别为径向、切向、垂直应力；$\lambda = \dfrac{\nu}{1-\nu}$ 为侧压力系数；ν 为柱体岩石的泊松比；ρ 为柱体岩石的密度。

为了分析陷落柱周边优势导水带的大小，取柱体中间某一水平截面，这是一个平面应变问题，如图 6.37 所示。

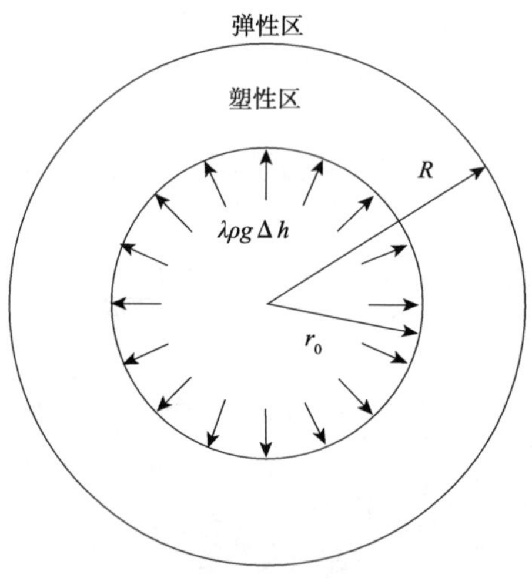

图 6.37　陷落柱周边优势导水带力学模型

在这个平面上，假设垂直应力与水平应力相同，那么该平面可以视为受到静水压力作用，采用 Hoek-Brown 准则分析，则在塑性区内，径向应力和切向应力 σ_r、σ_θ 要满足破坏准则和平衡方程[17~19]：

$$\sigma_\theta - \sigma_r = \sqrt{m \sigma_r \sigma_c + s \sigma_c^2} \tag{6.34}$$

$$\frac{\mathrm{d}\sigma_r}{\mathrm{d}r} - \frac{\sigma_\theta - \sigma_r}{r} = 0 \tag{6.35}$$

其中，S 为岩石破碎程度；m 为岩石软硬程度。

解得

$$\sigma_r = \frac{m\sigma_c\ (\ln r + C_1)^2}{4} - \frac{s\sigma_c}{m} \tag{6.36}$$

塑性区内边界上：$r = r_0$，$\sigma_r = \lambda\rho g\Delta h$，将其代入上式得

$$\sigma_r = \frac{1}{4}m\sigma_c\left(\ln\frac{r}{r_0}\right)^2 + \frac{1}{2}m\sigma_c\ln\frac{r}{r_0}\xi + \lambda\rho g\Delta h \tag{6.37}$$

$$\sigma_\theta = \frac{1}{4}m\sigma_c\left(\ln\frac{r}{r_0}\right)^2 + \frac{1}{2}m\sigma_c\ln\frac{r}{r_0}\xi + \lambda\rho g\Delta h + m\sigma_c\sqrt{\frac{1}{4}\left(\ln\frac{r}{r_0}\right)^2 + \frac{1}{2}\ln\frac{r}{r_0}\xi + \frac{\lambda\rho g\Delta h}{m\sigma_c} + \frac{s}{m^2}} \tag{6.38}$$

其中，$\xi = \sqrt{\dfrac{4\lambda\rho g\Delta h}{m\sigma_c} + \dfrac{4s}{m^2}}$。

在塑性区边界上，弹性区受到天然水平应力 σ_0，则有 $\sigma_r + \sigma_\theta = 2\sigma_0$，可以求得塑性区半径 R_0：

$$R_0 = r_0\exp\left(-\frac{a}{4} + \frac{1}{2}\sqrt{\frac{a^2}{4} - \frac{2b}{3} + h} + \frac{1}{2}\sqrt{\frac{a^2}{2} - \frac{4b}{3} - h + \frac{g}{4\sqrt{\frac{a^2}{4} - \frac{2b}{3} + h}}}\right) \tag{6.39}$$

其中，

$$a = 8\sqrt{\frac{\lambda\rho g\Delta h}{m\sigma_c} + \frac{s}{m^2}}$$

$$b = \frac{24\lambda\rho g\Delta h - 8\sigma_0}{m\sigma_c} + \frac{16s - m^2}{m^2}$$

$$h = \frac{\sqrt[3]{2}f}{k} + \frac{k}{3\times\sqrt[3]{2}}$$

$$g = -a^3 + 4ab - 8c$$

$$f = b^2 - 3ac + 12d$$

$$k = 3l - \sqrt{4f - l^2}$$

$$l = 2b^2 - 9abc + 27c^2 - 72bd$$

$$c = \frac{16\lambda\rho g\Delta h - 16\sigma_0 - 4m\sigma_c}{m\sigma_c}\sqrt{\frac{\lambda\rho g\Delta h}{m\sigma_c} + \frac{s}{m^2}}$$

$$d = \frac{4\lambda\rho g\Delta h - 4\sigma_0}{m\sigma_c} - \frac{4s}{m^2}$$

由于塑性区半径 R_0 的精确解形式较复杂，在这里分析相同围岩条件下陷落柱高度与平面埋深对塑性区半径 R_0 的影响，取 $m = 2.4$，$s = 0.082$，$\sigma_c = 10\text{MPa}$，可以得到以下结果，如表 6.3 和图 6.38 所示。

表 6.3　不同陷落柱高度与分析平面埋深时的 R_0/r_0 值

陷落柱高度/m	埋深/m				
	400	450	500	550	600
250	1.412298	1.550426	1.715281	1.935863	2.275302
300	1.255086	1.369994	1.486824	1.620014	1.787652
350	1.100953	1.234862	1.337810	1.439630	1.551635
400		1.094479	1.218628	1.312374	1.403083
450			1.089092	1.205248	1.291675
500				1.084521	1.193982
550					1.080579

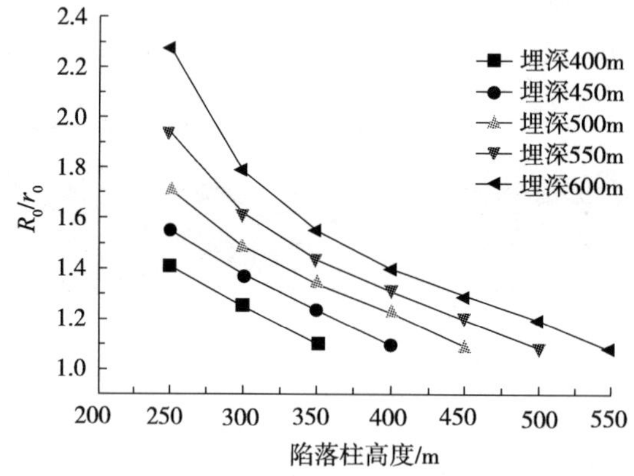

图 6.38　陷落柱高度与分析平面埋深对 R_0/r_0 的影响

由以上结果可以得出如下结论。

(1) 天然水平应力 σ_0 越大，即计算点埋深越大，陷落柱周边优势导水带越大。

(2) 陷落柱的高度 Δh 越高，陷落柱周边优势导水带越小，当陷落柱发展至地表时，即陷落柱高度 Δh 等于陷落柱的埋深，优势导水带半径 R_0 将会接近于陷落柱半径 r_0。

(3) 通过对 m，s，σ_c 等岩石力学参数进行测定，且知道陷落柱的高度及埋深位置，可以计算出陷落柱周边优势导水带半径 R_0 的解析解，供工程实际进行分析。

上文研究了计算陷落柱周边优势导水带半径 R_0 的方法，在测定陷落柱周围围岩的岩石力学参数后，可以通过初始应力、陷落柱半径（可取其长轴距离的一半）、平面至柱顶距离等参数，精确计算出陷落柱周边优势导水带的半径，从而可以正确估算出临近陷落柱施工巷道需要加固支护段的长度，如图 6.39 所示[15]。

根据图 6.39 可得出最合理加固段长度：

$$L=2\sqrt{R_0^2-(r_0+D)^2} \tag{6.40}$$

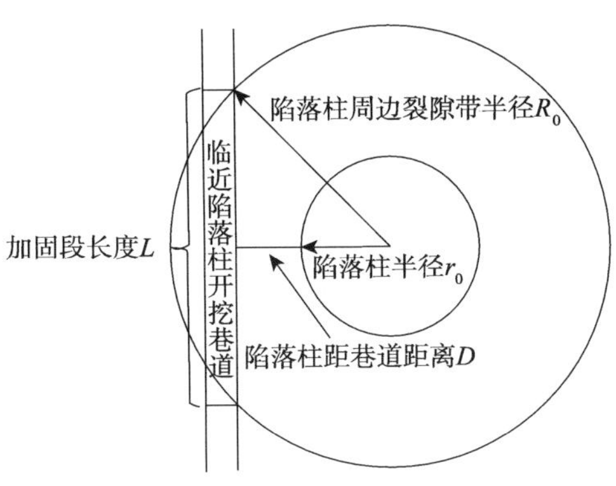

图 6.39　临近陷落柱巷道加固段长度

6.4.3　陷落柱高度对巷道加固影响的数值模拟分析

常村煤矿 470 南翼辅助运输巷埋深约为 500m，采用 FLAC^{3D}建立相应的数值计算模型，材料参数如表 6.4 所示，边界条件如图 6.40 和图 6.41 所示。当模拟陷落柱半径为 30m，高度分别为 250m、300m、350m、400m 和 450m 时，研究其周边塑性区的分布情况。围岩本构关系采用摩尔-库伦模型，模型四周及底部均为固定边界条件，模型中巷道顶板岩层厚度为 100m，陷落柱周围顶部施加 10MPa 的应力作为上部应力边界，陷落柱顶部分别施加载荷 3.75 MPa、5.0MPa、6.25MPa、7.5 MPa 和 8.75MPa 的应力。其模拟结果如图 6.42所示。

表 6.4　模型煤岩体力学参数

摩擦角/(°)	黏聚力/MPa	抗拉强度/MPa	密度/(kg/m^3)	泊松比	弹性模量/GPa
28	11.8	38.3	2600	0.22	9.727

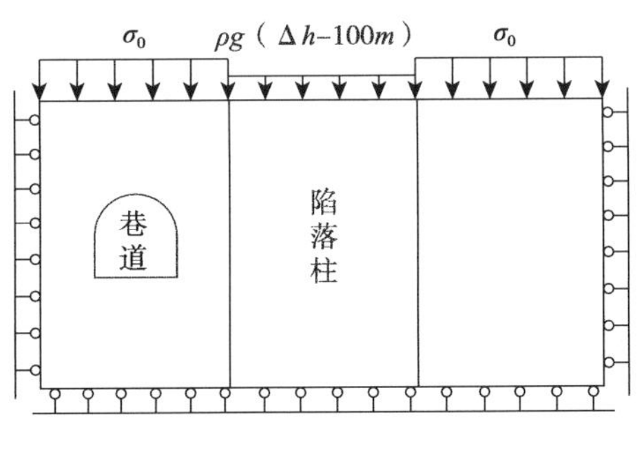

图 6.40　边界条件（一）

由图 6.42 可以看出，当陷落柱半径一定时，临近陷落柱巷道加固支护段长度随巷道埋深的增加而逐渐增大，且近似呈线性增长，增长速率约为陷落角的正切值；随陷落柱高度的增加逐渐减小，当陷落柱高度为 450m 时，陷落柱周边塑性区与巷道相切，处于临界状态，此时巷道基本不受陷落柱影响。

选取等效于模型建立的 m，s，σ_c 等岩石力学参数，在埋深为 500m 的条件下，根

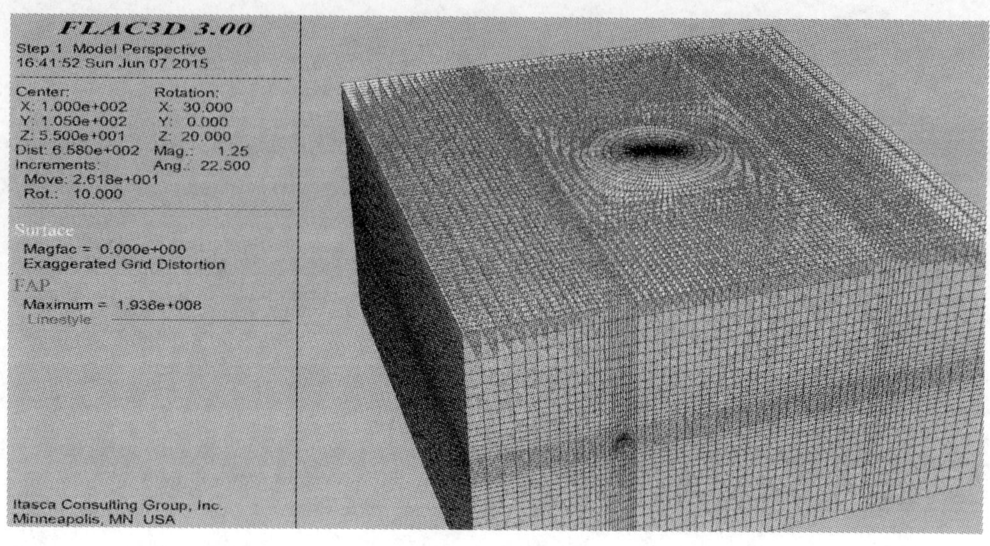

图 6.41　边界条件（二）

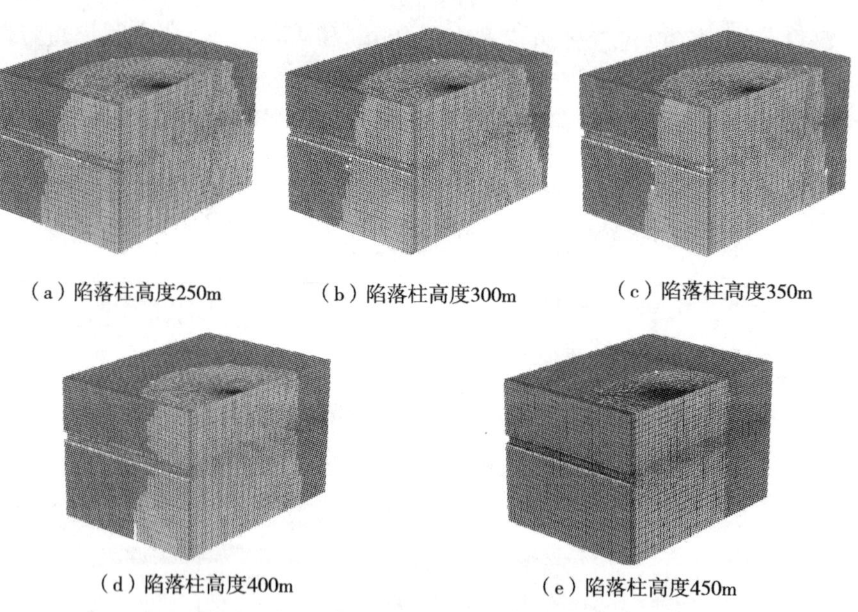

（a）陷落柱高度250m　（b）陷落柱高度300m　（c）陷落柱高度350m

（d）陷落柱高度400m　（e）陷落柱高度450m

图 6.42　不同高度陷落柱对巷道影响长度

据式（6.39）计算塑性区半径，与模拟所得数据对比如表 6.5 和图 6.43 所示。由图 6.43 可以看出陷落柱高度越高，陷落柱周边塑性区范围越小，且陷落柱周边塑性区大小与理论计算值基本相符。

表 6.5　R_0/r_0 计算值与模拟值的比较

陷落柱高度/m	450	400	350	300	250
R_0/r_0 计算值	1.089092	1.218628	1.33781	1.486824	1.715281
R_0/r_0 模拟值	1.1	1.2	1.3	1.5	1.7

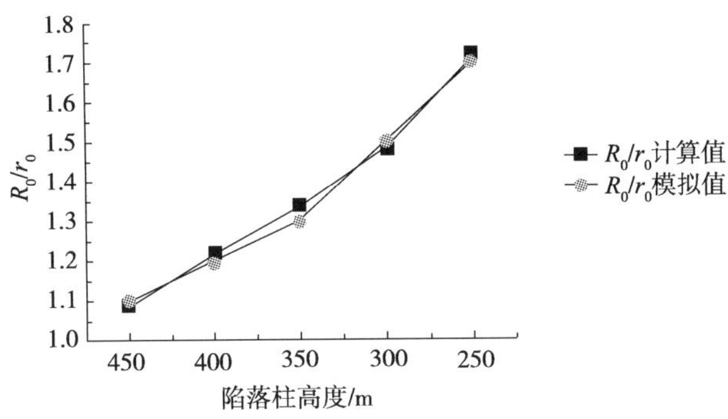

图 6.43　R_0/r_0 计算值与模拟值的比较

本节结合弹塑性理论及 Hoek-Brown 准则确定该优势裂隙带的半径 R_0，定量给出临近陷落柱巷道加固段长度计算公式 $L=2\sqrt{R_0^2-(r_0+D)^2}$，并数值模拟陷落柱高度对巷道加固段长度的影响，数值模拟结果与理论计算结果基本吻合。

参 考 文 献

[1] 李树清．葛泉矿软岩大巷底臌机理及控制研究［D］．长沙：中南大学硕士学位论文，2004.

[2] 王卫军，侯朝炯．回采巷道底臌力学原理及控制研究新进展［J］．湘潭矿业学院学报，2003，18（1）：1-6.

[3] 王卫军，冯涛．加固两帮控制深井巷道底臌的机理研究［J］．岩石力学与工程学报，2005，24（5）：808-811.

[4] 李学华，王卫军．加固顶板控制巷道底臌的数值分析［J］．中国矿业大学学报，2003，32（4）：437-440.

[5] 冯夏庭．深部大型地下工程开采与利用中的几个关键岩石力学问题［A］//香山科学会议编．科学前沿与未来［C］．北京：中国环境科学出版社，2002：202-211.

[6] 赵文．岩石力学［M］．湖南：中南大学出版社，2010.

[7] 姜耀东．巷道底臌机理及控制方法的研究［D］．北京：中国矿业大学博士学位论文，1993.

[8] 郑颖人，孔亮．岩土弹塑性力学［M］．北京：中国建筑工业出版社，2010.

[9] 李方枢．五阳煤矿回风巷底臌机理及控制方法研究［D］．北京：中国矿业大学硕士学位论文，2014

[10] 郑颖人，龚晓南．岩土塑性力学基础［M］．北京：中国建筑工业出版社，1989，8.

[11] 张辉．超千米深井高应力巷道底臌机理及锚固技术研究［D］．北京：中国矿业大学博士学位论文，2013.

[12] 杨生彬，何满潮，刘文涛，等．底角锚杆在深部软岩巷道底臌控制中的机制及应用研究［J］．岩石力学与工程学报，2008，27（S1）：2913-2920.

[13] 钟新谷．锚杆防治软岩巷道底臌的分析［J］．力学与实践，1994，（4）：37-40.

[14] 李剑，陈善雄，余飞．基于最大剪应变增量的边坡潜在滑动面搜索［J］．岩土力学，2013，（S1）：371-378.

[15] 李楷．临近陷落柱强膨胀性软岩巷道底鼓机理及控制技术研究［D］．北京：中国矿业大学硕士

学位论文，2015.

[16] 刘人怀．板壳力学［M］．北京：机械工业出版社，1989：67-90.

[17] Hoek E, Brown E T. Empirical strength criterion for rock mass［J］. Journal of the Geotechnical Engineering Division, The American Society of Civil Engineers, 1980, 106 (9): 1013-1035.

[18] Hoek E, Brown E T. Strength of jointed rock masses［J］. Geotechnique, 1983, 33: 187-223.

[19] Zuo J P, Liu H H, Li H T. A theoretical derivation of the Hoek-Brown failure criterion for rock materials［J］. Journal of Rock Mechanics and Geotechnical Engineering, 2015, 7 (4): 361-366.

第 7 章　大断面破碎巷道全空间桁架锚索协同支护技术

巷道支护理论与技术的研究一直以来都是巷道围岩控制的一个主要研究方向，这对弄清巷道围岩的变形破坏机理、获得围岩与支护体的相互作用关系，以及对巷道进行合理的支护设计都具有一定的指导意义。我们在第 1 章中大致介绍了国内外现有的支护理论和技术，从中大体可以看出，支护主要经历了被动支护和主动支护两个时期。被动支护主要以木墩、单体支柱、U 形钢和钢管混凝土等支护为主，而主动支护主要是打设锚杆和锚索等。现代支护理念主要希望通过主动支护来提高围岩的自承能力，碰到极为破碎的巷道，采用主动和被动组合支护[1~8]。潞安矿区多个工作面是大采高综放工作面，由于煤层厚，巷道断面大，煤层松软破碎，并且开采扰动强烈，导致大断面煤巷变形破坏严重，经常需要返修。本章将针对潞安大采高综放工作面大断面松软破碎巷道的变形破坏特征，基于本书前述的三维地应力测试和反演、围岩宏细观破坏机理、采动 MDDA 模拟分析进行系统的综合分析[9,10]，最终提出适合大断面软弱破碎巷道的全空间桁架锚索协同支护成套控制技术[11]。

7.1　大采高综放工作面巷道围岩变形破坏特征

为满足综合机械化放顶煤开采重型设备的需求，综放工作面回采巷道明显的特点就是巷道断面较大，且两帮及顶板也都多为煤层，煤岩强度低，受力复杂，这些都直接影响着该类巷道的稳定性，所以这类巷道围岩变形量及破裂范围都较大，支护较为困难。因此，开展大断面煤巷围岩的稳定原理及其控制技术研究，为煤矿实现高产、高效提供技术保障。对潞安典型大采高综放工作面（6207 工作面）的运输巷进行现场调查，发现围岩变形破坏的主要特点如下[11]。

1. 巷道顶板易发生离层及弯曲破坏

由于 6207 综放工作面回采巷道沿煤层底板掘进，顶板为 3m 左右煤层，向上为 2.95m 厚的泥岩直接顶，再向上为 1.75m 厚的老顶。煤层与直接顶及煤层之间的黏结力较小，而且巷道跨度大，为 5m，顶板跨度较大，顶板极易形成离层。这种离层现象与顶板跨度有很大关系，如果巷道顶板跨度进一步扩大，较大的自重作用会使顶板进一步弯曲下沉，引起顶板中部的挠曲破断和顶角处的剪断，进而导致顶煤和直接顶因弯曲而离层冒落。

2. 巷道顶底板容易拉断破坏及底臌

由于6207综放工作面回采巷道顶板为煤层，底板为强度较低的泥岩和砂质泥岩，其单轴抗拉强度都较小，加之巷道跨度比较大，水平拉应力一般都出现在巷道顶和底板的中部，如果拉应力大于顶、底板的抗拉强度，巷道顶、底板就会发生拉断破坏。另外，王庄煤矿底板泥岩的黏土矿物含量较高，其中的强膨胀性矿物（蒙脱石或伊蒙混层）含量也较高。测试两块泥岩结果显示，黏土矿物含量分别达到17%和38%，黏土主要包括高岭石族、伊利石族和蒙脱石族，这些矿物在水的作用下，很容易软化和膨胀，导致底臌容易发生。顶板的拉断破坏与顶板的离层破坏不但同时存在而且又相互影响，顶板的拉断破坏将会增大顶板的弯曲下沉量，导致顶板离层破坏加剧，而顶板弯曲和离层的加剧又会使顶板中部拉应力增大，导致顶板拉断破坏范围进一步扩大。

3. 巷道顶角处易发生剪切破坏

由于大断面煤巷顶、底板岩层强度较低，加之巷道跨度大，造成巷道四角处压应力增大，容易在巷道四角处发生剪切破坏。如果顶板岩层出现离层或存在层理面，顶角处发生的剪切破坏会向上发育并与之相交，从而造成离层面或层理面下方的顶板出现整体切落。另外，顶板切落前，巷道两帮煤体承担上覆顶板载荷增加，两帮煤体出现应力集中，两帮不稳定三角块发生失稳，进一步增大巷道的跨度，进一步加剧巷道围岩顶板切落的危险。

4. 破坏从薄弱带开始，具有持续性

巷道围岩破坏普遍从支护结构薄弱区域、承受高剪切应力的顶（底）帮角、高应力作用的巷道两帮中部区域和岩层拉应力较大的顶板中部区域逐步变形发展，引发支护结构分步破坏，进而导致顶板围岩出现大变形，巷道需经历多次整修且围岩变形持续时间较长。

5. 综放工作面端头容易冒落

综放工作面两端头是回采、通风、行人、运料、出煤的咽喉通道，因此端头顶板支护是综放工作面的重要环节。大采高综采放顶煤工作面上下端头空顶面积大，处于采场走向支撑压力和倾斜支撑压力的叠加处，且设备多、临近工作面切顶线，作业交叉，支护结构复杂，支护很困难，人员往来频繁，因此端头支护工作是采面生产的重要环节，也是现场管理的薄弱环节（占工作面顶板事故的15% ～ 30%），此处顶板如果管理不好，往往会造成重大安全事故。目前，综放工作面端头处一般采用端头支架；端头支架前方多采用架棚等方法，支护强度大；煤柱侧护帮支护不拆除或拆除较晚，一般情况下不会发生塌帮漏顶事故。该处的安全问题大多发生在工作面与巷道两煤壁交汇处的三角地带。如管理不当，三角地带顶板易冒顶并向上山方向扩展，甚至波及整个工作面，且所冒落的岩石或煤矸石堵塞巷道及工作面，所有这些都会带来巨大的安全问题。故有必要针对该问题进行专门研究以预防和消除安全隐患，确保综放工作面安全、高效生产。

上述的分析主要来自现场调查及传统的理论分析，为进一步分析不同断面尺寸下巷道围岩的变形破坏机理，我们采用数值模拟分析方法对其进行简要分析。根据6207工作面回采巷道的生产地质条件，建立相应的数值计算模型，采用Mohr-Coulumb模型，模型尺寸为 25m×10m×30m，模型周围各边界均为水平位移约束，底部为固定位移约束，上边界为自由边界，上覆岩层厚度为 300m，岩石平均容重取值为 25kN/m^3，施加上覆岩层的自重载荷为 7.5MPa，侧压系数取为 1.2，模型中煤岩体参数如表 7.1 所示。

表 7.1　模型中煤岩体参数

岩层种类	天然密度/(kg/m^3)	体积模量/GPa	切变模量/GPa	黏结力/MPa	内摩擦角/(°)	抗拉强度/MPa
细砂岩	2700	9.0	6.0	1.9	22	4.2
砂质泥岩	2350	6.0	4.5	1.5	20	2.8
煤	1350	1.0	0.6	1.0	18	0.5
粉砂岩	2750	10.0	8.0	1.9	26	4.5

本次模拟内容为研究巷道断面大小对围岩变形及应力场分布的影响，保持巷道宽度为 5m，改变巷道开挖的高度，分别为 2m、3m、4m 和 5m，模拟得巷道围岩塑性区的分布规律，如图 7.1 所示，其中网格尺寸为 0.5m×0.5m。

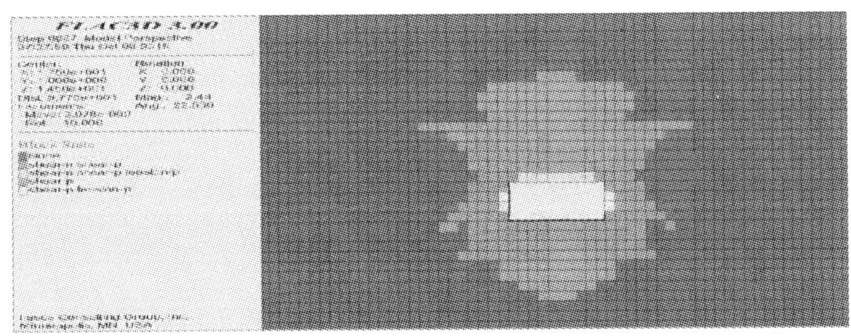

(a) 巷道高2m

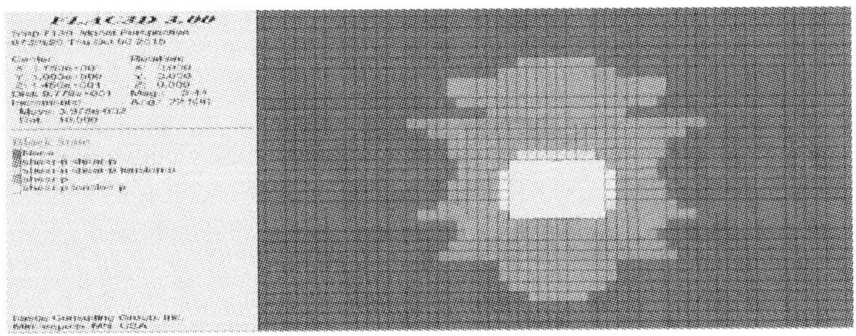

(b) 巷道高3m

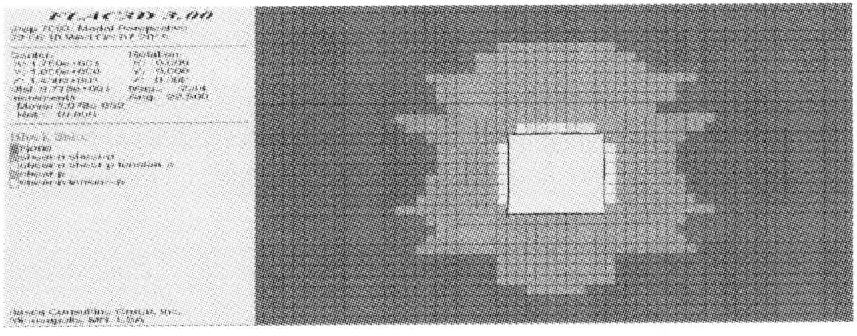

(c) 巷道高4m

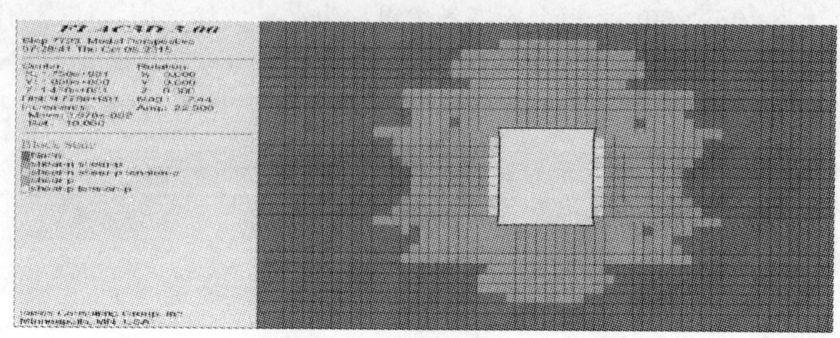

（d）巷道高5m

图 7.1 不同断面巷道塑性区分布

从图 7.1 中可以看出，随着巷道高度的增加，其围岩塑性区范围和分布变化非常显著。其中，顶板塑性区的范围在逐渐增大，而最大破坏深度基本保持稳定，其最大破坏深度约为 5.0m，且最大破坏深度均位于巷道顶板中央；巷道底板破坏情况与顶板类似，塑性区的范围在逐渐增大，而最大破坏深度变化不明显，最大破坏深度约为 4.0m，且最大破坏深度也位于巷道底板中央；巷道两帮的破坏变化趋势最为显著，塑性区的范围和最大破坏深度均随着巷道高度的增加而明显增大，巷道高度分别为 2m、3m、4m 和 5m 时，其两帮最大破坏深度分别为 2.0m、3.0m、3.5m 和 4.5m。此外，从图 7.1 中可以明显看出，巷道肩角及底角塑性破坏区的范围及深度相对较大，这主要是矩形巷道应力集中的结果，且随着巷道高度的增加，形状逐渐趋于正方形，其四个角的应力集中程度明显下降。

7.2 传统预应力桁架锚索支护研究现状

随着大采高综放开采的普遍推广，大断面巷道在煤矿中的比例不断上升，常规的锚杆（索）支护对大断面巷道围岩稳定性控制具有一定困难。这是由于普通锚杆（索）支护对锚固煤岩体只提供径向作用力，不提供切向作用力，作用主要表现为将下部锚杆支护形成的锚固承载结构整体悬吊于深部围岩中，起强化支护作用[12]。对于顶板中存在稳定岩层的煤巷，它的作用效果较好，但当巷道顶板为松软破碎岩层或煤层，且巷道断面比较大时，由于巷道塑性半径和破裂区半径较大，锚杆（索）的锚固力得不到保证，锚固煤岩体容易发生切向位移而难以形成稳定结构，从而锚杆（索）失去支护效果而发生顶板事故[13]。因此，对大断面煤巷应采用新的支护理念和支护形式，美国的 WahabKhair[14]提出了采用预拉力桁架锚索来控制大断面巷道顶板的措施。近年来，中国学者又提出了高预紧力桁架锚索和高预紧力复合桁架锚索支护技术，如图 7.2 所示。

何富连等[17~20]对桁架锚索的支护机理与应用进行了研究，指出桁架锚索由于具备施加多向高预应力、稳固的锚固点和锁紧结构等特征，在具体支护参数设计合理的情况下，能够保障复杂巷道顶板的稳定性。得出锚索抗拉强度、锚固剂的黏结强度和初始时需施加的预紧力的计算方法，为该支护系统的材料选取和参数设计及

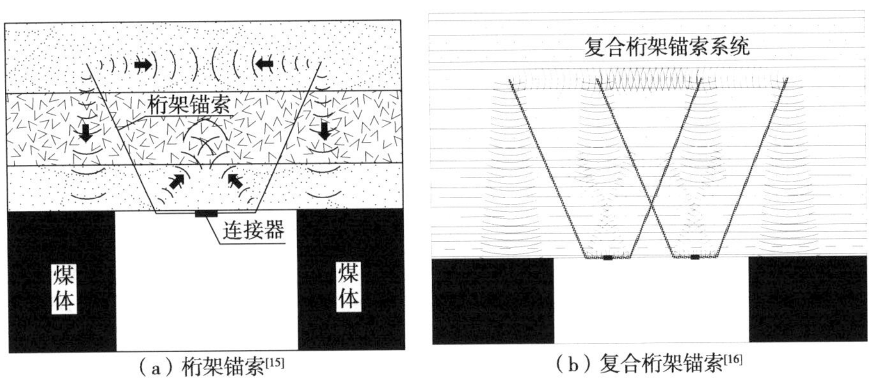

（a）桁架锚索[15]　（b）复合桁架锚索[16]

图 7.2 桁架锚索支护

其现场施工提供理论依据。其中，建立的凹槽型桁架锚索系统简化力学模型，如图 7.3 所示[20]。

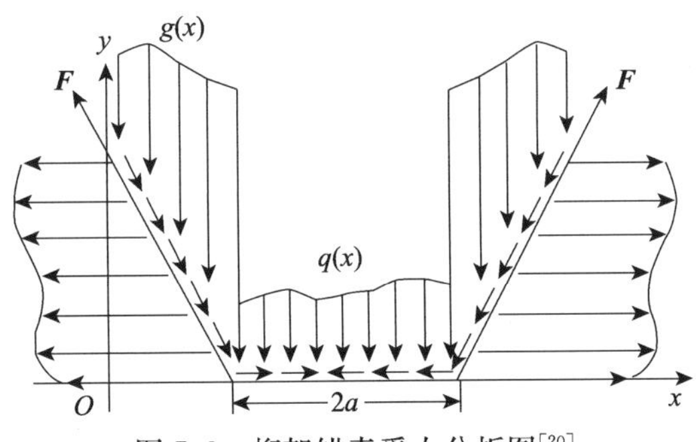

图 7.3 桁架锚索受力分析图[20]

计算得桁架锚索发挥主动控制作用时，其锚固段所受锚固力的表达式：

$$\boldsymbol{F}=\frac{1}{2\sin\alpha}\int_{b\cos\alpha}^{2a+b\cos\alpha}q(x)\mathrm{d}x+\left[f_1(1+\lambda\tan\alpha)+\frac{1}{\sin\alpha}\right]\int_0^{b\cos\alpha}g(x)\mathrm{d}x \tag{7.1}$$

其中，f_1为桁架锚索倾斜部分与岩体的摩擦系数；λ 为岩体侧压系数。

此外，还计算得出锚索所受的拉应力 $\boldsymbol{\sigma}_{\text{ten}}$的表达式：

$$\boldsymbol{\sigma}_{\text{ten}}=\frac{1}{2s_{\text{cable}}\sin\alpha}\int_{b\cos\alpha}^{2a+b\cos\alpha}q(x)\mathrm{d}x+\frac{1}{s_{\text{cable}}}\left[f_1(1+\lambda\tan\alpha)+\frac{1}{\sin\alpha}\right]\int_0^{b\cos\alpha}g(x)\mathrm{d}x \tag{7.2}$$

其中，s_{cable}为锚索横截面面积。

取桁架锚索系统的一半来进行受力分析，见图 7.4。计算得出桁架锚索系统的预紧力为 $\boldsymbol{F}'$：

$$\boldsymbol{F}'=(\cot\alpha+\lambda)\int_0^{b\cos\alpha}g(x)\mathrm{d}x+(\cot\alpha+f_2)\int_{b\cos\alpha}^{a+b\cos\alpha}q(x)\mathrm{d}x \tag{7.3}$$

其中，a 为桁架锚索跨度的一半，单位为 m；b 为桁架锚索钻孔深度，单位为 m；α 为桁架锚索钻孔倾斜角度，单位为(°)。

严红等[21]针对深井大断面煤巷围岩支护过程中出现的顶帮大变形控制难题又提出了双桁架锚索支护系统，如图 7.5 所示。并对其组成结构、控制机制、支护优越性、应

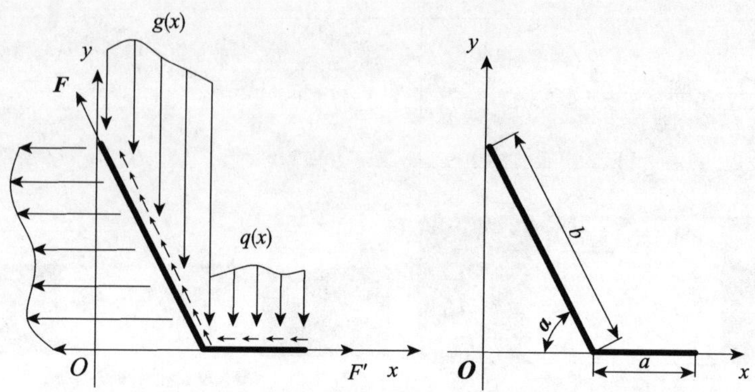

图 7.4 桁架锚索预紧力分析图[20]

力场分布特征及关键支护参数等进行系统化研究，双锚索桁架支护系统包括四种小结构：①Ⅰ型结构，由长锚索和特制连接器构成，通过对长锚索施加一定的高预紧力，使顶板岩层处于压应力状态。高预应力能有效避免巷道支护期间顶板岩层产生拉应力破坏，减小顶板岩层的变形量。②Ⅱ型结构，主要由短锚索、槽钢和锚索锁具构成，通过对短锚索施加一定的高预紧力，有效控制两帮的整体内移。③Ⅲ型结构，主要由顶板长锚索和巷道两帮上部短锚索构成。④Ⅳ型结构，主要由巷道两帮下部短锚索构成，由于巷道开挖后顶帮（帮底）交接处三角区域围岩处于稳定状态，锚索锚固于此区域内，锚固点不因顶、帮、底岩层变形而移动。

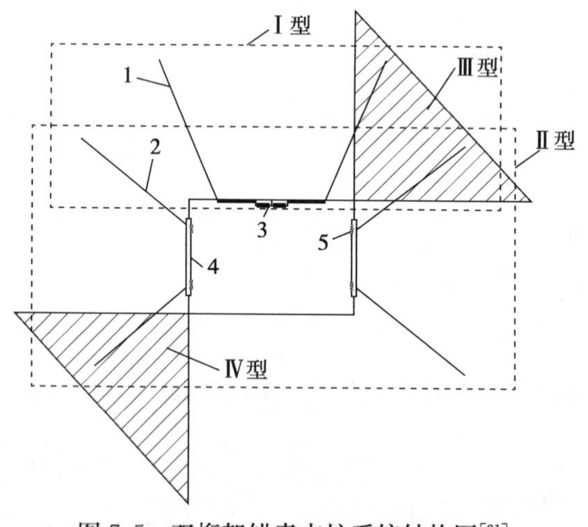

图 7.5 双桁架锚索支护系统结构图[21]

1. 长锚索；2. 短锚索；3. 连接器；4. 槽钢；5. 锁具

7.3 全空间预应力桁架锚索协同支护技术

在第 7.2 节我们系统分析和总结了近年来国内外桁架锚索支护的发展现状，该技术目前在很多煤矿得到应用，也获得了现场工程技术人员的认可。近年来，随着开采深度及开采规模的扩展，很多巷道断面尺寸都有加大的趋势，而传统的桁架锚索支护技术主要在二维设计方面考虑，当顶板条件较好时，该方法是有效的。随着煤炭开采深度及巷道断面增大，潞安矿区煤矿大断面巷道松软破坏，巷道变形严重，课题组及现场工程科技工作者在多年的合作和努力下，提出了大断面松软破碎巷道全空间协同支护技术，该技术是三维桁架锚索支护技术，能在更大范围内有效控制松软破碎巷道的变形和破坏。

7.3.1　全空间协同支护理念的提出

目前，巷道顶板和两帮的支护设计一般相对独立，相互不连接，且顶板锚索排与排之间的支护联系也不密切，加上受地质条件及岩体内部节理不均匀的影响，巷道局部容易出现支护失效而造成井下冒顶和垮帮等事故。因此，基于对潞安矿区大断面软弱破碎巷道围岩变形破坏的系统深入分析，我们提出大断面松软破碎巷道全空间协同控制技术。

全空间协同控制技术是从三维空间上对顶板、两帮和底角支护进行系统耦合设计，使巷道顶板、底板和两帮的支护形成一个整体，整个系统内的支护结构承载更加均匀、协调，顶板载荷通过四根钢绞线均衡协调地传递给巷道两帮深部，且在两帮轴向上均衡分配载荷，避免巷道两帮不稳定三角块发生过载剪切破坏。这样即使出现局部支护失效，该局部区域载荷也可以均匀协调地转移到整个支护系统的其他锚杆索上，也不会造成该局部区域岩体失稳破坏，从而实现大断面破碎巷道围岩整体协调控制的目的[11]。

7.3.2　支护结构与支护原理

1. 全空间桁架锚索协同支护结构

全空间桁架锚索协同支护结构如图 7.6 所示，主要包括四部分，即顶板及时闭锁承载、两帮同时强控连顶、底角斜锚滞后注浆和空间协同支护。

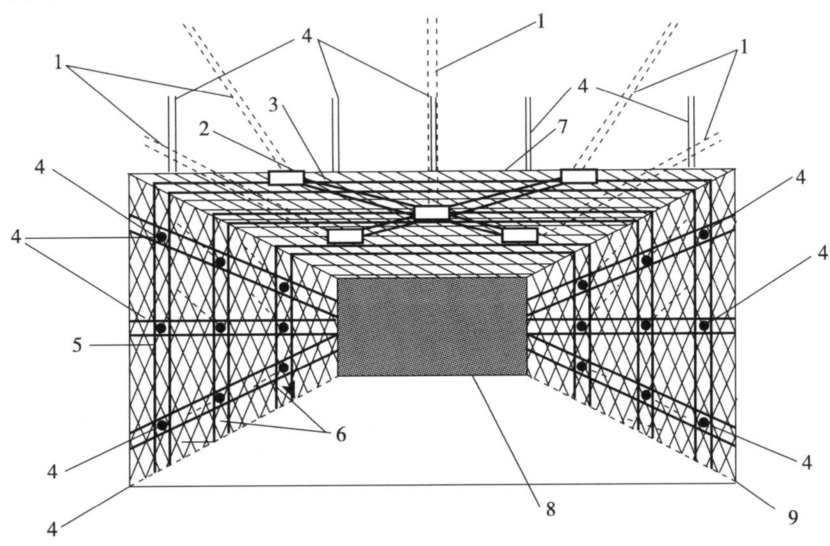

图 7.6　全空间桁架锚索及托架

1. 锚索；2. 四通托架；3. 拉杆；4. 锚杆；5. 钢丝网；6. 钢带；7. 顶板；8. 煤巷；9. 底角锚杆

顶板及时闭锁承载：顶板浅部首先通过合理的锚杆设计，铺设金属网，并用钢带连接，形成“小结构”。其次，在顶板“2-1-2”布置锚索，并且“2”布置的锚索向两帮倾斜一定角度，使锚索锚固到两帮深部有效支撑的稳定顶部岩层中，这样顶锚索将由锚杆支护形成的“小结构”悬吊到深部稳定的岩层上。最后，在锚索下端通过托架用受拉构件（拉杆或拉索）连接起来，并施加一定的预紧力，使锚索与受拉构件形成一个二维支护结构，从而提高顶板的整体性和刚度。

两帮同时强控连顶：两帮是顶板支护结构的着力基础，巷帮控制是实现全空间协同承载及巷道整体稳定的关键，全空间桁架锚索协同支护对巷帮采用“高预紧力锚杆＋金属网＋钢带”支护，钢带采用“十”字交叉布置，且巷帮肩角处钢带与顶板支护连接成一个整体。

底角斜锚滞后注浆：在底角倾斜一定角度打设管缝式锚杆，并注浆加固底角，切断底臌产生的塑性滑移线，削弱来自巷道两侧的挤压应力，减弱巷道底角的应力集中程度，控制底角围岩塑性区的发展，有效控制底板鼓出变形。

空间协同支护：大断面破碎巷道顶板的及时支护对矿井安全生产至关重要，因此巷道掘出后应及时进行顶板支护，使顶板形成自承载结构，为后面进行两帮的加强支护创造条件。两帮加强支护与顶板支护连接成一个整体，为顶板提供了更稳定的着力基础，再底角打设管缝式锚杆，切断塑性滑移线，并进行注浆加固。最终通过铺设锚网、架设钢带和安装四通托架，将“顶板及时闭锁承载、两帮同时强控连顶、底角斜锚滞后注浆”三个独立承载结构连接成一套整体承载的空间预应力桁架锚索三维支护体系，该控制系统内顶板、两帮及底角支护相互作用，协同承载、变形，达到控制大断面松软破碎巷道整体变形的效果。

2. 全空间桁架锚索协同支护机理

全空间桁架锚索协同支护技术是从三维空间角度对巷道顶板、两帮及底角支护进行系统设计，使支护系统内载荷协调分配，防止局部过载失稳，实现大断面松软破碎巷道围岩的协调控制。该控制技术是在加强巷帮支护的基础上，以巷道两帮肩角深部岩体作为承载结构的基础，对顶板钢绞线施加较高预紧力，采用专用连接器使钢绞线对拉和锁紧，使得支护系统直接作用在巷道顶板浅部围岩区域，提供水平和竖直方向预应力，在巷道顶板形成一个三维受压应力的压缩带，如图 7.7 所示，其大大改善了巷道顶板的受力状态，增强了巷道围岩小结构的整体承载能力，以及抗拉与抗剪能力。此外，全空间桁架锚索可以在顶板形成两对对称的弯矩，可以弱化甚至消除顶板中部区域的拉应力，从而达到改善顶板应力状态的作用。

顶板：采用锚杆和锚索浅深耦合的支护结构，锚杆将浅部围岩锚固在一起，形成类似组合梁的“小结构”，增加了层间摩擦力并能阻止层间错动，顶板斜拉锚索与垂直锚索将锚杆形成的悬臂梁“小结构”锚索悬吊到上部稳定岩层，且在施加预紧力作用下，顶锚索可以减小顶板中间区域的弯矩与挠度，避免顶板岩体发生拉伸破坏。从俯视角度看，全空间协同支护将顶板划分为四个象限，如图 7.8 所示。顶板五根钢绞线分别位于四个象限和十字交叉点，每个象限的钢绞线可以与其他三个象限的钢绞线两两相互作用，达到协同承载的目的。

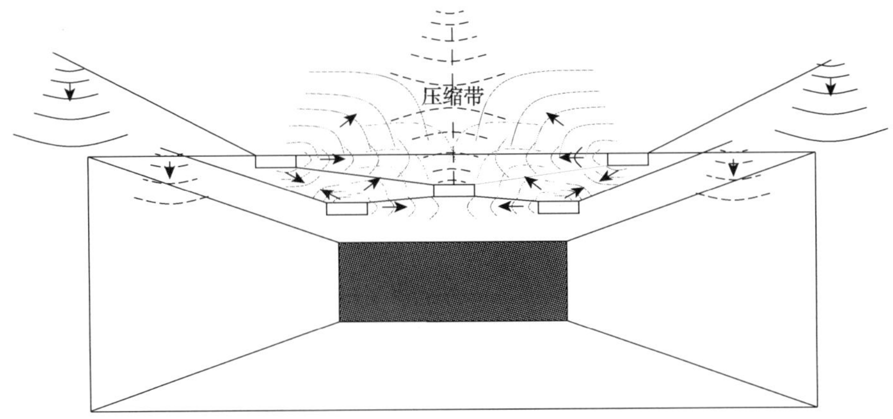

图 7.7　全空间桁架锚索支护原理图

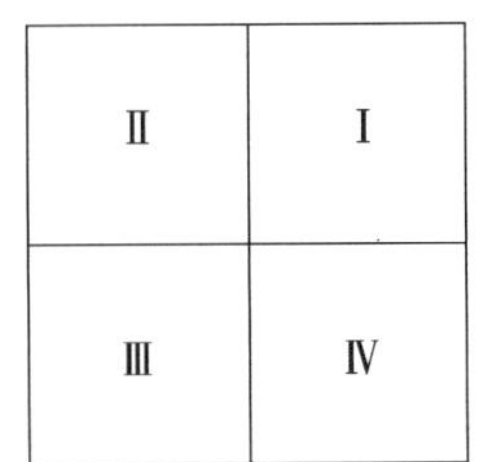

图 7.8　全空间桁架锚索协同支护顶板分区

全空间预应力桁架锚索协同支护的结构决定其提供复向高预紧力的功能，高预紧力使巷道顶板锚固区域内的中性面下移，从而使锚固区内大部分围岩处于压应力状态，且像“吊床”一样，越往中间，中性面越往下，且压缩程度越强，有效地保证了锚固区内围岩的稳定性，如图 7.9 所示。

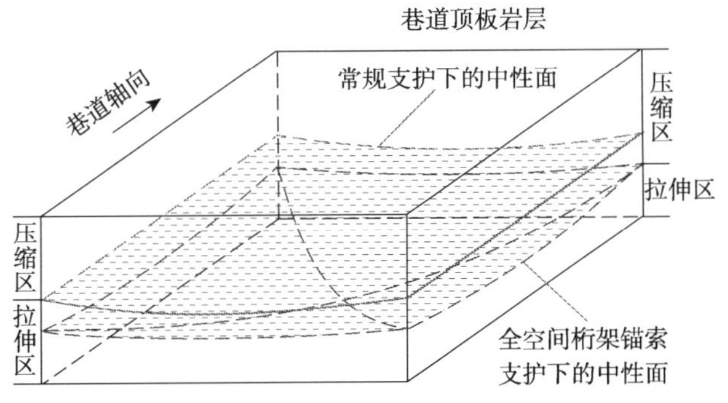

图 7.9　全空间桁架锚索支护中性面变化示意图

两帮：在全空间桁架锚索协同支护系统中，巷道两帮是顶板支护系统着力的基础，顶帮变形破坏是相互作用、相互影响的，加强两帮煤体控制，既有利于控制自身变形破坏，也有利于实现巷道围岩整体的稳定。巷道开挖使两帮形成极限平衡区，其宽度 x_0 可表示为

$$x_0 = \frac{M\lambda}{2\tan\varphi_s}\ln\left(\frac{K\gamma H + \boldsymbol{C}_s\cot\varphi_s}{\boldsymbol{C}_s\cot\varphi_s + p/\lambda}\right) \tag{7.4}$$

其中，M 为煤层厚度；λ 为侧压系数；φ_s 为残余内摩擦角；K 为应力集中系数；H 为巷道埋深；γ 为覆岩容重；$\boldsymbol{C}_s$ 为残余黏聚力；p 为巷道帮部支护强度。

根据围岩强度强化理论可知，高预应力帮锚杆改善了围岩岩性和应力状态，增大了两帮浅部煤体的残余内摩擦角 φ_s 和残余黏聚力 $\boldsymbol{C}_s$。增大两帮支护强度 p，可减小两帮极限平衡区宽度，宏观上相当于减小顶板岩层跨度，从而减小顶板变形量，提高巷道整体稳定性。

底角：巷道底角处通常是应力集中程度高的部位，也是塑性区发展最快、范围最大的部位。在巷道底角打设底角锚杆，并注浆加固，可以提高帮部和底角锚固区围岩的强度、抵抗围岩变形的阻力和巷道两帮围岩的自承能力，切断或减弱底板的滑移线，减少底臌量，同时减少两帮收缩量和顶板下沉量[22]。何满潮院士和孙晓明认为锚网和围岩的强度、刚度耦合变形才能相互协调[23]。围岩应力集中区在协调变形过程中，向低应力区转移和扩散，整个围岩不同部位应力状态趋于均匀化，整个应力扩散均匀化过程是通过锚网耦合设计自动实现的，从而达到最佳支护效果[22]。全空间桁架锚索协同支护技术就将相对独立的顶板、两帮及底角支护连接成一个整体的空间结构，实现“支护-围岩”的相互耦合、协同变形。

7.3.3 全空间协同支护的优越性分析

全空间预应力桁架锚索协同支护技术的优越性主要表现在如下几个方面。

（1）三向立体施力：全空间桁架锚索能从水平横向、水平轴向及铅垂方向对锚固岩层同时施加主动预紧力，改善大断面松软破碎巷道顶板浅部围岩应力状态，使开挖巷道浅部围岩由双向应力状态转变为多向受压稳定状态，真正从三维角度实现对巷道围岩的整体控制。

（2）主被动支护结合：加固顶板、两帮及底角斜锚滞后注浆，都是在改变围岩内部结构，通过主动支护来提升围岩的自承能力；通过四通托架、钢带和锚网把顶板、两帮和底板三个相对独立的承载结构连通，这是外部被动承载结构，主动和被动协同支护，最终形成空间预应力桁架锚索协同支护。

（3）整体协同承载：顶板“2-1-2”布置的三排多根锚索通过四通托架相互连接，整体形成“十”字状，协调分配顶板载荷，防止支护局部过载失稳。有利于提高预应力对顶板中部区域煤岩层整体加固作用，减少顶板离层和两帮围岩位移，降低顶板煤岩层受拉破坏[21, 24, 25]。此外，顶锚索和帮锚杆支护刚度与强度匹配，实现顶帮围岩协同变形。

（4）稳固抗剪：顶锚索斜穿煤帮肩角处顶板最大剪应力区，利用锚索延伸率大、抗剪切能力强的特点，防止肩角处顶板发生剪切破坏[21]，且锚固点位于巷道两帮深部上方稳定区域，有效保障支护结构整体在围岩控制过程中的持续稳定。

（5）结构闭锁：全空间桁架锚索能够在顶板形成具有自承载能力的闭锁小结构，该结构内岩体处于压应力状态，受外部环境影响较小。

（6）底角控臌：全空间桁架锚索支护中增设打底角锚杆来控制底臌，得出底角锚杆最优长度、位置及角度等参数。

综上所述可以看出，全空间桁架锚索协同支护系统能有效控制大断面松软破碎巷道变形破坏，从三维空间和协同分配载荷角度来分析大断面松软破碎巷道围岩的稳定性，实现顶锚索和帮锚杆支护系统刚度与强度的匹配，有利于顶帮围岩与锚固体的协同变形，从而保障巷道围岩支护期间整体的稳定性。

对于大断面松软破碎煤巷支护而言，全空间预应力桁架锚索协同支护技术较传统桁架锚索、单体锚索支护系统有突出的优越性，三种支护方式比较如表 7.2 所示。

表 7.2　与国内外同类研究、同类技术的综合比较

对比内容与指标	全空间桁架锚索控制系统	传统桁架锚索	单体锚索
适应的生产地质条件	大断面、松软破碎围岩	次大跨度、较完整围岩	中小跨度、一般围岩
锚固点位置	巷帮深部受压稳定岩体	巷帮较深部岩体	巷道顶板正上方
连接方式	刚柔协调连接	柔性连接	无水平方向连接
连接紧固件	专用拉紧构件	连接锁紧器	大托板、锁具
预紧力大小及方向	大，水平轴向与横向、铅垂向上	大，水平横向、铅垂向上	较大，铅垂向上
与被锚固岩体接触方式	网接触、连续传递	线接触、连续传递	点接触
结构特征	协同等强闭锁结构	等强闭锁结构	未形成结构
控制范围及顶板剪切	长、宽、高，强	长、次宽、较高，较强	短、宽、高，无
锚固区围岩应力状态	改善顶板水平轴向与横向，以及铅垂方向应力	改善顶板水平横向和铅垂方向应力	仅改善顶板铅垂方向应力
支护方式	主动和被动组合支护	主动支护	主动支护

本节针对大断面松软破碎巷道围岩变形特点，提出了全空间预应力桁架锚索协同支护技术，从三维空间角度实现对巷道顶板、两帮及底角支护的系统设计，使支护系统内载荷协调分配，防止局部过载失稳，实现大断面松软破碎巷道围岩的协调控制。并对全空间预应力桁架锚索协同支护技术的优越性进行分析，其优越性主要表现在三向立体施力、主被动支护结合、整体协同承载、稳固抗剪、结构闭锁和底角控臌。

7.4　全空间协同支护方案设计与施工工艺

结合潞安矿区大采高综放回采巷道生产地质条件与围岩的破坏情况，课题组提出了全空间预应力桁架锚索协同支护技术，本节对其支护方案与施工工艺进行设计。

(1) 掘进煤巷。按设计毛断面尺寸掘进成形，巷道断面形状为矩形。掘进过程中，如遇围岩或迎头渗水，及时进行注浆加强支护。尽量使煤巷表面平整、光滑，避免凹凸不平，为锚杆、锚索等支护构件的安装创造良好的条件。同时也能使锚杆、锚索、钢丝网和钢带等处于较好的受力状态。

(2) 顶板支护。锚索采用 Φ20mm×6300mm～Φ22mm×6300mm 的 1×19 股高强

度低松弛预应力钢绞线锚索，其中，锚索外露长度为150～250mm，采用“2-1-2”布置，间排距为600mm×2000mm～800mm×2000mm，预紧力为250～300kN，肩角部位锚索由顶板锚固部位向两帮倾斜20°；锚杆采用Φ20mm～Φ22mm左旋无纵筋等强螺纹钢锚杆，长度为2200～2400mm的锚杆，间排距为600mm×1000mm～800mm×1000mm，预紧扭矩为300～500N·m。锚索安装采用锚索钻机在顶板打孔、清孔、装入锚固剂、插入钢绞线，钢绞线必须插入顶板稳定的岩层中（1～3m），装上托架、锚具，托架采用300mm×300mm×16mm高强度可调心托板及配套锁具。然后采用锚杆打钻机从定好位的锚杆孔垂直打入顶板，清孔，放入锚固剂，铺设菱形金属网，安装锚杆。网孔规格为30mm×30mm，搭接长度为100～200mm，采用钢带将锚杆连接。再安装拉杆，并用张拉设备张拉锚索到设计的预紧力，形成整体结构。

(3) 巷帮支护。采用Φ20mm～Φ22mm左旋无纵筋等强螺纹钢锚杆，长度为2200～2400mm，间排距为600mm×1000mm～800mm×1000mm，配合拱型高强度调心球垫和尼龙垫圈，安装钢带，拧紧螺母达到锚杆设计预紧力，预紧扭矩为300～500N·m。肩角处锚杆向上倾斜约为10°，巷帮两侧钢带顶端与顶板钢带两端用锚杆锚固连接。

(4) 底角支护。底脚采用管缝锚杆，沿45°～60°底脚滑移线打设两根底脚锚杆，间距为500～600mm，配合拱型高强度调心球垫和尼龙垫圈，拧紧螺母达到锚杆设计预紧力，然后进行注浆加固。

(5) 空间协同支护：巷道掘出后，首先进行顶板桁架锚索控制系统的支护，其次进行两帮锚网支护，最后打设底角锚杆并进行注浆。架设锚网、铺设钢带，通过四通托架最终将顶板、两帮及底角支护连接成一个整体，形成全空间桁架锚索协同支护系统，该支护系统内协同均匀承载，协调变形，对煤巷围岩进行整体支护。通常情况下，为提高成巷速度，缩短支护时间，在巷道断面尺寸允许的条件下，应配设多台锚杆、锚索钻机同时作业，尽量安排顶板锚索和帮锚杆同时作业。

7.5 全空间协同支护数值模拟分析

全空间桁架锚索协同支护系统主要由桁架锚索围岩控制系统和高强锚杆控制系统组成。锚杆采用一般的高强锚杆，已有很多学者对高强锚杆控制系统进行了较深入的研究，本节以王庄矿6207综放面回采巷道为工程背景，主要对全空间桁架锚索控制系统进行数值模拟研究。主要模拟分析不同预紧力下全空间桁架锚索顶板支护预应力场（垂直应力和最大主应力）的三维空间分布，以及巷道围岩塑性破坏区范围。

7.5.1 数值计算模型建立

根据王庄矿6207综放面回采巷道地质生产条件建立相应的数值计算模型，采用Mohr-Coulumb模型，模型尺寸为25m×10m×30m，整个模型共划分为29000个单元，33099个节点，巷道尺寸为宽×高=5.0m×4.0m。选取巷道轴向为y轴方向，与巷道轴向垂直水平方向为x轴方向，竖直向上为z轴方向。模型周围各边界均为水平位移约束，底部为固定位移约束，上边界为自由边界，由于桁架锚索的预紧力相对于原岩应力来说非常小，故建立的数值计算模型不考虑地应力。本次主要模拟桁架锚索预紧力分别为 100kN、120kN、140kN、160kN、180kN 和 200kN 时，巷道顶板预应力场（垂直应力和最大主应力）的分布情况，以及巷道围岩塑性破坏区的范围。其中，模型中岩石和煤体的物理力学参数，见表 7.1。

7.5.2 巷道顶板预应力场平面分布

全空间桁架锚索在不同预紧力（100kN、120kN、140kN、160kN、180kN 和 200kN）支护条件下，巷道顶板 0.5m 深度平面垂直应力场的分布情况，见图 7.10。

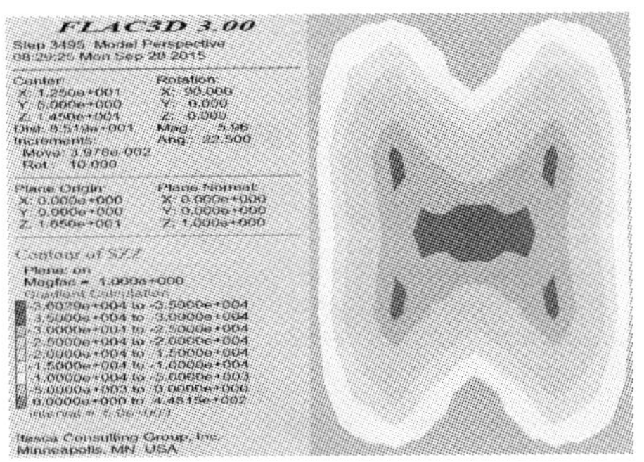

（a）预紧力100kN

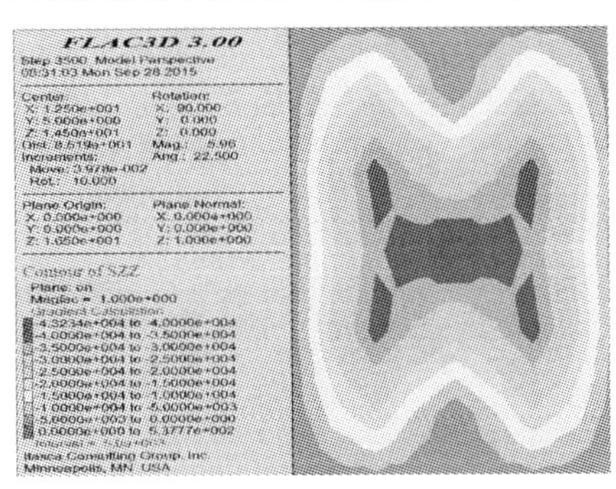

（b）预紧力120kN

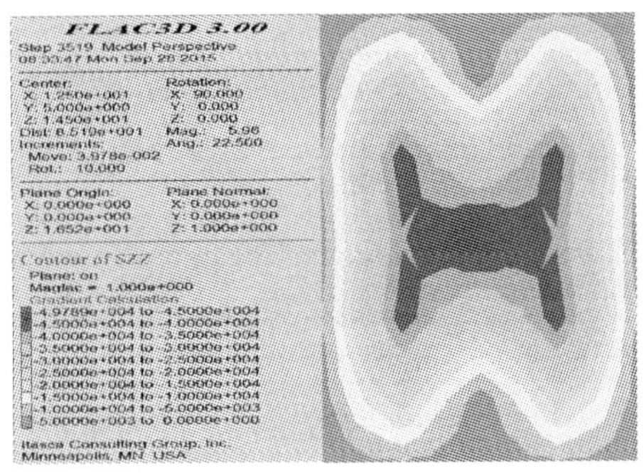

（c）预紧力140kN

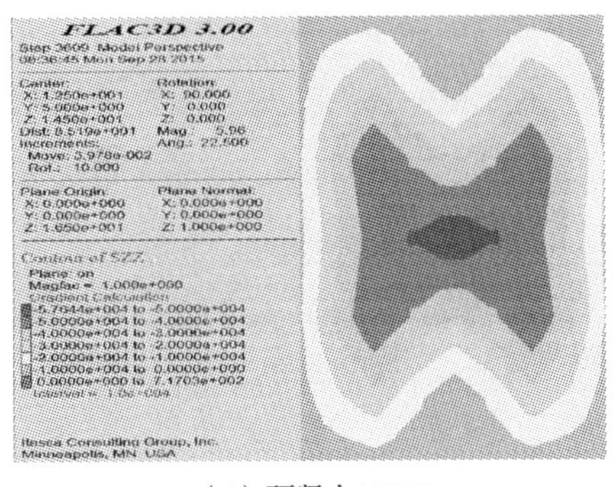

（d）预紧力160kN

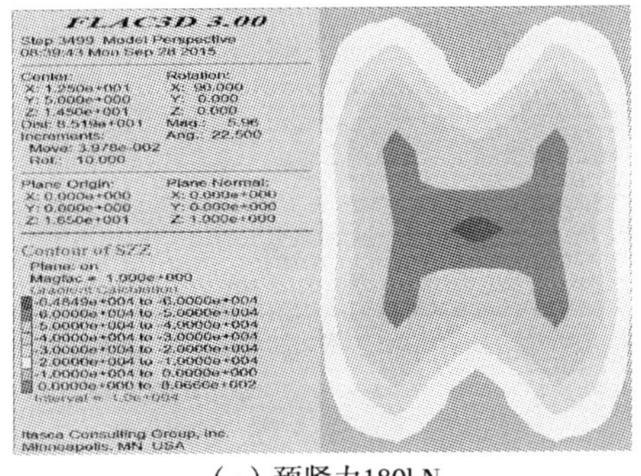

（e）预紧力180kN

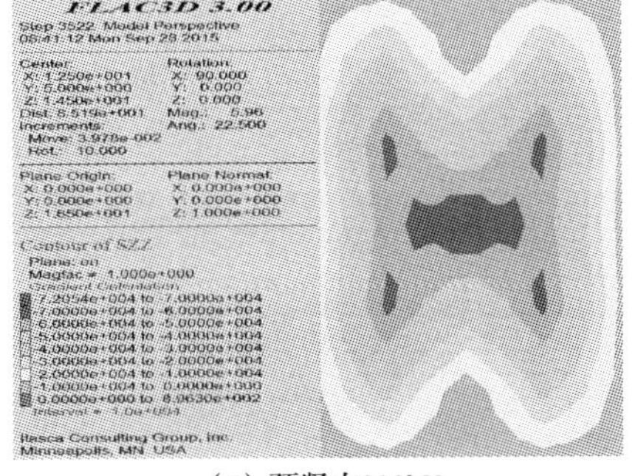

（f）预紧力200kN

图 7.10 全空间桁架锚索顶板支护预应力场分布平面图

由图 7.10 可知，全空间预应力桁架锚索支护巷道顶板 0.5m 深度岩层形成了左右对称的闭合环“蝴蝶”形预应力压缩带，压应力值整体从“蝴蝶”形中心向外逐步降低，且相同强度的压缩带范围随着预紧力的增大而增大。当桁架锚索预紧力分别为100kN 和 200kN 时，“蝴蝶”形中心的最大垂直应力分别为 36kPa、43kPa、50kPa、57kPa、65kPa 和 72kPa。此外，巷道顶板预应力压缩带的范围在横向上基本覆盖了整个巷道顶板断面，走向上压缩带范围显著大于横向，可以通过设计桁架锚索排距，使走向上压缩带相互叠加，从而实现顶板的全空间控制。

7.5.3　巷道顶板预应力场三维空间分布

将 FLAC^{3D}模拟结果采用 TECPLOT 进行处理后，得出巷道顶板全空间预应力桁架锚索协同支护作用下巷道顶板预应力场（垂直应力和最大主应力）的三维空间分布情况，为能呈现桁架锚索支护结构的内部应力场分布，故将模型截取 3/4，见图 7.11 和图 7.12。

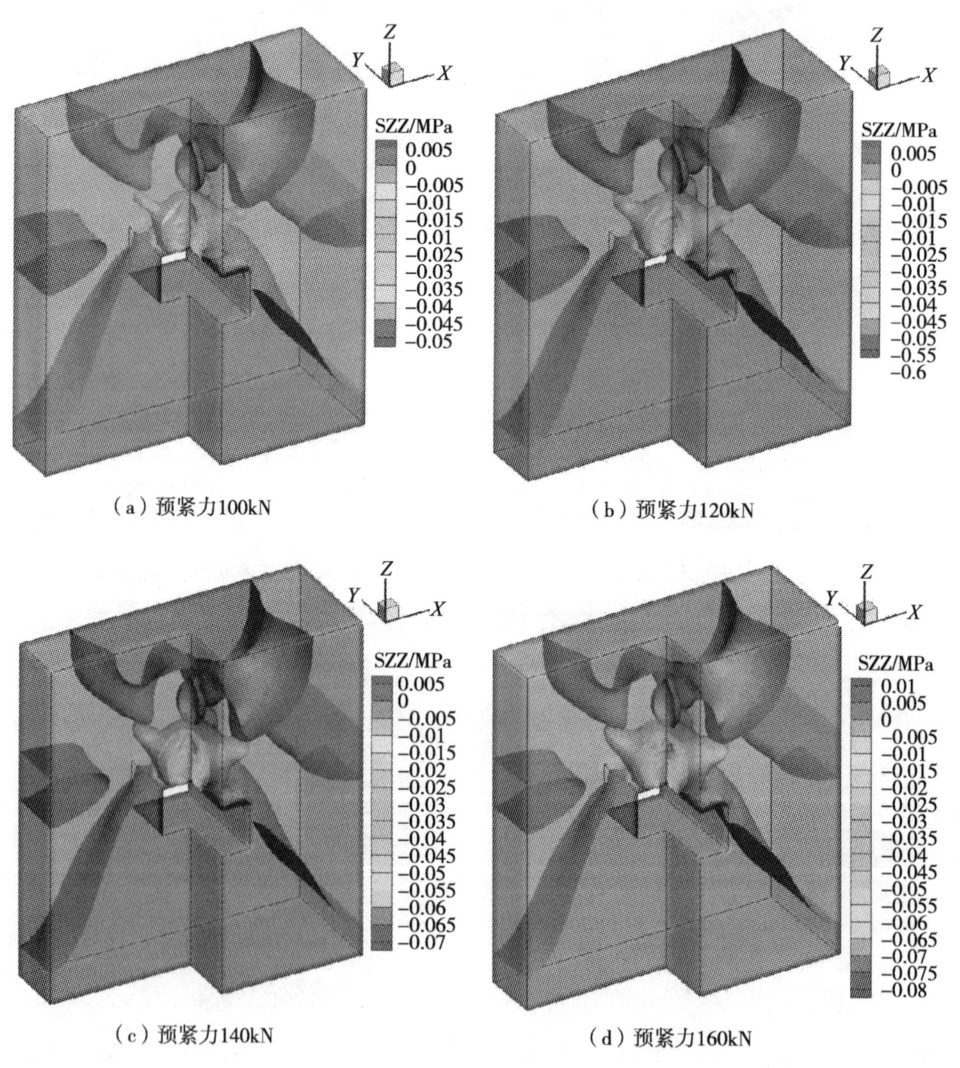

（a）预紧力100kN　　（b）预紧力120kN

（c）预紧力140kN　　（d）预紧力160kN

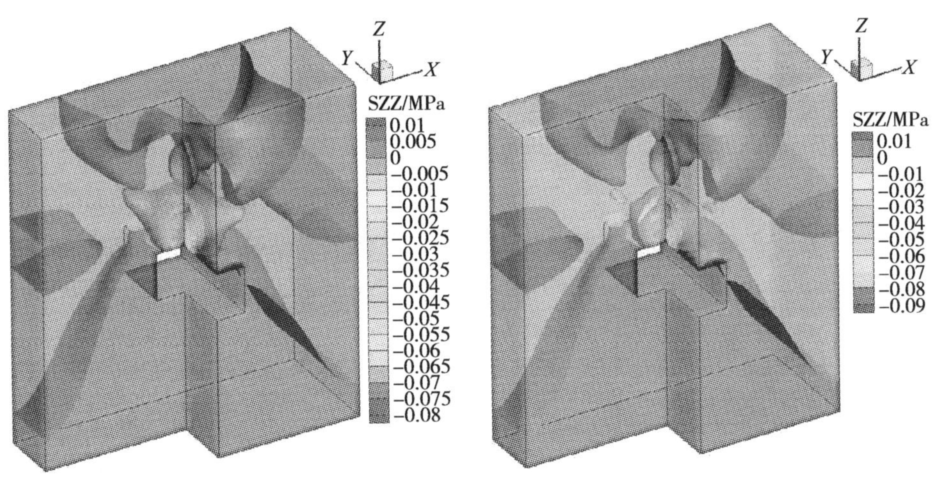

(e) 预紧力180kN　　(f) 预紧力200kN

图 7.11　全空间桁架锚索顶板支护垂直应力场分布三维图

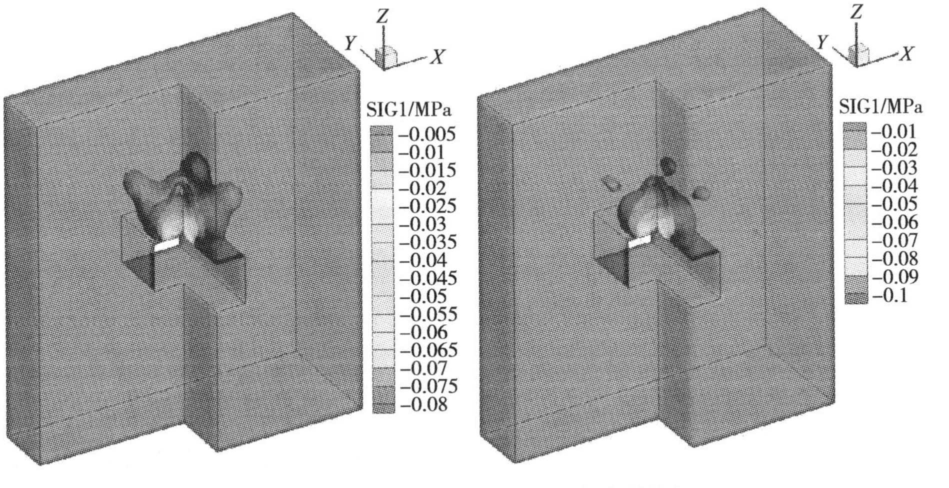

(a) 预紧力100kN　　(b) 预紧力120kN

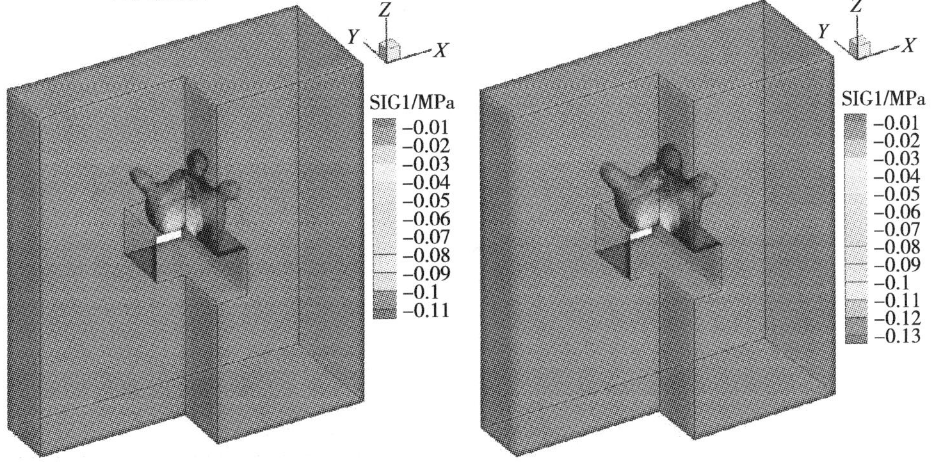

(c) 预紧力140kN　　(d) 预紧力160kN

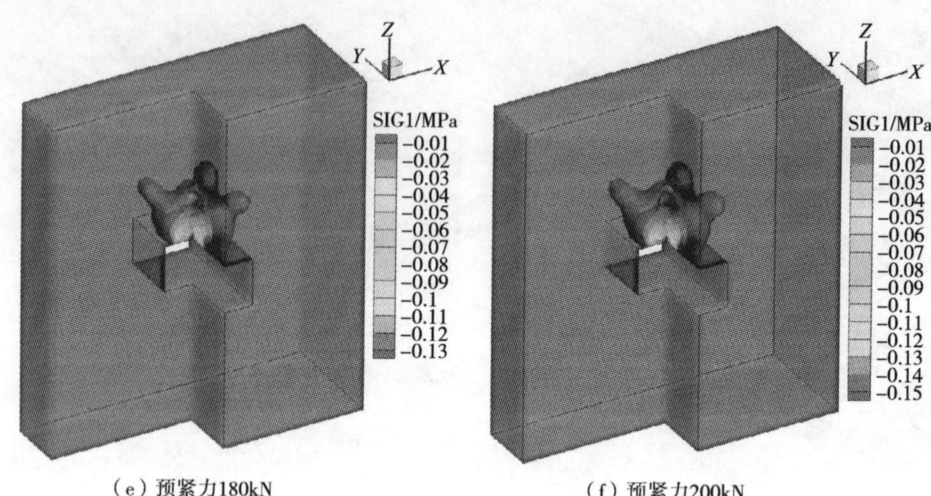

(e) 预紧力180kN　　(f) 预紧力200kN

图 7.12　全空间桁架锚索顶板支护最大主应力场分布三维图

从图 7.11 和图 7.12 可以看出，全空间预应力桁架锚索协同支护在顶板岩层中形成了一个具有一定自承载能力的三维“预应力壳”小结构，该“预应力壳”结构内的岩体处于压应力状态，且随着桁架锚索预紧力的增加，“预应力壳”结构内岩体的应力环境得到显著改善。“预应力壳”结构及其上部岩层的重量由四根倾斜锚索承担，这使巷道顶板载荷转移到两帮深处稳定状态的岩体上。

7.5.4　巷道围岩塑性破坏区分布

巷道在全空间桁架锚索不同预紧力条件下，围岩塑性破坏区的范围如图 7.13 所示。

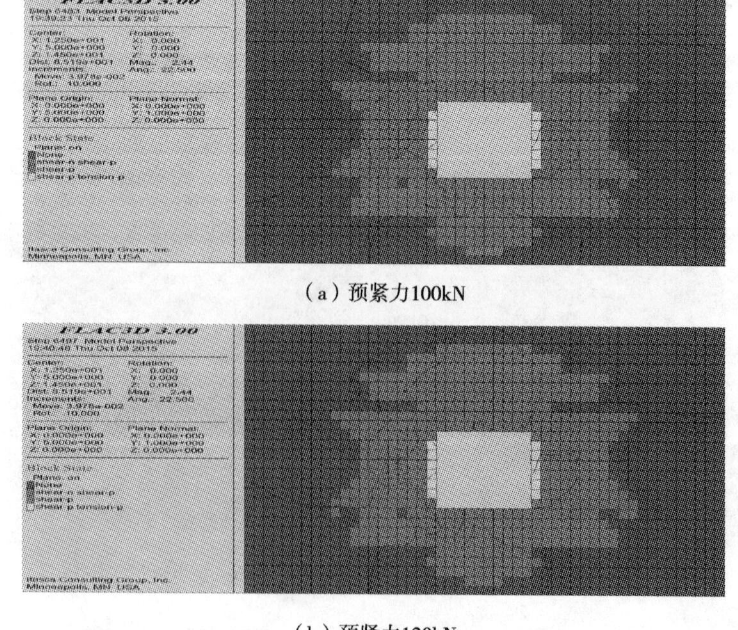

(a) 预紧力100kN

(b) 预紧力120kN

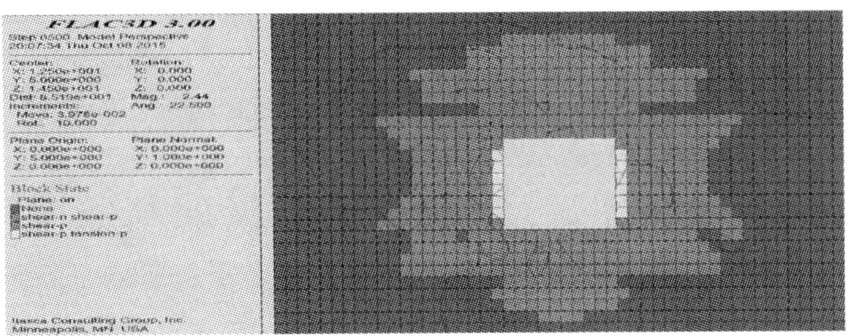

（c）预紧力140kN

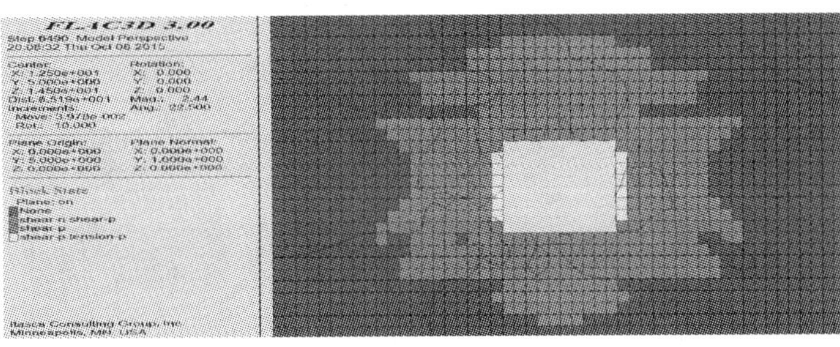

（d）预紧力160kN

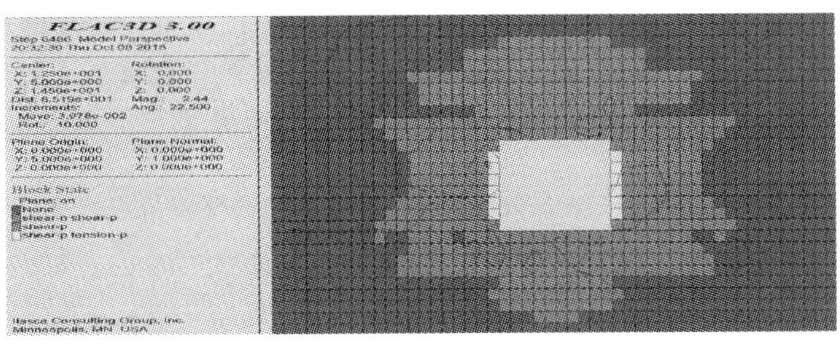

（e）预紧力180kN

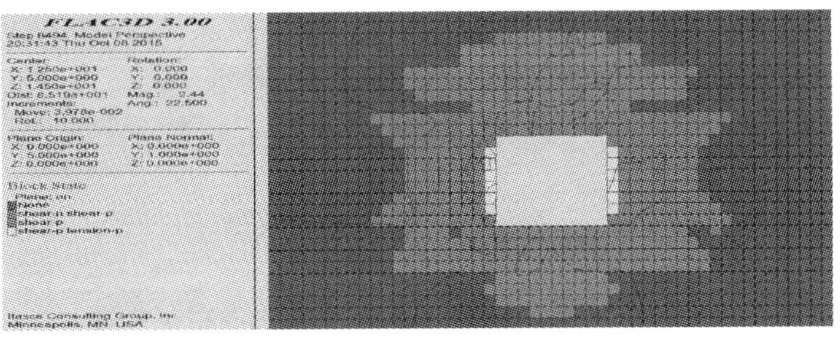

（f）预紧力200kN

图 7.13　全空间桁架锚索支护下围岩塑性破坏区分布图

通过对比图 7.1（c）和图 7.13 可以看出，全空间桁架锚索支护下顶板塑性破坏区的范围和最大破坏深度变化不大，这主要是由于桁架锚索的预紧力相对于原岩应力来说非常小，对塑性区范围的影响不大，但浅部围岩塑化的程度明显降低，这说明桁架锚索施加的预紧力改善了浅部围岩的应力状态，使浅部围岩处于压缩状态。通过仔细对比图 7.1（c)和图 7.13 可以发现，全空间桁架锚索支护使巷道两帮浅部变形量减小，塑性区深度稍微增大，这主要是由于在巷道围岩稳定性控制过程中，顶帮变形破坏是相互作用、相互影响的，全空间桁架锚索支护使支护结构承载更加均匀、协调，顶板覆岩载荷通过四根钢绞线均衡协调地转移到巷道两帮深部，降低了两帮浅部承担的载荷。

7.6 全空间协同支护监测反馈及效果

7.6.1 监测目的

现场实时监测能够及时反馈支护结构的受力情况，得知其受力状态和稳定性，从而可以为巷道支护参数优化提供有力的基础资料，是巷道支护工程得以巩固和发展的重要保证。

7.6.2 监测内容

现场监测的主要内容包括巷道围岩表面位移、顶板离层、锚杆锚固力和预紧力矩等。

巷道围岩表面位移监测：测站布置如图 7.14 所示，在 C、D 之间拉紧测绳，A、B 之间用测杆和测枪或拉紧钢卷尺，测读 AO、AB 值；在 A、B 之间拉紧测绳，C、D 之间拉紧钢卷尺或用测杆和测枪，测读 CO、CD 值。测量精度要求达到 1mm，并估计出 0.5mm。

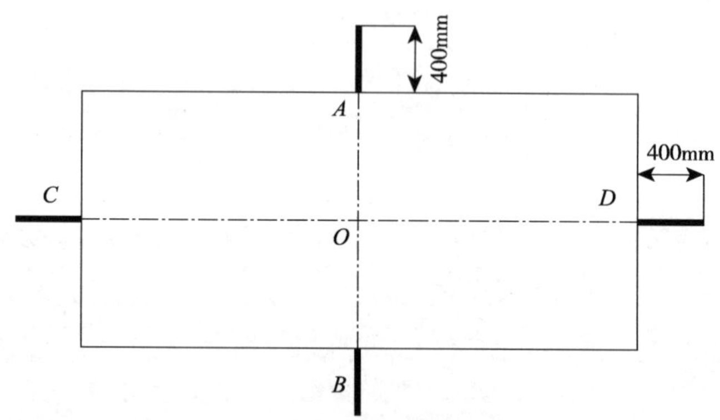

图 7.14 巷道表面位移监测断面布置

顶板离层监测：离层指示仪以红、黄、绿三种颜色表示顶板离层松动的严重程度，绿色表示顶部松动离层值较小，处于较稳定的状态；黄色表示离层松动已达到警界值；红色则表示顶板离层松动值较大，已进入危险状态，必须采取处理措施。

锚杆锚固力和预紧力矩检测：安排专人对锚杆锚固力和预紧力矩按不小于 10%的比例和不大于 2 天的时间间隔进行抽检。发现不合格锚杆，应在其周围补打锚杆。

7.6.3 监测仪器

现场监测所需的仪器如表 7.3 所示。

表 7.3　现场矿压显现监测仪器

监测项目	仪器仪表名称
巷道表面位移	钢卷尺
顶板离层	离层指示仪
锚杆索受力	专用拉力计
锚杆螺母拧紧力矩	扭力扳手

7.6.4　数据处理及日常监测记录表

每天都进行日常观测。每次观测数据需要做好记录表，现场量测的数据每天由矿压观测组及时整理，并绘制出位移-时间曲线（*U-t* 曲线）和位移-距离曲线（*U-D* 曲线）。在位移-时间曲线中，曲线的时间横坐标下应注明开挖工作面距量测断面的距离。每天将观测结果及曲线图汇总报有关人员，并根据观测结果提出相关建议。

7.6.5　实施效果

通过在潞安矿区选取典型大断面破碎巷道进行工业性试验，该支护技术取得了较为理想的围岩控制效果。在工作面回采期间，试验巷道采用全空间预应力桁架锚索协同支护技术后，围岩变形率比普通锚网索支护方式下变形率减少 30%以上，且围岩变形相对比较协调，没有出现局部变形异常的现象，围岩变形得到了有效控制，巷道围岩整体稳定性好，变形后的巷道断面满足通风运输需要，达到了设计的预计要求，为工作面的安全高产高效开采创造了有利条件。此外，全空间桁架锚索协同支护技术与普通锚索锚杆和 U 形钢金属支架支护对比，不仅技术先进，同时还降低了工人的劳动强度、提高了劳动效率、降低了巷道翻修率，大大缓解了矿井目前采掘衔接紧张的局面，取得了良好的经济效益和社会效益。

参 考 文 献

[1] 康红普，王金华，林健．煤矿巷道支护技术的研究与应用［J］．煤炭学报，2010，35（11）：1809-1814.

[2] 董方庭，宋宏伟，郭志宏，等．巷道围岩松动圈支护理论［J］．煤炭学报，1994，19（1）：21-32.

[3] 侯朝炯，勾攀峰．巷道锚杆支护围岩强度强化机理研究［J］．岩石力学与工程学报，2000，19（3）：342-345.

[4] 张农，李桂臣，阚甲广．煤巷顶板软弱夹层层位对锚杆支护结构稳定性影响［J］．岩土力学，2011，32（9）：2753-2759.

[5] 康红普，王金华，林健．高预应力强力支护系统及其在深部巷道中的应用［J］．煤炭学报，2007，32（22）：1233-1239.

[6] 刘泉声，康永水，白运强．顾桥煤矿深井岩巷破碎软弱围岩支护方法探索［J］．岩土力学，2011，32（10）：3097-3106.

[7] 高延法，王波，王军，等．深井软岩巷道钢管混凝土支护结构性能试验及应用［C］．武汉：第十一次全国岩石力学与工程学术大会，2010.

[8] 何富连，王晓明，谢生荣．特大断面碎裂煤巷顶板弹性基础梁模型研究［J］．煤炭科学技术，

2014，42（1）：34-36.

[9] Zuo J P，Wang R K，Wu A M，et al. Optimization support controlling large deformation of tunnel in deep mine based on discontinuous deformation analysis [J] . Procedia Environmental Sciences，2012，12：1045-1054.

[10] 吴爱民，左建平，郭志飚，等．钱家营矿近距离煤层巷道破坏原因及支护对策 [J]．煤炭科学技术，2010，1：13-16.

[11] 左建平，李楷，李方柩，等．《基于三维地应力的动静荷载下巷道全空间预应力桁架锚索协同支护研究》研究报告 [R]．中国矿业大学（北京），山西潞安环保能源开发股份有限公司，2014.

[12] 侯朝炯，郭励生，勾攀峰．煤巷锚杆支护 [M]．徐州：中国矿业大学出版社，1999.

[13] 张农，高明仕，许兴亮．煤巷预拉力支护体系及其工程应用 [J]．矿山压力与顶板管理，2002，(4)：1-7.

[14] Khair W. How to cope with cutter roof problem [R] . Paper Presented at 11th International Conference on Ground Control in Mining，The University of Wollongong，NSW，1992.

[15] 马占元，李二鹏，蒙银宗，等 . 2707 运输平巷顶板破碎区桁架锚索加强支护技术 [J]．煤炭与化工，2014，37（5）：120-124.

[16] 何富连，栗建平，蒋红军，等．特大断面厚煤顶开切眼复合桁架锚索围岩控制技术 [J]．中国矿业，2012，21（8）：82-85.

[17] He F L，Yin D P，Yan H，et al. Study on the coupling system of high prestress cable truss and surrounding rock on a coal roadway [A] //The 5th International Symposium on In-situ Rock Stress [C] . Beijing：CRC Press，2010：643-646.

[18] He F L，Yin D P，Yan H，et al. The control of thick compound roof caving on a coal roadway [A] // International Conference on Mine Hazards Prevention and Control [C] . Qingdao：Atlantis Press，2010：717-721.

[19] Li J P，He F L，Yan H，et al. The caving and sliding control of surrounding rocks on large coal roadways affected by abutment pressure [J] . Safety Science，2012，50（4）：773-777.

[20] 杨彦宏，何富连，谢生荣，等．预应力桁架锚索系统力学分析与工程实践 [J]．煤矿安全，2010，6：51-53.

[21] 严红，何富连，徐腾飞．深井大断面煤巷双锚索桁架控制系统的研究与实践 [J]．岩石力学与工程学报，2012，31（11）：2248-2258.

[22] 奚守仲 . LDEAS 系统在夹河矿软岩巷道底臌大变形机理分析中的应用 [D]．北京：中国矿业大学硕士学位论文，2009.

[23] 何满潮，孙晓明．中国煤矿软岩巷道工程支护设计与施工指南 [M]．北京：科学出版社，2004.

[24] 陆庭侃，刘玉洲，于海勇．采区准备巷道层状复合顶板的离层和机制 [J]．岩石力学与工程学报，2005，24（S1）：4663-4669.

[25] 张农，袁亮．离层破碎型煤巷顶板的控制原理 [J]．采矿与安全工程学报，2006，23（1）：34-38.